林木遗传学理论研究前沿及技术应用

刘国花　李哲馨　齐力旺　著

沈阳出版发行集团

沈阳出版社

图书在版编目（CIP）数据

林木遗传学理论研究前沿及技术应用 / 刘国花，李哲馨，齐力旺著 . — 沈阳：沈阳出版社，2021.1
ISBN 978-7-5716-1566-6

Ⅰ . ①林… Ⅱ . ①刘… ②李… ③齐… Ⅲ . ①树木学—植物遗传学 Ⅳ . ① S718.46

中国版本图书馆 CIP 数据核字（2021）第 021067 号

出版发行：沈阳出版发行集团 ｜ 沈阳出版社
　　　　　（地址：沈阳市沈河区南翰林路 10 号　邮编：110011）
网　　址：http ://www.sycbs.com
印　　刷：定州启航印刷有限公司
幅面尺寸：170mm×240mm
印　　张：19.25
字　　数：360 千字
出版时间：2021 年 1 月第 1 版
印刷时间：2021 年 10 月第 1 次印刷
责任编辑：周　阳
封面设计：优盛文化
版式设计：优盛文化
责任校对：李　赫
责任监印：杨　旭

书　　号：ISBN 978-7-5716-1566-6
定　　价：89.00 元

联系电话：024-24112447
E -mail：sy24112447@163.com

前 言

随着社会的进步与科技的发展，实现人与自然和谐共存的可持续发展，逐渐成为当前社会发展的主流意识。而现代林业发展与生态文明建设，则是可持续发展的根本前提和基础。在面向现代林业发展的国家战略需求驱动下，林木遗传改良及种质创新技术发展具有重要的历史意义。

林木遗传改良是当代林业研究最为活跃的领域之一，《中国 21 世纪议程林业行动计划》的制定和实施，为我国林木遗传的发展提供了良好的契机，这在一定程度上展现了林木遗传学在我国蓬勃发展中的地位和作用。20 世纪 50 年代，我国有计划地开展林木遗传育种改良；20 世纪 60 年代，建立了第一批种子园，着重进行了主要用材、经济树种的物种资源和品种类型的调查以及分类整理；70 年代，实施了主要造林树种种源选择；80 年代，林木遗传育种研究列入了"六五"国家科技攻关课题并开展了主要造林树种种源试验、优良林分选择和促进结实技术，"七五"国家科技攻关又列入了"主要速生丰产树种选育"课题。90 年代，育种目标突出短周期和定向培养，走向根据材种培育目标，实施速生与材性兼顾的定向育种轨道。发展现代林木，关键在科技创新，当今时代生物技术的新思想、新技术在林木遗传育种中的应用不断涌现，如分子遗传领域的转基因技术、抗性基因研究、基因定位、分子标记、差异表达分析技术、基因芯片以及细胞遗传中的人工种子、细胞融合与体细胞杂交技术都在林木遗传育种中有了新的应用和突破，构建现代林木遗传、育种新技术、新方法，创制突破性的抗逆、优质、高产的新材料是林木遗传改良、种质创新实践中最活跃的领域。全书以林木遗传学为研究对象，结合当今林木遗传领域的最新研究成果，较系统、详细、全面地整理和介绍了林木遗传学的基础理论、前沿技术及其在林木遗传改良和种质创新中的应用。对广大林业科技工作者、专业研究人员、教学和相关从业人员具有学习与参考价值。

本书属于林木遗传学方面的著作，共十一章，由林木遗传学概述、遗传细胞学基础、遗传的分子基础与中心法则、连锁遗传定理基础理论与应用、数量遗传技术与应用、林木遗传统计模型与 R 语言的实现、林木遗传育种中试验统计法的创新与发展、林木遗传图谱构建及遗传多样性分析技术与应用、林木基因工程与基因组学创新应用与实践、细胞工程在林木遗传改良技术中的创新应用与实践、林木遗传学的创新应用与实践几部分组成，其中李哲馨负责第一章到第六章的编写，刘国花负责第七章到第十一章的编写，齐力旺负责全书的统稿。同时本书的出版由国家转基因生物新品种培育重大专项——转基因落叶松新品种培育及产业化研究项目（2018ZX08020-003）和重庆市自然科学基金项目（cstc2018jcyjAX0717）资助完成，在此表示感谢。

当前国内外林木遗传学研究进展很快，新思路、新技术、新成果层出不穷，本书在编写过程中，参考和引用了国内外众多专家学者的论著和研究资料，并且尽可能在参考文献中列出，如有未列出的资料和文献，敬请作者见谅，同时向所有被引用资料的作者表示衷心的感谢。但是由于本学科涉猎面广，加之时间仓促和作者水平所限，书中难免存在一些不足之处，在此恳请各位专家和读者批评指正。

作　者

2020 年 4 月

| 目 录 |

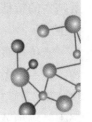

第一章　林木遗传学概述

第一节　遗传学的基本概念

遗传是生命世界的一种最普遍的现象，是生物的一种属性。遗传使生物体繁衍与其相似的同种生物，使它们的特征得以延续；而变异则形成了千千万万的形形色色的有差异的生物种类。遗传和变异构成了生物进化的基础和条件。遗传学是阐明生命现象和规律的一门自然科学。它犹如一座大厦，是在人类认识发展的过程中建立、发展，并在实践中不断添砖加瓦、发展完善起来的。

遗传学是研究生物遗传和变异的科学。它是自然科学中一门十分重要的理论学科，是生命科学的一个重要分支。它涉及生命的起源和生物进化的机理；它又直接为动植物和微生物的育种工作服务，是良种选育和遗传控制改良的理论基础，与人类医学和保健事业也有十分密切的关系。所以遗传学不仅在理论研究上，而且在生产实践上都有十分重大的意义，是当今生物科学中最为活跃的学科之一。

遗传学研究的对象是生物的遗传和变异，遗传和变异是生物界最普遍和最基本的两个特征。所谓遗传，是指亲代与子代之间相似的现象；变异则是指亲代与子代之间、子代个体之间存在的差异。生物因为有遗传的特性，才可以繁衍后代，保持物种的相对稳定性；同时，生物因为有变异的特征，才可以产生新的性状，才会有物种进化的新品种供选育。举例说明，林木育种不论繁殖了多少代，也不论分布有多广，但松树终究还是松树、杨树终究还是杨树，不会发生种瓜得豆、育柳成杨的情况。这说明遗传是以稳定性为前提和基础的，没有稳定性，也就不称其为遗传，这是生物最普遍、最基本的特征之一；然而，遗传的稳定性仅仅是相对的，遗传只意味着相似，绝不是相同。亲子代之间，子代每个个体之间，总是存在或多或少的差异，绝不会完全相同，例如，一窝小猫，它们彼此之间在毛色、外形、胖瘦、生长发育速度等性状上总会有些差异。不仅它们彼此有差异，与亲代之间也有差异，这种有差异的现象，称作变异。生物性状的丰富性和多样性，正是源于变异，变异是生物又一个最普遍、最基本的特征。变异是绝对的，无一例外地贯穿于生物系统发育和个体发育过程中。

遗传与变异是既对立又统一的矛盾的两个方面。它们相互对立、相互制约，在一定条件下又相互转化。试想，一方面，如果没有遗传，那么生物的性状就得不到继承与积累，就没有稳定的性状；如果没有变异，则新性状将不会产生，物种就不会有发展和进化的动力。另一方面，遗传的性状受到变异的影响，新产生的性状又得到遗传。所以遗传不单是消极的、保守的，同时也是积极的、创新的，而变异不单是负面的、消失的，也是进取的、创造的。在物种进化发展的漫长历史中，自然选择为遗传与变异确定了方向。遗传和变异这对矛盾不断地运动，经过自然选择，形成了形形色色的物种；通过人工选择，才能育成符合人类需要的动植物和微生物新品种。因此，遗传、变异和选择是生物进化和新品种选育的三大因素。

遗传学研究的主要内容是由细胞到细胞、由亲代到子代、由世代到世代的生命信息的传递，而细胞中的染色体则是生命信息传递的基础。染色体的组成是脱氧核糖核酸和蛋白质骨架，它们有机地结合形成核蛋白。DNA 是主要的遗传物质，普遍存在于生物体所有的细胞中，主要存在于细胞核内的染色体上。DNA 分子通常性质很稳定，并具有自我复制的能力。位于 DNA 分子长链上的基因负责将亲代特征的遗传信息传递给子代。在少数情况下，DNA 分子某部分的基因能够发生改变，即突变，这就使生物产生性状变异。基因还可以发生重组。高等真核生物在形成生殖细胞的过程中，来源于父本和母本的基因可以改变其在染色体上的原有状态和位置，使其双亲的某些基因组合在一起，并传递给后代，使后代表现出不同于双亲的性状。基因是通过转录、翻译产生蛋白质，从而直接决定生物性状的表现；或者生成一种酶，催化细胞内某种生化反应过程，从而间接决定性状的表现。基因不仅在生物个体的生命活动中起着最基本的作用，而且基因还会通过其频率的改变导致整个群体的改变或者进化。当然，任何生物的生长发育都必须具有相应的必要的环境，而遗传和变异的表现都与环境有关。因此，研究生物的遗传和变异，必须与其所处的环境相联系。

综上所述，可知遗传学研究的任务自然就是从研究遗传变异的现象出发，了解引起遗传变异的原因，阐明生物遗传和变异的现象及其表现的规律；探索遗传和变异的原因及其物质基础，揭示其内在的规律；从而进一步指导动物、植物和微生物的育种实践，为新品种选育和遗传控制服务，使遗传学造福于人类。

第二节　遗传学的发展

人类在远古时代就已经发现遗传和变异的现象，并且通过有意识或无意识的选择，培育成大量有用的优良动植物品种。有许多考古学的证据比如原始艺术、保存下来的骨头和头骨、干种子等可以证明几千年前人类成功培养驯化的动物和植物的情况。在非洲的尼罗河流域，公元前 4000 年就有人类选择和饲养蜜蜂来生产蜂蜜的活动的记载。我国湖北地区新石器时代末期的遗址中还保存有阔卵圆形的粳稻谷壳，说明人类对植物品种的选育具有更悠久的历史。亚述人的艺术作品中有描绘人类对枣椰树进行人工授粉的情景，人们推测它是发生于古巴比伦。

最初人们的想法可能是，选择有经济价值的个体，比如那些对人类伤害最小、可以提供较多肉食、果实或谷粒硕大的个体，并把这些个体分离出来进行繁殖。尽管如此，这些仅仅是史前时期人类对遗传变异现象的观察和无意识运用，人类并没有对生物遗传和变异的机制进行严谨的、系统的研究。直到 18 世纪下半叶和 19 世纪上半叶，才由法国学者拉马克（J.B. Lamarck，1744—1829）和英国生物学家达尔文（C.R. Darwin，1809—1882）对生物界的遗传和变异现象进行了比较系统的研究。

拉马克认为环境条件的改变是生物变异的根本原因，提出"器官的用进废退"和"获得性状遗传"等学说。虽然这些假说具有唯心主义的成分，但是对于后来的生物进化学说的发展以及遗传和变异的研究起了重要的推动作用。

达尔文在 1859 年发表了著名的《物种起源》（The Origin of Species），提出自然选择的进化论。他认为生物在很长的一段时间内累积着微小的变异，当发生生殖隔离后就形成了一个新物种，而后新物种又继续发生着变异进化。这有力地论证了生物是由简单到复杂、由低级到高级逐渐进化的，否定了物种不变的谬论。对于遗传和变异的解释，达尔文在 1868 年发表的《驯养下动植物的变异》（Variations of Animals and Plants under Domestication）中认可获得性状遗传的某些论点，并提出泛生假说，认为动物的每个器官里都普遍存在微小的泛生粒，它们能够分裂繁殖，并能在体内流动，聚集到生殖器官里，就形成生殖细胞。当受精卵发育为幼小个体时，各种泛生粒进入各器官发生作用，因此表现出亲代和子代间的遗传。如果亲代的泛生粒发生改变，则子代表现变异。以上这一假说内容全是推想，并未获得科学的证实。

达尔文之后，德国生物学家魏斯曼（A. Weismann，1834—1914）首创了新达尔文主义，在生物科学中广泛流行。这一论说支持达尔文的自然选择理论，但否定获得性状遗传学说。他提出种质连续论，认为多细胞的生物体是由体质和种质两部分所组成，种质是指性细胞和能产生性细胞的细胞。种质在世代之间连续遗传，体质是由种质产生的。环境只能影响体质，不能影响种质，所以获得性状是不能遗传的。种质连续论有一定的科学合理性，在后来生物科学中，特别是对遗传学发展起了重大而广泛的影响。但是，这样把生物体绝对化地划分为种质和体质是错误的、片面的。在植物界这种划分一般是不存在的，在动物界也仅仅是相对的。

遗传和变异规律被真正科学、系统地进行研究是从孟德尔（G. J. Mendel，1822—1884）开始的。孟德尔于1856年—1864年从事豌豆杂交试验，将这些奠基性的试验进行细致地后代记载和统计分析，1866年发表"植物杂交试验"论文，首次提出分离定律和独立分配定律两大遗传基本规律，认为性状遗传是受细胞里的遗传因子控制的。非常遗憾的是这一重大理论当时未受到学术界的重视。

重新发现孟德尔遗传定律的时间是1900年，那一年孟德尔论文的价值才被3个不同国家的3位植物学家发现。这3位科学家是荷兰阿姆斯特丹大学教授狄·弗里斯（H. deVires）、德国土宾根大学的教授柯伦斯（C. E. Correns）和奥地利维也纳农业大学的讲师柴马克（E. V. Tschermak）。狄·弗里斯研究月见草，柯伦斯研究玉米，柴马克研究豌豆，三者均从自己的独立研究中都发现了孟德尔当年提出的遗传学定律，并且当他们在查找资料时都发现了孟德尔的论文。1900年也因孟德尔遗传规律的重新被发现，被公认为是遗传学建立的第一年。自此，孟德尔被人们誉为"遗传学之父"。

孟德尔奠定的遗传学理论的精髓是"颗粒遗传"说，其遗传学定律的中心内容是：遗传因子是独立的，呈颗粒状，互不融合、互不影响，独立分离，自由组合。

孟德尔的遗传定律在1900年后才被认识的另外一重要原因是：此时期，细胞学经历了一个重要发展阶段——染色体被认识了解，而且推测是遗传物质的载体；有丝分裂的意义已被明确，减数分裂开始被人们理解，认识到减数分裂过程中同源染色体分开，形成配子，接着受精结合成为合子。这些都为孟德尔假设的证实奠定了基础。经过这些研究讨论之后，人们接受了孟德尔的遗传理论，1906 年，"遗传学"这一学科名称，首次为贝特森（W. Batson）提了出来。

1906 年贝特森等人在香豌豆杂交试验中发现了性状的连锁现象。约翰逊（W. L. Johannsen, 1859—1927）于 1909 年发表了"纯系学说"，并且最先提出"基因"一词，以代替孟德尔的遗传因子概念。在这一时期，细胞学和胚胎学已有很大的发展，对于细胞结构、有丝分裂、减数分裂、受精过程以及细胞分裂过程中染色体的动态等都已研究得比较清楚。

1910 年以后，摩尔根（T. H. Morgan, 1866—1945）证明了孟德尔的遗传定律与染色体的遗传行为一致，把孟德尔所讲的遗传因子（基因）具体定位到细胞核内的染色体上，从而创立了基因论。他以果蝇为材料，进行了大量的遗传试验，在许多野生型红眼果蝇中，发现了一只白眼的雄果蝇。他抓住这一偶然发现，终于发现了与孟德尔的分离和独立分配定律并称为遗传学三大定律的——连锁定律，也因这一发现，他于 1933 年获得诺贝尔生物学奖。他证明了基因就在染色体上，染色体是基因的载体，基因呈直线排列。这个时候，细胞学研究把遗传学从个体研究水平推进到细胞学研究水平，于是细胞遗传学宣告诞生。此时的遗传学是建立在细胞染色体的基因理论基础之上的遗传学，被称为经典遗传学，或经典遗传学发展阶段。

1927 年马勒（H. J. Muller）和斯塔德勒（L. J. Stafdler, 1896—1954）几乎同时采用 X 射线照射的方法，分别诱导果蝇和玉米突变成功。1937 年布莱克斯利（A.F. Blakeslee, 1874—1954）等利用秋水仙素诱导植物多倍体成功，为遗传变异开创了新的途径。20 世纪 30 年代，随着玉米等杂种优势在生产上的利用，研究者们提出了杂种优势的遗传假说。由于许多因素会造成实验误差，为了区分和判断误差的性质，运用统计学原理进行处理是十分必要的。1930 年—1932 年，赖特（S. Wright）、费希尔（R. A. Fisher）和霍尔丹（J. B. S. Haldane）等人使用数理统计学方法分析性状的遗传变异，分析遗传群体的各项遗传参数，为数量遗传学和群体遗传学奠定了基础。

1940 年遗传学研究进入了一个快速发展时期，生化学家和微生物学家将先进的研究手段应用到遗传学的研究中来。他们使用研究的材料不是之前常见的豌豆、果蝇等动植物了，而改为小巧、繁殖快的微生物。如 1941 年比德尔（G.W.Beadle, 1903—1989）和泰特姆（E.L.Tatum, 1909—1975）用红色面包霉为材料，系统地研究了基因与生化合成间的关系，证明基因在代谢中是通过它所控制的酶，去控制生化反应，从而控制遗传的性状。于是比德尔提出"一个基因，一个酶"的理论，使微生物遗传学和生化遗传学得到了发展。

1944 年艾弗里（O. T. Avery）等人用肺炎双球菌转化试验，有力地证明了脱氧核糖核酸（DNA））就是遗传物质。1952 年赫尔希（A. D. Hershey）和蔡斯（M. Chase）在大肠杆菌的 T2 噬菌体内，用放射性同位素标记试验，进一步证明 DNA 是 T2 的遗传物质。

1953 年 4 月 25 日，美国学者沃森（J. D. Watson）和英国学者克里克（F. H. C. Crick）在《自然》杂志上发表了他们的研究论文"核酸的分子结构——脱氧核糖核酸的结构"，标志着遗传学乃至整个生物学进入分子水平的新时代，宣告了分子遗传学的诞生。两人合作共同提出了著名的 DNA 双螺旋结构模型（图 1-1）。这一模型更清楚地说明了遗传物质就是 DNA 分子，基因就是 DNA 的片段，它控制着蛋白质的合成。两人于 1962 年共享诺贝尔奖。这一理论对 DNA 的分子结构、自我复制、相对稳定性和变异性，以及 DNA 作为遗传信息的储存和传递等提供了合理的解释；明确了基因是 DNA 分子上的一个片段，为进一步从分子水平上研究基因的结构和功能、揭示生物遗传和变异的奥秘奠定了基础。这是遗传学和生物学的划时代杰作。

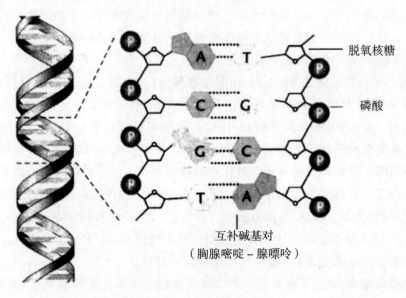

图 1-1　DNA 的双螺旋结构

之后，分子遗传学表现出巨大的生命力，使得遗传学取得了飞速的发展。1955 年本泽尔（S. Benzer）首次提出 T4 噬菌体的 r II 座位的精细结构图。

1957年弗南克尔-柯拉特（H. Fraenkelcarat）和辛格发现烟草花叶病毒（tobacco mosaic virus，TMV）的遗传物质是RNA。1958年梅希尔逊（M. Meselson）和斯塔尔（F. Stahl）证明了DNA的半保留复制；同年，科恩伯格（A. Kornberg）从大肠杆菌中分离得到DNA聚合酶Ⅰ。1959年奥乔（S. ochoa）分离得到第一种RNA聚合酶。1961年，雅各布（F. Jacob）和莫诺（J. Monod）提出细菌中调控基因表达的操作子（元）模型。1961年，布伦勒（S. Brenner）、雅各布和梅希尔逊发现了信使RNA（mRNA）。1965年霍利（R.W. Holley）首次分析出酵母丙氨酸tRNA的全部核苷酸序列。1966年，尼伦伯格（M. W. Nirenberg）和霍拉纳（H. G. Khomna）等建立了完整的遗传密码。

20世纪70年代后，分子遗传学家已成功地进行人工分离基因和人工合成基因，开始发展遗传工程这一新的研究领域。1970年史密斯（H.O. Smith）首次分离到限制性内切酶；同年，巴尔的摩（D. Baltimore）分离到RNA肿瘤病毒的反转录酶。1972年贝格（P. Berg）在离体条件下首次合成重组DNA。1977年吉尔伯特（W. Gilbert）、桑格（F. Sanger）和马克山姆（A. Maxam）发明了DNA序列分析法。1982年经美国食品及药物管理局批准，采用基因工程方法在细菌中表达生产的人的胰岛素进入市场，成为基因工程产品直接造福于人类的首例。1983年，扎布瑞斯克（P. Zambryski）等用根癌农杆菌转化烟草，在世界上获得首例转基因植物。现在，人类已经用遗传工程的方法改造生物性状和创造新的生命形态，利用这项技术生产药品、疫苗和食品，辅助诊断和治疗遗传疾病。

20世纪90年代初，美国率先开始实施"人类基因组计划"（human genome project），旨在测定人类基因组全部约32亿个核苷酸对的排列次序，构建控制人类生长发育的约3.5万个基因的遗传和物理图谱，确定人类基因组DNA编码的遗传信息。随后，大肠杆菌、酵母、线虫、果蝇、小鼠、拟南芥、杨树、水稻等模式生物的基因组全序列也陆续测定。这为进一步揭开生命过程中生长、发育、衰老、疾病和死亡的奥秘做好了准备，是一项重大且有深远影响力的科学研究。

21世纪，遗传学的发展将进入"后基因组时代"，这是一个富有挑战性的时代。遗传学将进一步阐明人类及其他动植物的基因组编码的蛋白质的功能，弄清DNA序列所包含遗传信息的生物学功能。

遗传学是生命科学的最基础的学科，也是发展最快的学科。回顾遗传学100余年的发展史，我们可以清晰地看到差不多每10年就有一次重大的提高和突破。如今的遗传学已从孟德尔、摩尔根时代的细胞学水平，深入发展到现代的分子水平，在广度和深度上都有了质的飞跃。遗传学迅速发展的2个原因，一方面由于遗传学与许多学科相互交叉和渗透，共同促进发展；另一方面由于遗传学广泛应用近代化学、物理学、数学的新成果、新技术和新仪器设备，因而能由表及里、由宏观到微观，逐步地加深对遗传物质结构和功能的研究。现代遗传学已发展有30多个分支，如数量遗传学、群体遗传学、细胞遗传学、发育遗传学、分子遗传学、基因组学、进化遗传学、林木遗传学、作物遗传学、人类遗传学、辐射遗传学、医学遗传学和遗传工程等。过去受林木生长周期长的制约，林木遗传学的发展一直比较缓慢。但杨树作为木本植物的模式树种，其全基因组测序的完成使林木遗传学研究进入了基因组学时代。现在，基因组学信息为全面系统分析树木某一生命活动所涉及的遗传背景提供了强大的工具。基因组学研究使林木遗传学实现了跨越式发展，使人们对林木基因组的物理结构和可能编码的所有基因及其所在的整个调控网络有了比较全面深入的了解。

综上所述，遗传学发展迅速，其中分子遗传学和基因组学已经成为生物科学中最活跃和最有生命力的学科；而遗传工程将是分子遗传学中最重要的研究方法。遗传学的发展正在向人类展示出无限美好的前景。

第三节　遗传学的研究途径

遗传学研究的领域非常广阔，包括病毒、细菌、各种植物和动物以及人体等生命形式。研究层次从分子水平、染色体水平到群体水平。现代遗传学依据研究途径一般可划分为4个主要分支，即经典遗传学、细胞遗传学、分子遗传学和生物统计遗传学。各个研究途径之间相互联系、相互重叠、相互印证，共同组成一个不可分割的整体。

经典遗传学途径是研究遗传性状从亲代到子代的传递规律。通常将具有不同性状的个体进行交配，通过对连续几个世代的分析，研究性状从亲代传递给子代的一般规律。在对人体进行研究时，则采用谱系分析。通过对多个世代的调查，追踪某个遗传特征的传递方式，推测其遗传模式。

细胞遗传学途径是在细胞层次上进行遗传学研究的，其分支学科称为细胞遗传学。这个途径主要使用各类显微镜，着重研究细胞中染色体的起源、组成、变化、行为和传递等机制及其生物学效应。20世纪初，就是利用光学显微镜发现了细胞有丝分裂和减数分裂过程中的染色体及其行为变化的。发现染色体及其在细胞分裂过程中的行为，不仅对孟德尔规律的重新发现和证实起到了重要作用，而且还奠定了遗传的染色体理论基础。该理论认为染色体是基因的载体，是传递遗传信息的功能单位。后来，随着高分辨率的光学显微镜、电子显微镜等的发明，人类已经能够直接观察遗传物质的结构特征及其在基因表达过程中的行为变化，使细胞遗传学的研究视野扩大到分子水平。

分子遗传学途径是对遗传物质 DNA 从分子的水平上研究其结构特征、遗传信息的复制、基因的结构与功能、基因突变与重组、基因的调节表达等内容。分子遗传学是遗传学中最有生命力、发展最迅速的一大分支。在分子水平上对遗传信息进行研究始于 20 世纪 40 年代。开始的研究对象只是细菌和病毒，但通过这些研究，现在我们已经知道了许多真核生物遗传信息的特征、复制和调节表达机制。在 20 世纪 70 年代，随着重组 DNA 技术的发明与应用，人类可以在实验室内有目的地将任何生物的基因连接到细菌或病毒 DNA 上，进行大量克隆，扩增出目的基因。DNA 重组技术在分子遗传学研究中是一项普遍使用的、非常重要的基本技术，它不仅使遗传研究不断向更深层次发展，而且还对医学和农林业具有重要的实践意义。

生物统计遗传学途径是在生物各类性状的表型、分子等大量数据的基础上，使用数理统计学方法，计算出各种遗传参数来分析生物的遗传变异。根据研究的对象不同，又可分为数量遗传学和群体遗传学等。数量遗传学是研究生物体数量性状即由多基因控制的性状遗传规律的分支学科；而群体遗传学是研究基因频率在群体中的变化、群体的遗传结构和物种进化的学科。较早时期，生物统计遗传学是依据群体中不同个体的表型来研究遗传和变异，但现在已经向研究群体内分子水平变异的方向发展，涉及遗传连锁分析、遗传关联分析、群体遗传结构与分化分析、基因网络分析等众多内容。

第四节　遗传学的作用与意义

遗传学的深入研究，不仅直接关系到遗传学本身的发展，而且在理论上对于探索生命的本质和生物的进化，对于推动整个生物科学和有关学科的发展都有着巨大的作用。

在遗传学的研究上，试验材料从豌豆、玉米、果蝇等高等动植物发展到红色面包霉、大肠杆菌、噬菌体等一系列的低等生物，试验方法从生物个体的遗传分析发展到少数细胞或单细胞的组织培养技术。这些发展对于遗传研究的材料和方法是一个重大的进步；而且在认识生物界的统一性上也具有重大的理论意义。因为低等生物，特别是微生物繁殖快、数目多、变异多、易于培养、便于化学分析；而利用高等动植物以及人体的少数离体细胞，也能应用类似于培养细菌的方法进行深入的遗传研究，这就可以更好地提高试验准确性。研究资料清楚地表明最低等的和最高等的生物之间所表现的遗传和变异规律都是相同的，这一点有力地证明了生物界遗传规律的普遍性。

随着遗传学研究的深入，在理论上必然涉及生命的本质问题。近年来分子生物学，其中更重要的是分子遗传学的发展，充分证实以核酸和蛋白质为研究基础，特别是以 DNA 为研究的基础，来认识和阐述生命现象及其本质，这是现代生物科学发展的必然途径。

遗传学与进化论有着不可分割的关系。遗传学是研究生物上下代或少数几代的遗传和变异，进化论则是研究千万代或更多代数的遗传和变异。所以，进化论必须以遗传学为基础。达尔文的进化论是 19 世纪生物科学中一次巨大的变革，它把当时由于物种特创论的影响，生物科学中各学科互不相关的研究统一在进化论的基础上，使它们成为相互具有关联的学科。但是，由于社会条件和科学水平的限制，特别是当时遗传学还没有建立，达尔文没有也不可能对进化现象作出充分而完美的解释。直到 20 世纪遗传学建立以后，尤其是近代分子遗传学发展以后，进一步了解遗传物质的结构和功能，及其与蛋白质合成的相互关系，才可能精确地探讨生物遗传和变异的本质，从而也才可能了解各种生物在进化史上的亲缘关系及其形成过程，真正认识到生物进化的遗传机理。因此，分子遗传学的发展与达尔文的进化论相比，可以说是生物科学中又一次巨大的变革。

在生产实践上，遗传学对农林业科学起着直接的指导作用。要提高育种工作的预见性，有效地控制有机体的遗传和变异，加速育种进程，就必须在遗传学的理论指导下，开展品种选育和良种繁育工作。在农业方面，我国首先育成矮秆优良水稻品种，并在生产上大面积推广，从而获得显著的增产，就是这方面的一个典型事例，在国外也有一些类似的事例。例如，在墨西哥育成矮秆、高产、抗病的小麦品种；在菲律宾育成抗倒伏、高产、抗病的水稻品种等。正是由于这些品种的推广，一些国家的粮食产量有着不同程度的增加，引起农业生产发生显著的变化。在林业方面，我国采用杂交技术培育出了中林 46 杨、小黑杨、群众杨，尤其采用染色体加倍与杂交相结合的技术培育出了毛白杨三倍体新品种，在生产上大面积推广，取得了很好的增产效果，国外也育成了大批的林木新品种。例如，欧美杨无性系 1-72、1-214，以及我国近年引进的优良欧美杨无性系 1-107 等，对世界林业生产起了很大的推动作用。

随着人类社会和工农业生产的发展，有计划地控制人口的增长已经成为世界各国普遍性的问题；我国已明确提出，实行计划生育是一项基本国策。因此，为了防治遗传性疾病和畸形胎儿的出现，积极普及遗传学知识，认真做好产前检查和遗传咨询工作，是提高我国民族的遗传素质和促进社会主义建设的重要保证。

此外，遗传学对社会性问题的认识和解决、司法鉴定和人的科学世界观形成等也有重要影响。在社会性问题方面，遗传学为种族、性别差别产生的社会偏见提供了解决途径；为全球性关注的生态环境的保护、人类遗传健康等问题提供了理论指导。在法律特别是司法鉴定方面，如亲子关系鉴定、强奸、凶杀以及其他犯罪确认等，发挥着不可替代的作用。在影响人的世界观形成方面，最典型的例子是生命的起源和进化。遗传学研究发现，所有生物都采用相似的机制贮存和表达遗传信息，各种生物的许多结构特征，甚至基因结构都存在一定的同源性。这种生物界各种生物之间都存在亲缘关系的思想，从根本上改变了以前认为人类是天地万物中心的世界观。由此可见，遗传学知识影响着我们生活的各个方面。

近几十年来，遗传学已经取得了突飞猛进的进展。在 21 世纪，人们将会越来越认识到现代遗传学在科学发展、社会进步、生产力提高等各方面所产生的重要作用，以 DNA 为核心的遗传学科的发展必将在人类发展史上留下不可磨灭的功绩。

第五节　我国林木遗传育种技术现状与发展趋势

林业遗传育种技术起源于 20 世纪 70 年代，技术的兴起得益于生物科技与基因技术的出现，近年来生物科技与基因技术在研究深度和研究成果上取得了突破性进展。我国林业遗传育种工作通过不断向国外先进国家学习，并充分发挥我国在植物基因测绘上的优势，已选育出了部分具有代表性的林木品种，如抗病虫害的苹果、梨等果树品种，在提高林业生产效益和推动我国生态环境建设中发挥了积极的作用。

一、任务和作用

（一）提升林木抗病虫害能力

针对目前林业发展过程中大量林木饱受各类病虫害问题的困扰，通过遗传育种可使得林木在被各类食叶昆虫啃食枝叶的过程中，将植物体所具有的对昆虫体有害的病毒转移到昆虫体内，从而造成其死亡。通过遗传育种还能选育出部分能够散发害虫不适应的植物挥发物，从而间接起到防御林木虫害的目的。

同时，通过遗传育种技术还能提升林木尤其是部分经济类果树抗病害的能力，如国外部分研究机构将采自玉米的叶片色素基因 Lc 移植到苹果树的基因序列中，从而使其获得了抗火疫病和抗疥癣的转基因苹果。

（二）提高木材的成材速率和木材质量

通过遗传育种大幅降低木材本身木质素的含量，从而使其在加工过程中所需消耗的化学试剂量更少，起到降低木材生产加工成本与保护环境的双重功效。同时，国内外相关试验研究表明，通过在毛果杨过表达谷氨酰胺合成酶 GS 能够增加生长量，GS 是氮同化的关键酶，利用上述遗传技术可大大提高树木本身对于氮的转化率，从而起到促进植物生长的目的。

（三）提升树木抗性

由于各类树木所适应生长的环境条件各不相同，尤其是针对耐寒耐热、耐干旱、耐盐碱以及耐各类污染源的能力有着显著的差异性。通过遗传育种工作可进一步提高林木应对某种耐受性的能力，从而使其能够在更为恶劣的环境因子中生长，如通过表达乌头叶虹豆的吡咯啉合成途径中的限速酶基因——吡咯啉 -5- 羧酸合成酶基因，可以提高吡咯啉在植物组织的表达水平，从而增加黑杨、柳叶桉等植物对寒冷、盐分和冰冻的耐受性能。

（四）生态环境修复

通过对部分林木进行遗传育种方面的改造，使其新的植株能够具备吸收、贮存和隔离部分重金属与杀虫剂等污染物资，并使其对相应的污染物拥有更强的抗性和适应性，从而能够在污染物密度较高的区域进行种植和生长。如通过部分遗传育种后的白杨能够吸收汞、铜、镉和砷等工业生产过程中较为常见的重金属物资，同时其所散发的气味对于杀虫剂与其他有毒的芳烃类物质有着良好的解毒作用。

（五）缩短林木产果期

由于果树的生产与普通的农作物生产有着较大的区别，其在从幼苗到能够具备结果能力所需耗费的时间远远大于一般农作物，如苹果树需要 5 年～ 10 年，柑橘树需要 15 年～ 20 年。而通过遗传育种可以大大缩短部分果树的童期，一方面提高了果树种植户的实际经济效益，另一方面也缩短了各类名优果树品种的选育时间。

另外，部分遗传育种所选育出含有 ScYCFI 基因的灰杨能够更好地适应在高浓度的重金属物质的土壤中生存，使得其满足我国部分矿区绿化或尾矿、矿渣等生态修复之用。

二、SWOT 分析

（一）优势

我国作为一个幅员辽阔的国家，疆域横跨经度与纬度范围广，具有极其丰富的树种资源，据相关资料统计，我国境内共有乔灌藤等各类树种 9000 余种，在所有北半球国家内无论在林木种类还是在林木分布面积上都是首屈一指。同时，我国又是拥有悠久农业生产和建筑加工历史的文明古国，历来注重对于各类经济林木和建筑及加工业用材林木品种的培育工作，目前仅用材和经济林木数量就到 1000 余种，另外林业部门统计报告显示，我国还拥有各类珍稀濒危树种 388 种，我国特有子遗种 260 余种。如此丰富的林业树种资源，为我国林木遗传育种工作的开展奠定了良好的种源基础。

中华人民共和国成立以来，国家十分重视对于林业人才的培养和教育工作，无数专家学者或从事科学研究不断为我国培育出新的林木品种，或扎根林业基地直接指导农户进行生产培育，或执掌教鞭为国家培养新一代遗传育种的接班人。在一代代林业育种人的努力之下，我国建成了一大批拥有先进设备的林业遗传育种基地和现代化苗圃，从而进一步加快了我国林业遗传育种的发展速度。

（二）劣势

首先，虽然我国林业种源资源丰富，但是也存在良种使用率较低，针叶林种植面积较大而阔叶林及灌木良种资源不足等问题。为了应对全国用材数量的激增，我国近年来对于用材树种的良种选育工作开展较好，但其他诸如经济树种、生态防护树种和能源树种等其他用途的良种选育工作开展水平较低。另外，在我国遗传育种工作还存在严重的地区差异，具体而言我国东部沿海地区遗传育种工作开展较好，生产和研发工作稳定，林木品种结构趋向合理；但在西部及北部地区由于受到当地经济和科技水平的制约，生产和研发工作进展缓慢。

其次，由于受到基地设备条件和研究人员专业技术水平的制约，我国遗传育种所选育的林木良种品质上还是与发达国家存在较大差距。同时，我国不少遗传育种基地尚处于初级试验阶段，并未建立起完善的子代测定林，难以大规模和高效率地对良种资源进行更新换代。另外，还受到遗传育种基地管理体制的限制，林木良种推广范围无法确定，基地发展潜力有限。

最后，作为林业遗传育种工作的基础，各类林木种质资源的保护工作力度不够，尤其是对于良种资源的调查工作开展极其缓慢，除了个别省份外我国大部分省份的林业部门尚不能定期公布优质种源的目录清单，从而造成了科研工作的严重滞后。

（三）机遇

首先，近年来我国加快建设生态文明的社会呼声越来越强烈，政府也提出了"绿水青山就是金山银山"的宏伟目标，在山川复绿的过程中对于林木种类和数量的需求也会越来越大，随着植树造林工作的不断推进，造林工作的立地条件也会越来越差，在未来的数年内将会面临更多的盐碱地、贫瘠地和干旱地的造林任务，为此通过遗传育种优化林木耐受性将成为未来林木业重要的工作任务。

其次，目前兴起的乡村体验式旅游业对于各类名特优新果树的需求激增，不少基本农田较少的山村通过发展果树种植业来促进乡村旅游业的发展，并伴随着各种复合式种植技术，积极开拓林下经济市场，为山村农户脱贫致富开辟了一条新的道路。

最后，随着我国农村经济体制改革的不断深化，林场所有人的众多农户更加迫切地希望通过调整林场内林木的品种结构来创造更多的经济利益。遗传育种为各类林场提供林木良种，不仅有利于提高造林复绿的质量，而且对农户的增产增收起到了至关重要的作用。

（四）挑战

首先，鉴于目前我国林业生产和建设中所需要的各类良种林木种类越来越多，这与我国飞速发展的国民经济有着紧密的关系，这对于遗传育种研发工作提出了更高的要求，不仅仅体现在林木品种的数量上，更多地体现在对于研发时间和林木种苗质量的要求，而这对于我国目前遗传育种领域是一项严峻的挑战。

其次，为了满足国家生态建设需求，更多地将造林区域向边远地区发展，尤其是原本森林覆盖率较低的西北、西部等各省份，在盐碱、干旱地区进行造林更需要大量通过遗传育种技术所选育的适应性和耐受性强的林木品种。

最后，由于我国大量林场的林木品种已经出现老化的问题，急需补充大量经济性强、生长性好的品种进行更新，为此持续稳定地提供各类林场生产所需的各类林木种苗也成了目前我国林业遗传育种工作所需面对的另一重大挑战。

三、发展趋势

相对于传统的林业种苗培育通过杂交、倍培和诱变等手段进行优良品种的选育工作，新型的遗传育种工作不仅在工作量、种苗性状的预见性以及研发时间上均具有无可比拟的优势。同时，以转基因工程为核心技术的遗传育种还能保证林木的某一特定性状发生人为的改变，而其他林木本身所具备的特性能够继续得以完美的体现。针对林业产业发展的趋势和需求，对我国林业遗传育种技术的发展趋势进行了设想，并将其进行如下归纳。

（一）遗传育种方向由单一目标向多目标转变

目前，我国的林业遗传育种工作已经取得了一定的成绩，也相继研发出了符合我国各地区林业生产实际情况的大量林业良种资源。伴随着我国社会经济形势的不断变化和造林范围的不断扩大，除对林木适应性和耐受性上有着严格的要求外，还对通过在边缘地区进行植树造林来提高当地农户、林户收入提出了更高要求。这就要求我国林业遗传育种人员在不断改良和提高林木耐受性的同时，还要在林业种苗蓄材率、产果率和产果品质上具有新的突破。

（二）分子标记技术在林木育种中的应用

在诸多林业遗传育种技术之中，我国研究较为深入和应用较为广泛的技术莫过于分子标记技术，其具有育种环境条件适应性强、育种种类对象丰富和技术灵活简便的特点，其具体还可分为 RELP 标记技术、SSR 标记技术和 AFLP 标记技术 3 大类。

RELP 标记技术是由美国专家首先发明，其主要利用植物体内的部分 DNA 片段，使用先进的显影技术来判断林木杂交育种的结果，从而使得在林木品种研发的过程中免去了试种试播的环节，极大地提高了研发效率。虽然 RELP 标记技术对于研发技术装备和研发人员素养上相对于其他技术有着更高的要求，但鉴于其在研发效率上的显著优势，我国遗传育种人员可将其应用于部分成材或成果类经济林木的育种工作中。在上述类型苗木的选育过程中，育种人员仅仅只需对杂交后的不同类型后代基因进行测试，并于林木母本的遗传基因进行比对便可较早地判断定向选育工作的成败，极大地提高了各类名特优新果树的选育工作。

SSR 标记技术通过再增加林木遗传物质分子重复序列，使得林木在正常生长发育以及特性表现不会受任何的影响，达到部分特殊性质指标的改善。其优点是重复表现性好，对林木遗传物质的要求比较低，试验研究和分析中对 DNA 要求低并且在数量上要求少，同时准确性相对比较高。

AFLP 标记技术是指采用较为特殊的生物酶对林木的 DNA 进行有针对性的筛选，并将其重新"焊接"到新的植物体细胞中，从而使其展现出新的特性。AFLP 标记技术的特点就是可在未知的植物体细胞 DNA 系列的状态下，通过判断"焊接处"原有遗传物质的特性来检验其是否能够体现出希望筛选的植物特性。

（三）生物技术在林木育种中的应用

生物技术有别于普通的杂交育种技术，其通过将远源植物的基因甚至是不同品种植物之间的基因进行插入，从而人为地创造出一种全新的林木品种，其实现了早期林木育种学者不可企及的境界。如通过生物技术在母本中插入具有抗干旱、抗病虫害和丰产提质等内容的基因序列，使其植株能够体现出上述各项优势性能并能够在今后的繁殖过程中进行稳定的传递。

生物技术还能进一步打破不同类型植物的限制，甚至能够将原本体现在动物、微生物体内的部分基因融入现有的植物之中，使得林木具备更多符合人类生产和生活需求的性能品质。如将亲水性较强的酵母菌部分基因插入林木中，从而使其具备更强的抗水涝能力，这对于我国部分易受各类洪涝灾害影响的地区进行林业生产十分必要；将多花色相结合的基因导入蔷薇之中，便能够使其显出颜色更加丰富、遗传性状更为稳定的造景植物。因此，生物技术将成为今后我国遗传育种技术发展的主要方向。

鉴于遗传育种技术对于提高我国林业生产建设的重要性，必须做好我国各类优势种质资源的调查和保护工作，通过各类现场调查工作的推进，进一步挖掘我国林木种质资源，为今后的遗传育种工作提供宝贵的原始资料。同时，打破各自为政的遗传育种工作现状，建立起较为统一的基因资源库，全力集合我国林木遗传育种领域的优势，从而形成合力共同参与各项研发工作，做到资源与研究成果的真正共享。

随着我国林业遗传育种工作的不断推进，充分发挥我国在林木种质资源上的优势，将传统的育种技术与现代的遗传育种技术相结合，从而研发出满足我国林业生产和建设实际需求的各类苗木。通过各项遗传育种技术不仅在林木研发选育时间上进行大幅度提速，并在保留母本的优势基因特性的同时完成多种定性因子的育种工作。在不久的未来，各类采用遗传育种技术选育的优良林木将在矿区生态修复、防风固沙、盐碱地驯化和贫瘠地区果树生产中发挥重要的生态性和经济性作用。

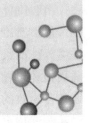

第二章 遗传细胞学基础

第一节 植物细胞的结构与功能

细胞（cell）是生物体形态结构和生命活动的基本单位。生物界除了病毒和噬菌体等最简单的生物外，所有具有独立生命活动的生物都是由细胞构成的。生物生长发育与繁殖、遗传变异与进化等重要生命活动是以细胞为基础进行的。所以学习遗传学，研究生物遗传和变异的规律及其内在机理，必须要有一定的细胞学基础，对细胞的结构和功能、细胞中的遗传物质即染色体的结构与功能、染色体在细胞分裂中的行为及遗传的染色体学说、生物繁殖方式与生活周期等要有非常清楚的认识。

每种细胞都具有一定的结构，各种生物在细胞的结构和组成上是不同的。根据细胞结构的复杂程度，可把生物界的细胞分为两类：一类是原核细胞（prokaryotic cell），只有拟核而没有细胞核和细胞器，结构比较简单；另一类是真核细胞（eukaryotic cell），具有细胞核和各种细胞器，结构比较复杂。

一、真核细胞

真核细胞一般比原核细胞大，直径为10μm~100μm，其结构和功能也比原核细胞复杂得多。真核细胞不仅含有核物质，而且有核结构，即核物质被核膜包被在细胞核里。另外，真核生物还含有线粒体、叶绿体、内质网等各种由膜包被的细胞器。除了原核生物以外，所有的高等植物、动物，以及单细胞藻类、真菌和原生动物等都具有这种真核细胞结构。

尽管真核细胞形态和功能各不相同，但有一些特点是所有真核细胞所共有的。如所有的真核细胞都由细胞膜与外界隔离，细胞质内有各种膜包被的细胞器和起支持作用的细胞骨架，以及核膜包被的细胞核等。此外，植物细胞还有细胞壁。

1. 细胞壁

植物细胞不同于动物细胞，在其细胞膜的外围有一层由纤维素和果胶质等构成的细胞壁。这是由细胞质分泌出来的物质，对植物细胞和植物体起保护和支持作用。在植物的细胞壁上有许多称为胞间连丝的微孔，它们是相邻细胞间的通道，是植物所特有的构造。通过电子显微镜可以看到，植物相邻细胞间的质膜是由许多胞间连丝穿过细胞壁联结起来的，因而相邻细胞的原生质是连续的。胞间连丝有利于细胞间的物质转运；并且大分子物质可以通过质膜上这些微孔从一个细胞进入另一个细胞。

2. 细胞膜

细胞膜是一切生活细胞不可缺少的表面结构，是包被细胞内原生质的一层薄膜，简称质膜。它使细胞成为具有一定形态结构的单位，借以调节和维持细胞内微小环境的相对稳定性。

细胞膜与细胞内所有的膜相结构一样，主要由蛋白质和磷脂组成，其中还含有少量的糖类物质、固醇类物质及核酸等。大量试验证明，细胞膜不是一种静态的结构，它的组成经常随着细胞生命活动变化而发生变化。现在认为质膜是流动性的嵌有蛋白质的脂质双分子层的液态结构，其厚度为 7nm ～ 10nm。它的主要功能在于能主动而有选择地通透某些物质，既能阻止细胞内许多有机物质的渗出，同时又能调节细胞外一些营养物质的渗入。许多研究证明，质膜上各种蛋白质，特别是酶，对于多种物质透过质膜起关键性的作用。质膜上一些蛋白质可与某些物质结合，引起蛋白质的空间结构改变，即所谓变构作用，因而导致物质通过细胞膜而进入细胞或从细胞中排出。此外，质膜对于信息传递、能量转换、代谢调控、细胞识别和癌变等方面，都具有重要的作用。

3. 细胞质

细胞质是在质膜内环绕着细胞核外围的原生质胶体溶液，内含许多蛋白质分子、脂肪、溶解在内的氨基酸分子和电解质；在细胞质中分布着蛋白纤丝组成的细胞骨架及各种细胞器。细胞骨架的主要功能是维持细胞的形状、运动并使细胞器在细胞内保持在适当的位置。细胞器是指细胞质内除了核以外的一些具有一定形态、结构和功能的物体。它们包括线粒体、叶绿体、核糖体、内质网、高尔基体、中心体、溶酶体和液泡等。

其中有些细胞器只是某些生物细胞所特有的。例如，中心体只存在于动物和一些蕨类及裸子植物；叶绿体只存在于绿色植物。

线粒体、叶绿体等细胞器含有自己的 DNA 且与核内 DNA 的碱基成分有所不同，所以有它们各自的遗传体系，是细胞质遗传体系中重要组成部分。它们大多是半自主性的细胞器，与核遗传体系是相互依存的关系。现已证明线粒体、叶绿体、核糖体和内质网等具有重要的遗传功能。

线粒体含有大量的脂类，主要是磷脂类，它是线粒体双膜结构的重要成分。线粒体含有 DNA、RNA 和核糖体，具有独立合成蛋白质的能力。线粒体含有的 DNA，使它有自己的遗传体系。但试验证明，线粒体的 DNA 与其同一细胞的核内 DNA 的碱基成分有所不同，并且这 2 种 DNA 在杂交试验中并不相互作用。线粒体的 DNA 也不与组蛋白相结合，而像细菌体内那样形成环状 DNA 分子。因此，线粒体与细胞核是 2 个不同的遗传体系。此外，线粒体具有分裂增殖的能力；还有资料证明，线粒体具有自行加倍和突变的能力。

叶绿体是绿色植物细胞中所特有的一种细胞器。叶绿体的形状有盘状、球状、棒状和泡状等。其大小、形状和分布因植物和细胞类型不同而变化很大。高等植物一般呈扁平的盘状，长度为 5 μm ～ 10 μm。细胞内叶绿体的数日在同种植物中是相对稳定的。叶绿体也有双层膜，内含叶绿素的基粒是由内膜的折叠所包被，这些折叠彼此平行延伸为许多片层。

叶绿体的主要功能是光合作用，利用光能和 CO_2 合成碳水化合物。叶绿体含有 DNA、RNA 及核糖体等，能够合成蛋白质，并且能够分裂增殖，还可以发生白化突变。这些特征都表明叶绿体具有特定的遗传功能，是遗传物质的载体之一。

现在认为线粒体、叶绿体可能是在进化过程中由寄生于真核细胞内的原核生物演化而成。

外面没有膜包被，在细胞质中数量很多。它是细胞质中一个极为重要的成分，占整个细胞重量的很大比例。核糖体是由大约 40% 的蛋白质和 60% 的 RNA 所组成，其中 RNA 主要是核糖体核糖核酸（rRNA），故又称为核糖蛋白体。核糖体可以游离在细胞质中或核里，也可以附着在内质网上。已知核糖体是合成蛋白质的主要场所。

内质网是真核细胞质中广泛分布的膜相结构。从切面看，它们好像布满在细胞质里的管道，把质膜和核膜连成一个完整的膜体系，为细胞空间提供了支架。内质网是单层膜结构。它在形态上是多型的，不仅有管状，也有一些呈囊腔状或小泡状。在内质网外面附有核糖体的，称为粗糙内质网或称颗粒内质网，它是蛋白质合成的主要场所，并通过内质网将合成的蛋白质运送到细胞的其他部位。不附着核糖体的，称为平滑型内质网，它可能与某些激素合成有关。

中心体是动物和某些蕨类及裸子植物细胞特有的细胞器。其含有一对由微管蛋白组成、结构复杂的中心粒。它与细胞有丝分裂和减数分裂过程中纺锤丝的形成有关。在有些生物中，中心粒来源于另一种称作基体的结构，它与细胞纤毛和鞭毛的形成有关。近来有很多报道认为中心粒和基体含有 DNA，可能与其复制有关，但还需要进一步研究证实。

4.细胞核

细胞核简称为核。核的形状不同，一般为圆球形，但在不同生物和不同组织的细胞中有很大的差异。核的大小也不同，就植物细胞核的直径计算，小的不到 1 μm，大的可达 600 μm，一般为 5 μm～ 25 μm。核是由核膜、核液、核仁和染色质部分组成。其中染色质及其进一步浓缩后形成的染色体是细胞中遗传物质的主要载体，是细胞核遗传体系的中心。

核膜是核的表面膜，也为双层的磷脂膜，膜上分布着直径 400Å ～ 700Å 的核孔，它们在很多地方通过内质网膜与质膜相通，参与核与质之间的物质交流。在细胞分裂的前期，核膜开始解体，形成小泡状物，散布在细胞质中；到细胞分裂末期，核膜重新形成，并把染色质包被起来。

核液核内充满着核液，在电子显微镜下，核液是分散在低电子密度构造中直径为 100Å ～ 2000Å 的小颗粒和微细纤维。由于这种小颗粒与细胞质内核糖体的大小类似，因而有人认为它可能是核内蛋白质合成的场所。在核液中含有核仁和染色质。

核仁核内一般有一个或几个折光率很强的核仁，其形态为圆形，其外围不具有薄膜。核仁主要是由蛋白质和 RNA 聚集而成的，还可能存在类脂和少量的 DNA。在细胞分裂过程中，核仁有短时间的消失，实际上只是暂时的分散，以后又重新聚集起来。核仁的功能目前还不够清楚，一般认为它与核糖体的合成有关系，是核内蛋白质合成的重要场所。

染色质和染色体在细胞尚未进行分裂的核中，可以见到许多由碱性染料而染色较深的、纤细的网状物，这就是染色质。当细胞分裂时，核内的染色质卷缩而呈现为一定数目和形态的染色体。当细胞分裂结束进入间期时，染色体又逐渐松散而恢复为染色质。所以说，染色质和染色体实际上是同一物质在细胞分裂过程中所表现出的不同形态。染色体是核中最重要而稳定的成分，它具有特定的形态结构和一定的数目，具有自我复制的能力；并且积极参与细胞的代谢活动，在细胞分裂过程中能呈现连续而有规律性的变化。染色体是细胞中遗传物质的主要载体，对控制细胞发育和性状遗传都起主导作用。

具有真核细胞的生物统称为真核生物。真核生物是由原核生物进化而来。现存的 200 多万种生物，绝大多数都属于真核生物。

二、原核细胞

原核细胞（图 2-1）一般较小，直径为 1μm~10μm，主要由细胞壁（cell wall）、细胞膜（cell membrane）、细胞质（cytoplasm）和拟核（nucleoid）组成。

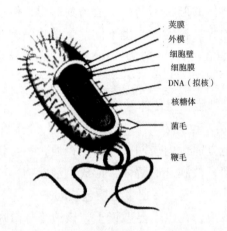

荚膜
外模
细胞壁
细胞膜
DNA（拟核）
核糖体
菌毛
鞭毛

图 2-1　原核细胞的结构

细胞壁：在原核细胞外面起保护作用，是由蛋白聚糖构成，蛋白聚糖是原核生物所特有的化学物质。

细胞膜：位于细胞壁内，其组成和结构与真核细胞相似。

细胞质：位于细胞膜内，由 DNA、RNA、蛋白质及其他小分子物质构成。原核细胞的细胞质内不存在线粒体、叶绿体、内质网、高尔基体等有膜的细胞器，仅有核糖体。细胞质内没有分隔，是个有机的整体；也没有任何内部支持结构，所以主要靠其坚韧的外壁来维持形状。

拟核：原核细胞内遗传物质 DNA 存在的区域，称作拟核，但其外面并无外膜包裹。

具有原核细胞的生物统称为原核生物，各种细菌、蓝藻等低等生物均属于原核生物。

第二节 染色体与基因

一、染色体

（一）染色质与染色体

染色质是在间期细胞核内易被碱性染料着色的一种无定形物质，由 DNA、组蛋白、非组蛋白和少量 RNA 组成。非组蛋白和 RNA 的含量随细胞的生理状态而变化。染色质在细胞分裂的间期是由染色质丝或称核蛋白纤维丝组成的网状结构。在细胞分裂期，染色质丝经螺旋化形成具有一定形态特征的染色体。间期染色质分为 2 种类型，即常染色质和异染色质。

常染色质是构成染色质的主要成分，染色较浅且着色均匀。在细胞分裂间期，常染色质呈高度分散状态，伸展而折叠疏松，其 DNA 包装比为 1/2000～1/1000，即 DNA 的实际长度为染色质纤维长度的 1000～2000 倍。常染色质的 DNA 复制发生在细胞周期 S 期的早期和中期，主要由单一序列和中度重复序列 DNA 构成。常染色质是染色质中转录活跃部位，处于常染色质状态只是基因转录的必要条件，而不是充分条件。随着细胞分裂的进行，这些染色质区段由于逐步螺旋化而染色逐渐加深。

异染色质是指间期细胞核内染色质丝中染色很深，而在细胞分裂的中期和后期又染色很浅或不染色的区段。异染色质在间期核中处于凝缩状态，无转录活性，又称非活动染色质，在细胞间期中表现为晚复制、早凝缩。常染色质和异染色质在化学性质上并没有什么差异，二者在结构上是连续的，只是核酸的紧缩程度及含量上的不同。在同一染色体上由于螺旋化程度的不同而表现不同染色反应称为异固缩现象。染色质的这种结构与功能密切相关，常染色质可经转录表现出活跃的遗传功能，而异染色质一般不编码蛋白质，只对维持染色体结构的完整性起作用。

异染色质又可分为组成性异染色质和兼性或功能性异染色质。组成性异染色质就是通常所指的异染色质，是一种永久性异染色质，在染色体上的位置较固定，在间期细胞核中仍保持螺旋化状态，染色很深，在光学显微镜下可鉴别。与常染色质相比，异染色质的 DNA 具有较高比例的 G、C 碱基，序列高度重复。

组成性异染色质在染色体上的分布因物种不同而异,大多数生物的异染色质集中分布于染色体的着丝粒周围。一般无表达功能,只与染色体的结构有关;其DNA合成较晚,发生在细胞周期S期的后期。兼性异染色质,又称X染色质。它起源于常染色质,具有常染色质的全部特点和功能,其复制时间、染色特征与常染色质相同。但在特殊情况下,在个体发育的特定阶段,它可以转变成异染色质。一旦发生这种转变,则获得了异染色质的属性,如发生异固缩、迟复制、基因失活等变化。它可以在某类细胞或个体内表达,而在另一类细胞或个体内不表达。如雌性哺乳动物的X染色体就为兼性异染色质。对某个雌性动物来说,其中一条X染色体表现为异染色质而完全不表达其功能,而当其位于雄性动物中,其表现为功能活跃的常染色质。

染色体(或染色质)在细胞中具有特定的形态和数目,有自我复制的能力,并积极参与细胞代谢活动,表现出连续而有规律的变化,在控制生物性状的遗传和变异上有着极其重要的作用。遗传学中通常把控制生物的遗传单位称为基因,遗传学已证明基因按一定顺序排列在染色体上。因此,染色体是生物遗传物质的主要载体。

(二)染色体的组成与结构

人类体细胞内46条染色体中所含有的DNA总长达2m,平均每条染色体的DNA分子长约5cm,而细胞核的直径只有约6μm。显然,这么长的DNA分子必须经过非常精确的折叠装配才能形成一定结构和形态的染色体,从而压缩到细胞核里,这也是真核细胞的一个显著特点。许多学者对染色体的结构提出了各种模型,其中科恩伯格等人根据大量实验证据提出的染色质的基本结构单位核小体模型得到普遍公认,并更新了人们关于染色体结构的传统观念。

核小体是构成染色质的结构单位,使染色质中的DNA、RNA和蛋白质组成一种致密的结构。每个核小体由包括166bpDNA和4种组蛋白H2A、H2B、H3和H4各2个分子,共8个分子组成八聚体。长166bPDNA分子以左手方向螺旋盘绕八聚体1.75圈,所形成的核小体直径约为10nm。DNA双螺旋的螺距为2nm,166bP的DNA分子长70nm,因此从DNA分子包装成核小体,DNA压缩了7倍,同时直径加粗了5倍。核小体之间以组蛋白H1和DNA结合联结起来,其中可能还含有非组蛋白。用核酸酶水解核小体后产生一种只含140bp的核心颗粒。这样由核心颗粒加联结区就构成了核小体的基本结构单位,许多这样的单位重复连接起来形成直径11nm核小体串珠结构,该结构称为染色质纤维或核丝，也称为多核小体链。这是染色质包装的一级结构，核小体的形成是染色体中 DNA 压缩的第一步。DNA 包装成染色体的下一个水平的变化是在组蛋白 H1 存在下，由直径 11nm 串联排列的核小体进一步螺旋化，每一圈由 6 个核小体构成外径 30nm、内径 10nm、螺距 11nm 的中空螺线管，这时 DNA 又压缩了 6 倍，形成染色体包装的二级结构。30nm 的纤丝和非组蛋白骨架结合形成很多侧环（loop），每个侧环长 10kb～90kb，约 0.5pm，人类染色体约 2000 个环区。带有侧环的非组蛋白骨架进一步形成直径为 700mn 的螺旋，构成染色单体。再由 2 条姊妹染色单体形成中期染色体，其直径为 1400nm。

（三）染色体的形态

染色体是染色质在细胞分裂过程中经过紧密缠绕、折叠、凝缩、精巧包装而形成的具有固定形态的遗传物质的存在形式。各个物种的染色体都各有特定的形态特征。在细胞分裂过程中，染色体的形态和结构表现为一系列规律性的变化，其中以有丝分裂中期和早后期染色体的表现最为明显和典型。

根据细胞学的观察，在外形上，每个染色体（图 2-2）都有一个着丝粒和被着丝粒分开的两个臂：短臂和长臂。由于着丝粒区浅染内缢，所以也称主缢痕，着丝粒是一种高度有序的整合结构，在结构和组成上都是非均一的。在细胞分裂时，纺锤丝就附着在着丝粒区域，这就是通常所称的着丝点或动粒的部分。它对于细胞分裂过程中染色体的行为是非常重要的。在某些染色体的 1 个或 2 个臂上还另外有缢缩部分，染色较淡，称为次缢痕，它的位置是固定的，通常在短臂的一端。某些染色体次缢痕的末端所具有的圆形或长形的突出体，称为随体，它是识别某一特定染色体的重要标志之一。

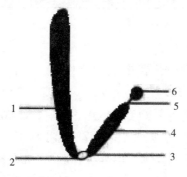

图 2-2　中期染色体形态的示意

1. 长臂　2. 主缢痕　3. 着丝点　4. 短臂　5. 次缢痕　6. 随体

染色体的着丝粒位置恒定，因此着丝粒的位置直接关系染色体的形态特征。根据着丝粒的位置可以将染色体进行分类，如果着丝粒位于染色体的中间，成为中间着丝粒染色体，则两臂大致等长，因而在细胞分裂后期当染色体向两极牵引时表现为 V 形。如果着丝粒较近于染色体的一端，成为近中着丝粒染色体，则两臂长短不一，形成一个长臂和一个短臂，因而表现为 L 形。如果着丝粒靠近染色体末端，成为近端着丝粒染色体，则有一个长臂和一个极短臂，因而近似于棒状。如果着丝粒就在染色体末端，成为端着丝粒染色体，由于只有一个臂，故亦呈棒状。此外，某些染色体的两臂都极其粗短，则呈颗粒状（图 2-3）。

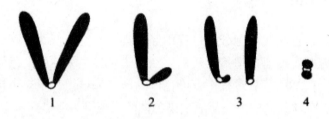

图 2-3　后期染色体形态的示意

1.V 形染色体　2.L 形染色体　3.棒状染色体　4.粒状染色体

在细胞分裂过程中，着丝粒对染色体向两极牵引具有决定性的作用。如果某一染色体发生断裂而形成染色体的断片，则缺失了着丝粒的断片将不能正常地随着细胞分裂而分向两极，因而常会丢失。反之，具有着丝粒的断片将不会丢失。

此外，染色体的次缢痕一般具有组成核仁的特殊功能，在细胞分裂时，它紧密联系着核仁，因而称为核仁组织中心。例如，玉米第 6 对染色体的次缢痕就明显地联系着一个核仁。

端粒是真核生物染色体臂末端的特化部分，往往表现对碱性染料着色较深。它是一条完整染色体所不能缺少的，对维持染色体的稳定性起着重要的生物学功能。端粒由高度重复的 DNA 短序列串联而成，在进化上高度保守，不同生物的端粒序列都很相似，人的序列为 TTAGGG。端粒起到细胞分裂计时器的作用，端粒核苷酸每复制一次减少 50bp ～ 100bp，其复制过程要靠具有反转录酶性质的端粒酶来完成。端粒对于真核生物线性染色体的正确复制是必需的。端粒丢失或端粒酶失活可导致细胞衰老。

在某些生物的细胞中，尤其是在它们发育的某个阶段，可以观察到一些特殊的染色体。它们的特点是体积巨大，相应的细胞核及整个细胞的容积也随之增大，此类染色体称为巨大染色体。例如，动物卵母细胞中所观察到的灯刷染色体和双翅目昆虫的幼虫中的多线染色体。

（四）染色体的数目

各种生物的染色体数目都是恒定的，而且它们在体细胞中是成对的，在性细胞中是单的，故在染色体数目上，生物的体细胞是其性细胞的1倍，通常分别以2n和n表示。例如，油松2n=24，n=12；杨树2n=38，n=19；茶树2n=30，n=15；水稻2n=24，n=12；普通小麦2n=42，n=21；家蚕2n=56，n=28；人类2n=46，n=23。在生物的体细胞内，具有同一种形态特征的染色体通常成对存在。这种形态和结构相同的一对染色体，称为同源染色体。同源染色体不仅形态和结构相同，而且它们所含的基因位点也往往相同。一对同源染色体与另一对形态结构不同的染色体之间，则互称为非同源染色体。如玉米共有10对染色体，形态相同的每一对染色体相互之间称为同源染色体，而这10对同源染色体彼此之间又互称为非同源染色体。又如，果蝇有4对染色体，这4对染色体之间彼此互称为非同源染色体。由此可见，根据上述同源染色体的概念，体细胞中成双的各对同源染色体实际上可以分成两套染色体。而在减数分裂以后，其雌雄性细胞将只存留一套染色体。

各物种的染色体数目往往差异很大，动物中某些扁虫只有2对染色体（n=2），甚至线虫类的一种马蛔虫变种只有1对染色体（n=1）；而另一种蝴蝶可达191对染色体（n=191）；在被子植物中有种菊科植物也只有2对染色体，但在隐花植物中瓶尔小草属的一些物种含有400～600对以上的染色体。被子植物常比裸子植物的染色体数目多些。但是，染色体数目的多少与该物种的进化程度一般并无关系。某些低等生物可比高等生物具有更多的染色体，或者相反，表2-1为一些生物的染色体数目。但是染色体的数目和形态特征对于鉴定系统发育过程中物种间的亲缘关系，特别是对植物近缘类型的分类，常具有重要的意义。

表2-1　一些常见生物的染色体数目

物种名称	染色体数目（2n）	物种名称	染色体数目（2n）
水稻 Oryza sativa	24	花生 Arachis hypogaea	40
普通小麦 T.aestivum	42	马铃薯栽培种 Solanum tuberosum	48

（续　表）

物种名称	染色体数目（2n）	物种名称	染色体数目（2n）
大麦 Hordeum sativum	14	甘薯 ipomoea batatas	90
玉米 Zea mays	20	糖用甜菜 Beta vulgaris	18
高粱 Sorghum vulgate	20	烟草 Nicotiana tabacum	48
黑麦 Secale cereale	14	白菜型油菜 B. campestris	20
燕麦 Avena sativa	42	芥菜型油菜 B.juncea	36
粟 Setaria italica	18	甘蓝型油菜 B.napus	38
大豆 Glycine max	40	亚洲棉 G. arboreum	26
蚕豆 Vicia faba	12	陆地棉 G.hirsutum	52
豌豆 Pisum sativum	14	圆果种黄麻 Corchorus capsularis	14

　　有些生物的细胞中除了具有正常恒定数目的染色体以外，还常出现额外的染色体。通常把正常的染色体称为 A 染色体；把这种额外染色体统称为 B 染色体，也称为超数染色体或副染色体。至于 B 染色体的来源和功能，尚不甚了解。

　　原核生物虽然没有一定结构的细胞核，但它们同样具有染色体。通常为DNA 分子（细菌、大多数噬菌体和大多数动物病毒）或 RNA 分子（植物病毒、某些噬菌体和某些动物病毒），没有与组蛋白结合在一起；在形态上，有些呈线条状，有些连接成环状。通常在原核生物的细胞里只有一个染色体，因而它们在 DNA 含量上远低于真核生物的细胞。例如，大肠杆菌含有一个染色体，呈环状。它的 DNA 分子中含有的核苷酸对为 3×106，长度为 1.1mm。而蚕豆配子中染色体（n=6）的核苷酸对为 2×1010 长度为 6000mm；豌豆配子中染色体（n=7）的核苷酸对与长度分别为 3×1010 和 10500mm。

（五）染色体组型及分析

　　不同物种和同一物种的染色体大小差异都很大，而染色体大小主要对长度而言；在宽度上，同一物种的染色体大致是相同的。一般染色体长度变动幅度为 0.2 μm～50.0 μm；宽度变动幅度为 0.2 μm～2.0 μm。

　　各种生物的染色体形态结构不仅是相对稳定的，而且大多数高等生物是二倍体（diploid），其体细胞内染色体数目一般是成对存在的。近年来由于染色技术的发展，在染色体长度、着丝点位置、长短臂比、随体有无等特点的基础上，可以进一步根据染色的显带表现区分出各对同源染色体，并予以分类和编号。例如，人类的染色体有 23 对（2n=46），其中 22 对为常染色体，另一对为性染色体（X 和 Y 染色体的形态、大小和染色表现均不同）。

1. 染色体组型

染色体组型或染色体核型是指生物细胞核内的染色体数目及其各种形态特征的总和，具体是指染色体在有丝分裂中期的表型，包括染色体数目、大小、形态等特征。对不同生物的染色体组型的各种特征进行定性和定量的分析和研究，称为染色体组型分析，或称核型分析。具体内容包括以下各项：

（1）染色体数目

染色体数目是指染色体基数、非整倍性变异、多倍体、B- 染色体 * 或性染色体等，B- 染色体 * 是指在某些植物中发现的异染色质超数的染色体。

（2）染色体形态

染色体形态一般以细胞分裂中期的染色体作为基本形态。个别也有用减数分裂粗线期染色体组型分析的。其内容有：

染色体长度分绝对长度、相对长度、总长度和长度变异范围。绝对长度以微米计算；相对长度是按每一染色体的长度各占全组染色体总长度的百分比；或以该染色体组中最短或最长的染色体长度为 100，其他染色体以此计算的比值；总长度是指整个染色体组的染色体总长度；长度变异范围是指测量过程中的最短染色体和最长染色体的长度，而不是指平均值中的长度变异范围。

臂比即长臂与短臂长度之比

着丝点位置以臂比的数值来确定：

1.0 为正中部着丝点（M）

1.0—1.7 为中部着丝点区（m）

1.7—3.0 为近中着丝点区（sm）

3.0—7.0 为近端着丝点区（st）

7.0 以上为端部着丝点区（t）

∞ 为端部着丝点（T）

此外，也有用短臂长度 / 染色体长度 ×100，或短臂长度 / 长臂长度 ×100 这两种方法计算。

2. 染色体组型分析

近年来多采用 C- 显带技术和核 DNA 含量分析。但由于绝大部分植物染色体太小，且染色体螺旋化程度较高而不易显带或带纹较少，使其发展相对较慢，但随着研究的不断深入和技术的改进，目前两种方法及其应用已取得长足发展。

随着科学的发展，对染色体的认识在逐步深化。就现有研究成果，认识到染色体至少具有三个重要功能：一是贮存、复制和传递 DNA；二是控制基因的活动，即在个体发育的适当时期释放特定顺序的基因产物；三是调节基因的重组。总之，染色体可以被看作是细胞生命的控制者。因此生物的进化、遗传、变异、繁殖和发育等重大的生物学问题，无不和染色体的结构和行为有密切的联系。

二、染色体在细胞分裂中的行为

（一）细胞周期

细胞增殖是生命的基本特征，种族的繁衍、个体的发育、机体的修复等都离不开细胞增殖。不管是单细胞生物，还是多细胞生物，要保持其生长必须有3 个前提。首先是细胞体积的增加；其次是遗传物质的复制；最后是要有一种机制保证遗传物质能从母细胞精确地传递给子细胞，即细胞分裂。因此，细胞分裂是生物进行生长和繁殖的基础。遗传学许多基本理论和规律都是建立在细胞分裂基础上的。细胞分裂包括无丝分裂、有丝分裂和减数分裂 3 种形式。

细胞周期，指细胞从前一次分裂结束到下一次分裂终结所经历的过程，所需的时间称为细胞周期时间。可分为 4 个时期：① G_1 期（gap1），指从有丝分裂完成到 DNA 复制之前的间隙时间，它主要进行细胞体积的增长，并为 DNA 合成做准备，不分裂细胞则停留在 G_1 期，也称为 G_0 期；② S 期，指 DNA 复制的时间，染色体数目在此期加倍；③ G_2（gap2），指 DNA 复制完成到有丝分裂开始之前的一段时间，为细胞分裂做准备；④ M 期或称 D 期，指细胞分裂开始至结束的时间。

这 4 个时期的长短因物种、细胞种类和生理状态的不同而不同。一般 S 的时间较长，且较稳定；G_1 和 G_2 的时间较短，变化也较大。据观察哺乳动物离体培养细胞的有丝分裂周期，G_1 为 10h，S 为 9h，G_2 为 4h，间期共长 23h。而细胞分裂期 M 全长只有 1h。

真核生物的个体或组织，细胞群按其是否处于增殖或分裂状态，可分为 3 类，即处于静止状态的 G_0 期细胞、周期细胞和分化细胞。

G_0 细胞是指那些不分裂只停留在 G_1 期的细胞。如花粉粒中的营养细胞，在形成之后不再进行 DNA 的复制，细胞周期停止于 G_1 期，因其脱离了细胞周期，处于静止状态，因而是 G_1 细胞。又如，茎的皮层细胞通常不再进行细胞分裂，也视为 G_0 期。周期细胞是指那些能够进行连续分裂的细胞。如植物根尖、茎尖的原分生组织细胞，在植物的一生中都保持着分裂能力，使植物不断生长。生物体内还有一些细胞不可逆地脱离了细胞周期，失去分裂能力，成为分化细胞。如韧皮部中的筛管细胞。

有关细胞周期的遗传控制是当今遗传学研究中非常活跃的一个领域。最近研究发现，在细胞周期中的各个时期之间都存在着控制决定点，这些决定点控制着细胞是否进入细胞周期中的下一个时期。它们由细胞周期蛋白及依赖于周期蛋白的激酶共同调控。在细胞周期转换过程中，一个最重要的控制点就是决定细胞是否进入 S 期，即从 $G_1 \rightarrow S$ 期的 DNA 合成起始转换点。该决定点存在于 G_1 中期，细胞接收内外的信息后，在 G_1 期细胞周期蛋白及其 CDK 共同作用下，调控细胞是否通过该控制点。当细胞通过了该控制点，细胞就进入下一轮的 DNA 复制。如果在 G_1 后期，发生营养缺乏或 DNA 损伤等，都可以影响 G_1 期细胞周期蛋白及其 CDK 的作用，从而阻止细胞进入 S 期，使细胞停留在 G_1 期而成为 G_0 细胞；G_0 与 G_1 之间的转换是一个可逆的过程。如果该控制点失控，往往会引起细胞大量增殖而导致肿瘤的发生。正是由于这一转换过程，才赋予了生命机体和组织的细胞多样性，才有了分别处于分裂的周期细胞、静止 G_0 细胞和分化细胞等混合细胞群体的存在。进入细胞周期其他时期也都有其控制点，其调控方式与进入 S 期相类似，如细胞进入有丝分裂期的控制点是由 M 期细胞周期蛋白及其 CDK 所控制（图 2-4）。

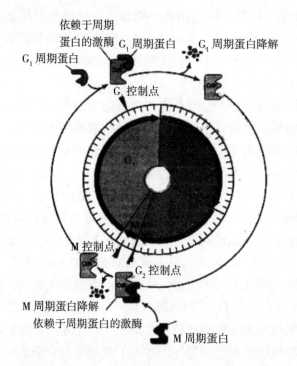

图 2-4 细胞周期的遗传控制

无丝分裂也称直接分裂，它不像有丝分裂那样经过染色体有规律的和准确的分裂过程，而只是细胞核拉长，缢裂成两部分，接着细胞质也分裂，从而成为两个细胞。因为在整个分裂过程中看不到纺锤丝，故称为无丝分裂，是低等生物如细菌等的主要分裂方式。这种分裂方式过去认为在高等生物中比较少见，只有在高等生物的某些专化组织或病变和衰退组织中可能发生，或在高等植物某些生长迅速的部分可能发生，例如，小麦的茎节基部和番茄叶腋发生新枝处，以及一些肿瘤和愈伤细胞。近年的观察资料表明高等生物的许多正常组织也常发生无丝分裂，例如，植物的薄壁组织细胞、木质部细胞、绒毡层细胞和胚乳细胞等，还有动物胚的胎膜、填充组织和肌肉组织等。

（二）有丝分裂中染色体的行为

有丝分裂是一个没有明显界限的细胞分裂的连续过程，包含 2 个紧密相连的过程：先是细胞核分裂，即核分裂为 2 个；后是细胞质分裂，即细胞分裂为二，各含有 1 个核。但为了便于描述，一般把核分裂的变化特征分为 4 个时期：前期、中期、后期和末期。细胞在分裂前处于间期。

现就 4 个时期分述如下。

前期是有丝分裂的开始阶段，细胞核内出现细长而卷曲的染色体，而后逐渐缩短变粗。晚前期可以看到每条染色体含有由着丝粒相连接的 2 条姊妹染色单体，表明此时染色单体已经在间期完成了自我复制，但染色体的着丝粒还没有分裂。核膜破裂标志着前中期的开始，这时核仁消失，核膜崩解，允许纺锤体进入核区。一种特别的结构——动粒在每一条染色体的着丝粒两侧形成。动粒与动粒微管相连；动物细胞中中心体分裂为二，并向两极分开；每个中心体周围出现星射线，在前期最后阶段将逐渐形成丝状的纺锤丝。但是高等植物细胞没有中心体，只从两极出现纺锤丝。

中期核仁和核膜均消失了，细胞核与细胞质已无可见的界限，细胞内出现由来自两极的纺锤丝所构成的纺锤体。纺锤丝（动粒微管）为染色体定位，从而使它们的着丝粒排列在两个纺锤体极中间的平面上，染色体的长轴与纺锤体轴垂直。染色体所在的平面称为赤道板。由于这时染色体具有典型的形状，故最适于采用适当的制片技术鉴别和计数染色体。

后期每个染色体的着丝粒分裂为二，这时各条染色单体已各成为 1 个染色体。一旦染色体上成对的动粒分开，并列的染色单体也跟着分开。随着纺锤丝的牵引，每个染色体分别向两极移动，因而两极各具有与原来细胞同样数目的染色体。胞质分裂通常在后期末开始。

末期移到两极的染色体开始解螺旋，又变得松散细长，恢复间期伸展的状态。在两极围绕着染色体出现新的核膜，纺锤体消失，核仁重新出现。于是在 1 个母细胞内形成 2 个子核。接着细胞质分裂，纺锤体的赤道板区域形成细胞板，分裂为 2 个细胞，完成了有丝分裂和细胞分隔过程。

有丝分裂的全过程所经历的时间，因物种和外界环境条件而不同，一般以前期的时间最长，可持续 1h ～ 2h；中期、后期和末期的时间都较短，5min ～ 30min。例如，同在 25℃ 条件下，豌豆根尖细胞的有丝分裂时间约需83min；而大豆根尖细胞约需 114min。又同一蚕豆根尖细胞，在 25℃ 下有丝分裂时间约需 114min；而在 3℃ 下，则需 880min。

此外，应该指出有丝分裂过程中的特殊情况：一是细胞核进行多次重复的分裂，而细胞质却不分裂，因而形成具有很多游离核的多核细胞。二是核内染色体分裂，即染色体中的染色线连续复制，但其细胞核本身不分裂，结果加倍了的这些染色体都留在一个核里，这就称为核内有丝分裂。这种情况在组织培养的细胞中较为常见，植物花药的绒毡层细胞中也有发现。核内有丝分裂的另一种情况是染色体中的染色线连续复制后，其染色体并不分裂，仍紧密聚集在一起，因而形成多线染色体。双翅目昆虫的摇蚊和果蝇等幼虫的唾腺细胞中发现巨大染色体，亦称唾腺染色体，即为典型的多线染色体。由于核内有丝分裂，唾腺染色体中含有的染色线可以多达千条以上，而且它们的同源染色体发生配对，所以在唾腺细胞中染色体数目减少一半。它们比一般细胞的染色体粗 1000 ~ 2000 倍，长 100 ~ 200 倍。巨型染色体可呈现出许多深浅明显不同的横纹和条带。这种横纹和条带的形态和数目在同一物种的不同细胞中是一样的；并且横纹和条带的变化与其遗传的变异是密切关联的。因此，这种巨型染色体的多线结构在遗传学的研究上具有重要的意义。

染色体在有丝分裂过程中的变迁是：从间期的 S 期到前期再到中期，每个染色体具有 2 条染色单体（由 2 条完整的双链 DNA 分子所组成）。从后期至末期直至下 1 个细胞周期的 G_1 期，每条染色体只有 1 条染色单体（1 条完整的 DNA 双链）。

有丝分裂的遗传学意义在于 1 个细胞产生了 2 个子细胞，每个子细胞均含有与亲代细胞在数目和形态上完全相同的染色体。这是由于在间期核内每个染色体准确地复制成 2 条一模一样的染色单体，为形成 2 个子细胞在遗传组成上与母细胞完全一样提供了基础。在分裂期复制的各对染色体有规则而均匀地分配到 2 个子细胞中去，从而使 2 个细胞与母细胞具有同样质量和数量的染色体。总之，有丝分裂的主要特点是：细胞分裂一次，染色体复制一次，遗传物质均分到 2 个子细胞中。

对细胞质来说，在有丝分裂过程中虽然线粒体、叶绿体等细胞器也能复制，也能增殖数量。但是它们原先在细胞质中分布是不均匀的，数量也是不恒定的，因而在细胞分裂时它们是随机而不均等地分配到 2 个子细胞中。由此可知，任何由线粒体、叶绿体等细胞器所决定的遗传表现，不可能与染色体所决定的遗传表现具有同样的规律性。

这种均等方式的有丝分裂既维持了个体的正常生长和发育，也保证了物种的连续性和稳定性。多细胞生物的生长主要是通过细胞数目的增加和细胞体积的增大而实现的，所以通常把有丝分裂称为体细胞分裂。植物采用无性繁殖所获得的后代所能保持其母本的遗传性状，就在于它们是通过有丝分裂而产生的。

（三）遗传的染色体学说

当孟德尔定律于 1900 年被重新发现后不久，大量研究的假设认为，基因位于染色体上。其中最强有力的证据就是孟德尔的分离定律和独立分配定律与减数分裂过程中染色体行为的平行关系。基于鲍维里（T. Boveri），威尔森（E.B.Wilson）以及其他科学家的理论思想和实验结果，萨顿（W.S.Sutton）以及鲍维里于 1902 年—1903 年间首先提出了遗传的染色体学说。在 1902 年的一篇论文中，萨顿推测："父本和母本染色体联会配对以及随后通过减数分裂的分离构成了孟德尔遗传定律的物质基础。"1903 年，他提出孟德尔的遗传因子是由染色体携带的，因为①每个细胞包含每一染色体的 2 份拷贝以及每一基因的 2 份拷贝；②全套染色体，如同孟德尔的全套基因一样，在从亲代传递给子代时并没有改变；③减数分裂时同源染色体配对然后分配到不同的配子中，如同一对等位基因分离到不同的配子中；④每对同源染色体的 2 个成员独立地分配到相反的两极，而不受其他同源染色体独立分配的影响，孟德尔假设的各对不同的等位基因也是独立分配的；⑤受精时，来自卵细胞的一套染色体随机与所遇到的一套来自精子的染色体结合，从 1 个亲本获得的所有基因也会随机地与从其另 1 亲本获得的所有基因结合；⑥从受精卵分裂得到的所有细胞其染色体的一半和基因的一半起源于母本，另一半起源于父本。

按照上述学说，对孟德尔的分离定律和独立分配定律就可以这样理解：在第一次减数分裂时，由于同源染色体的分离，使位于同源染色体上的等位基因分离，从而导致性状的分离。由于决定不同性状的 2 对非等位基因分别位于 2 对非同源染色体上，形成配子时同源染色体上的等位基因分离，非同源染色体上的非等位基因以同等的机会在配子内自由结合，从而实现了性状的自由组合（图 2-5）。

萨顿这个假设引起了科学界广泛的注意，因为这个假设十分具体，染色体是细胞中具体可见的结构。但要证实这个假设，自然是要把某一特定基因与特定染色体联系起来。首先做到这一点是美国实验胚胎学家摩尔根的研究小组，他们把控制果蝇眼睛颜色的基因定位在了果蝇的 X 染色体上。这部分内容在以后的章节会有详细介绍。

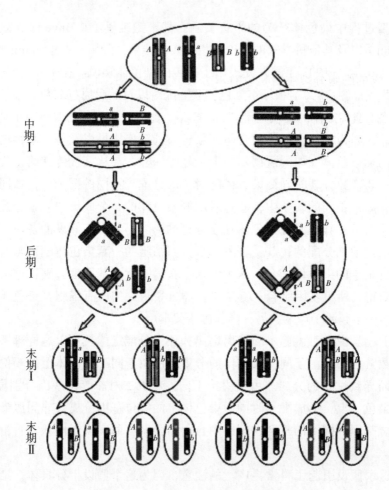

图 2-5　独立分配定律的染色体基础示意

第三节　细胞的分裂

细胞分裂是一切生物进行繁殖的基础，生物遗传与变异这一生命现象又只有在繁殖过程中才能体现。

细胞分裂有 3 种方式：无丝分裂、有丝分裂和减数分裂。植物的个体发育是以有丝分裂为基础，减数分裂是在形成性细胞时所发生的一种特殊的有丝分裂。这里主要叙述这两种分裂方式。

一、有丝分裂

高等生物的细胞分裂主要是以有丝分裂方式进行的，它包含两个紧密相连的过程：先是细胞核分裂，即核分裂为2；后是细胞质分裂，这样细胞分裂为2，各含1个核。为了便于说明，一般根据核分裂的变化特征，分为4个时期：前期、中期、后期和末期。实际上，在细胞相继两次分裂之间，还有一个间期，现分述如下：

间期：是指细胞连续两次分裂的中间时期。此时，细胞核内是均匀一致的，看不到染色体结构，看到的是染色质。间期的核是处于高度活跃的生理、生化的代谢阶段，为继续进行分裂准备条件。这个时期内，DNA的含量以其与之相结合的组蛋白加倍，说明已完成复制。核在间期的呼吸作用很低，储备了足够多的易于利用的能量；核增大，核和质的体积的比例达到最适的平衡状态，这对发动细胞的分裂也是很重要的。

前期：染色质先形成线状染色体，每条染色体已复制为两条染色单体，核仁、核膜逐渐模糊不明，在进入中期前，染色体逐渐收缩而变粗短。

中期：核仁、核膜消失，核、质界限不明，纺锤丝出现，各染色体的着丝点排列在纺锤体中央的赤道面上，这时染色体具有典型的形状，是对染色体鉴别、计数的极好时机。

后期：每个染色体的着丝点分裂为2，原来被这丝点连接在一起的两条姐妹染色单体分开。各成为一条染色体。随纺锤丝的牵引，各个染色体分别向两极移动，染色体分为2个部分。因而两极各具有与原来细胞同样数目的染色体。

末期：在两极围绕着染色体出现新的核膜，染色体又变得松散细长，核仁重新出现，于是，在1个母细胞内形成2个子核，接着细胞质分裂，在细胞质中央的赤道板区域形成细胞板，分裂为2个子细胞，又恢复为分裂前的间期状态。

有丝分裂在遗传学上的意义是：

第一，每条染色体都准确地复制为2，然后有规律地平均分配到2个子细胞中去，使2个子细胞在遗传组成上和母细胞完全一样。

第二，有丝分裂是均等式的分裂，子细胞和母细胞的内涵物质在数量上和质量上完全相同，因而保证了物种的连续性和稳定性，并可以维持个体的正常生长和发育。

二、减数分裂

凡以有性方式繁殖的生物，在生殖细胞成熟时都会发生减数分裂，所以也称成熟分裂。减数分裂是一种特殊的有丝分裂，只发生在成熟的性细胞中，性母细胞经过两次连续的细胞分裂，而染色体在整个分裂过程中只复制一次，因此，形成的4个子细胞中的染色体数目只有原有的一半，故称减数分裂。

减数分裂的主要特点是：各对同源染色体在细胞分裂的前期配对，或称联会；在分裂过程中连续进行两次核分裂，而染色体只复制一次，第一次是减数的，第二次是等数的。此外，减数分裂的结果还包含着同源染色体的交换与分离。

减数分裂的整个过程，可分为下列各个时期：

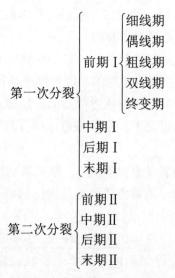

图2-6即为减数分裂过程的图解。为了解析简便起见，只画出两条染色体的变化来代表细胞核中的二倍体染色体的变化。

1.第一次分裂

前期I：

（1）细线期：核内出现染色体，细长如线，数目成双。

（2）偶线期：各同源染色体分别配对，出现联会现象。2n个染色体经过联会而成为n对染色体，联会的一对同源染色体，称为二价体。

（3）粗线期：二价体逐渐变短变粗，由于染色体已经复制，各个染色体已形成两条染色单体，但其着丝点仍是1个。因此，1个二价体含有4条染色单体，又称四合体。在二价体中 1 个染色体的两条染色单体，互称为姐妹染色体，而不同染色体的染色单体，则互称非姐妹染色体。此期两条联会的同源染色体结合得很紧密，非姐妹染色体间发生局部的变换。

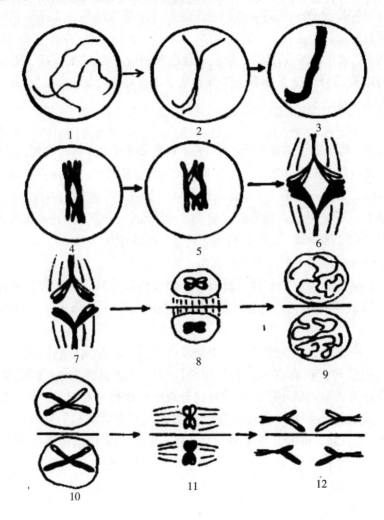

图 2-6　减数分裂模式图

（4）双线期：染色体继续变短加粗，联会的两条同源染色体开始分离，相邻的非姐妹染色体间，常因片段交换的结果而发生交叉，在一些交叉点上它们还连在一起，这是一个非常重要的过程，是生物产生变异的重要原因之一。

（5）终变期：二价体显著收缩变粗，染色体浓缩到最短最粗的程度，分散在整个核内，是鉴定染色体数目观察染色体结构的最好时机。

中期Ⅰ：核仁、核膜消失，纺锤丝出现，并与各染色体的着丝点相连接，染色体分散排列在赤道板上，这时也是鉴定染色体数目的好时机。

后期Ⅰ：由于纺锤丝的牵引，二价体中的两条同源染色体分别向两极拉开，每极只分到同源染色体中的1个。这个时期每个染色体包含2条染色单体，但着丝点没有分开。

末期Ⅰ：染色体移至两极，染色体逐渐解旋化，变成细丝状，形成2个子核；同时细胞质分为2个部分，于是形成2个子细胞，称为"二分体"，紧接着就进入下一次分裂。

2. 第二次分裂

前期Ⅱ：每个染色体有着丝点连接在一起的2条染色单体，出现互斥现象。

中期Ⅱ：每个染色体的着丝点整齐地排列在赤道板上，着丝点开始分裂。

后期Ⅱ：着丝点分裂为2，各染色单体由纺锤丝分散拉向两极。

末期Ⅱ：子核形成，细胞质又分为2个部分。这样，经过2次分裂形成4个子细胞，称"四分体"。各细胞核里只有最初细胞的半数染色体。

减数分裂在遗传学上的重要意义是：

第一，减数分裂使染色体数目减半，通过传粉受精，由于配子结合而形成的合子能维持物种染色体数目的恒定性。在遗传学上，保证了物种的相对稳定性。

第二，同源染色体在减数分裂中的联会和后来的分离，这同遗传物质的质量分配、组合和交换有重大关系。如果以同一个杂交种来说，同源染色体成员之间存在着质量上的不同，通过减数分裂而形成孢子和配子，就有质上的区别，这就为遗传上的分离和独立分配现象提供了物质基础。例如：银杏为12对染色体，2n=24，n=12，其非同源染色体分离时的可能组合数即为 $2^{12}=4096$。这说明各个子细胞间在染色体组成上将可能出现多种多样的组合。不仅如此，同源染色体的非姐妹染色体之间的片段还可能出现各种方式的交换，这就更增加了这种差异的复杂性。

第四节　染色体在树木生活史中的周期变换

生活周期（life cycle），也称为生活史，是指生物从合子形成开始到生长、发育直到死亡的过程中所发生的一系列事件的总和。从一个受精卵（合子）发育成为一个孢子体（2n），这称为孢子体世代，在此期间没有发生有性事件，所以也称为无性世代。孢子体经过一定的发育阶段，某些特化的细胞进行减数分裂，染色体数减半，形成配子体（n），产生雌性和雄性配子，这称为配子体世代，就是有性世代。雌性配子和雄性配子经过受精作用形成合子，于是又发育为新一代的孢子体（2n）。大多数有性生殖生物的生活周期包括一个有性世代和一个无性世代，这样二者交替发生，称为世代交替。孢子体世代通过减数分裂产生配子体，进入配子体世代，在此过程中，亲代的遗传物质通过染色体的分离和交换产生新的组合。单倍性的配子体间的融合，产生了几乎无穷的新的遗传重组而进入孢子体世代。通过这一减（减数分裂）一增（受精）的作用，生物的生活周期保证了各物种不同世代间染色体数目的恒定，这是性状稳定的前提；同时也为遗传物质的重组创造了机会，这是变异的主要来源。

在高等动植物生活周期中，一般是孢子体世代占据主要地位，其个体大、结构复杂、生存时间长，而配子体世代体积微小，生存时间短；而且配子体寄生于孢子体上生存，依赖于孢子体提供营养。例如，被子植物的根、茎、叶等营养器官，花器官中的花被、雄蕊的花粉囊壁和花丝，雌蕊中的珠心、珠被等都属孢子体；而配子体只有花中的花粉细胞和胚囊。

各种生物的生活周期是不同的。深入了解各种生物的生活周期的发育特点及其时间的长短，是研究和分析生物遗传和变异的一项必要前提。

一、低等植物的生活周期

红色面包霉是丝状的真菌，属于子囊菌。它在近代遗传学的研究上具有特殊的作用。因为红色面包霉一方面能有性生殖，并具有像高等动植物那样的染色体；另一方面它能像细菌那样具有相对较短的世代周期（它的有性世代可短到 10 天），并且能在简单的化学培养基上生长。现以红色面包霉为例（图 2-7）说明低等植物的世代交替。

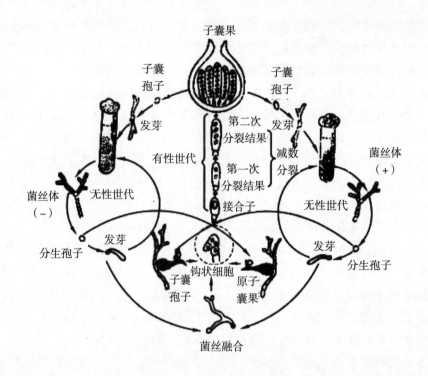

图 2-7 红色面包霉的生活周期

与大多数真菌一样，红色面包霉通过多细胞的菌丝体形成单细胞的分生孢子，再由分生孢子发芽形成新的菌丝，这是它的无性世代，也是它的单倍体世代（n=7）。一般情况下，它就是这样循环进行无性繁殖。但是，有时红色面包霉会产生两种不同生理类型的菌丝，一般分别假定为正（+）和负（-）接合型菌丝，类似于雌雄性别，通过融合和异型核的接合（即受精作用）而形成二倍体的合子（2n=14），这便是它的有性世代。合子本身是短暂的二倍体世代。红色面包霉的有性过程也可以通过另一种方式来实现。因为它的"+"和"-"2种接合型的菌丝都可以产生原子囊果和分生孢子。如果说原子囊果相当于高等植物的卵细胞，则分生孢子相当于精细胞。这样当"+"接合型（n）与接合型（n）融合和受精以后，便形成二倍体的合子（2n）。无论上述哪种方式，在子囊果里子囊的菌丝细胞中合子形成以后，立即进行两次减数分裂（一次 DNA 复制和二次核分裂），产生出 4 个单倍体的核，这时称为四分孢子。四分孢子中每个核进行一次有丝分裂，最后形成 8 个子囊孢子，其中有 4 个为"+"接合型，另有 4 个为接合型，二者总是成 1：1 的比例分离。子囊孢子成熟后，从子囊果中散出，在适宜的条件下萌发形成新的菌丝体。

许多真菌和单细胞生物的世代交替，与红色面包霉基本上是一致的。它们的不同点在于二倍体合子经过减数分裂以后形成 4 个孢子，而不是 8 个孢子。单细胞生物进行无性繁殖时，通过有丝分裂由一个细胞变成 2 个子细胞。它们进行有性繁殖时，也是通过 2 个异型核的接合而发生受精作用，但没有菌丝的融合过程。

二、高等植物的生活周期

高等植物的一个完整的生活周期是从种子胚到下一代的种子胚；它包括无性世代和有性世代两个阶段。现以松树为例（图 2-8），说明高等植物的生活周期。

松树由种子萌发要经历几年甚至几十年的时间才长成大树，这是它的无性世代。然后在一年生枝的顶部和基部分别形成雌雄生殖器官——大、小孢子叶球即雌球花和雄球花。大、小孢子叶球上分别形成大、小孢子囊，囊内分别产生大孢子和小孢子。从大、小孢子的形成，到发育成雌雄配子体，直至进一步发育成雌雄配子——精核和卵核，是它的有性世代。以后精子卵子结合形成合子，又进入无性世代。

由此可见，高等植物的配子体世代是很短暂的，而且它是在孢子体内度过的。在高等植物的生活周期中大部分时间是孢子体体积的增长和组织的分化。

综上可知，低等植物和高等植物的一个完整的生活周期，都交替进行着无性世代和有性世代。它们都具有自己的单倍世代和二倍世代，只是各世代的时间和繁殖过程有所不同，这种不同从低等植物到高等植物之间存在着一系列的过渡类型。生命越向高级形式发展，它们的孢子体世代越长，并且与此相适应地，它们的繁殖方式越复杂，繁殖器官和繁殖过程也越能受到较好的保护。

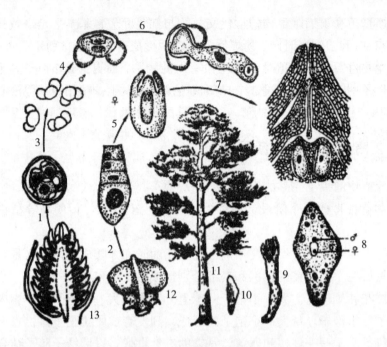

图 2-8　松树的生活周期

1. 由小孢子母细胞经减数分裂形成四分体

2. 由大孢子母细胞经减数分裂产生四分体

3. 带有气囊的花粉粒

4. 带有粉管细胞和生殖细胞的成熟花粉粒

5. 胚珠中唯配子体里产生两个颈卵器

6. 萌发的花粉管

7. 受精前的胚珠（带有精核的花粉管穿过珠心直抵内藏卵细胞的颈卵器）

8. 精卵结合而受精

9. 胚

10. 种子

11. 种子萌发长成大树

12. 珠鳞（大孢子叶球）上有 2 个胚珠（大孢子囊）

13. 带有小孢子囊的小孢子叶球

三、高等动物的生活周期

现以果蝇为例（图 2-9），说明高等动物的一般生活周期。果蝇属于双翅目（Diptera）昆虫，由于它生活周期短（在 25℃ 条件下饲养，约 12 天完成一个周期），繁殖率高，饲养方便，而且它的变异类型丰富，染色体数目少（2n=8），有利于观察研究。所以，果蝇也一直是遗传学研究中的好材料。

　　果蝇的生活周期与高等动物的没有本质区别，都是雌雄异体，生殖细胞分化早。当个体发育到性成熟时，在雄蝇的精巢内产生雄配子（精子），在雌蝇的卵巢内产生雌配子（卵细胞），完成其配子体世代。然后通过交配使精子与卵细胞结合而成为受精卵，恢复染色体数为 2n 的孢子体世代，从而发育成为子代个体。所不同的是果蝇像很多昆虫一样，属完全变态型，产出的受精卵即脱离母体独立进行发育，并且从受精卵开始，还需经过幼虫和蛹的变态阶段再羽化为成虫。而多数高等动物以及人类的受精卵是在母体内发育成为个体的。

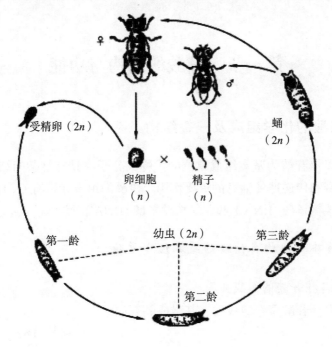

图 2-9　果蝇的生活周期

　　大多数高等动物和植物在生活周期上的差异主要是：动物通常是从二倍体的性原细胞经过减数分裂即直接形成精子和卵细胞，其单倍体的配子时间很短。而植物从二倍体的性原细胞经过减数分裂后先产生为单倍体的雄配子体和雌配子体，再进行一系列的有丝分裂，然后才形成精子和卵细胞。

第三章　遗传的分子基础与中心法则

第一节　核酸的结构与功能

一、核酸的化学组成及一级结构

核酸是以核苷酸为基本组成单位的生物大分子，具有复杂的结构和多种分类，起着携带和传递遗传信息的重要作用。核酸的组成元素有 C、H、O、N、P；核酸可分为核糖核酸（RNA）和脱氧核糖核酸（DNA）两类。

（一）核苷酸是构成核酸的基本组成单位

1. 核酸与核苷酸的组成关系

核酸是由核苷酸聚合组成的，其组成关系如下：

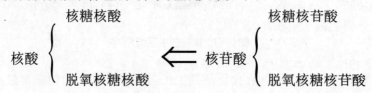

2.核苷酸的组成

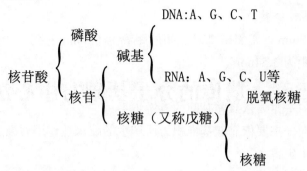

3.各组分之间通过化学键相连接

（1）碱基和核糖之间通过糖苷键相连接，构成核苷。

（2）核苷与磷酸之间通过磷酯键相连接，构成核苷酸。

（二）DNA 和 RNA

DNA 是脱氧核糖核苷酸通过 3', 5' 磷酸二酯键连接形成的；RNA 是具有 3', 5' 磷酸二酯键的线性大分子。DNA、RNA 链均具有 5'→3' 的方向性。

（三）核酸的一级结构是核苷酸的排列顺序

核酸的一级结构也就是 DNA 或 RNA 分子中从 5'→3' 端的碱基排列顺序。

二、DNA 的空间结构与功能

DNA 的一级结构是指从 5'→3' 端的脱氧核糖核苷酸的排列顺序。构成 DNA 的全部原子在三维空间的相对位置关系是 DNA 的空间结构。DNA 的空间结构可分为二级结构和高级结构。

（一）DNA 的二级结构是双螺旋结构

1.DNA 是反向平行的双链结构

（1）一条链为 5'→3' 走向，另一条链则为 3'→5' 走向；

（2）呈右手螺旋；

（3）双螺旋表面形成的大沟小沟相间排列。

2.DNA 双链之间形成严格的碱基配对

A=T，C≡G；碱基对位于螺旋内侧；亲水的脱氧核糖和磷酸基骨架位于双链的外侧。

3.DNA 双螺旋结构

直径为 2.37nm；相邻碱基对之间的距离为 0.34nm；每一周螺旋内含 10.5 个碱基对；螺距为 3.54nm。

4. 疏水作用力和氢键是维系双螺旋结构稳定的化学作用力（键）

①螺旋横向—主要依靠碱基间的氢键维系；

②螺旋纵向—主要依靠碱基堆积力所产生的疏水性作用力维系。

5.Chargaff 定律

不同生物的碱基组成、含量不同；同一生物的碱基组成在不同组织器官中是完全相同的；某一生物其碱基组成是固定不变的；碱基组成含量间具有如下规律：A=T，G=C；即 A+G=T+C。

（二）DNA 的功能

DNA 是生物遗传信息的载体。主要以基因的形式携带遗传信息，是生物遗传的物质基础。

三、RNA 的空间结构与功能

RNA 的一级结构是指从 5'→3' 端的核糖核苷酸的排列顺序。大部分 RNA 常为单链线性分子。而少数 RNA 可通过链内相邻区段的碱基配对形成局部的双链二级结构，二级结构进一步折叠形成三级结构。RNA 只有在具有三级结构时才能成为有活性的分子。RNA 的化学稳定性不如 DNA，但 RNA 较 DNA 而言，具有分子小、种类多、功能多样等特点。

（一）mRNA 是蛋白质合成中的模板

真核生物 mRNA 的 5' 一端含有帽子结构、3' 一端具有多聚腺苷酸尾。

1.5' 末端的帽子结构

（1）大部分真核生物的 mRNA 的 5' 一端有一反式的 7- 甲基鸟嘌呤核苷三磷酸 (m7GpppN)这一特殊的帽子结构；

（2）原核生物的 mRNA 没有此帽子结构；

（3）mRNA 的 5' 一端帽子结构与帽结合蛋白结合形成复合体，并在维持 mRNA 的稳定性、促进 mRNA 向细胞质转运等功能中发挥作用。

2. 3' 末端的多聚腺苷酸尾

（1）真核生物 mRNA 的 3' 端多聚腺苷酸尾是由 80 ～ 250 个腺苷酸连接而成的，也可写作 poly A ；

（2）原核生物的 mRNA 没有此多聚腺苷酸尾结构；

（3）3'-polyA 结构和 5'-m' GpppN 结构在稳定 mRNA、mRNA 细胞质转运、翻译起始调控中共同发挥作用。

（二）tRNA 是蛋白质合成中的氨基酸载体

第一，tRNA 含有多种稀有碱基，如双氢尿嘧啶 (DHU）、假尿嘧啶核苷(φ) 和甲基化的嘌呤（m7G、m7A）等。

第二，tRNA 含有茎环结构 (或称发夹结构)，tRNA 的二级结构形似三叶草，具有 "四环""四臂" 的结构特点。

（1）"四环"：DHU 环、T φ C 环、反密码子环、额外环（可变环）。

（2）"四臂" 中位于上方的发夹结构称为氨基酸臂，此外还有 DHU 臂、T φ C 臂、反密码子臂。

第三，tRNA 的三级结构呈倒 L 形状。

第四，tRNA 的 3' 一端可连接氨基酸，反密码子环上有反密码子，可通过碱基互补配对原则识别 mRNA 上的密码子。

第二节　基因概述

一、基因的概念

如果生物体的遗传物质世代精确传递而不发生任何变化，那么终将不适应不断变化的环境而逐渐灭绝。遗传变异是生物进化的源泉，包括基因重组、基因突变和染色体结构变异。孟德尔遗传以及连锁遗传中论述的可遗传变异均是由于基因重组和互作的结果，而不是基因本身发生了质的变化，基因突变则是指基因内部发生了化学性质的改变而产生变异。本章首先介绍了基因的概念和基因表达调控的途径，然后主要介绍了基因突变的一般特征、不同类型突变的分子基础、突变发生的机制、生物矫正错误（突变修复）的途径和转座因子的特点与应用等。

1. 古典的基因概念

基因是生物遗传的物质基础，也是遗传学的基础。长期以来，人们对基因概念的认识经历了一系列的发展过程。孟德尔认为生物性状的遗传是由一种称为遗传因子的颗粒所控制的，控制性状的遗传因子可以从亲代遗传给子代。1909 年，丹麦学者约翰逊提出"基因"（来源于达尔文的"泛生论"Pangenesis）一词，代替了孟德尔的遗传因子。这个时期的基因概念被称为古典的基因概念，基因并不代表物质实体，而只是一个假设的遗传单元。

1903 年，萨顿和鲍维里首先发现了遗传过程中染色体与遗传因子行为的平行性，推测染色体是遗传因子的载体。从 1910 年起，摩尔根等通过果蝇杂交实验表明基因确实位于染色体上且直线排列，并在 1926 年发表"基因论"。他认为"基因首先是一个功能单位，能控制蛋白质的合成，从而控制性状发育；其次是一个突变单位，在一定条件下野生型基因能发生突变而表现为变异；最后，基因是一个重组单位，两个基因可通过重组产生与亲本不同的新类型，基因在染色体上按一定顺序、间隔一定距离线性排列，各自占有一定的区域。"因此，这个时期的基因被认为是功能、重组和突变三位一体的遗传单位。

2. 新古典的基因概念

斯特蒂文特（A.H.Sturtevent）等人研究果蝇棒眼突变时发现了基因的位置效应，表明性状表现不仅取决于单个基因，而是一段染色体。在后来的果蝇等多种生物研究中发现，根据表型标准被认为是一对突变的等位基因还可以发生重组而产生野生型表型。表现型上功能相似而位置十分接近的基因称为拟等位基因（Pseudoallele），拟等位基因的发现对"三位一体"的概念提出了质疑。

早在 1902 年，英国医生加罗德（Archibald Garrod）研究人类的一种疾病——黑尿酸症时就注意到基因和酶的关系。1941 年，比德尔和泰特姆以红色面包霉为材料，证明基因的作用是通过控制一种特定酶的产生，后来进一步把他们的发现总结为"一个基因，一种酶"的假说，认为基因是通过酶的作用来控制性状发育的，从而把基因和性状在生物化学的基础上联系了起来，为基因功能研究提供了生化研究的新途径，标志着生化遗传学的兴起。

格里菲斯和艾弗里等多代人通过努力证实了 DNA 是主要的遗传物质，并在 1953 年由沃森和克里克提出了 DNA 双螺旋结构模型，揭示了基因的化学本质。1957 年，本泽尔用大肠杆菌 T4 噬菌体作为材料，分析了基因内部的精细结构，提出了顺反子概念。本泽尔发现在一个基因内部的许多位点上可以发生突变，并且基因内部的位点之间还可以发生交换，从而说明一个基因是一个遗传功能单位，打破了传统的"三位一体"基因概念。根据顺反子学说，通过顺反测验而发现的遗传功能单位被称为顺反子，实际上就是一个基因。在顺反子DNA片段内含有许多突变位点，称为突变子，即可以产生变异的最小单位。顺反子内部不同位点之间可以发生交换，因此一个基因内含有多个重组单位，称为重组子（recon），即不能由重组分开的最小单位。显然，突变子和重组子理论上都可以最小到一个核苷酸对。本泽尔把基因（顺反子）定义为遗传上的一个不可分割的功能单位。从"一个基因，一种酶"的假说发展为"一个顺反子，一种多肽链"的假说。

3. 基因的分子概念

1961年，法国遗传学家雅各布和莫诺提出了乳糖操纵子模型。他们发现结构基因还受另外两个开关基因——操纵基因与启动基因的调控，操纵子模型丰富了基因的概念，证实基因的产物可能是蛋白质，也可能是RNA。

遗传密码的破译把核酸密码和蛋白质合成联系起来，经典分子生物学的基因概念形成：基因是编码一条多肽链或功能RNA所必需的核苷酸序列。其中，编码多肽链的基因被称为结构基因或蛋白编码基因。

一直以来，人们认为基因都是以一个连续的片段来转录生成一个连续的RNA并最终翻译成蛋白质的。然而，后来研究发现并不是所有的基因都是连贯的。罗伯茨(R.J.Roberts)和夏普（P.A.Sharp）于1977年分别在腺病毒中发现了基因断裂现象并提出了断裂基因（splitting gene）的概念。一个基因往往被一个或多个若干长度碱基对的插入序列（内含子）所间隔并由这些被隔开的片段（外显子）组成，这样的基因称为断裂基因。在真核细胞中断裂基因具有普遍性，断裂基因在原核细胞中也有发现。断裂基因的发现打破了基因是一段连续DNA片段的概念。选择性剪接的发现也打破了一个基因一种多肽的假说，一个基因可能编码几种不同的多肽。

4. 基因概念的发展

传统的基因概念认为基因是相互隔开的单个实体，可是，1973年韦纳（Weiner）等在研究大肠杆菌的Qβ病毒时，发现有两个基因编码蛋白质时是从同一个起点开始的，只不过终止点不同，因此编码分子量大的蛋白质基因包含了分子量小的蛋白质基因的序列。两个基因共有一段重叠的核苷酸序列，则称重叠基因。后来，又在多种生物上发现重叠基因的现象，最近大规模的转录谱研究更是发现了大量的重叠的转录物。

（1）跳跃基因

麦克琳托克（B.McClintock）最先在玉米中发现某些遗传因子是可以转移

位置的，后来证实某些成分位置的可移动性是一个普遍现象，并将这些可移动位置的成分称为跳跃基因或转座因子。

（2）假基因

20世纪70年代后期，研究者在定位几个基因的染色体位置时发现，他们找到的DNA序列和功能基因具有很高的相似性，但是都含有各种各样的变异，导致其不能表达，这些序列被称为假基因。原来一直认为假基因功能已经丢失，只是"蛋白化石"，但近来发现有些假基因可能具有一定的功能。

近来，基因组计划后发现蛋白质编码基因仅占基因组很小的一部分，人们把更多目光投向RNA转录本。研究者们通过转录组研究还发现，结构基因的编码序列可能结合来自相距数百数千个碱基的外显子，其中跨过了数个基因。此外，关于增强子等调控序列是否属于基因也还存在着争论。随着分子生物学、遗传学和基因组学等学科的不断发展，人们对基因的本质必将有进一步的认识，基因的概念也将不断地更新和发展。

二、基因的表达调控

基因表达是指基因通过转录和翻译而产生其蛋白质产物，或经转录直接产生RNA产物，如tRNA、rRNA、mRNA等。无论原核细胞还是真核细胞，它们的一切生命活动都与基因表达调控相关，都是特定的基因表达的结果。基因表达调控涉及中心法则中遗传信息流动的各个层次，包括转录前、转录水平、转录后、翻译水平、翻译后调控等，通过这些调控，精确地确定哪些基因表达、在何时表达、在何处表达和表达的量的多少。

基因表达调控可以分为正调控和负调控两种。正调控是指存在于细胞中的诱导物激活基因转录的过程。诱导物与调节蛋白结合形成复合物，与DNA序列以及RNA聚合酶相互作用，激活基因转录的起始。负调控与正调控相反，负调控是阻遏蛋白与DNA序列上的特异位点结合阻止转录的进行，或者是与mRNA序列结合阻止翻译的进行。无论是正调控还是负调控，都分为诱导和阻遏两种途径，诱导的过程是诱导物与阻遏蛋白结合使阻遏蛋白失活或者与无活性诱导蛋白结合使其获得活性；而阻遏的过程是辅阻遏物与阻遏蛋白结合使其获得活性或者与诱导物结合使其失活。正负调控和诱导阻遏的过程如图3-1所示。在原核生物中基因表达以负调控为主，而真核生物中基因表达以正调控为主。

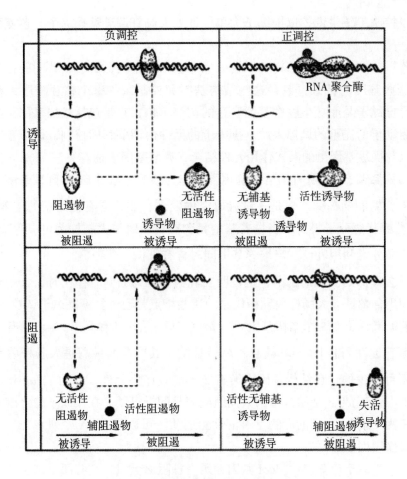

图 3-1 基因表达的正调控和负调控

基因表达的调控涉及蛋白质和 DNA 的相互作用，其中的 DNA 元件称为顺式作用元件，与 DNA 相互作用的蛋白质因子称为反式作用因子。顺式作用元件指位于基因的旁侧序列或内含子等位置起调控作用的 DNA 序列，通常不编码蛋白质。通过基因编码的产物即蛋白质或 RNA（tRNA、rRNA 等）结合到靶位点上控制转录过程而调控另一个基因表达的过程，称为反式作用。这些起作用的基因编码的产物即蛋白质或 RNA 则为反式作用因子。

（一）原核生物基因表达的调控

原核生物是单细胞生物，没有核膜和明显的核结构。原核生物基因表达的调控主要发生在转录水平，这样可以最有效且最为经济地从基因表达的第一步加以控制。转录调控以操纵子为单位，如大肠杆菌乳糖操纵子、色氨酸操纵子等。

若干功能上相关的结构基因在染色体上串联排列，由一个共同的控制区来操纵这些基因的转录，包含这些结构基因和控制区的整个核苷酸序列称为操纵子。操纵子是原核生物中基因表达的调节单位，它是包括结构基因、操纵基因、启动子的完整的调控系统。操纵子的活性由调节基因控制，调节基因的产物可以与操纵基因上的顺式作用元件结合，调节基因表达。

乳糖操纵子　大肠杆菌可以利用乳糖作为碳源，通过 β- 半乳糖苷酶的催化生成半乳糖和葡萄糖。但是在试验研究中发现，在只含有葡萄糖的培养基中，β- 半乳糖苷酶分子极少；当培养基中只含有乳糖时，大肠杆菌可以生成 β- 半乳糖苷酶分解利用乳糖，当培养基中同时含有乳糖和葡萄糖时，β- 半乳糖苷酶分子又会降低到极低的水平，这说明当乳糖和葡萄糖同时存在时，大肠杆菌会优先利用葡萄糖。大肠杆菌乳糖代谢的这些特点是通过乳糖操纵子调控的。

乳糖操纵子有 3 个结构基因 cZ、$lacY$、$lacA$，分别编码 β- 半乳糖苷酶、β- 半乳糖苷透性酶和 β- 半乳糖苷乙酰转移酶，其中前两种酶是大肠杆菌利用乳糖所不可缺少的。在结构基因上游有 2 个顺式作用元件，启动子 lac 和操纵基因（O），它们与 3 个结构基因共同组成完整的操纵子。在操纵子的上游有 1 个调节基因（$lacI$），它的产物是可溶性蛋白质，可以与 DNA 序列结合，是典型的反式作用因子。

乳糖操纵子的负调控　$lacI$ 基因编码一种阻遏蛋白，它有两个结合位点：一个可以结合诱导物即乳糖，另一个可以结合操纵基因 O。当培养基中缺乏乳糖时，阻遏蛋白总是结合在操纵基因 O 上，阻止 RNA 聚合酶起始转录结构基因，因此不能合成 β- 半乳糖苷酶，只能利用培养基中的葡萄糖作为碳源。而当培养基中含有乳糖而不含葡萄糖时，乳糖作为诱导物可以与阻遏蛋白结合，改变阻遏蛋白的空间构象，使其从操纵基因 O 上脱落下来，这样 RNA 聚合酶就可以起始 3 个结构基因的转录，产生乳糖代谢酶（图 3-2）。

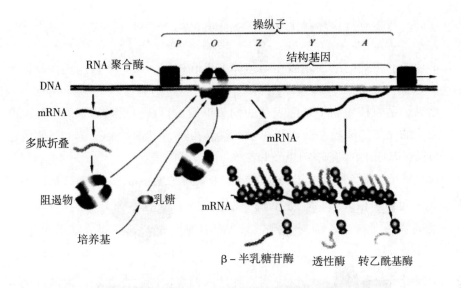

图 3-2 乳糖操纵子的结构

乳糖操纵子的正调控乳糖操纵子的负调控机制解释了大肠杆菌在葡萄糖缺乏而乳糖存在时可以产生乳糖代谢酶的原因。如果乳糖操纵子只存在上述的负调控的话，那么葡萄糖和乳糖同时存在时，大肠杆菌应该也会产生大量的乳糖代谢酶，但事实并非如此，这又是为什么呢？事实上，只要当葡萄糖存在时，大肠杆菌就不能产生乳糖代谢酶，这是由于乳糖操纵子调控过程中还存在另一种蛋白因子，这种蛋白因子的活性与葡萄糖有关，对乳糖操纵子起正调控作用。

研究表明，葡萄糖可以抑制腺苷酸环化酶活性，在缺乏葡萄糖时，腺苷酸环化酶催化 ATP 生成 cAMP，cAMP 可以与代谢激活蛋白 CAP 结合形成 cAMP-CAP 复合物，此复合物是乳糖操纵子的正调控因子，它的二聚体可以结合在启动子区域的特异序列上，改变启动子 DNA 构型，使 RNA 聚合酶和启动子 DNA 更加牢固地结合，提高转录效率。当有葡萄糖存在时，不能产生 cAMP，也不能形成 cAMP-CAP 复合物，即使在乳糖存在的情况下，RNA 聚合酶也不能与启动子有效地结合，基因不能表达。因此，只有当细胞中既有乳糖与阻遏蛋白结合，又有 cAMP-CAP 复合物与启动子结合时，转录效率最高（图 3-3）。

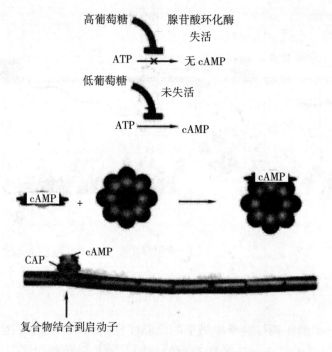

图 3-3　乳糖操纵子的分解代谢物控制

（a）葡萄糖浓度水平调节 cAMP（c）cAMP-CAP 复合物激活转录

大肠杆菌的这种乳糖操纵子正、负调控，优先利用葡萄糖，当缺乏葡萄糖时又可以利用乳糖保证新陈代谢的特点，确保细菌只是在需要能量时，才会启动乳糖代谢的一系列酶来释放能量用于代谢活动，是细胞有效利用能源的表现。

色氨酸操纵子　前面讨论的乳糖操纵子是有关分解代谢基因活性的调控，色氨酸操纵子控制的是合成代谢酶基因，最终的产物是色氨酸。色氨酸操纵子有 5 个编码相关酶的结构基因，分别为 *trp*E、*trp*D、*trp*C、*trp*B、*trp*A，其 5' 端是启动子、操纵基因和前导序列区域。

乳糖操纵子中阻遏蛋白与诱导物（乳糖）结合后就不再与操纵基因结合，从而 RNA 聚合酶与启动子结合起始基因转录，这种调节途径称为可诱导系统。而色氨酸操纵子不同，它的阻遏物需要与色氨酸结合形成复合物后才能与操纵基因结合，单独的阻遏物是无法结合操纵基因的。色氨酸操纵子的阻遏物是由距离其较远的即 *trp*R 基因编码的，称为无辅基阻遏物；色氨酸称为辅阻遏物，像这种基因转录可以被阻遏物所阻遏的途径称为可阻遏系统。

当细胞中色氨酸不足时，无辅基阻遏物不会与操纵基因结合，转录可以顺利进行；当细胞中色氨酸浓度高时，部分色氨酸分子就可以与无辅基阻遏物结合形成复合物，结合到操纵基因序列上，阻碍转录的进行。色氨酸操纵子基因表达水平由色氨酸的含量水平决定，这种由代谢反应的终产物对反应的抑制作用称为反馈抑制。这种机制可以保证在细胞环境中色氨酸含量丰富时不至于浪费能量去合成更多的色氨酸，是 生物长期进化过程中形成的经济原则（图 3-4）。

色氨酸操纵子阻遏物的阻遏能力比较低，因此还需要其他的调控机制来调节色氨酸的合成途径，这种机制就是衰减作用（attenuation）。

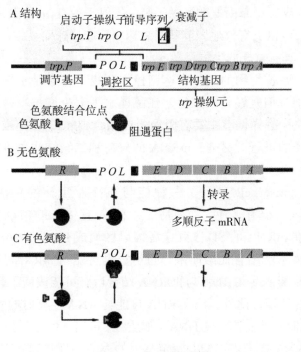

图 3-4 色氨酸操纵图

衰减作用 色氨酸操纵子在结构基因与操纵基因之间有一段长 160bp 的序列，称为前导序列，其中含有的元件称为衰减子，通过衰减子的作用可以使 mRNA 的转录速率下降。根据前面讨论的色氨酸操纵子的阻遏调控机制，当没有阻遏物与操纵基因结合时，RNA 聚合酶就能够启动转录，但实际上，色氨酸操纵子 mRNA 常常在转录进入第一个结构基因 trpE 之前就终止了，其原因就是衰减子的衰减作用。

前导序列可以编码 14 个氨基酸的前导肽，其中含有两个相邻的色氨酸残基。在大肠杆菌中，翻译与转录是偶尔的，RNA 聚合酶一旦转录出 mRNA，核糖体就会开始翻译。当细胞中有大量色氨酸时，Trp-tRNA^{Trp} 供应充足，核糖体顺利通过两个连续的色氨酸密码子区而翻译出前导肽，影响 mRNA 的结构导致茎环形成，RNA 聚合酶不通过而终止转录。而当细胞中色氨酸处于低水平时，Trp-tRNA^{Trp} 的浓度相应也较低，核糖体在两个连续的色氨酸密码子区的翻译速度较慢，而不影响 RNA 聚合酶前进转录继续进行，并最终产生色氨酸合成代谢酶。因此，衰减子是一个转录暂停信号，而衰减作用是以翻译手段调控着基因的转录。

除了色氨酸操纵子外，还有其他一些合成酶操纵子也具有类似的衰减机制，如组氨酸操纵子、苯丙氨酸操纵子等。操纵子的衰减作用在阻遏物调控效率较低的情况下可以更有效地调节基因表达，反应快速而灵敏，两种方式协同控制基因表达，具有重要的生物意义。

一般来说，原核生物的基因表达调控主要集中在转录水平，这样符合生物界的经济原则。但是在转录之后，在翻译水平上也增添一些调节可以作为转录调节的补充。翻译调节主要有阻遏蛋白结合到 mRNA 上或者结合到核糖体上，阻碍翻译的进行。另外，mRNA 的寿命和二级结构也可以影响翻译的进行。

反义 RNA(antisenseRNA) 是一种能与 mRNA 互补的 RNA 分子。反义 RNA 调控的方式主要有多种，一种是反义 RNA 直接与靶 RNA 序列配对，这种配对可能是在 mRNA 的 SD 序列或者编码区形成 RNA-RNA 二聚体，使得 mRNA 与核糖体不能结合而阻断翻译过程；也可能与 mRNA5' 端配对，阻碍 mRNA 的完整转录；反义 RNA 与靶 RNA 结合后，可能改变了靶 RNA 的构象致使其不能正常翻译；此外，反义 RNA 可能与 DNA 复制时的引物 RNA 结合而抑制 DNA 复制，从而控制着 DNA（如质粒 ColE1）的复制频率。

利用反义 RNA 技术可以抑制特定基因的表达，为基础研究提供了重要的工具。

（二）真核生物基因表达的调控

真核生物的基因表达调控比原核生物复杂得多，它们具有真正的细胞核，其基因的转录和翻译分别在细胞核和细胞质中进行。真核生物特别是高等生物，不仅是由多细胞构成的，而且还具有组织和器官的分化，存在着个体的生长和发育，因此，真核生物的基因表达调控可以分为更多的层次，包括染色质水平、DNA 水平、转录水平和翻译水平等层次的调控。

1. 染色质水平的调控

异染色质化 真核生物基因组与蛋白质结合，以核小体为基本单位形成染色质结构存在于细胞核中。真核生物这种独特的结构使得基因的转录需要以染色质的结构变化为前提。基因转录前，染色质会在特定的区域解螺旋而变得疏松。当一个基因处于活跃转录状态时，含有这个基因的染色质区域中蛋白质和DNA 的结构也会变得松散，使得 DNA 酶 I 更易于接触染色质，此时转录区域的 DNA 对 DNA 酶 I 的敏感性要比非转录区域高得多。具有转录活性的染色质区域有一个中心区域对 DNA 酶 I 高度敏感，当用极低浓度的 DNA 酶 I 处理染色质时，DNA 在这些少数的特异位点被切开，称为超敏感位点。超敏感位点通常位于 5' 端启动子区域，一般长 100bp ～ 200bp，在此区域不存在核小体，此时的 DNA 易于和反式作用因子结合，利于基因的转录。基因的活跃转录是在常染色质上进行的，在一定的发育时期和生理条件下，某些特定的细胞中的染色质会凝聚变成异染色质。异染色质区域的基因没有转录活性，这也是真核生物基因表达调控的一种途径。例如，哺乳动物细胞中的某些物质能够使 X 染色体中的一条异染色质化，只有一条染色体具有转录活性，这就使得雌雄动物之间能够保持等量的基因产物，这个过程称为剂量补偿。

蛋白质修饰 真核细胞的 DNA 与组蛋白和非组蛋白结合，每个组蛋白的 N 末端都有丰富的赖氨酸和精氨酸，这些碱性氨基酸和 DNA 的磷酸基团之间存在着相互作用，保证染色质的结构。当组蛋白与 DNA 结合时，染色质并不能被转录，因此，组蛋白可以看作基因转录的抑制物。核小体核心组蛋白上某氨基酸可被共价修饰，包括甲基化、乙酰化、磷酸化和泛素化等，其中最主要的是赖氨酸残基上的氨基乙酰化，它使得核小体聚合能力受阻，DNA 易于从核小体上脱离，有利于基因转录。乙酰化作用是可逆的，组蛋白可以发生脱乙酰基作用而抑制基因转录。核心组蛋白上的不同修饰可以构成一个"密码"，能影响与组蛋白—DNA 复合物相互作用的那些蛋白质及后续的基因调节，因此这些不同修饰被称为组蛋白密码（histone code）。

细胞核内不仅有组蛋白，还存在着大量的非组蛋白。非组蛋白是重要的反式作用因子，与 DNA 结合，调节基因表达，一般来说组蛋白是基因表达的抑制物，而非组蛋白是基因表达的调节物。非组蛋白在不同细胞中的种类和数量都不同，具有组织特异性，在基因表达调控、细胞分化控制和生物的发育中起着重要作用。

DNA 的甲基化与去甲基化甲基化作用也可以发生在 DNA 上，真核生物中的大多数甲基化位点是胞嘧啶，甲基化的胞嘧啶可以通过复制掺入到正常的DNA 中，这种甲基化在 CG 序列中频率最高。一般来说，DNA 甲基化后可以降低基因的转录效率，而去甲基化后转录可以得到恢复，真核生物 DNA 的甲基化与否可导致转录活性相差达上百万倍。但在一些低等生物，如酵母、果蝇中，至今没有发现甲基化。

2.DNA 水平的调控

基因丢失、基因扩增、基因重排等是真核生物在 DNA 水平上对基因表达的调控，这种调节方式与转录和翻译水平的调节不同，它往往是由基因本身或者其拷贝数发生改变而达到调控相应基因产物的目的。

基因丢失经常发生在某些原生动物、线虫中等，在个体发育过程中，某些细胞往往丢掉整条或部分染色体，只有分化成生殖细胞的细胞中保留着所有染色体。不过目前在高等动植物中尚未发现类似的基因丢失现象。基因扩增是指细胞中某些特定基因的拷贝数大量增加的现象，它是细胞在短时间内满足对某种基因产物需求而对基因进行差别复制的一种调控手段。例如，基因组中的 rDNA 复制单位在某个时期能够从 DNA 上切除下来，形成环状分子，这种环状分子通过滚环式复制可以产生大量拷贝，以满足细胞的需求。

基因重排是指 DNA 分子内部核苷酸序列的重新排列。重排不仅可以形成新的基因，还可以调节基因的表达。例如，哺乳动物抗体的产生，抗体的重链（heavy chain，H 链）和轻链（light chain，L 链）都不是由一个完整的基因编码的，而是由不同的基因片段重排后形成的。随着 B 淋巴细胞的发育，抗体基因 DNA 发生重排，在每一个发育成熟的淋巴细胞中，只有一种重排的抗体基因。以这种重排的方式，约 300 个抗体基因片段可以产生 108 个抗体分子（图 3-5）。

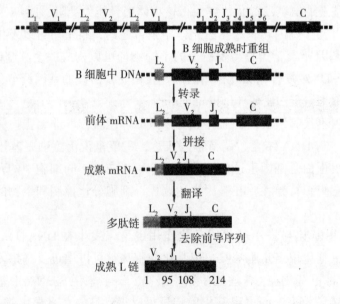

图 3-5　抗体的形成过程

3. 转录水平的调控

与原核生物相同，真核生物中转录水平的基因表达调控也是各种水平的调控中最主要的一种。转录水平的调控主要是依靠顺式作用元件与反式作用因子（转录因子）之间，也即 DNA 和蛋白质之间的相互作用来实现的。

真核生物中的基因中存在多种顺式作用元件，包括启动子、增强子、绝缘子、沉默子和应答元件等。启动子位于结构基因 5' 端上游，紧邻转录起始位点，它指导 RNA 聚合酶与模板正确结合，启动转录。真核生物的启动子区域有多种元件，主要有：TATA 框，它位于 -25bp ～ -30bp 处，主要作用是使转录精确的起始；在 -70bp ～ -78bp 处有 CAAT 框，位于 -80bp ～ -110 bp 的 GC 框，这两个元件的主要作用是调控转录起始的频率（图 3-6）。

图 3-6 真核生物 5' 端的顺式调控元件

增强子通常离转录起始位点较远，位于启动子上游 -700bp ～ -1000bp 处，它能够大幅提高靶基因的转录频率，如人的巨大细胞病毒的增强子可使珠蛋白基因表达频率高于该基因正常转录时 600 ～ 1000 倍。增强子可以位于基因的 5' 端，也可以位于基因的 3' 端，还可以位于基因的内含子中。增强子的作用没有方向性，可以转移到其他基因附近，加强该基因的转录。基因中可能含有几个增强子，转录受不同增强子的调控，对不同的信号作出不同的反应。但也并不是所有基因都含有增强子（图 3-7）。

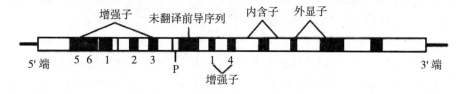

图 3-7 典型的真核生物基因结构示意

绝缘子是位于启动子与正调控元件或负调控元件之间的一种调控元件，绝缘子本身没有正效应或负效应，它的作用是阻止其他元件对启动子所带来的激活或失活效应。绝缘子与增强子不同，它具有方向性。目前，在果蝇的黄色基因、鸡和人的 β- 珠蛋白基因中均发现了绝缘子的存在。沉默子是参与基因表达调控的一种负调控元件，它能够沉默基因的表达，其作用不受距离和方向的限制。应答元件是位于基因上游能被转录因子识别和结合，调控基因专一性表达的 DNA 序列，如热激应答元件、金属应答元件和血清应答元件等。应答元件的作用原理是特定的蛋白质因子与应答元件结合，调控基因表达。

真核生物中有大量的转录因子，有的结合在启动子区，有的结合在增强子区。转录因子与 DNA 顺式作用元件相互作用，调控基因表达。反式作用因子可以通过不同的途径发挥调控作用，包括蛋白质与 DNA 的相互作用，蛋白质可以通过其不同的二级结构与 DNA 分子结合，例如，螺旋 - 转角 - 螺旋、锌指结构、亮氨酸拉链等来调控基因表达；还可通过蛋白质与蛋白质之间的相互作用，例如，半乳糖基因的调控蛋白 GAL4p 总是与基因的上 游激活序列结合，同时 GAL80p 与 GAI4p 结合覆盖了其活性区域，当半乳糖分子与 GAL80p 结合后，导致 GAL80p/GAI4p 构型发生改变，诱导 gal 基因表达。

真核生物还存在着基因转录后水平调控机制，例如，mRNA 的修饰与选择性剪接、RNA 编辑等。同一个 mRNA 前体通过不同的剪接可以生成不同的成熟 mRNA 分子，翻译产生不同的蛋白质，这称为选择性剪接或可变剪接。选择性剪接增加了遗传信息的复杂性，是生物体有效利用遗传信息的一种途径。RNA 编辑是指成熟的 mRNA 分子由于核苷酸的插入、缺失或置换，改变了来自 DNA 模板的遗传信息，合成了不同于模板 DNA 所编码的蛋白质分子。RNA 编辑与 mRNA 的选择性剪接一样，都是生物体为更经济有效利用遗传信息所产生的一种基因表达调控机制。

4. 翻译水平的调控

真核生物的基因表达在翻译水平也存在着复杂的调控，蛋白质的合成由参与其过程的各个组分的活性高低共同决定。而且，真核生物基因转录翻译生成的多肽需要经过修饰、加工和折叠后才能成为有生物活性的蛋白质。

mRNA 的转运 真核生物 mRNA 的转录和翻译分别在细胞核和细胞质中进行，成熟的 mRNA 需经过核膜运输后才能表达，因此，核膜也是控制基因表达的关键点。实验表明，几乎有一半的 mRNA 前体一直留在细胞核内，然后被降解 mRNA 在剪接过程中不能与核孔相互作用，当加工完成后，内含子被切除，mRNA 才能通过核孔进行转运，目前尚不清楚 mRNA 的输出是需要特殊的信号还是无规则的输出。

mRNA 的结构稳定性 真核细胞细胞质中的 tRNA 和 rRNA 是比较稳定的，而 mRNA 的稳定性很不一致，有的 mRNA 寿命可达几个月，有的只有几分钟。因此，对于 mRNA 稳定性的调节也是基因表达调控的一个重要方面。mRNA 的降解速率和 mRNA 的结构特点有关，例如，mRNA 的 3' 端的 poly A 不仅和

mRNA 穿越核膜的能力有关，而且其长度也会影响 mRNA 的稳定性；有 polyA 的 mRNA 比没有 polyA 的 mRNA 具有更高的翻译效率。随着翻译次数的增加，polyA 在逐渐缩短，当 polyA 缩短至不能与 polyA 结合蛋白（PABP）结合时，裸露的 mRNA3' 端就会开始降解。

此外，mRNA 的其他结构如 5' 端帽子结构、起始密码子的位置以及 5' 端非翻译区的长度都会影响到翻译的效率和起始的精确性。

真核生物的不同 mRNA 与翻译起始因子的亲和性不同，使它们在翻译水平上产生差异，这种调控机制是由 mRNA 的二级结构和高级结构决定的。例如，α- 珠蛋白和 β- 珠蛋白的合成，在二倍体细胞中有 4 个 α-珠蛋白基因和 2 个 β- 珠蛋白基因，但是两种蛋白质的浓度比实际上是 1：1，这正是由于 β-mRNA 与起始因子的亲和性远大于 α-mRNA 的缘故。

翻译因子的磷酸化 蛋白质合成的起始、延伸和终止都有许多因子的参与，翻译因子的磷酸化与蛋白质合成的强弱有关。某些翻译因子的磷酸化可以激活蛋白质合成，例如，哺乳动物的翻译起始因子 *sif*-4B 和 *sif*-4F，而某些翻译因子的磷酸化会抑制翻译，如哺乳动物的 *sif*-2。

反义 RNA 反义 RNA 是一种通过抑制翻译模板来调控基因表达的途径，它不仅存在于原核生物中，也存在于真核生物中。1984 年，Adelman 首次在真核生物大鼠中发现了反义 RNA。现在，通过转入目的基因的反义 RNA 来抑制目的基因表达的反义 RNA 技术已经成为一种常规基因操作手段。

蛋白质的翻译后加工 真核生物基因翻译生成的多肽需要经过折叠、加工和修饰之后才能形成有活性的蛋白质。在蛋白质翻译后的加工过程中，存在着多种调控机制。许多蛋白质需要在伴蛋白的作用下，才能折叠成一定的空间构型，并具有生物学活性。有的蛋白质在翻译后需要切除 N 末端或 C 末端的一段序列才能形成有功能的空间构型，有的蛋白质前体需要像 RNA 一样切除位于序列内部的内含子，两端的外显子连接后形成成熟的蛋白质分子。某些蛋白质需要进行化学修饰，例如，甲基化、磷酸基化、乙酰基化等，这些基团可以连接到氨基酸侧链或者蛋白质的 N 端和 C 端；也有较为复杂的修饰，例如，蛋白质的糖基化，糖残基连接到丝氨酸或苏氨酸的羧基上形 O- 糖基化，或者连接到天冬酰胺的氨基上形成 N- 糖基化，这些化学修饰对蛋白质的活性有着重要影响。

第三节　基因突变概述

一、基因突变的概念

狄·弗里斯于1901年在他的突变学说中首次使用"突变"一词，他在栽培月见草中发现多种可遗传的变异。他发现这些变异是不连续的，好像突然发生，故取名突变。实际上后来的研究证明，他看到的这些变异有些属于染色体数目变异，有些则是由于杂种后代的分离造成的。摩尔根于1910年在大量红眼果蝇中发现了一只白眼雄蝇，进一步通过杂交试验证明是一个性连锁基因的突变。

基因突变是指染色体上某一基因位点内部发生了化学性质的变化，与原来基因形成对性关系，即变为它的等位基因，基因突变又称点突变。例如，植物的高秆基因 D 突变为矮秆基因 d，D 与 d 就形成对性关系，是一对等位基因。携带突变基因并表现突变性状的生物个体或群体或株系称作突变体，而自然群体中最常见最典型的个体或株系称作野生型。

二、基因突变的分类

基因突变可以根据不同的依据进行分类的，这些依据主要是突变的不同方面的特征。下面就是突变的几种不同的分类。

（一）体细胞突变和性细胞突变

这是依据发生突变的对象来区分的。基因突变可发生在生物个体发育的任何时期，因此对有性生殖的生物来说，体细胞和生殖细胞都可能发生突变，相应地称为体细胞突变和性细胞突变。

体细胞突变一般不能通过受精过程传递给后代。当代即能表现，与原性状并存，形成镶嵌现象，这种个体的组织器官是由基因型不同的细胞群所组成，称为嵌合体。突变的体细胞常竞争不过正常细胞，会受到抑制或最终消失，因此自然条件下，突变体出现的频率很低。植物芽原基早期的突变细胞可能形成一个突变的枝条，称为芽变。芽变在农业生产上有着重要意义，不少果树新品种就是由芽变选育成功的，如华盛顿脐橙和富士系苹果等优良品种的选育。林木树种发现的芽变较少，毛白杨易生根芽变是其中之一。而性细胞发生的突变可以通过受精过程直接传递给后代。

（二）显性突变和隐性突变

显性突变指由原来的隐性基因突变为显性基因；隐性突变指由原来的显性基因突变为隐性基因。正常的、有功能的基因发生突变常常导致基因功能的丧失，因此，正突变通常都是隐性突变，且生物体中的致死突变大多为隐性突变。

显性突变一经产生，在当代就可以表现出来，而隐性突变则需要在发生后的若干代才能表现出来。显性突变和隐性突变纯合的时间不同，显性突变比隐性突变纯合所需的时间长。显性突变在第一代表现，第二代能纯合，但是真正获得纯合体要在第三代；隐性突变在第二代表现，第二代能纯合，同时在第二代也可以获得纯合体。

（三）大突变和微突变

依据基因突变导致性状变异的程度来划分，突变可分为大突变和微突变。大突变指具有明显的、易识别的表型变异的基因突变。微突变则指突变效应表现微小的、较难察觉的基因突变。传统上大突变由于效应明显、遗传简单等特征受到遗传育种工作者的重视，而试验表明，在微突变中出现的有利突变率大于大突变。因此，育种工作中要特别注意微突变的分析和选择。

（四）条件型突变和非条件型突变

从突变表现型对外界环境的敏感性来区分，可分为条件型突变和非条件型突变。只有在特定的条件下才表现突变性状的突变称为条件型突变。最常见的条件型突变为温度敏感突变。例如，某些温度敏感型细菌突变类型在 30℃ 时可以存活，而在低于 30℃ 或高于 42℃ 时就会死亡。

二、基因突变的一般特征

（一）基因突变的稀有性

常用突变率和突变频率来定量描述突变发生的概率。突变率是指在一个世代中或其他规定的单位时间内发生突变的频率。在有性生殖的生物中，突变率通常用一定数目的配子中的突变型配子数来表示。在细菌和单细胞生物中，则用一次分裂过程中发生突变的概率表示。

基因突变在自然界中是很普遍的，任何细胞在任何时候都可能发生基因突变。但实际上在正常情况下，突变率往往是很低的。据估计，在自然条件下，高等生物中基因突变率为 $1 \times 10^{-8} \sim 1 \times 10^{-5}$，即在 $10 \times 10^4 \sim 1 \times 10^8$ 个配子中只有 1 个发生突变。此外，大多数破坏蛋白功能的突变在进化过程中可能被淘汰，因此，难以在自然群体中获得大量自发突变样本作为研究材料。自然条件下各种动、植物发生基因突变的频率不高，它可保持生物种性的相对稳定性。

（二）突变的重演性和平行性

突变的重演性是指同种生物不同个体间可以多次发生同样的突变。例如，摩尔根发现的果蝇白眼的突变曾多次发生。据记载安康羊是早在 1791 年在美国发现的一种矮腿的突变，大约在 1876 年灭绝了。然而 20 世纪在挪威和美国得克萨斯又先后发现了类似的突变，化石研究表明 1475—1550 年在英国也发生了类似的突变。脐橙果肉颜色相关基因的突变也在自然界中不同地点多次被发现。亲缘关系相近的物种基因组有较高的相似性，往往把发生相似的基因突变的现象称为突变的平行性。

突变的重演性和平行性可能是生物为适应相同或相似环境条件而发生的协同进化现象。

突变的重演性和平行性对于开展人工诱变育种也具有一定的参考价值。例如，在扁桃中曾发现开花期较晚的突变材料，期望近缘的山杏等物种也存在着类似变异的潜力，为种质调查或诱变育种等提供参考。

（三）基因突变的可逆性

基因突变是可逆的，原来正常的野生型基因经过突变成为突变型基因的过程称为正向突变；突变型基因通过突变而成为原来的野生型基因的过程称为反向突变（回复突变）。但是真正的回复突变很少发生，多数所谓回复突变是指突变体所失去的野生型性状可以通过第二次突变而得到恢复，即原来的突变位点依然存在，但它的表型效应被第二位点的突变所抑制。染色体缺失或重复的遗传行为可能和突变的遗传行为相似，但它们一般是不可逆的，因此突变的可逆性可作为区分点突变和染色体缺失或重复的重要标志。基因正向突变的突变率一般要高于反向突变，典型的要高 10 倍以上，这可能是因为反向突变要重建特定正向突变所破坏的蛋白功能，所以对回复突变的要求要比正向突变的要求专一得多。

（四）基因突变的多方向性

基因突变的多方向性是指同一基因的突变可以向多方向发生。例如，一个基因 a，可以向多个不同方向突变为 a1，a2，a3，……，并且 a1，a2，a3 分别表现出不用的性状，这些基因就称为复等位基因。复等位基因广泛存在于生物界中，最早发现的一个就是果蝇眼色的基因突变，对于红眼（F）基因，其他复等位基因均为隐性，而它们相互之间一般呈现不完全显性的关系（图 3-8）。

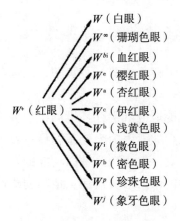

图 3-8　果蝇眼色的复等位基因

另一复等位基因的例子就是植物自交不亲和性，它是指某些植物在自花授粉时，或者相同基因型的个体异花授粉时，不能受精结实的现象。例如，烟草属植物的 15 个控制结实的复等位基因 S_1，S_2，S_3，……，S_{15}，如果具有其中某一基因的花粉落到含有相同基因的柱头上，则花粉不能萌发，不能完成受精过程，表现出相同基因之间的颉颃作用（图 3-9）。

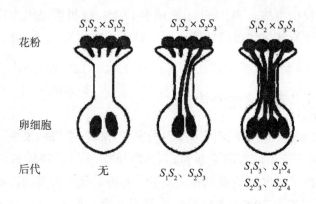

图 3-9　烟草属自交不亲和复等位基因作用机制示意

（五）突变的有害性和有利性

绝大多数基因突变对生物来说都是有害的，通过自然选择的作用在其所在的群体中保持比较低的基因频率。由于野生型是经过长期自然选择保留下来的，从某种意义上讲是最能适应其生存环境的，大多数的突变对生物体本身来讲是有害的，不利于其生存的，因为突变基因型一般很难和野生的基因型具有同样的生存机会。基因突变一般表现为基因功能的丧失，某种性状或者是生活力、育性的下降，如人类的镰刀形贫血症、植物的雄性不育等，严重的基因突变还会导致生物体的死亡。

但在少数情况下，某些控制生物次要性状基因的突变，常常不影响生物体的正常生理活动和代谢过程，因而对生物的生存和繁殖能力影响较小，这样的突变也会被保留下来并逐渐成为物种的特征，这类突变称为中性突变。例如，水稻芒的有无，小麦颖壳和籽粒的颜色等。

另外，也有少数突变表现出对生物的生存和生长的有利。例如，植物的早熟性、抗病性等，这些突变就是所谓适应环境的突变，使得生物体能够在群体中取得优势，从而通过自然选择而保留下来。

突变的有利性和有害性也是相对的，有些突变在一定的环境条件下对生物体的生存是有害的，而在另外一种环境中却表现出对生物的生存和生长的有利性。例如，作物的高秆与矮秆，在一般的环境条件下，如果一株矮秆作物处于高秆作物中间，则光照会严重不足而影响其发育；但是如果在多风的地区，矮秆作物就会表现出较强的抗倒伏性，从而能够存活下来。

三、基因突变的分子基础

在某些自然环境或人为因素影响下，生物体内的 DNA 会损伤，使 DNA 分子结构受到破坏和改变，包括复制时碱基配对错误、碱基的插入或缺失、单链或双链的断裂等。如果受到损伤的 DNA 分子不经及时修复，不能完成复制、转录时，生物体就无法生存。如果在修复过程中发生错误，又经过复制以后就会产生稳定的双链突变。另外，转座因子的转座也会引起基因突变。

（一）突变的类型

最简单的突变是一种碱基为另一种碱基所代替，称为碱基的替换。例如，双链 DNA 分子中的碱基对 A=T 被碱基对 G≡C 代替。替换分为两种类型：其中嘧啶碱与嘧啶碱之间的替换，嘌呤与嘌呤之间的替换，称为转换，如 A 变为 G，C 变为 T 等；而嘌呤与嘧啶碱基之间的替换，称为颠换，如 A 变为 T，G 变为 C 等（图 3-10）。

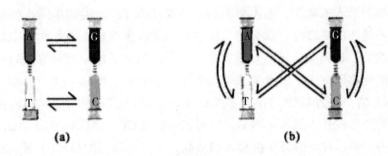

图 3-10　基因替换的可能种类
（a）转换　（b）颠换

缺失或插入：原 DNA 分子碱基的数目发生减少或增加。缺失或插入的碱基对的数目可能是一个或少数几个，也有可能是较长的 DNA 片段，它们具有不同的形成机制。

（二）突变的分子效应

如果突变发生在蛋白编码基因的多肽编码区域即外显子部分，可能出现如下几种不同的结果。

同义突变（synonymous mutations）又称为沉默突变，由于密码子具有简并性，所以同一氨基酸可以对应多个不同的密码子，这种突变导致新密码子只是从同一种氨基酸的一个密码子变化成另一个密码子，因此并不影响氨基酸序列，更不会改变蛋白质的结构。

错义突变（missense mutations）又称为非同义或异义突变，突变导致编码一种氨基酸密码子变化成编码另一种氨基酸的密码子，或者是由终止密码子变为某一氨基酸的密码子，这样或使得蛋白质一级结构中某一氨基酸发生改变而影响蛋白质的结构，或由于翻译的延长使得肽链延长，结果可能使蛋白质活性丧失，也可能产生一种新的活性蛋白。

无义突变（nonsense mutations）突变导致从一种氨基酸的密码子变化成一个终止密码子，使得翻译提前终止而引起的突变。突变的位点越靠近 3' 端，多肽合成过程中停止得越早，形成的肽链越不完整，这样的蛋白质产物就越有可能失去原有的活性，多数情况下会导致完全失去蛋白质原有的活性。

移码突变（frameshift mutations）由于碱基的缺少或插入从而导致 mRNA 上的三联体密码的阅读框架发生一系列的变化。由于遗传密码以三联体形式存在，所以如果插入或缺失的碱基是 3 的倍数，那么在肽链中会反映出一个或几个氨基酸的插入或缺失，而不影响后面的氨基酸序列；但如果插入或缺失的碱基数目不是 3 的倍数时，就会使后面的密码子发生变化，导致肽链中氨基酸序列发生改变，移码突变可能导致突变位点下游的氨基酸序列与原有的序列毫无关系，因此移码突变常常会失去原编码正常蛋白的结构和功能。例如，某一基因 mRNA 的一段为 GAA GAA GAA GA……那么其产物应该是一段谷氨酸多肽，但是如果在开头插入一个 G，序列就会变成 GGA AGA AGA AGA A……就会变为一段以甘氨酸开头的精氨酸多肽，一旦这段 mRNA 位于蛋白质的功能区域，就会对蛋白质结构产生很大的影响，甚至导致其功能的丧失。

突变有可能发生在外显子以外的其他区域，如果发生在内含子区域一般不会造成任何影响。突变也可能发生在基因的调控区域如启动子、增强子等部分，这些部分是 RNA 聚合酶及其相关因子和特定转录因子的结合位点。如果发生在这些区域的突变影响到相关因子的结合则会改变蛋白质产生的数量，甚至可能完全阻碍其表达，但通常不会影响蛋白质的结构。

突变后 DNA 序列的改变和表型关系怎么样呢？突变事件通常是破坏性的，删除或改变了基因的关键性的功能区，这种变化干扰了野生型对某种表型的活性功能，其结果是产生了一种丧失功能的突变，即功能失去型突变。其中完全丧失基因功能的突变称为无效突变。如果一个基因是必需的，那么无效突变将导致突变体死亡，这样的突变称为致死突变；突变后野生型的功能仍在表型上有所反映，较之无效突变，其表型没有发生那么明显的改变则称为渗漏突变。突变事件引起的遗传随机变化有可能使生物体获得某种新的功能，这种突变称为功能获得型突变。在杂合体中，随机获得的新功能可以得到表达，因此获得功能的突变极有可能是显性的突变，并能产生新的突变。不是所有的突变都会产生表型的变异。

（三）突变的修复

生物体的生存和延续要求 DNA 分子必须保持高度的完整性和精确性，但是 DNA 复制的过程受到多方面的潜在威胁，如果不能有效地修复突变，最终若干有害突变的累积将会导致其功能丧失。在长期进化过程中，细胞形成了多种修复系统来纠正偶然发生的 DNA 复制错误或 DNA 损伤。识别和修复损伤系统可以把 DNA 的损伤降低到最小，当一个 DNA 的改变未能及时被修复系统修复时就产生了突变。DNA 修复系统是维持生物体的遗传稳定性和地球上生命的生存所必不可少的，可以说是其安全保障系统。为了应对各种不同的损伤情况，细胞有多种应对 DNA 损伤修复系统，主要包括：

1.直接修复系统

直接修复系统是直接将受损碱基恢复到正常结构的修复系统。已知的直接修复途径包括：DNA 聚合酶的校正、光复活、去烷基化和单链断裂修复等。

通过 DNA 聚合酶校正 DNA 复制过程中掺入错误碱基是一类最常见的突变类型。原核 DNA 聚合酶Ⅲ掺入错误碱基的频率为 10^{-5}。原核 DNA 聚合酶都具有 $3'{\rightarrow}5'$ 外切酶活性，可对复制过程中 99% 的错误掺入的碱基进行校正，从而大大减少 DNA 复制过程中的差错率，使最终的错配率为 10^{-7}。

光复活又称为光修复 由于紫外线损伤，相邻的两个胸腺嘧啶会形成胸腺嘧啶二聚体，不能和互补链碱基配对，于是在 DNA 双螺旋结构上形成一个突起，直接影响了 DNA 分子的结构完整性，使其不能正常的复制、转录，是一种致死的损伤。光复活就是指在可见光（300nm～600nm）的活化之下，由光裂合酶催化嘧啶二聚体之间的共价键断裂而直接恢复正常状态的过程（图 3-11）。在黑暗中，光裂合酶不能发生作用，因此在缺乏可见光的情况下需要其他修复系统来修复嘧啶二聚体。

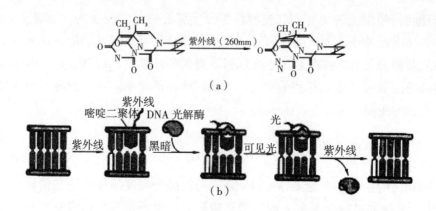

图 3-11　胸腺嘧啶二聚体的形成（a）及光复活修复途径（b）

去烷基化 细胞内存在的烷基转移酶和甲基转移酶可以将烷基化修饰的碱基去烷基化，使其恢复到正常碱基，从而使 DNA 分子得以修复。

单链断裂修复 物理射线等因素的诱导会使 DNA 形成单链断裂损伤，仅是一条单链的断裂可以通过 DNA 连接酶的作用直接修复，它催化 DNA 切口处形成磷酸二酯键而恢复 DNA 的完整结构。

2. 错配修复系统

即使有 DNA 聚合酶的校正作用，最终还是有一定的错配率，未被校正的复制错误可能形成稳定的双链突变体。错配修复是校正上述错误的一种重要补救措施，可以修复大部分杂种 DNA 中的突变位点，从而降低错误率，经过错配修复的突变率可降低至 10^{-10}。

错配的过程包括双螺旋结构异常位点的识别、错误碱基的切除以及填补缺口和封闭切口。DNA 复制以后，蛋白质巡查新合成的 DNA 分子以确定是否还含有错配的碱基。这种错配修复系统可能检测到错配的碱基对 AC，而不会识别正确的碱基对 AT，但是在这个过程中，如何判断 DNA 分子的哪一条链含有发生突变的碱基，哪一条含有正常的碱基是错配修复系统的关键。例如，一个异常配对的碱基对 A=C，其中 A 是正确的，如果修复成 G=C 就会产生错误，改变遗传信息。错配修复机制可以通过识别 DNA 复制后的化学修饰来判断错误碱基。研究发现，大肠杆菌 DNA 分子在复制过程中，模板链具有甲基化修饰，而新合成的链还没有来得及甲基化。所以可以通过识别两条链的甲基化状态来区分新旧链，从而切除错误的碱基，保证遗传信息的稳定性。真核生物种错配修复的机制尚不清楚，因为在某些真核生物中 DNA 分子并没有可识别的甲基化特征。如果错配修复失误，DNA 序列将被改变，现在已知的某种结肠癌的发生就与错配的失误有一定关系。

3. 切除修复系统

切除修复指切除 DNA 分子的损伤部分来进行修复。DNA 分子在细胞的生活周期中（G_1 期）也会受到损伤，高能辐射、环境中的化学物质、自发的化学反应都会损伤 DNA。某些酶会"监督"细胞中的 DNA，当发现错配的、化学修饰的碱基，或者 DNA 某条链插入碱基时，这些酶会切断受损链，之后另一种酶会将包括受损碱基在内的临近几个碱基切除掉，然后由 DNA 聚合酶和 DNA 连接酶填补修复缺口。这种过程不需要光就能进行，因此也称为暗修复（dark repair），主要包括以下两种类型：碱基切除修复和核苷酸切除修复。

碱基切除修复主要靠 DNA 糖基化酶来执行，直接切除受损伤的碱基并替换它。DNA 糖基化酶有很多种，如尿嘧啶 DNA 糖苷酶专一性识别尿嘧啶并将其从 DNA 链中切除。其修复过程如下：① DNA 糖基化酶识别 DNA 上的损伤，化学修饰等异常碱基，水解糖苷键产生无嘌呤或无嘧啶位点，两者都称为 AP 位点；② AP 内切酶切开 AP 位点附近的糖和磷酸骨架，产生切口；③ DNA 外切酶切除糖和磷酸残基，然后由 DNA 聚合酶以另一条链为模板补充缺口；④最后由 DNA 酶连接封闭切口恢复链的完整性（图 3-12）。

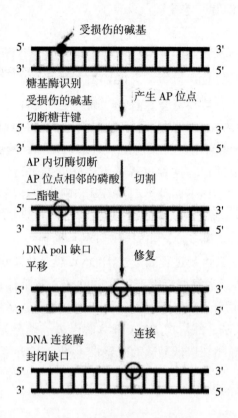

图 3-12　碱基切除修复示意

核苷酸切除修复　与碱基切除修复不同，核苷酸切除修复是切除含有突变部位的一小段 DNA 片段，然后再填补缺口的过程。以大肠杆菌胸腺嘧啶二聚体的切除修复为例，能够识别损伤部位的 UvrA 和 UvrB 复合体沿着 DNA 双链移动，当发现严重凸起或扭曲的 DNA 时，UvrA 与 UvrB 分开，使 DNA 结合 UvrC，接着 UvrB 在胸腺嘧啶二聚体的 3' 端 4～5 个核苷酸处切断 DNA，而 UvrC 则在损伤部位 5' 端 8 个核苷酸处切断 DNA，随后解旋酶 II 把 UvrC 和这段 12～13 个核苷酸的寡核苷酸链从 DNA 上去除，产生的缺口由 DNA 聚合酶 I 填补，切口由 DNA 连接酶封闭（图 3-13）。

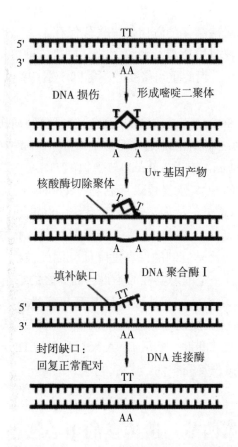

图 3-13　大肠杆菌 UvrABC 核苷酸切除修复途径

生物对一些切除修复缺陷疾病的易感性更加说明了对切除修复的依赖。例如人类的着色性干皮病，患者的切除修复酶系统存在缺陷，不能对紫外线诱发的突变进行有效的修复，因此这类患者不能接受阳光中的紫外线，否则可能会因为照射了几分钟的阳光而患上皮肤癌。

4. 重组修复系统

重组修复是一种复制后的修复，它必须依赖于重组的过程。尽管生物细胞内存在着上述几种修复系统，但也不能保证在 DNA 复制之前让所有损伤都得到修复，在复制后的过程中，对 DNA 的损伤仍然可以继续修复。重组修复的过程是：当以损伤链为模板进行复制时，聚合酶会跳过损伤部分，而在损伤部位下游重新开始合成，这样在子链上就会留下一个缺口，另一条链则正常地完成复制过程。两条新合成的子链发生重组，带有缺口的子链以正常链为模板在 DNA 聚合酶和 DNA 连接酶的作用下完成修复。重组修复并不能去除 DNA 发生的损伤，这种损伤可能会伴随着遗传一代代保存下去，也可能会被其他修复系统修复。虽然重组修复中所涉及的酶大部分与遗传重组相同，但是双方都各自有其独有的蛋白参与，因此重组修复并不等同于遗传重组。

5.SOS 修复系统

SOS 修复系统（SOSrepair）是 DNA 受到较严重的损伤，可能会影响其生存，而在其他修复系统不能正常工作时被启动的一种高效修复系统。SOS 修复与蛋白质 RecA 和 LexA 有关。RecA 与受损的 DNA 链结合而活化，活化的 RecA 诱导 SOS 基因的 SOS 修复转录抑制物（repressor）LexA 的水解，LexA 不再阻止 SOS 基因的转录，从而启动 SOS 系统。SOS 系统并不严格遵守互补配对原则，因此允许新生的 DNA 链越过受损害的部分而继续复制，但是大大地增加了突变率，其代价是复制的保真度降低，因此被称为倾向差错修复。这是生物为了生存而牺牲一定的忠实性的不得已而为之的措施。

依赖同源性的修复系统，互补性保证其高忠实性，因此被认为是无差错的，包括切除修复系统和复制后修复系统两类。当碱基从 DNA 中被切除后，核酸内切酶会切除磷酸二酯键，然后 DNA 聚合酶合成 DNA 来填补缺口，最后连接酶使多聚核苷酸链恢复完整性。

第四节　遗传学的中心法则

不同的生物有不同的遗传性状，DNA 是主要的遗传物质。DNA 分子中的核苷酸（或碱基）排列顺序即是贮藏的遗传信息。1944 年，OswaldAvery 等通过肺炎球菌转化实验证明基因的化学本质是 DNA。人为地改变基因（DNA）可以改变生物遗传性状。从基因到性状，遗传信息是如何传递并最终表现出一定表型的呢？

遗传的中心法则描述了从一个基因到相应蛋白质的信息流向途径，包括由 DNA 到 DNA 的复制，DNA 到 RNA 的转录，RNA 到蛋白质的翻译等过程，即遗传信息的流向是 DNA→RNA→蛋白质。生物体的遗传信息储存于 DNA 分子上，细胞中 DNA 分子通过自我复制，使子代细胞各具有一套与亲代细胞完全相同的 DNA 分子，将遗传信息准确地传递到子代 DNA。以 DNA 分子为模板，合成与其碱基序列互补的 RNA 分子，从而将 DNA 的遗传信息抄录到 RNA 分子中，这个过程称为转录，遗传信息由 DNA 传递给 RNA。然后，再以 mRNA 为模板，按照其碱基（A.G.C.U）排列顺序所组成的遗传密码，合成具有一定氨基酸序列的蛋白质，这一过程称为翻译。通过复制将遗传信息从上一代传递到下一代，通过转录和翻译，使遗传信息转变成各种功能蛋白质，即基因表达。遗传信息传递方向的这种规律称为中心法则。1970 年，Temin 和 baltimore 研究致癌 RNA 病毒时发现，某些病毒中 RNA 也可以作为模板，指导合成 DNA。这种信息传递方向与转录过程相反，因此称为反（逆）转录。后来发现，某些病毒中的 RNA 亦可自身复制，遗传信息流动方向的"中心法则"得到了补充和完善。

第五节　转座因子的结构特性与应用

一、转座基因概述

转座因子是指生物体基因组中能从一个位置移动到另一个位置的一段 DNA 序列。转座因子的共同特点是两端都具有重复序列，中间具有转座酶基因序列。转座的发生是通过转座子两端的 DNA 序列与宿主 DNA 序列发生重组来实现的。转座因子插入的位点往往是随机的，如果插入到基因的表达序列内部，就会引起基因的失活；如果插入到基因的表达调控序列部位，则会引起基因表达的改变。转座因子的转座可引起基因突变或者染色体重排，从而影响基因表达。转座因子插入是生物变异的一个重要来源，在生物实验中也常常利用它来产生突变体。

在玉米遗传学研究中，埃默森最先发现玉米籽粒上有时会出现斑斑点点的现象，他猜测基因的不稳定性是可能的原因，但终究没得到确切的答案。20 世纪 40 年代，麦克琳托克在研究玉米色素斑形成时发现了一种不同寻常的现象，在某一个品系中，9 号染色体在某一位点断裂得非常频繁。她推断染色体在此位点断裂是由于两个遗传因子的存在，一个位于断裂位点，称为 *Ds*，另有一个遗传因子促使 9 号染色体在 *Ds* 位点断裂，这个遗传因子称为 *Ac*。麦克琳托克开始假设 *Ac* 和 *Ds* 事实上是可以移动的遗传因子，因为她发现根本无法定位 *Ds* 因子。在部分植株中，*Ds* 因子位于某一位点，而在同一品系的另外一些植株中，*Ds* 因子又位于另外一个位置。根据这些现象与大量的遗传学和细胞学研究结果，麦克琳托克在 1951 年提出了基因组中存在可移动遗传因子的假说。

Ds 因子在 *Ac* 因子的激活下，可以发生移动，插入到其他基因中。如果 *Ds* 因子插入到与玉米胚乳颜色相关的 C 基因中，导致 C 基因失活，阻断了紫色素

合成的途径，胚乳就会呈白色；如果 *Ac* 因子激活 *Ds* 因子从 C 基因中转出，则会发生回复突变，产生紫色素，使胚乳上出现紫色斑点，且斑点的大小取决于发生回复突变的细胞分裂的次数，这就是系统。

自主因子是一类两端带有重复序列，并且中间带有一段转座酶基因的 DNA 片段。它可以不依赖其他转座因子，独自完成转座过程。

非自主因子其大部分是比较简单的 DNA 片段，它们只有两端的反向重复序列，而缺乏中间的转座酶基因，这样的转座因子必须在转座酶的帮助下才能实现转座。

如上面提到的 *Ac* ~ *Ds* 系统中，*Ac* 因子的两端带有反向重复序列，并且本身可以编码转座酶，在转座酶的作用下，*Ac* 因子就可以实现转座。而 *Ds* 因子只是一段两端带有反向重复序列的 DNA 片段，本身不能编码转座酶，必须依赖 *Ac* 因子表达的转座酶才能实现转座，如果没有其他可以产生转座酶的遗传因子存在，*Ds* 因子只能在染色体的某个部位原地不动。另外，*En-Spm* 系统也是一对自主与非自主转座因子的组合系统。

虽然转座因子由麦克琳托克在玉米中发现，但由于当时人们普遍难以理解这个超前的发现，因此没有受到应有的重视。直到后来证实在细菌等生物中也存在转座因子，才引起普遍重视，麦克琳托克在 1983 年被授予诺贝尔奖。经现代科学研究发现在已知的所有生物体中都存在转座因子。近年来的基因组研究结果表明人类基因组序列的大概一半是转座因子，转座因子约占水稻基因组组成的 35%，而占玉米基因组组成的 70% 以上。

二、转座因子的结构特性

（一）原核生物的转座因子

根据分子结构和遗传性质可将原核生物中的转座因子分为插入序列、转座子、转座噬菌体等类型。

插入序列（insertion sequence，IS）是最简单的转座元件，因为最初是从细菌的乳糖操纵子中发现了一段自发的插入序列，阻止了被插入的基因的转录，所以称为插入序列（IS）。大部分 IS 的序列为 0.7kb ~ 1.8kb，它们的末端具有一段长 10 ~ 40 个碱基的倒位重复，这正是转座酶的识别位点。IS 序列都编码转座酶，这种酶是 IS 从一个位点转移到另一个位点所必需的（表 3-1）。

表3-1 IS因子细菌转座因子

名　称	长度（bp）	靶DNA重复（bp）	末端反向重复（bp）
IS1	768	9	18/23
IS2	1 327	5	32/41
IS3	1 300	3 或 4	32/38
IS4	1 426	11 或 12	16/18
IS5	1 195	4	15/16
IS10-R	1 329	9	17/22
IS50-R	1 531	9	8/9
IS913-R、L	1 050	9	18/18
IS102	约 1 000	9	18/18
ISR1	约 1 100	未测	未测
IS8	约 1 150	未测	未测

　　转座子（transposon，Tn）除了含有与转座相关的基因外，还含有抗药性等其他基因，这种转座因子的转座可以使宿主获得某些相关的性状。两端带有IS因子的转座子称为复合型转座子，如Tn5、Tn10。

　　还有一类体积庞大的转座子称为TnA家族，它们两端没有IS因子，但有反向重复序列。例如，Tn3两端不含IS因子，只是有短的重复序列。除了有氨苄西林抗性基因外，还有转座酶基因和一个编码阻遏物的调节基因。

　　转座子可以赋予宿主一定的表型，因此，人们也可以利用这一点来判断某一质粒上是否有转座子（表3-2）。

表3-2 Tn的特征

转座子	抗性标记	长度（bp）	反向重复序列中共同的序列（bp）	靶DNA中产生的重复序列的大小(bp)
Tn1，Tn2，Tn3	氨苄西林	4 975	38	5
Tn4	氨苄西林、链霉素、磺胺	205 000	短	含Tn3
Tn5	卡拉霉素	5400	8/9	9（Tn5的每一端都由插入序列IS50按相反方向构成）
Tn6	卡拉霉素	4 200		
Tn7	三甲氧苄二氨嘧啶、链霉素	14.000		
Tn9	氯霉素	2 638	18/23	9（Tn9的每一端都是同向插入序列IS1）
Tn10	四环素	9 300	17/23	9（Tn10的每一端都按相反方向构成的插入序列IS10）

　　转座噬菌体Mu噬菌体是一种溶源性噬菌体，也是一种DNA转座子。当Mu噬菌体侵染到宿主细胞体内时，会通过复制型转座作用将自己的DNA转座到宿主的染色体上。

　　它是一种高效的转座子，转座能力非常强，当细胞内有一个拷贝的Mu噬菌体DNA插入后，细胞就会频繁地发生新的突变。

（二）真核生物的转座因子

　　按照转座方式的不同，真核生物转座因子可分成两类：Ⅰ型转座因子，又称为反转录转座因子（retrotransposon）；Ⅱ型转座因子，又称为DNA转座子。

　　反转录转座子首先DNA转录为RNA，在反转录酶的作用下合成DNA，反转录的DMA插入基因组实现DNA的移动。反转录转座子包括具有长的末端重复（long terminal repests，LTRs）和没有LTRs但以poly（A）序列为末端的反转录转座子（non-LTR retrotransposon，也称LINES element）两种。这两种因子在禾本科植物中普遍存在且有较大丰度。玉米基因组中至少50%由反转录转座子组成，反转录转座子是在过去300万年内插入的，使玉米的基因组扩大了3～5倍。非LTR型的反转录转座子有长散布重复序列元件（long interspersed repetitive elements，LINE）和短散布重复序列元件（short interspersed repetitive elements，SINE）两种。

LTR 型反转录转座子在其末端含有两个长 LTR，其中含有与反转录转座子转录相关的启动子和终止子。转座子内主要包含核心蛋白基因（gag）、酶基因区域（pol）和整合酶基因（int）3 个基因。gag 编码与反转录转座 RNA、蛋白质产生及包装有关的蛋白质；pol 编码反向复制或转座所需的反向转录酶和 RNase H；基因编码使 DNA 发生转座而插入染色体的整合酶。非 LTR 型反转录转座子比 LTR 型简单得多，其两端不含 LTR。LINE 也有 gag 和 pol 基因，但缺少编码整合酶基因，如人类基因组中的 LINE1 因子；SINE 不能编码任何与转座功能有关的蛋白质，但是可以依赖宿主中的反转座酶实现转座，如人类的 Alu（图 3-14）。

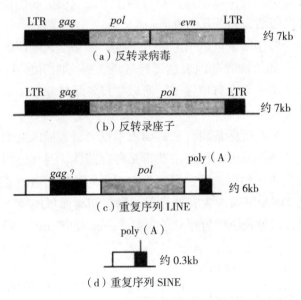

图 3-14　4 种反转录转座因子结构比较

（a）反转录病毒和（b）反转录转座子均含有长末端重复序列，归于 LTR 一类，知识后者缺编码外壳蛋白的基因（env）（c）LINE 和（d）SINE 为非 LTR 反转座因子，两者在 3' 端均有 poly（A）区

DNA 转座子真核生物中发现的一些转座因子，它们的转座机制类似于细菌，像前面提到过的 IS 序列和转座子，转座的 DNA 片段可能是转座因子本身，也可能是转座因子的拷贝，以这种形式转座的转座因子称为 DNA 转座子。如玉米中控制系统就是 DNA 转座子。果蝇中的 P 因子是第一个在分子水平上

得到鉴定的 DNA 转座子。真核生物中还存在着许多 DNA 转座子，如玉米的 Spm-dpm 系统，果蝇的 copia、Tip、FB 等。

转座子的进化及其对基因组产生的效应是当今基因动态领域研究的重要内容。转座子在生命体的所有分支领域均有发现，它们可能起源于共同祖先，也可能分别多次独立的出现，或者拥有同一起源然后通过横向基因转移散播到各个物种中。

（三）转座因子的遗传学效应和应用

1. 转座因子的遗传学效应

转座因子在基因组中的转座很可能会引起基因表达的改变。研究发现果蝇所发生的自发突变中，一半以上是由转座因子所造成的。转座因子转座所产生的遗传学效应可以归结为如下几个方面：

引起插入突变转座因子可以引起插入突变，如果插入基因的表达区域，可能导致基因失活；如果插入基因表达调控区域，则可能引起基因表达的变化。由于很多反转录转座子都含有增强子，所以在反转录转座子插入的位点附近的基因往往被诱导高表达。

有的转座因子带有抗性基因，它的插入不仅会引起插入突变，而且在这一位点还会出现一个新的基因，使宿主获得某种抗药性。另外，当两个相似的转座因子整合到染色体的相近位置，则位于它们之间的序列有可能被转座酶作用而转座，如果此 DNA 序列中含有外显子，则被切离而可能插入另一基因中从而产生新的基因，这种效应称为外显子改组（exon shuffling）（图 3-15）。

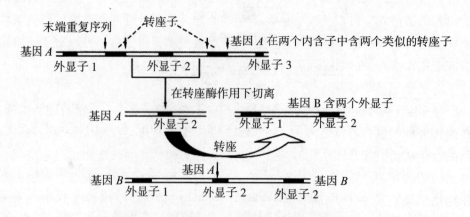

图 3-15　双转座启动不同基因部的外显子改组

造成插入位置上受体 DNA 形成正向序列不同的转座因子转座酶识别切开位点不同而造成重复碱基对数不同，如 3/IS3，5/Tn3，9/Tn10 等。

引起染色体结构变异，主要引起染色体缺失、倒位等畸变。例如，转座因子从原来位置切离时，准确的切离可以使原来突变的基因发生回复突变，如果切离不准确则可能造成点突变或引起染色体畸变（图 3-16）。

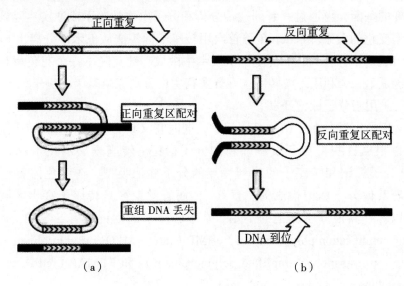

图 3-16　染色体结构变异

（a）缺失（b）倒位

由于转座因子可以携带其他基因进行转座，形成重新组合的基因组，以及通过转座形成的大片段插入、缺失、倒位等均会造成新的变异。这些由转座因子引起的遗传效应可以使生物体发生众多变异，该变异可能在严酷的环境条件下提高生物的生存能力。转座子是生物基因组中重要的组成部分，对于基因组组成进化和基因表达调控等都具有重要意义。

2. 转座因子的应用

转座因子除了本身的遗传学效应外，还是遗传学研究中一个很有用的工具，在遗传育种上也有着重要应用。一方面，转座因子转座会在靶位点引起基因序列的变化从而引起基因结构和功能突变。另一方面，某些转座因子可能是调节基因活动的开关，如玉米的 *Ac-Ds* 系统，花斑类型是 *Ac* 和 *Ds* 等多个基因相互作用的结果，其中 *Ac* 起调节因子的作用，*Ds* 起调节基因的作用。因此，转座因子插入是创造突变体的重要手段。转座因子可作为基因定位的标记，用于筛选插入突变和基因克隆等方面的研究，而且随着研究的深入应用越来越广泛。

（1）基因克隆

转座子标签法是一种有效的基因克隆技术，广泛应用于植物基因的分离和克隆，其基本原理是：当内源或外源转座子插入到植物基因组中某个位置后，会造成插入位点基因或邻近基因的突变，导致表型变化，最终形成突变体植株。利用转座子上的已知序列设计探针或引物就可以从突变体的基因组中筛选到突变的基因，再通过一系列遗传分析和分子生物学等手段证实克隆到的基因与表型变化的关系。Federoff 等首次用转座子标签法从玉米中分离出 bronze 基因。Chuck 等用玉米的 1 转座子从矮牵牛中成功地克隆了一个花色素苷合成基因，这是第一个利用外源转座子在异源宿主中分离克隆基因的例子。

（2）用于分子标记开发

转座子广泛分布于植物基因组中，同时它又具有重复末端和转座酶等，因而可以根据这些特点开发一些新的分子标记。转座子展示技术就是结合了 AFLP 分子标记和转座子的序列特点的分子标记类型。在染色体着丝粒附近存在着其他分子标记检测的"盲点"，而着丝粒区是转座子富集区域，它正好可以弥补其他分子标记的不足。基于转座子的标记还有 S SAP（sequence specific amplification polymorphism），IMP（inter- MITE polymorphism），IRAP（inter- retrotransposon amplified polymorphism）和 REMAP（retro- transposon-microsatellite amplified polymorphism）等。

第四章　连锁遗传定理基础理论与应用

　　孟德尔也发现，从豌豆上研究出来的两对或两对以上的相对性状遗传因子的自由组合定律并非在豌豆的一切性状间都能适用。1900 年孟德尔论文重新发表以后，更多的研究者也发现两对相对性状的遗传有的并不遵守 9：3：3：1 自由组合定律。这曾经一度引起对孟德尔定律真实性的怀疑。但是不久，1906 年贝特逊（BatesonW.）等人在香豌豆杂交试验中发现性状的连锁遗传现象。1910 年以后，摩尔根（MorganT.H.，1866—1945）等人以果蝇为材料，把基因的遗传与染色体的动态结合起来，创立了基因论，论证了染色体是基因的载体，基因直线排列在染色体上。然而问题就来了，一般生物染色体很少超过100 条，而基因则数以千万计。于是染色体与基因间不可能 1：1 地分配，不可能一对染色体一对基因，而只可能是一对染色体上载有许多对基因，在基因多、染色体少的情况下，势必一些基因集合在同一染色体上，另一些基因集合在另一染色体上，这样问题就清楚了：位于不同对染色体上的基因，其遗传时遵守自由组合定律；位于同一对染色体上的基因，遵守另一遗传定律，即连锁遗传定律。可见连锁遗传定律的发现，是基因落实到染色体上的必然产物。

　　这样一来，从前发现的所谓不符合孟德尔规律的一些例证就可以解释了。怀疑转化为确认，而且不是简单的确认，而是具有重大意义的补充和发展，遗传学遂有了自己的第三个遗传定理——连锁遗传定律了。

第一节　性状的连锁遗传现象

　　1906 年贝特逊和彭乃特在香豌豆两对相对性状的杂交试验中，首先发现有性状的连锁遗传现象。他的第一个试验用的两个杂交亲本品种是紫花长花粉和红花圆花粉。紫花（P）对红花（P）为显性，长花粉（L）对圆花粉（1）为显性，杂交试验结果如图 4-1 所示。

首先，从上述结果中可以看到，如按一对相对性状归类，它们的分离都接近 3：1 的比例，说明孟德尔的分离律是存在的。

紫：红 =（4831+390）：（393+1338）=5221：1731=3.01：1

长：圆 =（4831+393）：（390+1338）=5224：1728=3.02：1

第二，按孟德尔两对相对性状的自由组合定律，F2 应出现四种类型，其比例应为 9：3：3：1，而这里也是出现了四种类型，这说明因子间有重组，但重组不是随机的，不完全遵守孟德尔前述的自由组合定律，其分离比例数与按自由组合的分离比例数相差甚远，亲本类型的性状（紫长、红圆），比理论数多；而重新组合的性状（紫圆、红长）则比理论数少。其中紫与长、红与圆这两个亲本性状，总好似愿意结合在一起，有一同遗传的趋势，而它们的拆开——紫与圆、红与长，总好似很难凑合在一起，即算在一起，其比例数很低。这种新型组合数比理论数高，而重新组合数比理论数少的现象，是连锁遗传突出的 个特点。F2 表型分离，不成 9：3：3：1 的分布，这显然是自由组合律所不能解释的。

贝特森的第二个试验用的两个杂交亲本品种是紫花圆花粉和红花长花粉。两个亲本各具有一对显性基因和一对隐性基因。杂交试验结果如图 4-1 所示。

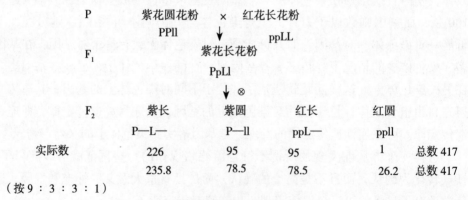

P	紫花圆花粉	×	红花长花粉	
	PPll	↓	ppLL	
F₁		紫花长花粉		
		PpLl		
		↓ ⊗		
F₂	紫长	紫圆	红长	红圆
	P—L—	P—ll	ppL—	ppll
实际数	226	95	95	1　总数 417
	235.8	78.5	78.5	26.2　总数 417

（按 9：3：3：1）

图 4-1　香豌豆的连锁遗传

从图 4-1 中可见，F2 的分离比例不符合 9：3：3：1，实际数高于理论数；而重新组合（紫长红圆）的少，实际数少于理论数，这与上述相引组是一致的。这种亲本中原来就连在一起的两个性状，在 F2 中仍旧还连在一起遗传的现象，叫连锁遗传。处于连锁遗传中亲本双方连锁的两个性状（基因），如果一方两性状全为双显性，另方两性状全为双隐性的连锁，这种杂交组合，称为相引组；如果一方两性状为一个显性与一个隐性的连锁，另一方两性状为一个隐性与一个显性的连锁，则这种杂交组合，称为相斥组，如图 4-2 所示。

第二节 连锁遗传的解释和验证

从上节两个试验的结果分析可知，就任一对相对性状的分离来看，紫与红、长与圆，它们在的分离中都呈 3∶1 的比例，说明它们都受分离律的支配，然而如就两对相对性状的分离来看，它们在 F2 的分离中，不符合 9∶3∶3∶1 的比例，不接受自由组合律的支配。追究其原因必然要怀疑 F1 产生的配子是否成等比关系。因在独立遗传情况下 9∶3∶3∶1 的比例，是 F1 产生 4 种配子数目相等的前提下得出的。如前提动摇，4 种配子比例不等，那 F2 分离就不可能出现 9∶3∶3∶1 的比例了。于是对两对相对性状处于连锁情况下的解释和验证，必须首先检验 F1 配子的组成和比例。而测交是个理想的方法，因测交后代的表型种类及其比例，正是 F1 配子种类及其比例的准确反映。现以玉米为例，对连锁的两对性状的 F1 配子，进行检验。

（一）相引组

用两种纯系玉米杂交，一种为有色（CC）、饱满（ShSh），另种为无色（cc）、凹陷（shsh），杂种 F1 为有色饱满（CcShsh）。用双隐性亲本（ccshsh）与之测交，结果如下（如图 4-2 所示）：

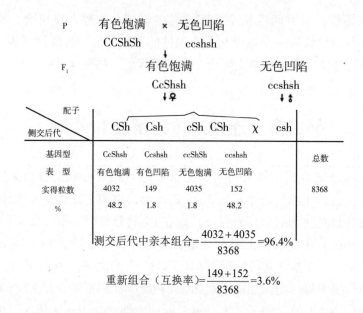

图4-2　纯系玉米杂交结果

测交试验结果证实了F1形成的配子，虽有四种类型（说明有重组），但其数目不等。从比例来看，F1的配子比例不是像独立遗传那样为25：25：25：25=1：1：1：1，而是48.2：1.8：1.8：48.2。其中新型配子多达96.4%（48.2%+48.2%），因重组配子少到只有3.6%（1.8%+1.8%）。新型配子比例很高，说明原来亲本双方中的两对相对性状（有色—饱满与无色—凹陷）始终联系在一起，有一起遗传的趋势。对这种总是连在一起遗传的形成原因作最简单、最合理的解释是：有色—饱满（CSh）和无色—凹陷（csh）这两对性状的基因，它们共锁于同一对同源染色体上，而不是像独立遗传那样，是分别位于两对非同源染色体上。因此在减数分裂形成配子时，CSh这两个基因连同其共同载体——同源染色体的一个成员——进入一个配子中；而另两个基因连同其共同载体——同源染色体的另一个成员——进入另个配子中去。它们这两对基因，因共锁于同一对同源染色体上，本来就没有拆开，因此在形成配子时，总是表现出新型性状的配子多，重新组合的配子少，表现出连锁的现象。

（二）相斥组

用有色凹陷（CCshsh）和无色饱满（ccShSh）两对相对性状的纯系玉米杂交的F1作测交，测交结果如下（如图4-3所示）：

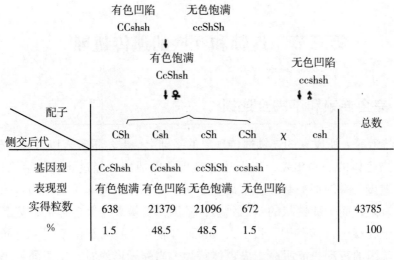

$$测交后代中亲本组合=\frac{21379+21096}{43875}=97\%$$

$$重新组合（互换率）=\frac{638+672}{43785}=3\%$$

图 4-3　测交结果

以上测交的结果，与相引组一致。同样证实了 F1 形成的四种配子数目不等。它们也是亲型（Csh 和 cSh）的多，多达 97%（48.5%+48.5%）；重组（CSh 和 csh）的少，少到只有 3%（1.5%+1.5%），也是亲型多于 50%，重组少于50%，不像独立遗传那样，各占一半。这就再次说明了原来分别属于两个亲本的两对相对性状及其控制的非等位基因（Csh 和 cSh），表现有连锁遗传现象。

此外，以上两组试验的测交结果还表明：尽管 F1 形成四种类型配子数目不等，但它们中两种亲型配子之间和两种重组配子之间却是相等的。这不是偶然的，以后将要讨论它。

迄今，我们已对连锁遗传做了解释和验证，证明两对非等位基因连锁在同一对同源染色体上。既然这样，那重组的新性状又从何而来？这是下一节要深入讨论的问题。

第三节　连锁和互换的遗传机理

一、完全连锁和不完全连锁

在贝特逊等人所发现的连锁遗传现象的基础上，摩尔根等人以果蝇为材料，从基因与染色体的关系出发，对上述连锁现象的成因，经过研究，结论证明：具有连锁遗传关系的那些基因，就是位于同一染色体上的非等位基因。因染色体的数目有限，而个体性状的基因繁多，基因都要被载于染色体上，势必在同一染色体上要载上许多基因。设 Aa、Bb 两对非等位基因都位于同一对同源染色体上，基因的行动只能听命于染色体行为，当配子形成时，位于同一染色体上的 AB 和 ab 连锁基因，只能作为一个整体，随同源染色体两个成员的分离而进入不同配子中，因此形成的配子只有两种亲型（AB、ab），没有重组型的出现，自交和测交的结果，当然也只能得到和亲本相同的性状组合，不会有重组的新性状组合产生，这种遗传现象称为完全连锁。处于完全连锁下的两对非等位基因的遗传表现，与一对基因的表现相同，F2 分离呈 3∶1，如图 4-4 所示。

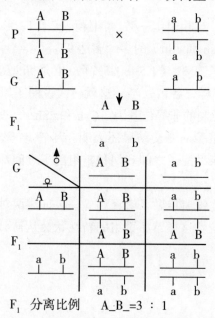

图 4-4　二对基因完全连锁时的遗传

但是，性状完全连锁的现象是少有的，目前只在雄果蝇和家蚕中发现这种例子。生物界中更多的现象是不完全连锁，前面香豌豆和玉米的例子就是不完全连锁。它们与完全连锁不同之处，是F2或测交后代中除亲本原有的性状组合外，还出现了重组性状。

现在要问重组性状是如何产生的？回答上述问题最简单、最合理的推测是F1进行减数分裂形成配子时，同源非姐妹染色单体间发生了染色体片段的交换，导致其上连锁基因的重组。

二、交换的细胞学证据

大量的细胞学观察证明，在同源染色体联会时，发生了染色体的交换。从理论上分析其过程见图4-5。

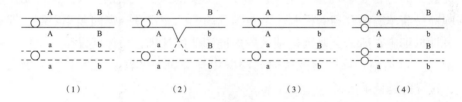

（1）　　　　　　　（2）　　　　　　　（3）　　　　　　　（4）

图4-5　同源染色单体交换过程中基因重组的图解

（1）F1进入减数分裂前期Ⅰ的偶线期时，各同源染色体配对，出现联会现象。到粗线期形成二价体，它由四条染色单体组成，又称为四合体，相对基因也点对点地相互配对。

（2）减数分裂进入双线期，配对中的染色体不是简单地平行，而是在某些点上出现了交叉。这些交叉现象意味着同源染色体非姐妹染色单体的对应区段，已发生了交换。因为在交叉处非姐妹染色单体曾发生过断折，两个断头交换了位置又重新结合起来，于是当两个同源染色体双线期互斥而拉开时，在交换点上就出现了交叉现象。所以细胞学上的交叉出现是由于交换的结果，而不是交换发生的原因。遗传上的交换发生在粗线期甚至更早，在时间上必然发生在细胞学观察到交叉现象之前。

（3）连锁区段上两个基因发生了交换，导致两个连锁基因的重组，于是形成了四种不同组合的配子；两种亲型组合（AB ab）、两种重新组合（Ab aB）的配子。

（4）减数分裂末期，一个性母细胞形成 AB：Ab：aB：ab = 1：1：1：1

的四种配子，如果所有的性母细胞 100% 都发生了交换，则四种配子占配子总数的比例为 25%：25%：25%：25%，其中亲型组合的配子和重新组合的配子，各占 50%（重组率 = 50%）。这时它和两对独立遗传的自由组合已无区别，因为 4 种组合的配子随机结合 $\left(\frac{1}{4}AB:\frac{1}{4}Ab:\frac{1}{4}aB:\frac{1}{4}ab\right)2$ 形成 F2 时即形成 $\frac{9}{16}$A-B-$+\frac{3}{16}$aaB-$+\frac{1}{16}$aabb 的四种 F2 表型了。可见当 F1 性母细胞减数分裂形成配子时，如染色体上连锁的两对基因彻底互换时，这时在所形成的配子中，亲型组合占 50%，重新组合占 50%，这时连锁就过渡到孟德尔的基因独立分配了（基因间已无连锁关系）。

然而，香豌豆和玉米的例子不是这样的，它们虽有交换，但并非交换得完全彻底，而是不交换的多（亲型的多），交换的少（重组的少），这又如何解释呢？最简单、最合理的推测，是连锁基因发生交换有一定的频率限制，即一部分性母细胞在所研究基因连锁区段内同源非姐妹染色单体间发生了交换，另一部分性母细胞在该连锁区段内同源非姐妹染色单体没有发生交换，仍为连锁，这样问题就解决了。

设香豌豆 F1（PpLl）中，有 100 个性母细胞，其中 24 个在连锁区段发生了交换，76 个仍为连锁，求重组率（交换值），见表 4-1。

表4-1　未互换配子与互换配子数

	未互换的配子		互换的配子		配子总数
	PL	pl	Pl	pL	
76 个性母细胞未发生互换，产生 304 个配子	152	152	0	0	364
24 个性母细胞发生互换，产生 96 个配子	24	24	24	24	96
总数	176	176	24	24	400
百分比（%）	44	44	6	6	100

$$重组率 = \frac{重组型配子数}{配子总数} = \frac{24+24}{400} = 12\%$$

表 4-1 说明很多问题，第一，当基因不完全连锁时，也即当 F1 性母细胞中只 24% 发生了互换，76% 仍维持连锁时，F1 形成的 4 种不同基因型的配子的

数目不是均等的，亲型的（未互换的）多，占 88%，而重组的少，占 12%，所以这种雌雄配子交配可能的组合数为 $4^2=16$，即 $(0.44PL:0.66Pl:0.036pL:0.44pl)^2 = 0.69P-L-:0.06P-11:0.036ppL-:0.19ppll$，这 4 种表型组合及其比例正好是前例贝特逊香豌豆试验的连锁遗传结果了（图 4-1）。

可见连锁遗传的关键，是由于 F1 形成的各种不同基因型的配子数不均等的关系，由于比例不均等，F2 中的亲型个体（P—L—和 ppll）的比例，比独立分配亲型配子占 50% 所导致的 62.5%（9/16P—L—+1/16ppll）要高，占去 88%（69% +19%>，而重组的新个体（P-11+PPL—）的比例比独立分配占 50% 所导致的 37.5%（3/16 + 3/16）要低，仅占 12%（6%+6%），表现出连锁遗传的特点。

第二，重新组合配子中，基因型 H 和基因型 pL 的配子的比例相等（6%），这是因为同源染色体非姊妹染色单体片段互换时，等位基因双方间的互换是同时发生的（见图 4-4），所以互换双方的配子比例相等（6%）。

第三，本例是 24% 的性母细胞发生交换，导致交换率为 12%。可见配子的交换率为性母细胞交换率的一半。这是因为在发生交换的性母细胞中，由于每个性母细胞形成四个配子，其中发生交换的配子只占一半的缘故。由此形成发生交换的性母细胞百分数为配子交换率或重组率的 2 倍，这是减数分裂规律所决定的。

以上是对减数分裂时配子形成过程中染色体发生交叉和交换的分析。这当然是很重要的，然而，从细胞学看来，单从染色体交叉，并不能作为染色体交换的直接证据，这只能是对互换发生的推测。真正对互换提出直接细胞学证据的是 1931 年斯特恩（Stern）从果蝇的研究中得到的。斯特恩应用一种雌果蝇，它的两根 X 染色体上有特殊的标记：一根染色体上接上了 Y 染色体的一段，这根染色体上有显性红眼基因（C）和隐性非棒眼基因（b）；另一根染色体是断裂的，它有一个着丝点，在这根染色体上有隐性粉红眼基因（c）和显性棒眼基因（B）。这两根染色体因有特殊标志，在显微镜下很容易辨认出来（见图 4-5）。

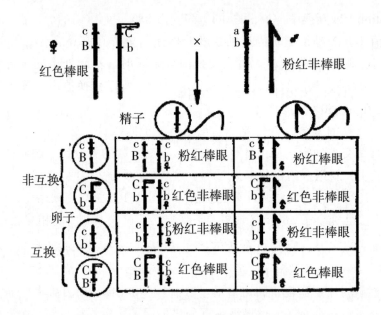

图 4-5 互换的细胞学证据

斯特恩让这种表型为红色棒眼的雄果蝇与粉红（c）非棒眼（b）的雄果蝇杂交，这种雄果蝇的两根染色体中，一根为 Y 染色体，上边没有基因，只决定性别；另一根 X 染色体上有双隐性基因，所以测交后代性状的表型，完全取决于雌果蝇的配 F 类型。这可从性状和染色体镜检两方面来证实。结果，斯待恩获得四种组合的后代：粉红棒眼、红色非棒眼（非互换型）；粉红非棒眼、红色棒眼（互换型）。显然后两种组合的出现，是由于互换的结果。重要的证据是：在这种互换类型中，在红色棒眼果蝇的细胞核里，的确找到断裂成两段的 X 染色体，上又带有一段 Y 染色体的片段；而粉红非棒眼果蝇里，的确找到不仅没有断裂，而且也不附有 Y 染色体片段的 X 染色体。细胞学检查和性状的重组共同证实了一对同源染色体间的确发生过对应节段的交换，从而导致了两个等位基因间的交换。

第四节　交换值及其测定

交换值（crossover value）是指形成配子时，重组型配子数占配子总数之百分比。因交换值是通过重组率来获得，所以交换值也称重组率（percentage of recombination）或互换率。

交换值（%）是衡量基因连锁强度的指标。交换值越大，连锁强度越小；交换值越小，则连锁强度越大，当交换值等于零时，基因处于完全连锁；交换值等于 50% 时，基因解除连锁进入独立分配。所以交换值不会等于或大于 50%，而是在 0—50% 之间变化。

交换值计算的方法，首先要知道重组型配子的数目，这可通过 F1 与双隐性亲本进行测交来确定，从中计算出它们占总配子数的百分比。例如在前述玉米测交试验中，新组合的百分率为 3.6%，这 3.6% 即为交换值。

此外，还可利用自交法来计算交换值。以图 4-1 香豌豆连锁遗传（相引组）为例，其中隐性纯合子 ppl 及其频率，是雌雄配子 pl 及其频率的相乘而获得的。因此 ppl 频率的方根，应为 pl 配子的比率 $\sqrt{0.19}=0.44$。即 pl 配子占总配子的 44%。而 PL 和 pl 是亲型配子，它们比率是相等的，所以二者之和为 88%，剩下 12% 当然就是重组型配子的比率了。相斥组也可用同样的方法来求得。

前面曾提到发生交换的性母细胞百分数是配子交换值的 2 倍。性母细胞减数分裂时染色体上两个连锁基因间发生交换的概率，取决于这两个基因在染色体上的距离，一般而言，染色体上两连锁基因相距越远，则它们间发生交换的概率就越高，因此发生交换的孢母细胞数就越多，交换值也就越大。由于一定的植物和一定的连锁性状间的交换值是相对稳定的，所以通常就将这两个连锁性状的交换值当作这两个基因在染色体上的相对距离，或算为遗传距离。如前述 Cc 和 shsh 这两对连锁基因的交换值为 3.6%，就算作它们在第九染色体上相距 3.6 个遗传单位。

第五节　基因定位与连锁图

基因定位是指确定基因在染色体上的位置，具体地说，就是确定基因的排列顺序和基因间的距离，并将它们标志在染色体上，绘制成图，成为连锁遗传图。两点测验或三点测验法，就是其中定位的主要方法。

一、两点测验法

两点测验法是基因定位中最基本的一种方法，它先通过杂交，获得所测性状的杂合基因型，然后用隐性亲本对杂合体进行测交来确定每两对性状是否属于连锁遗传，再根据交换值来确定它们在同染色体上的位置。例如为了确定 Aa、Bb、Cc 三对基因在染色体上的相对位说，可先对 Aa 和 Bb 进行杂交，F1 用 abb 测交，求得该两对基因的重组率以确定它们是否连锁和相对距离，并用同样方法确定 Bb 和 Cc 以及 Aa 和 Cc 各两对基因的重组率和连锁关系。如果通过这样三次试验，确认 Aa 和 Bb 间、Bb 和 Cc 间、Aa 和 Cc 间都是连锁的，于是就可根据三个重组率（交换值）的大小，来确定这三对基因在染色体上的相对距离和排列次序。如 A 和 B 的交换率是 5%，就假定 AB 的遗传距离为 5 单位；A 和 C 的交换率是 7%，它们的遗传距离就定为 7 单位，但有了这两个数字还不能确定它们的排列次序，因为 A 可能在 B 和 C 之间，也可能 B 在 A 和 C 之间，因此必须测得 B 和 C 之间的交换率。如果 B 和 C 之间的交换率是 12%，则表明 A 在 B 和 C 之间，如果 B 和 C 之间的交换率是 2%，则表明 B 在 A 和 C 之间，这样经过三次两个基因间的测交，就可确定基因间的相对距离和排列顺序，这就是基因定位的两点测验法（如图 4-6 所示）。

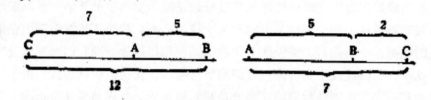

图 4-6　基因定位的两点测验法

二、三点测验法

基因定位的三点测验法是基因定位比较简便而常用的方法。包括三个基因位点，通过一次杂交所得杂种，再用隐性纯合品种测交，所得结果可确定三对基因在染色体上的相对距离和排列顺序。这种方法比两点测验估算的交换值更加准确，而且一次试验能同时确定三对连锁基因的位置。

现以玉米 ShshWxwxCc 三对基因为例，说明三点测验的具体方法和步骤。玉米饱满胚乳基因 Sh 对凹陷基因 sh、非糯性胚乳基因 Wx 对糯性基因 wx、糊粉层有色基因 C 对无色基因 c 为显性，这三对基因都位于玉米第 9 对染色体上。试验曾把下列两亲本杂交，获得 ShshWxwxCc 的杂合体，然后 F1 再用隐性纯合子测交，根据所得结果计算交换值进行基因定位（见图 4-7 所示）：

凹陷　非糯性　有色　×　饱满　糯性　无色
sh　Wx　C　　　　　Sh　wx　c

↓

ShshWxwxCc　　　×　　　shshwxwxcc

图4-7　基因定位图

得测交后代见表4-2。

表4-2　测交后代

类　别	表现型	子拉数	配子类型	交换区段	交换区段
1	饱满、糯性、无色	2708	Shwxc（+--）	新型	
2	凹陷、非糯性、有色	2533	shWxC（-++）		
3	饱满、非糯性、无色	626	ShWxc（++-）	单交换	（1）
4	凹陷、糯性、有色	601	shwxC（--+）		
S	凹陷、非糯性、无色	113	shWxc（-+-）	单交换	（2）
6	饱满、糯性、有色	116	ShwxC（+-+）		
7	饱满、非糯性、有色	4	ShVVxC（+++）	双交换	（1、2）
8	凹陷、糯性、无色	2	shwxc（---）		
	总数	6708			

　　根据表4-2中8种表现型及其籽粒数来看，首先可以断定这三对基因不是独立遗传的，即不是分别位于三对非同源染色体上。如果为独立遗传，则测交后代的8种表型比例应该相等，而现在相差甚远；而且这三对基因也不是其中两对连锁在同一对染色体上，另一对在另一对染色体上。如果是这样，则测交后代的8种表型应该每4种表型比例一样，总共只有两类比值。现在是8种表型中12种比例一样，总共有四类不同的比值。这正是三对基因连锁在同一对同源染色体上的特征，表示亲本三个性状，由三对连锁基因所控制。第二，从表4-2的籽粒数来看，在测交子代的8类中，可区分出两种亲型、4种单交换型和两种双交换型。其中两种亲型个体数应该最多，而双交换型应该最少，因双交换型一连发生了两次单交换，其频率必然比只发生一次单交换的要低。所以在本例情况下，饱满、糯性、无色和凹陷、非糯性、有色是亲本型，是配子

类型所产生的后代；双交换个体是饱满、非糯性、有色和凹陷、糯性、无色，是配子类型 Shwxc 和 shWxC 所产生的后代。双交换型与亲本型相比，应只有一种性状差别，而且控制该差别的基因应在两基因的中间。由此可确定三基因的排列顺序应为 wxShc 和 WxshC，即 Sh 或 sh 排在两基因的中间。顺序确定以后，应将表 4-2 改写过来。第三，从 WxShC 和 wxshc 为双交换配子来看，反映出一个问题，如果中间没有 Sh(sh) 基因，则 Wx_C 和 wx_c 间尽管发生了双交换，但表型上的连锁性状没有解除，因交换过去又交换回来，双交换等于没交换。两点测验常使交换值估值偏低，可能就是这个缘故，所以双交换的发现，纠正了单交换估值偏低的缺点，在三点测验中，为了确切地估算出单交换的交换值，应将这一部分由于没考虑双交换而缩小的估值包括进去，这样才能真实反映出单交换的频率。于是可计算如下：

$$双交换值 = \frac{4+2}{6708} \times 100 = 0.09\%$$

$$wx - sh间的交换值 = \frac{601+626}{6708} \times 100 + 0.09 = 18.4\%$$

$$sh - c间的单交换值 = \frac{116+118}{6708} \times 100 + 0.09 = 3.5\%$$

这样，三对基因在染色体上的位置和距离可以确定为（图 4-9）：

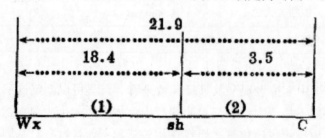

图 4-9 三对基因在染色体上的位置和距离

三、干扰和符合

根据概率乘法定律，如果两个单交换互相无影响彼此独立发生，则双交换出现的理论值应是：单交换 1 的百分率 × 单交换 2 的百分率，其理论的双交换值为 0.184×0.035=0.64%，但实际的双交换值仅为 0.09%。这说明一个单交换发生后，在它邻近再发生第二个单交换的机会就会减少。这种现象称为干扰

（interference）。用符合系数（coefficient of coincidence）可以表示干扰的程度。

$$符合系数=\frac{实际双交换值}{理论双交换值}$$

$$上例的符合系数=\frac{0.09}{0.64}=0.14$$

符合系数变动 0—1 之间，当符合系数为 1 时，说明实际双交换等于理论双交换值，表示两个单交换独立发生，完全不受干扰。当符合系数为 0 时，表示一位点发生交换，其邻近位点就不发生交换，即表示没有发生双交换，完全干扰。上例的符合系数是 0.14，很接近 0，说明两个单交换的发生受到相当严重的干扰。一般而言，干扰与基因间的距离有关，距离越近，干扰越大；越接近着丝点的位置，染色体交换越少；相距越远，交换越大干扰越小；相距到一定距离，干扰作用消失。

四、连锁遗传图

通过两点测验或三点测验，可以确定连锁基因间的相对距离与排列次序，从而可使基因在染色体上定位。在同一染色体上的基因组成一个连锁群（linkage group）。如把一个连锁群的各个基因之间的距离和次序标志出来，就能绘成连锁遗传图。连锁遗传图是对研究材料的染色体、基因、性状进行遗传学研究的结晶，目前在一些农作物上，如玉米、番茄、小麦上研究得比较详细。如今随着分子标记技术的发展和一些针对林木作图策略的提出，林木的图谱构建研究进展迅速，迄今已构建了几十个树种的遗传连锁图谱，如针叶树中的松属和阔叶树中的杨属、桉属等。

第六节　连锁遗传定律的应用

研究连锁遗传对育种工作的指导意义很大，因基因间连锁关系研究得越加清楚，就越能提高育种工作的预见性，使理论与实践越加密切。

（1）林木树种的杂交育种，是当前良种选育的重要途径。因为通过杂交，可以利用基因重组来综合亲本的优良性状，从而选育出理想的新品种。但在实际育种时，有些基因控制的经济性状常呈连锁遗传。期望的重组基因型出现的频率，因交换值的大小而有很大差别，这方面与育种的可能性和效率有密切的关系。如果交换值大，宽组型出现的频率就高，获得理想的重组类型的机会就大。反之，交换值小，则获得理想的重组类型的机会就小。因此为要选出综合优良性状的理想杂种，应该根据已有资料，考虑到有关性状的连锁强度，以便有计划地安排杂种群体的大小，估计优良类型出现的频率。

（2）由于基因（性状）连锁，为我们提供了相关选择的可能性。有些有益性状，是肉眼所不能看出来的，但如控制这个性状的基因，与另一个容易观察出来的性状（基因）恰成连锁，而且它们间互换率又很低时，我们就可以直接按那个看得见的性状入选，以简化选择的困难和提高选择的准确性。此外如果被选性状的前期与后期相关，或某一性状的前期与另一性状的后期相关时，则相关选择更具有重要的现实意义，因它可以帮助我们解决早期性状选择的问题，这是当前在育种上至为重要的问题。

（3）连锁和交换间存在着对立统一的关系，交换解除了原有的连锁，使基因从原来连锁群桎梏下解放出来，转移到非姐妹染色单体上去，形成了新的性状组合；另一方面交换了基因的新的重组，又陷入新的连锁之中，构成了永无止息的遗传与变异。但对利用来说，连锁与交换，给我们两方面的机会，使我们既可利用许多性状统一行动的连锁遗传的一面，又可利用由于互换产生基因重组的一面，充分利用这两方面的潜力。尤其是染色体互换导致的基因不重组，使配子中的基因组合变化无穷，从而带来生物个体间更多的变化，增加了变异的广泛性和类型的多样性，使生物对环境有更多的选择，这对物种的进化、生态适应性和人们的选种和育种，都具有重要的意义。

（4）由于连锁定律的发现，使遗传学克服和越过了遗传学自身发展中遇到的曲折和怀疑，把孟德尔遗传因子推进到更加完善、更加深入的阶段。在孟德尔假想遗传因子的水平上，导致了细胞遗传学的诞生，这对遗传学的理论发展具有伟大的意义。

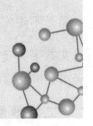

第五章　数量遗传技术与应用

第一节　数量性状的特征与遗传基础

一、数量性状的概念和特征

自然界形形色色的生物遗传性状大体可分为质量性状和数量性状两大类，其概念、特征和研究方法等都有所不同。

首先，质量性状是指间断变异的性状，即不连续变异的性状。如豌豆的红花与白花，种皮的黄色与绿色。这类性状有明显的界线和区别。也没有中间过渡类型的存在，所以统计时不会混淆。只要在群体或杂种分离后代中，通过分组或归类的方法，求出性状间的比例，就可追索性状遗传的动态和规律。而数量性状则不然，它表现为连续变异的性状。如树木的高生长，其变异是连续的量的变化，它从高到矮，有一系列中间类型，把最高和最矮间连成一个整体，因此很难分界，难以分组或归类。对于这类性状的研究，肉眼是难分的，只能用尺、秤来度量，而且不仅度量其个体，更重要的是度量其群体，求出群体平均数、标准差、方差等，从中导出遗传参数，并用它来研究这类性状的遗传规律。

第二，数量性状一般易受环境因素的影响。环境引起的数量性状的变异，一般是不遗传的；但它与能遗传的变异混在一起，因此增加了分析的困难。所以若要区分这两种变异的分量，就只有用统计的方法，主要用相关、回归、和方差分析的方法，才能把环境变量从总变量中区分开来，所以数量遗传学是群体遗传学和数理统计相结合的产物，研究各种遗传参数，研究各种遗传分量和变化，就自然成为数量遗传学的任务。

第三,一般说来,质量性状只受一对或少数几对基因的控制,有明显的显隐性关系,分离组合的数目少,可以用细胞遗传学中归类和分离、重组等方法来研究。而数量性状受多基因的控制,如动物中牛奶的产量,据研究受 20 对基因的控制,因此如单纯用基因分离和自由组合的办法,来选育高产组合的新产品是不现实的,因获得高产纯合基因型个体的概率为 $\frac{1}{4^{20}}$,这里的分母是个天文数字(4^{20}=1099511527776),要实现这组合,是永远办不到的,所以这就决定了研究数量性状,必须用数量遗传学的方法。

二、数量性状遗传的机理——微效多基因假说

数量性状遗传遵守何种规律的问题,自瑞典尼尔逊—埃尔(Nilsson-Ehle)提出多基因假说后有了解答。

1908 年,瑞典尼尔逊—埃尔根据小麦皮色的试验资料,对比孟德尔豌豆试验的结果,提出了多基因遗传的假说,后来伊斯待(East)等人又根据玉米穗长的试验,发展了这个假说。

(一)小麦粒色试验

Nilsson-Ehle 在对小麦的粒色研究中,他发现当红粒与白粒杂交时,在不同的组合中,可出现以下几种情况:

(1)3：1 分离

P 红粒 × 白粒

↓

F1 红粒

↓⊗

F2 3 红粒：1 白粒

在 3：1 中,若进一步观察,红色还有程度不同,可细分为 $\frac{1}{4}$ 红粒： $\frac{2}{4}$ 中红粒： $\frac{1}{4}$ 白粒,即成 1：2：1 之比例。

(2)15：1 分离

P 红粒 × 白粒

↓

F1 红粒

↓⊗

F2 15 红粒：1 白粒

在 15：1 中，若进一步观察，尚可分为：$\frac{1}{16}$ 深红：$\frac{4}{16}$ 次深红：$\frac{6}{16}$ 中红：$\frac{4}{16}$ 淡红：$\frac{1}{16}$ 白色，呈 1：4：6：4：1 之比。

（3）63：1 分离

P 红粒 × 白粒

↓

F1 粉红粒

↓⊗

F263 红粒：1 白粒

在 63：1 中，若进一步观察，尚可发现 63 红粒中，颜色还有深浅不同，可细分为 $\frac{1}{64}$ 极深红、$\frac{6}{64}$ 深红、$\frac{15}{64}$ 次深红、$\frac{20}{64}$ 中红、$\frac{15}{64}$ 中淡红、$\frac{6}{64}$ 淡红、$\frac{1}{64}$ 白色，亦即成 1：6：15：20：15：6：1 之比。从上述结果可见，分离的比例是（1：2：1）2 之迭乘，这时 n=1 或 2 或 3。可见这其中涉及的基因已不止一对，而是许多对都同时对颜色起作用，为此，Nilsson-Ehle 提出了自己的多基因假说，作为数量性状遗传的机理。

（二）微效多基因假说

Nilsson-lile 认为，数量性状的遗传，也同质量性状一样，都是由某因控制的，不同之处是数量性状是受多基因控制，每个基因对性状表达的效用相等和甚微；整个基因群对性状的作用就等于所有基因的分别作用累加一样，这些多基因的遗传，仍遵守孟德尔遗传法则，服从分离、重组和连锁规律。分离时，按（1：2：1）的规律分离（n 为基因的对数）。例如在实验（2）F_2 分离为 1：4：6：4：1 的比例中，平均每 16 个麦粒中就有 2 个亲本类型。显然这一杂交组合中，小麦粒色的遗传，是受两对基因的控制，他设想其中的遗传机理如下：

亲本 $R_1R_1R_2R_2$（深红）× $r_1r_1r_2r_2$（白色）

↓↓

配子 $R_1R_2r_1r_2$

$F_1R_1r_1R_2r_2$（中红）

↓⊗

♀ \ ♂ F1	R1R2	R1r2	r1R2	r1r2
R1R2	R1R1R2R2 深红	R1R1R2r2 次深红	R1r1R2R2 次深红	R1r1R2r2 中红
R1r2	R1R1R2r2 次深红	R1R1r2r2 中红	R1r1R2r2 中红	R1r1r2r2 淡红
r1R2	R1r1R2R2 次深红	R1r1R2r2 中红	r1r1R2R2 中红	r1r1R2r2 淡红
r1r2	R1r1R2r2 中红	R1r1r2r2 淡红	r1r1R2r2 淡红	r1r1r2r2 白

由此可见，理论推出的结果与试验结果一致，这说明数量性状遗传受多基因控制假说的合理性，R 基因累加的数目愈多，籽粒的颜色愈红，所以红的程度，决定于加效基因的累加数；但各个基因的效应是微小的、相等的、可加的。所以决定这类数量性状的基因称加性基因。

在另一个杂交组合中，F2 的红白颜色分离为 63：1，分离比例为 1：6：15：20：15：6：1，这表明此例小麦粒色遗传是受三对基因的控制。如也用上述加性基因来表示，F_1 自交，得 F2，则 F2 表型的类别和比例，将与增效基因（大写基因）的数目有直接的关系，见表 5-1：

表5-1　F2表型的类别和比例

R 基因数	6R	5R	4R	3R	2R	1R	0R
表现型及其比例	极深红 1	深红 6	次深红 15	中红 20	中淡红 15	淡红 6	白 1

总结上述 F2 分离世代中，各表型分离的比例完全符合二项式分布 $(a+b)^{2n}$ 的展开，n 代表基因对的数目，a 与 b 分别代表 F1 中 R 与 r 基因分配到每一配子内所出现的概率，它们概率各半，即 a=b=1/2，所以当某性状由一对基因决定时（n=1），F1 产生同等数目的雄配子 $\left(\frac{1}{2}R+\frac{1}{2}r\right)$ 和雌配子

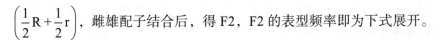

$\left(\dfrac{1}{2}R+\dfrac{1}{2}r\right)$，雌雄配子结合后，得 F2，F2 的表型频率即为下式展开。

$$\left(\dfrac{1}{2}R+\dfrac{1}{2}r\right)^{2} \tag{5-1}$$

因此当某性状由 n 对基因决定时，则 F2 表现型频率为：

$$\left(\dfrac{1}{2}R+\dfrac{1}{2}r\right)^{2}\left(\dfrac{1}{2}R+\dfrac{1}{2}r\right)^{2}\left(\dfrac{1}{2}R+\dfrac{1}{2}r\right)^{2}\ldots\ldots\ldots\text{n 个连乘}$$

或 $\left(\dfrac{1}{2}R+\dfrac{1}{2}r\right)^{2n}$ ）

当 n=2 时，带入上式并展开得：

$$\left(\dfrac{1}{2}R+\dfrac{1}{2}r\right)^{2\times2}$$

$$=\dfrac{1}{16}RRRR+\dfrac{4}{16}RRRr+\dfrac{6}{16}RRrr+\dfrac{4}{16}Rrrr+\dfrac{1}{16}rrrr$$

$$\quad 4R \qquad 3R \qquad 2R \qquad 1R \qquad 0R$$

同理，当 n=3 时，带入并展开得：

$$\left(\dfrac{1}{2}R+\dfrac{1}{2}r\right)^{2\times3}$$

$$=\dfrac{1}{64}+\dfrac{6}{64}+\dfrac{15}{64}+\dfrac{20}{64}+\dfrac{15}{64}+\dfrac{6}{64}+\dfrac{1}{64}$$

$$\quad 6R \; 5R \; 4R \; 3R \; 2R \; 1R \; 0R$$

由展开式可见，大写基因的数目与比例，与前述实验（3）结果的颜色深度比例恰巧一致，如果把大写基因当作一个颜色单位来理解的话。这说明多基因的假说完全可以解释上述试验结果，不过在实际中，决定数量性状的基因对数（n）是很多的，而且每个基因都受环境的分别影响，把每个基因的环境影响也累加起来，就会使数量性状对环境更敏感，这二重作用（基因累加和环境影响）交织在一起，使表型比例更会出现连续性的变异，终而成为均滑的常态分布曲线。这一假说，也同时解答了 F_1 为什么表型变异幅度较小，而 F_2 幅度较大的现象。

综合上述，我们可把微效多基因假说要点总结如下：

（1）数量性状受微效多基因的控制，每个基因的效应是独立的、微小的和相等的。

（2）各基因对性状表现的作用是累加性的；这个加性是指成对基因作用于个体同一性状时，他们以累加的方式，对所控制的性状共同起作用；也即各基因总的作用，等于各基因单独作用的和；不仅同一位点基因的作用是可加的，不同位点基因的作用也是可加的。

（3）大写基因（增效基因），只表示增效；小写基因，只表示减效；大写基因不掩盖小写基因的表现，所以无显隐性的区别。

（4）微效多基因的遗传方式仍遵守个体遗传学的规律，同样有分离、重组、连锁和互换。只不过控制性状的基因很多，所以分离后的表型比例呈一常态分布。

第二节　数量性状表型值与表型方差的分解

一、表型值的剖分

在一林分中，设作用于某一性状的是频率为 p、q 的一对等位基因 A-a，由于随机交配的结果，群体中必然出现 p²AA : 2pqAa : q²aa 之频率不同、基因型不同的个体，造成了这个性状表型上的差异性。这种个体间的差异，首先是由于遗传的原因造成的；但在另一方面，即使在基因型相同的个体中，生长的高矮也不会整齐一致，同一无性系的苗木也会参差不齐，因林地的环境条件是极不均一的，由此造成的差异，归于环境。实际上任何一个表型值的变化是遗传和环境共同作用的结果。所以对表型值剖分时，至少可以将表型值剖分为遗传与环境两个部分，而任何数量性状表型值的变化，都可看作是这两个决定部分的线性函数。因此任何一个数量性状的一般遗传模型可以写成：

$$P=G+E \qquad\qquad (5\text{-}2)$$

式中 P 是表型值，是直接可以观察或测量的数值；G 代表个体的基因型值，是表型值中直接由遗传（基因型）的原因决定的数值；E 是环境差值，是指不同于一般环境的环境效应，如环境好，E 值为正，表型值增高；环境不好，E 值为负，表型值下降；从而造成表型值对基因型值的偏离，或使表型值不等于基因型值的偏差，这就归结于环境，故称它为环境偏差或环境差值。

在许多个体同类项求和时，由于有正有负，所以 $\Sigma E = 0$，于是群体中植株的表型值为：

$\Sigma P = \Sigma G + \Sigma E$

同除以 N 得：

$$\frac{\varSigma P}{N} = \frac{\varSigma G}{N} + \frac{\varSigma E}{N} \tag{5-3}$$

这是一个重要的结论，它说明群体数量性状表型值平均数，不管有性的苗木或无性系，均等于其基因型平均值。因此对一个林场或苗圃的林木资源的基因型值进行估价时，只要问一下它的表型平均数水平就可知了。但这是一个群体的概念，并不等于个体。如需从个体表型值中求个体基因型值时，单知群体平均数就不够了。当然，首先要有平均数的概念，因基因型值的估计，总是以对平均数的偏差来估的。这说明基因型值也是建立在群体平均水平上的比较概念。此外还需另一个遗传参数，即这个估算性状的遗传力（h₂），即表型变异中，遗传变异所占的相对比例（%），有了这些参数后，基因型值就可估算了。例如以毛白杨林分，林分平均高 15 米，某一优树 20 米，高生长单株遗传力为 0.4，求优树基因型值。优树高出平均数 5 米，乘上遗传力说明这株优树的实生后代预期可比一般林木多生长 1 米，即绝对值平均为 16 米。

$$\frac{(20-15)}{2} \times 40\% = 1.0$$

式中群体平均数与个体高之差除 2，是因为这株树能提供后代的基因只占后代基因的一半，另一半是后代从其父本得来的。于是作为这株优树的基因型值的绝对值为：

$G = 15 + 2(1.0) = 17 (米)$

$E = P - G = 20 - 17 = 3 (米)$

既然基因型值为 17 米，环境差值就为 3 米了。

二、基因型值的分析

在个体遗传中，基因型造成的效应固然是遗传的，但它在传递中不能固定，因基因型本身不能遗传。在减数分裂时，个体要分解为配子，基因型要分解为基因。由带有基因的配子随机结合，产生新的基因型。以 AA 为例，其下代可能产生 AA，也可能产生 Aa，所以基因型 AA 的基因虽能遗传，但不能保证形成固定的 AA 组合，所以能遗传但不能固定，又如杂合子 Aa，其造成的显性效应是杂种优势的来源，则更不能固定了，因基因型在传递中要分解并可形成 AA、Aa、aa 的组合，所以在考虑基因型值的产生、固定、传递时就必须从基因本身的效应和其组合来考虑，据此从基因本身不同的效应出发，而将基因型值剖分为以下几个部分：

（一）基因的累加效应（或加性效应，Additive effect，记作 A）

所谓基因的累加效应是指作用于同一性状的等位和非等位基因间效应之和，即以基因为单位，将基因本身所携带的效应累加，或者说在基因型内，通过个别基因效应的累加而计算的效应。如作用的位点是一个，则累加效应是一对等位基因效应的和，如作用位点为多个，则为多个非等位基因效应的和。例如 A = B = 3，a = b = 2，则 AA = BB = 6，aa = bb = 4，Aa = Bb = 5，abb = 12，abb = abb = 11，abb = abb = abb=10，abb =abb=9，aabb=8。

由于基因的累加效应是根据基因本身效应计算的，所以它既是遗传的又是可固定的部分，在我们育种实践中是可以利用的。所以累加效应也称为育种值。

有两种对育种值的理解或定义，一种是实用的，一种是偏理论的。从实用的说，一个个体与群体中其他个体随机交配，所产生子代的平均数，距群体平均数的平均离差的二倍，则定义为该个体的育种值。加倍的原因是这个个体只给了子代基因的一半，其另一半是从群体其他个体随机得来的，所以回到共同亲本上算育种值时应乘以 2。我们仍举上述那株 20 米高的毛白杨为例，计算其育种值以加深理解。假设子代平均高（$\overline{D}$）超过亲本群体平均高 1 米即 16 米（如上述），根据定义，该个体的育种值为：

$A = 2(\overline{D} - \overline{P})$

$= 2(16-15) = 2(米)$（以离差表示）

或 $A = \overline{P} + 2(\overline{D} - \overline{P})$

$=15+2(16-15）=15+2=17$

这说明原来 17 米的基因型值全部为累加效应所造成，而子代（半同胞）的基因型值平均数（即表型值平均数），因 $\overline{P} = \overline{G}$，如以离差表示时，恰好等于其共同亲本育种值的一半，"半同胞平均基因型值定义为共同亲本育种值的一半"，这是一个重要的结论，在以后计算遗传力时，要用到它。

至于育种值另一偏于理论性的定义为：一个个体的育种值，等于该个体（基因型）所携带基因的平均效率之和。所以求出基因型中的每个基因的平均效率，然后相加求和，即得该基因型的育种值。可见基因的平均效应，是基因加性效应的根据，故基因的平均效应，也称为基因的加性效应，而育种值便有时称为"加性基因型"。

（二）显性偏差（D）

在同一位点内一对基因处于杂合时（Aa），一基因对另一基因的互作而产生的效应，称为显性偏差。它是两个等位基因加性效应（即累加效应）所没有计算在内的效应，或基因型效应中所超出加性效应的余差（D=G-A），它属于非加性效应，像杂交中的优势与劣势，就主要由这部分效应所造成，在群体的不同个体中可正可负，所以 $\Sigma D = 0$，如果 A-a 间不存在显性，$D=0$，则这时的基因型值就等于其累加效应值（G=A）。在有性繁殖时，显性偏差所产生的效应是能遗传而不能被固定的部分，它随着杂合体基因的分解和重组而效应降低，到基因纯合后逐步消失在无性繁殖时，则可一直固定下去。

（三）互作或上位偏差（I）

当作用于性状的位点不止一个时，由于非等位基因间的互作而对基因型值产生的效应，称互作偏差或互作效应。它也属于非加性效应，在育种实践中是不能被固定利用的，它作用的机理目前还不清楚，常归结在环境效应内，作为环境效应的一部分。显性、互作、连同环境效应三者一起，统称为剩余值，于是表型值和基因型值便可剖分为：

P=G+E

$$P = A + D + I + E \tag{5-4}$$

$$P = A + R \tag{5-5}$$

如一群体 N 个体求和，则

$\Sigma P = \Sigma A + \Sigma R$

同除以 N，得：

$$\sum \frac{P}{N} = \frac{EA}{N} + \frac{\sum R}{N}$$

由于 $\Sigma R / N = 0$，所以

$\overline{P} = \overline{A}$

又因 $\overline{P} = \overline{G}$，故

$$\overline{P} = \overline{G} = \overline{A} \tag{5-6}$$

三、数量性状的数学模型

在任一数量性状中，如不考虑 I、E，或令 I=0 和 E=0 时，则 $P = A + D$，我

们可通过一定的坐标来图示基因型的效应，并将基因和基因型频率也引入数量性状的遗传分析之中，以了解群体平均基因型似与基因频串的关系，进而加深对基因的平均效应和育种值的理解。

（一）基因型效应图式

考虑频率为 p(A)：q(a) 的一对等位基因 A-a 的群体，其平衡时的基因型及其频率为：

$$p^2(AA) + 2pq(Aa) + q^2(aa) \tag{5-7}$$

若令相同型合子性状的平均数（中亲值）为 $M = \dfrac{1}{2}(AA + aa)$ 作为与这对等位基因不同组合比较的起点，并以此定为零，则各基因型值与中亲值 M 的差数，就称为各基因型的效应（或效应值），图 11-1 为一对等位基因 A-a 的加性和显性效应图示。

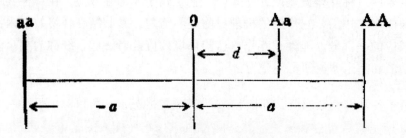

图 11-1　一对等位基因 A-a 的基因型效应图示

从图 11-1 中可见，a(-a) 代表基因型 AA(aa) 距原点的正向（负向）效应值，乃加性效应所提供的；d 代表由基因型 Aa 的显性作用所引起的与加性效应的偏差，即 Aa 的显性效应，其大小和方向取决于基因的显性度（d/a）和方向。如 d=0 时，表示不存在显性效应，说明这时的 Aa 基因型平均效应就等于它的加性效应，也即等于 AA、aa 纯合子基因型的中亲值（M）在坐标中为零。如 d>0 时，表示 A 对 a 为显性，说明基因型 Aa 除本身加性效应外，尚有一部分余差——显性效应；如 d<0，说明 a 对 A 为显性。例如：

A=5，a=3

AA=5+5=10

Aa=5+3=8

Aa=3+3=6

则基因型效应（值）为：

零点＝（10+6）÷2=8

A=10-8=2

-a=6-8=-2

d=8-8=0

于是效应的图示为：

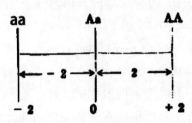

又如，已知 AA 基因型值（性状平均值 =80），Aa =70，aa =40，则：

$$M = \frac{80+40}{2} = 60$$

$$a = 80 - 60 = 20$$

$$-a = 40 - 60 = -20$$

$$d = 70 - 60 = 10$$

由于各基因型效应值，都把 M 作为其比较的起点，所以对于受这一位点基因 A-a 控制的数量性状来说，其基因型值应是它所构成的基因型 AA、Aa、aa 的加性效应与显性效应之和，于是所可能产生的基因型值便可剖分为：

$$G=M+A+D \tag{5-8}$$

如考虑环境效应 E，则：

$$P=M+A+D+E \tag{5-9}$$

这是数量性状表型值剖分时常用的基因加性—显性效应数学模许多遗传分析都是建立在这一模型之上的。

（二）群体平均基因型值的计算

通过平衡群体的基因型频率与基因型效应值相乘就可得到平衡群体的平均基因型值（μ）。

基因型	频　率	基因型效应值
AA	p^2	a
Aa	$2pq$	d
aa	q^2	$-a$

$$\mu = p^2a + 2pqd = (-q^2a)$$
$$= a(p-q) + 2pqd \tag{5-10}$$

在式（5-10）中，第一项 a（p-q）属纯合体加性效应，第二项 2pad，属杂合体显性效应。若无显性 d=0，2pad 也为零，于是群体平均数就等于 a(p-q)，说明群体平均数的大小，取决于加性效应的大小，另外还可看到，平均数是基因频率和基因型值的函数，基因型值常是固定的，难于改变的，所以提高群体均值的一个有效办法，是使增效基因的频率（p）提高，或使减效基因频率（q）降低，即通过选优和去劣的办法，达到提高群体平均数的目的。

在多基因系统中，如有 N 个位点对性状同时起作用，多位点的基因效应相等且可加时，则其联合效应下的群体平均数为：

$$\mu = \sum_{1}^{N} a(p-q) + 2\sum_{i}^{N} pqd \tag{5-11}$$

以上的式子，都是以两个纯合子的中点为零时算出的式子，如用绝对值表示，则需加进去 M，于是：

$$\overline{P} = \overline{G} = \overline{A} = M + \mu$$
$$= M + \sum a(p-q) + 2\Sigma pqd \tag{5-12}$$

由上可见一个受多基因系统决定的性状平均表型值，归根结底取决于增效基因的加性效应、增效基因在群体中所占的频率大小和杂合子显性效应的有无等。前面（5-8）式子与这里（5-12）式子相当，只不过这里反映了群体的遗传组成、基因的效应等方面，有助于对它们关系的理解。

四、数量性状表型值方差及其剖分

在数量性状的遗传分析中，除了需要研究各变异组分的集中程度，如表型和基因型各种效应的平均数外，同时还需要研究各变异组分的离散程度，以及总变异中各个组分所占的比例。方差因能代表变异的分散程度，能表达各方差分量在总方差中的比重，所以在表型总方差中，按照变异的原因，分解成若干方差分量就有必要了。

已知：P=G+E

$$\Sigma(P-\overline{P})^2 = \Sigma[(G+E)-(\overline{G}+\overline{E})]^2$$

所以：$= \Sigma[(G-G)+(E-E)]^2$

$$= \Sigma(G-G)^2 + \Sigma(E-\overline{E})^2 + 2\Sigma(G-\overline{G})(E-\overline{E})$$

各项除以 N，得：

$$\frac{\Sigma(P-\overline{P})^2}{N} = \frac{\Sigma(G-\overline{G})^2}{N} + \frac{\Sigma(E-\overline{E})^2}{N} + \frac{2\Sigma(G-\overline{G})(E-\overline{G})}{N}$$

因 $\dfrac{\Sigma(P-P)^2}{N} = V_P$ 或 σ_p^2（表型方差）

$\dfrac{\Sigma(G-G)^2}{N} = V_G$ 或 σ_G^2（基因型方差）

$\dfrac{\Sigma(E-\overline{E})^2}{N} = V_E$ 或 σ_E^2（环境方差）

$\dfrac{\Sigma(G-\overline{G})(E-\overline{E})}{N} = COV_{GE}$（基因型——环境协方差）

所以：$V_P = V_G + V_E + 2COV_{GE}$

因 G 与 E 不相关，则 $\Sigma(G-\overline{G})(E-\overline{E}) = 0, 2COV_{GE} = 0$，

于是 $V_P = V_G + V_E$

或：

$$\sigma_P^2 = \sigma_G^2 + \sigma_E^2 \tag{5-13}$$

同理 P=A+D+I+E=A+R

（式中 R=D+I+E）

所以：$V_P = V_A + V_D + V_I + V_B = V_A + V_R$

或：

$$\sigma_P^2 = \sigma_A^2 + \sigma_D^2 + \sigma_I^2 + \sigma_E^2$$
$$= \sigma_A^2 + \sigma_R^2 \tag{5-14}$$

将表型方差作上述剖分后，我们就可以计算遗传力了。

第三节　数量性状的选择改良与遗传参数的应用

虽然数量性状改良的途径是多方面的，但通过选择改良是当前最基本的方法。

影响数量性状的群体均值，主要是由其组分的基因型值和其频率来决定的，但基因型值 AA、Aa、aa 的 a，d，-a 一般是不能改变的，能改变的是其频率。因此选择较多含增效基因的个体，使下代频率增高；淘汰含减效基因的个体，使下代频率减低，以此来提高群体均值。这就是选择改良的过程，兹按其步骤分述如下：

一、选择改良的步骤

第一步，群体育种水平的确定。

进入一个苗圃或林场之后，第一件事是要确定育种水平，也即确定某种性状的育种值平均数，即群体的育种值水平。

从上面 5-6 公式得知：

我们只要知道群体表型的平均水平后，其平均育种值水平也就知道了。所以一个林分，一个家系或无性系，其表型平均数是它平均育种值或基因型值好坏的指标，这是衡量工作取舍最基本的尺度。

第二步，选出留种母树（选优），并确定优树育种值。

群体育种值水平确定之后，并不等于个体育种值水平，而个体育种值水平，正是我们指望提高群体均值的物质基础，也是我们对所选优树在性状评价上的数最后概念。

群体育种值平均数是可以直接度量的，但个体育种值不能度量，但能推算。推算是按回归的原理进行的，利用变量间的回归关系，从一变量去估计另一变量，回归方程为

$$y = a + bx$$

$$\hat{y} = b_{yz}(x - \bar{x}) + \bar{y}$$

仿此，以表型（P）为自变量，育种植（A）为应变量，因此可通过下列回归方程，由 P 估计 A：

$$\hat{A} = b_{AP}(P - \bar{P}) + \bar{A}$$

由于：$\overline{P} = \overline{A}$　$b_{AP} = h^2$

这又是一个重要的从表型值（P）、遗传力（h^2）估计个体育种值的公式。式中 $P - \overline{P}$ 即选择差（S），所以上式也可写成

$$\hat{A} = Sh^2 + \overline{P} \tag{5-15}$$

对于父母本不同时兼备的有限性状如准株银杏结实性状，就不能从表型值（P）来推，因它没有表型值，只能从它与之随机授粉结实的后代雌株的平均产量 $\left(\overline{D}\right)$ 中来估计。

即：

$$\hat{A}_0 = 2(\overline{D} - \overline{P}) + \overline{P}$$

式中乘 2 是因为父本传给子代的只是他育种值的一半，或说父系半同胞子代只从它生父那里获得一半基因，另一半基因是从与之交配之母本得来的，因此 $\left(\overline{D} - \overline{P}\right)$ 之差数应归因为父本那一半基因育种值引起的，所以当还给父本时，就应乘 2。这样，每一株优树，都有相应的具体育种值，特别在苗圃比较试验中，更易掌握优良情况。

例如，在银杏林分中，若一株特优的雄株与附近所有的雌株随机交配，可使其半同胞子代结实量从原来林分平均数 $\left(\overline{P}\right)$ 300 公斤，上升到子代平均数 $\left(\overline{D}\right)$ 330 公斤，则该雄株结实能力的育种值可估计为：

$$\hat{A}_0 = 2(\overline{D} - \overline{P}) + \overline{P} = 2 \times (330 - 300) + 300 = 360 (公斤)$$

第三步，选择差、选择强度和留种率的确定。

选择强度是指选择差被原来群体表型标准差（σ_P）相除的商。通常以 i 表示，因此，

$$i = \frac{S}{\sigma_P} = \frac{\overline{P}_S - \overline{P}}{\sigma_P} \tag{5-16}$$

选择差（S）用标准差（σ_P）相除的原因在于借此消除单位，因选择的性状都是有单位的，由于性状不同，选择差的单位也不同，因此不同性状间的选择差，就无法比较了。如都用各自性状的标准差相除，也即都用各自性状的标准差为单位来表达选择差的大小，这就是选择强度。所以选择强度与选择差的概念基本相同，不同的是一个无单位，一个有单位，无单位的有共同的标准，都用 σ_P 来表示，因此，就可以互相比较了。

留种率（P）是指选留个体数占原群体总数之比。原群体常近子正态分布，所以：

$$P = \int_t^\infty \frac{1}{\sqrt{2\pi}} e^{-\frac{1}{2}x^2} dx$$

这里 t 为对应于 P 的 x 上的节点，而留种群体的平均数为：

$$\bar{x} = \frac{1}{P}\int_t^\infty \frac{1}{\sqrt{2\pi}} xe^{-\frac{1}{2}x^2} dx = \frac{e^{-\frac{1}{2}t^2}}{P\sqrt{2\pi}} = \frac{Z}{P} = i \qquad （5-17）$$

这里 Z 是正态曲线在 t 点上的纵坐标值。i、Z、P 和 t 的关系如图 5-1 所示。

于是，知道了任一留种率（P），就可以根据（5-17）式计算出选择强度，再根据（5-16）计算出选择差。

例如，已知留种率 P =0.2，求选择强度和选择差。

查正态分布 μ 表，找出保留 20% 面积的 μ 为 0.84，再根据 μ 直查正态分亦 Z 表，得知 u 为 0.84 时之 Z 值是 0.2803，代入公式（5-17）得：

$$i = \frac{Z}{P} = \frac{0.2803}{0.2} = 1.402$$

再代入式（5-16）得：$S = 1.402\sigma_P$

由于选择差、选择强度、留种率之间有上述固定关系，可以根据正态分布表直接编写出三者的关系表如表 5-2。当留种率 P 确定后，就可以直接查表了。

表5-2　留种率、选择差与选择强度的关系

留种率(P)	选择强度(i)	选择差（S）	留种率（P）	选择强度（i）	选择差（S）
90	0.20	0.20 σp	20	1.40	1.40 σp
80	0.35	0.35 σp	10	1.76	1.76 σp
70	0.50	0.50 σp	5	2.06	2.06 σp
60	0.64	0.64 σp	4	2.16	2.16 σp
50	0.80	0.80 σp	3	2.27	2.27 σp
40	0.96	0.96 σp	2	2.44	2.44 σp
30	1.16	1.16 σp	1	2.64	2.64 σp

由表 5-2 可见，留种率越大，则选择差或选择强度就小，从而通过选择获得的增益就要降低。如要增益提高，就得增加选择强度，降低留种率。但留种

选择的群体，其好坏分布又接近正态，好的总是少数，用少数来替换多数，繁殖是个困难，株数太少，还会发生近交，引起近交衰退。所以，入选率（留种率）、选择强度和选择差的确定是个反复求实的过程。

二、遗传增益的估算与实际增益的对比

确定了选择强度之后，数量性状改良的第四步，是预测遗传增益和与实际结果对比。

当我们在原始群体中按一定选择差或选择强度选出优树后，用中选优树交配繁殖，并用其种子造林。这些中选优树子代的平均值与原始群体平均值之差为选择反应（R），亦即经过一代选择后所获得的遗传进展。

选择反应与选择差之间的关系，可以用图 5-2 来说明。

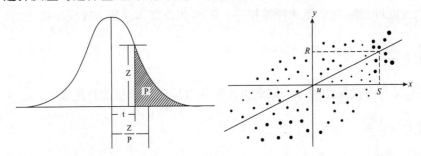

图 5-1 标准化正态分布的选择差　　图 5-2 选择反应与选择差关系图

在图 5-2 中，x 轴代表亲代中亲值距原点（群体平均值 μ）的离差，即选择差，y 轴代表子代平均值距原点（子代群体平均值 μ）的离差，即选择反应。在平衡群体中，若不进行选择，上下代的群体平均值应是相等的 $\bar{x} = \bar{y} = \bar{\mu}$。如果对亲代进行选择，并用重写黑点表示中选亲代与相应子代的交点，那么子代值对中亲值的回归直线将通过原点及中选亲本选择差的平均数 S 与其子代平均选择反应 R 之交点，而这一回归线的斜率 b_{op} 即为遗传力。

于是：

$$\frac{R}{S} = B_{op} = h^2$$

所以：

$$R = Sh^2 \tag{5-17}$$

据此式，就可知道当代所选性状的遗传力和选择差，就可推算出下一代的选择反应。因为选择反应（R）是在一个世代内取得的，所以我们将一个世代内取得的选择反应，定义为遗传进展或理论遗传进展，常以 ΔR 表示。一个世代是若干年组成的，所以用世代间距（L）除 ΔR，则得年遗传进展，或称年改进量，或改良速度，以 $R.I$ 表示，则 $R_e I_e = \dfrac{ih^2 \sigma_P}{L} = \dfrac{\Delta R_e}{L}$ 这里以 X 除 Sh^2，也是为了清除单位的缘故。这样都与原群体平均数相比较，所获得的遗传增益，就是超过原群体平均水平的百分数概念。

由于 $\Delta R_e = Sh^2$，$\Delta G = \dfrac{\Delta R}{X}$ 都是从理论 h^2 预估出来的遗传进展和遗传增益，这都是理论上的，它与通过选择所实际获得的遗传进展 (ΔR_0) 常有一定的距离，于是通过实际进展与实际选择差相除，就可获得实际遗传力或现实遗传力 h_r^2。

$$h_r^2 = \frac{\Delta R_0}{S}$$

ΔR_0 又与时代间距相除，则获得市级年改进量或市级改良速度 $R_0 I_0$。

$$R_0 I_0 = \frac{\Delta R_0}{L}$$

这样一来，我们就有两套遗传进展 $(\Delta R_e、\Delta R_0)$，两套遗传力 $\left(h^2、h_r^2\right)$，两套改良速度 $(R_0 I_e、R_e I_0)$。通过理论的和实际的比较，我们就可进一步检查和完善遗传力计算的理论和方法，使数量遗传学在密切与实践相结合下不断发展。

第六章　林木遗传统计模型与 R 语言的实现

第一节　固定效应模型与随机效应模型

　　林木育种试验的主要目的在于获取相关试验材料的遗传参数，为后续进一步开展育种试验或生产实践提供理论依据。为了估计遗传参数，需要建立适当的线性统计分析模型。这些统计模型可分为固定效应模型和随机效应模型，甚至同一个模型由于估计不同遗传参数的需要，一方面可作为固定效应模型来分析，另一方面可作为随机效应模型来分析。一般来说，估算亲本的配合力或育种值要用固定效应模型，而估计遗传方差分量进而计算遗传力则要用随机效应模型。

一、固定效应模型

（一）模型表达式

　　设在杉木杂交试验中，有 3 个父本分别与 3 个母本交配，子代按随机区组造林，每个组合抽取若干个单株，以 3 年生苗高数据估算亲本的一般配合力和特殊配合力，数据列于表 6-1。为了估计亲本配合力并进行相关的统计假设检验，首先建立如下线性统计模型：

$$y_{ijk} = \mu + M_i + F_j + \mathrm{MF}_{ij} + e_{ijk} \qquad （6\text{-}1）$$

　　其中，y_{ijk} 为第 i 个父本与第 j 个母本杂交后代的第 k 个个体性状（苗高）的表型值；μ 为总平均；M_i 为第 i 个父本的效应或一般配合力；F_j 为第 j 个母本的效应或一般配合力；MF_{ij} 为第 i 个父本第 j 个母本的交互效应或特殊配合力；e_{ijk} 为随机误差效应，假定 $ei_{jk} \sim N(0, \sigma^2)$ 并且相互独立。这里 M_i、F_j 和 MF_{ij} 均为固定效应，而且满足以下约束条件：

$$\begin{cases} \sum_i M_i = 0 \\ \sum_j F_j = 0 \\ \sum_i MF_{ij} = 0 \\ \sum_j MF_{ij} = 0 \end{cases} \qquad (6\text{-}2)$$

表6-1 杉木苗高实验数据

父本	母本	苗高	父本	母本	苗高
1	1	167	2	2	162
1	1	162	2	2	188
1	1	160	2	3	172
1	2	172	2	3	176
1	2	171	3	1	158
1	3	206	3	1	174
1	3	181	3	1	153
1	3	185	3	2	169
2	1	173	3	2	175
2	1	158	3	2	153
2	1	176	3	3	148
2	2	178	3	3	176

根据表 6-1 中杉木苗高数据，模型（6-1）的具体形式为

$$\begin{cases}
y_{111} = \mu + M_1 + F_1 + MF_{11} + e_{111} \\
y_{112} = \mu + M_1 + F_1 + MF_{11} + e_{112} \\
y_{113} = \mu + M_1 + F_1 + MF_{11} + e_{113} \\
y_{121} = \mu + M_1 + F_2 + MF_{12} + e_{121} \\
y_{122} = \mu + M_1 + F_2 + MF_{12} + e_{122} \\
\cdots\cdots\cdots \\
y_{322} = \mu + M_3 + F_2 + MF_{32} + e_{322} \\
y_{323} = \mu + M_3 + F_2 + MF_{32} + e_{323} \\
y_{331} = \mu + M_3 + F_3 + MF_{33} + e_{331} \\
y_{332} = \mu + M_3 + F_3 + MF_{33} + e_{332}
\end{cases} \qquad (6\text{-}3)$$

而相应的约束条件可表示为

$$\begin{cases}
M_1 + M_2 + M_3 = 0 \\
F_1 + F_2 + F_3 = 0 \\
MF_{11} + MF_{12} + MF_{13} = 0 \\
MF_{21} + MF_{22} + MF_{23} = 0 \\
MF_{31} + MF_{32} + MF_{33} = 0 \\
MF_{11} + MF_{21} + MF_{31} = 0 \\
MF_{12} + MF_{22} + MF_{32} = 0 \\
MF_{13} + MF_{23} + MF_{33} = 0
\end{cases} \qquad (6\text{-}4)$$

模型 (6-3) 及其约束条件可以用向量和矩阵来表示：

$$\begin{cases}
\boldsymbol{y} = \boldsymbol{X\beta} + \boldsymbol{e} \\
\boldsymbol{L\beta} = \boldsymbol{0}
\end{cases} \qquad (6\text{-}5)$$

其中，

$$y=\begin{pmatrix} y_{111}\\ y_{112}\\ y_{113}\\ y_{121}\\ y_{122}\\ y_{131}\\ y_{132}\\ y_{133}\\ y_{211}\\ y_{212}\\ y_{213}\\ y_{221}\\ y_{222}\\ y_{223}\\ y_{231}\\ y_{232}\\ y_{311}\\ y_{312}\\ y_{313}\\ y_{321}\\ y_{322}\\ y_{323}\\ y_{331}\\ y_{332} \end{pmatrix},\; X=\left(\begin{array}{c:ccc:ccc:ccccccccc} 1&1&0&0&1&0&0&1&0&0&0&0&0&0&0&0\\ 1&1&0&0&1&0&0&1&0&0&0&0&0&0&0&0\\ 1&1&0&0&1&0&0&1&0&0&0&0&0&0&0&0\\ 1&1&0&0&0&1&0&0&1&0&0&0&0&0&0&0\\ 1&1&0&0&0&1&0&0&1&0&0&0&0&0&0&0\\ 1&1&0&0&0&0&1&0&0&1&0&0&0&0&0&0\\ 1&1&0&0&0&0&1&0&0&1&0&0&0&0&0&0\\ 1&1&0&0&0&0&1&0&0&1&0&0&0&0&0&0\\ 1&0&1&0&1&0&0&0&0&0&1&0&0&0&0&0\\ 1&0&1&0&1&0&0&0&0&0&1&0&0&0&0&0\\ 1&0&1&0&1&0&0&0&0&0&1&0&0&0&0&0\\ 1&0&1&0&0&1&0&0&0&0&0&1&0&0&0&0\\ 1&0&1&0&0&1&0&0&0&0&0&1&0&0&0&0\\ 1&0&1&0&0&1&0&0&0&0&0&1&0&0&0&0\\ 1&0&1&0&0&0&1&0&0&0&0&0&1&0&0&0\\ 1&0&1&0&0&0&1&0&0&0&0&0&1&0&0&0\\ 1&0&0&1&1&0&0&0&0&0&0&0&0&1&0&0\\ 1&0&0&1&1&0&0&0&0&0&0&0&0&1&0&0\\ 1&0&0&1&1&0&0&0&0&0&0&0&0&1&0&0\\ 1&0&0&1&0&1&0&0&0&0&0&0&0&0&1&0\\ 1&0&0&1&0&1&0&0&0&0&0&0&0&0&1&0\\ 1&0&0&1&0&1&0&0&0&0&0&0&0&0&1&0\\ 1&0&0&1&0&0&1&0&0&0&0&0&0&0&0&1\\ 1&0&0&1&0&0&1&0&0&0&0&0&0&0&0&1 \end{array}\right),\; e=\begin{pmatrix} e_{111}\\ e_{112}\\ e_{113}\\ e_{121}\\ e_{122}\\ e_{131}\\ e_{132}\\ e_{133}\\ e_{211}\\ e_{212}\\ e_{213}\\ e_{221}\\ e_{222}\\ e_{223}\\ e_{231}\\ e_{232}\\ e_{311}\\ e_{312}\\ e_{313}\\ e_{321}\\ e_{322}\\ e_{323}\\ e_{331}\\ e_{332} \end{pmatrix},\; \beta=\begin{pmatrix} \mu\\ \hline M_1\\ M_2\\ M_3\\ \hline F_1\\ F_2\\ F_3\\ \hline MF_{11}\\ MF_{12}\\ MF_{13}\\ MF_{21}\\ MF_{22}\\ MF_{23}\\ MF_{31}\\ MF_{32}\\ MF_{33} \end{pmatrix}$$

$$L=\begin{pmatrix} 0&1&1&1&0&0&0&0&0&0&0&0&0&0&0&0\\ 0&0&0&0&1&1&1&0&0&0&0&0&0&0&0&0\\ 0&0&0&0&0&0&0&1&1&1&0&0&0&0&0&0\\ 0&0&0&0&0&0&0&0&0&0&1&1&1&0&0&0\\ 0&0&0&0&0&0&0&0&0&0&0&0&0&1&1&1\\ 0&0&0&0&0&0&0&1&0&0&1&0&0&1&0&0\\ 0&0&0&0&0&0&0&0&1&0&0&1&0&0&1&0\\ 0&0&0&0&0&0&0&0&0&1&0&0&1&0&0&1 \end{pmatrix}$$

（二）无约束模型的参数估计

由约束条件式（6-4）可知，参数向量 β 的 16 个变量中有 7 个不是独立的，选取其中的 7 个变量，它们可由其他参数表示如下：

$$\begin{cases} M_3 = -M_1 - M_2 \\ F_3 = -F_1 - F_2 \\ \mathrm{MF}_{13} = -\mathrm{MF}_{11} - \mathrm{MF}_{12} \\ \mathrm{MF}_{23} = -\mathrm{MF}_{21} - \mathrm{MF}_{22} \\ \mathrm{MF}_{31} = -\mathrm{MF}_{11} - \mathrm{MF}_{21} \\ \mathrm{MF}_{32} = -\mathrm{MF}_{12} - \mathrm{MF}_{22} \\ \mathrm{MF}_{33} = -\mathrm{MF}_{31} - \mathrm{MF}_{32} = \mathrm{MF}_{11} + \mathrm{MF}_{12} + \mathrm{MF}_{21} + \mathrm{MF}_{22} \end{cases} \tag{6-6}$$

将上述关系式代入模型（6-5）得到无约束的线性模型：

$$y = X^* \beta^* + e \tag{6-7}$$

其中，β^* 为未知参数向量；X^* 为列满秩的设计阵，且

$$\beta^* = \begin{pmatrix} -\mu \\ M_1 \\ M_2 \\ F_1 \\ F_2 \\ \overline{\mathrm{MF}_{11}} \\ \mathrm{MF}_{12} \\ \mathrm{MF}_{21} \\ \mathrm{MF}_{22} \end{pmatrix} \qquad X^* = \begin{pmatrix} 1 & 1 & 0 & 1 & 0 & 1 & 0 & 0 & 0 \\ 1 & 1 & 0 & 1 & 0 & 1 & 0 & 0 & 0 \\ 1 & 1 & 0 & 1 & 0 & 1 & 0 & 0 & 0 \\ 1 & 1 & 0 & 0 & 1 & 0 & 1 & 0 & 0 \\ 1 & 1 & 0 & 0 & 1 & 0 & 1 & 0 & 0 \\ 1 & 1 & 0 & -1 & -1 & -1 & -1 & 0 & 0 \\ 1 & 1 & 0 & -1 & -1 & -1 & -1 & 0 & 0 \\ 1 & 1 & 0 & -1 & -1 & -1 & -1 & 0 & 0 \\ 1 & 0 & 1 & 1 & 0 & 0 & 0 & 1 & 0 \\ 1 & 0 & 1 & 1 & 0 & 0 & 0 & 1 & 0 \\ 1 & 0 & 1 & 1 & 0 & 0 & 0 & 1 & 0 \\ 1 & 0 & 1 & 0 & 1 & 0 & 0 & 0 & 1 \\ 1 & 0 & 1 & 0 & 1 & 0 & 0 & 0 & 1 \\ 1 & 0 & 1 & 0 & 1 & 0 & 0 & 0 & 1 \\ 1 & 0 & 1 & -1 & -1 & 0 & 0 & -1 & -1 \\ 1 & 0 & 1 & -1 & -1 & 0 & 0 & -1 & -1 \\ 1 & -1 & -1 & 1 & 0 & -1 & 0 & -1 & 0 \\ 1 & -1 & -1 & 1 & 0 & -1 & 0 & -1 & 0 \\ 1 & -1 & -1 & 1 & 0 & -1 & 0 & -1 & 0 \\ 1 & -1 & -1 & 0 & 1 & 0 & -1 & 0 & -1 \\ 1 & -1 & -1 & 0 & 1 & 0 & -1 & 0 & -1 \\ 1 & -1 & -1 & 0 & 1 & 0 & -1 & 0 & -1 \\ 1 & -1 & -1 & -1 & -1 & 1 & 1 & 1 & 1 \\ 1 & -1 & -1 & -1 & -1 & 1 & 1 & 1 & 1 \end{pmatrix}$$

使用最小二乘法估计参数向量 $\boldsymbol{\beta}^*$，就是求 $\boldsymbol{\beta}^*$ 而使模型（6-7）的误差平方和

$$\text{SSE} = \sum e_{ijk}^2 = \left(y - X^*\boldsymbol{\beta}^*\right)'\left(y - X^*\boldsymbol{\beta}^*\right) \qquad (6\text{-}8)$$

达到最小。为此，在式（6-8）中对参数向量 $\boldsymbol{\beta}^*$ 求导数：

$$\frac{\text{dSSE}}{\text{d}\boldsymbol{\beta}^*} = 2X^{*'}X^*\boldsymbol{\beta}^* - 2X^{*'}y \qquad (6\text{-}9)$$

令导数等于零，得到 $\boldsymbol{\beta}^*$ 的最小二乘估计为

$$\hat{\boldsymbol{\beta}}^* = \left(X^{*'}X^*\right)^{-1}X^{*'}y \qquad (6\text{-}10)$$

在正态性的假定下，可以验证 $\boldsymbol{\beta}^*$ 也是极大似然估计，σ^2 的无偏估计可表示为

$$\hat{\sigma}^2 = \frac{1}{n-r}\text{SSE} \qquad (6\text{-}11)$$

其中，$\text{SSE} = y'y - \hat{\boldsymbol{\beta}}^* X^{*'}y$ 为残差平方和，$r = R(X^*)$ 为设计阵 X^* 的秩。此外，$\hat{\boldsymbol{\beta}}^*$ 的协方差矩阵为

$$\text{var}\left(\widehat{X}^*\right) = \left(X^{*'}X^*\right)^{-1}X^{*'}X^*\left(X^{*'}X^*\right)^{-1}\text{var}(y) = \sigma^2\left(X^{*'}X^*\right)^{-1} \qquad (6\text{-}12)$$

式（6-12）可以给出参数估计的标准误差。

下面考虑参数的假设检验问题。例如，要检验 M_1 是否显著为零，首先提出零假设 $H_0 : M_1 = 0$。在此假设成立的条件下，将 X^* 的第二列删除变为 X_H^*，当然 $\boldsymbol{\beta}^*$ 中的参数从 M_1 也随之删除变为 $\boldsymbol{\beta}_H^*$，由式（6-10）可以得到零假设下参数的最小二乘估计 $\hat{\boldsymbol{\beta}}_H^*$，以及残差平方和 $SSH = y'y - \boldsymbol{\beta}_H^{*'} X_H^{*'}y$。考虑到设计阵 X^* 是列满秩的，根据线性模型中假设检验理论，该检验的统计量为

$$F = \frac{SSH - SSE}{SSE/(n-r)} \sim F(1, n-r) \qquad (6\text{-}13)$$

这里由于 F 分布的第一个自由度为 1，所以可以等价地使用 t 检验。对于零假设 $H_0 : \beta_i = 0$ 的检验问题，t 检验的统计量的表达式为

$$t = \frac{\hat{\beta}_i^*}{\sqrt{c_{ii}}\hat{\sigma}} \sim t(n-r) \qquad (6\text{-}14)$$

其中，c_{ii} 为矩阵 $(X^{*'}X^*)^{-1}$ 对角线的第 i 个元素。

类似地可以检验其他变量，还可以检验两个变量是否相等，甚至可以检验整个父本效应是否有显著差异。所有这些检验都可以表示为

$$H_0: \boldsymbol{H\beta}^* = \boldsymbol{\theta} \tag{6-15}$$

　　例如，对于零假设 $H_0: M_1 = 0$，则 $\boldsymbol{H} = (0\ 1\ 0\ 0\ 0\ 0\ 0\ 0\ 0)$；对于零假设 H_0：$F_1 = F_2 = 0$，则

$$\boldsymbol{H} = \begin{pmatrix} 0 & 0 & 0 & 1 & 0 & 0 & 0 & 0 & 0 \\ 0 & 0 & 0 & 0 & 1 & 0 & 0 & 0 & 0 \end{pmatrix}$$

　　在零假设式（6-15）成立的情况下，参数向量 $\boldsymbol{\beta}^*$ 的最小二乘估计为

$$\hat{\boldsymbol{\beta}}_{\mathrm{H}}^* = \hat{\boldsymbol{\beta}}^* - \left(\boldsymbol{X}^*\boldsymbol{X}^*\right)^{-1}\boldsymbol{H}'\left(\boldsymbol{H}\left(\boldsymbol{X}^*\boldsymbol{X}^*\right)^{-1}\boldsymbol{H}'\right)^{-1}\boldsymbol{H}\hat{\boldsymbol{\beta}}^* \tag{6-16}$$

相应的残差平方和为 $\mathrm{SSH} = \boldsymbol{y}'\boldsymbol{y} - \boldsymbol{\beta}_{\mathrm{H}}^{*'}\boldsymbol{X}^*\boldsymbol{y}$，因此检验统计量为

$$F = \frac{(\mathrm{SSH} - \mathrm{SSE})/r_{\mathrm{H}}}{\mathrm{SSE}/(n-r)} \sim F\left(r_{\mathrm{H}}, n-r\right) \tag{6-17}$$

这里 $r_{\mathrm{H}} = \mathrm{R}(\boldsymbol{H})$。

　　根据式 (6-10)、式 (6-12) 和式 (6-14) 计算得到无约束条件下杉木各数据的参数估计及其标准误、假设检验 t 统计量和 p 值（表 6-2）。对于零假设 $H_0: M_1 = M_2 = 0$，根据式 (6-17) 可以计算出检验父本效应是否有显著差异的统计量为

$$F = \frac{(2445.6905 - 1816.5)/2}{1816.5/15} = \frac{314.5952}{121.1} = 2.5978$$

　　再根据 $F(2，15)$ 分布计算出相应的 p 值为 0.1075。类似地可以分别得到母本效应差异是否显著和父本与母本交互效应的差异是否显著的检验统计量及其 p 值（表 6-3）。根据零假设 $H_0: M_1 = M_2$ 和式（6-17）计算得到检验第一个父本和第二个父本的效应是否有显著差异的统计量 $F=0.1347$ 或 $t=-0.3669$，对应的 p 值为 0.7189，说明第一个父本的效应和第二个父本的效应差异不显著。

表6-2 两种固定效应模型下的参数估计及其标准

参数	无约束模型				约束模型			
	估计	标准误	p 值	p 值	估计	标准误	t 值	p 值
μ	170.389	2.2875	74.4865	0	170.389	2.2875	74.4865	0
M_1	4.6667	3.235	1.4425	0.1697	4.6667	3.235	1.4425	0.1697
M_2	2.6111	3.235	0.8071	0.4322	2.6111	3.235	0.8071	0.4322
M_3	—	—	—	—	−7.2778	3.235	−2.2497	0.0399
F_1	−5.8333	3.1174	−1.8712	0.0809	−5.8333	3.1174	−1.8712	0.0809
F_2	0.6667	3.235	0.2061	0.8395	0.6667	3.235	0.2061	0.8395
F_3	—	—	—	—	5.1667	3.3486	1.5429	0.1437
MF_{11}	−6.2222	4.4086	−1.4114	0.1785	−6.2222	4.4086	−1.4114	0.1785
MF_{12}	0	4.7356	−0.8916	0.3867	4.2222	4.7356	−0.8916	0.3867
MF_{13}	—	—	—	—	10.4444	4.575	2.2829	0.0374
MF_{21}	1.8333	4.4086	0.4159	0.6834	1.8333	4.4086	0.4159	0.6834
MF_{22}	2.3333	4.4926	0.5194	0.6111	2.3333	4.4926	0.5194	0.6111
MF_{23}	—	—	—	—	−4.1667	4.8139	−0.8656	0.4004
MF_{31}	—	—	—	—	4.3889	4.4086	0.9955	0.3353
MF_{32}	—	—	—	—	1.8889	4.4926	0.4204	0.6801
MF_{33}	—	—	—	—	−6.2778	4.8139	−1.3041	0.2119

表6-3 杉木数据因子假设检验

来源	自由度	平方和	均方	F	p
父本	2	629.1905	314.5952	2.5978	0.1075
母本	2	483.2260	241.6130	1.9952	0.1705
父本 × 母本	4	669.0928	167.2732	1.3813	0.2873
误差	15	1816.500	121.1000		

（三）约束模型的参数估计

根据模型（6-5）可以直接求出参数估计并进行相关的假设检验。设 $S(A)$ 为由矩阵 A 列向量张成的向量空间，$R(A)$ 为矩阵 A 的秩，在式（6-5）中，若矩阵 X 和 L 满足条件：① $S(X') \cap S(L') = \{0\}$；② $R(X) + R(L) = P$（其中 p 为设计 X 的列数），那么矩 L 或约束条件式 (6-3) 称为满足边界条件。当 L 满足边界条件时，参数向量 β 的最小二乘估计为

$$\hat{\beta} = \left(X'X + L'L\right)^{-1} X'y \qquad (6\text{-}18)$$

并且 σ^2 的无偏估计为

$$\hat{\sigma}^2 = \frac{1}{n-r} \text{SSE} \qquad (6\text{-}19)$$

式中，$\text{SSE} = y'y - \hat{\beta}'X'y$ 为约束模型式（6-5）的残差平方和；$r = R(X)$。$\hat{\beta}$ 的协方差矩阵为

$$\text{var}(\hat{\beta}) = \sigma^2 \left(X'X + L'L\right)^{-1} X'X \left(X'X + L'L\right)^{-1} \qquad (6\text{-}20)$$

对于杉木苗高试验数据，根据式（6-18）和式（6-20）可计算得到包括亲本一般配合力和特殊配合力的参数估计及其标准误（表6-2）。

参数的一般性假设检验可表示为

$$\text{H}_0 : H\beta = 0 \qquad (6\text{-}21)$$

这里 H 为 $h \times p$ 矩阵，在该假设下模型（6-5）变为

$$\begin{cases} y = X\beta + e \\ C\beta = 0 \end{cases} \qquad (6\text{-}22)$$

其中，$C = \begin{pmatrix} L \\ H \end{pmatrix}$。此时，矩阵 C 一般不满足边界条件，但是仍然可以求得 β 的最小二乘估计为

$$\hat{\beta}_{\text{H}} = \left(T^{-1} - T^{-1}C'Q^-CT^{-1}\right)X'y \qquad (6\text{-}23)$$

其中，$T = X'X + L'L + H'H$，$Q = CT^{-1}C'$，而 Q^- 为矩阵 Q 的广义逆矩阵。进一步可以得到零假设式（6-21）的检验统计量为

$$F = \frac{(\text{SSH} - \text{SSE})/(\text{d}f_1 - \text{d}f_2)}{\text{SSE}/(n - \text{d}f_1)} \sim F(\text{d}f_1 - \text{d}f_2, n - \text{d}f_1) \qquad (6\text{-}24)$$

其中，$SSH = \mathbf{y'y} - \hat{\boldsymbol{\beta}}'_H \mathbf{X'y}$ 为模型（6-22）的残差平方和 $df_1 = R(\mathbf{X})$；$df_2 = p - R\begin{pmatrix} \mathbf{L} \\ \mathbf{H} \end{pmatrix}$。

下面给出两种常用假设检验统计量涉及 $\mathbf{T}^{-1}$ 计算的简化形式。记 $\mathbf{M} = \mathbf{X'X} + \mathbf{L'L}$，当 L 满足边界条件时，有如下关系式成立：

$$\mathbf{T}^{-1} = \mathbf{M}^{-1} - \mathbf{M}^{-1}\mathbf{H'}\left(\mathbf{I} + \mathbf{HM}^{-1}\mathbf{H'}\right)^{-1}\mathbf{HM}^{-1} \qquad (6\text{-}25)$$

（1）对于第 i 参数 β_i 是否显著为零的零假设：$H_0 : \beta_i = 0$，其矩阵表达式中 $\mathbf{H}$ 矩阵为

$$\mathbf{H} = (0 \cdots 0\ 1\ 0 \cdots 0)$$

即 H 为一行矩阵，其第 i 个元素为 1，其余元素为 0。此时式（6-25）简化为

$$\mathbf{T}^{-1} = \mathbf{M}^{-1} - \mathbf{M}_i^* \mathbf{M}_i^{*'} / \left(1 + \mathbf{M}_{ii}^*\right) \qquad (6\text{-}26)$$

其中，$\mathbf{M}_i^*$ 为 $\mathbf{M}^{-1}$ 的第 i 列向量；$\mathbf{M}_{ii}^*$ 为 $\mathbf{M}^{-1}$ 的第 i 行第 i 列元素。

对于杉木苗高试验数据，先按式（6-26）计算 $\mathbf{T}^{-1}$，然后按式（6-23）计算 $\hat{\boldsymbol{\beta}}_H$，再计算 SSH 和 F 统计量，这里 F 统计量的第一个自由度为 1，可转化为 t 统计量。最后得到在约束模型下每个参数是否显著为零的 t 统计量值及其 p 值（表 6-2）。

（2）对于第 i 个参数 β_i 与第 j 个参数 β_j，是否显著相等的零假设：H_0：$\beta_i = \beta_j$，其矩阵表达式中 $\mathbf{H}$ 矩阵为

$$\mathbf{H} = (0 \cdots 1 \cdots -1 \cdots 0)$$

它为一行矩阵，其第 i 个元素为 1，第 j 个元素为 -1，其余元素为 0。此时式（6-25）简化为

$$\mathbf{T}^{-1} = \mathbf{M}^{-1} - \left(\mathbf{M}_i^* - \mathbf{M}_j^*\right)\left(\mathbf{M}_i^* - \mathbf{M}_j^*\right)' / \left(1 + \mathbf{M}_{ii}^* + \mathbf{M}_{jj}^* - 2\mathbf{M}_{ij}^{2*}\right) \qquad (6\text{-}27)$$

其中，$\mathbf{M}_{ij}^*$ 为 $\mathbf{M}^{-1}$ 的第 i 行第 j 列元素。

按式（6-23）、式（6-24）和式（6-27）可以计算出杉木苗高试验数据中父本一般配合力（表 6-4）、母本一般配合力（表 6-5）及特殊配合力（表 6-6）间差异是否显著相等的 t 统计量。表 6-4 显示父本 1 和父本 3 的一般配合力差异显著，其中父本 3 的一般配合力为负效应（-7.2778）；表 6-6 显示父本 1 和

母本 1 的特殊配合力与父本 1 和母本 3 的特殊配合力差异显著，表 6-2 显示父本 1 与母本 3 的特殊配合力为正效应（10.4444），其 p 值为 0.0374，因此显著不为零。

表6-4　杉木苗高试验数据中父本配合力间差异的t检验统计量

	M_1	M_2
M_2	−0.3669	
M_3	−2.1317*	−1.7649

表6-5　杉木苗高试验数据中母本配合力间差异的t检验统计量

	F_1	F_2
F_2	1.2038	
F_3	1.9631	0.7759

*$p < 0.05$

表6-6　杉木苗高试验数据中特殊配合力间差异的t检验统计量

	MF_{11}	MF_{12}	MF_{13}	MF_{21}	MF_{22}	MF_{23}	MF_{31}	MF_{32}
MF_{12}	0.2524							
MF_{13}	2.1827*	1.7881						
MF_{21}	1.0550	1.0807	−1.5368					
MF_{22}	1.5845	0.8129	−1.5022	0.0668				
MF_{23}	0.3544	0.0096	−1.8118	−0.7440	−0.7925			
MF_{31}	1.3896	1.5368	−1.0807	0.3347	0.3544	1.5845		
MF_{32}	1.5022	0.7578	−1.5845	0.0096	−0.0582	1.0807	−0.3339	
MF_{33}	−0.0096	−0.3544	−2.0736	−1.5022	−1.5368	−0.2492	−1.3227	−0.9957

*$p < 0.05$

二、随机效应模型

在遗传设计试验中，如果研究的目标是亲本的遗传变异，那么所获试验数据应作为试验群体中的一个抽样，因此父本和母本效应以及其交互效应都认为是随机效应，据此可以建立随机效应模型并估计这些随机效应的方差，进而估算遗传力等遗传参数。随机效应模型中的方差通常称为方差分量（variance component）。

（一）方差分量估计

在杉木苗高试验数据的例子中，令 $M_i \sim N(0, \sigma_M^2)$，$F_j \sim N(0, \sigma_F^2)$，$MF_{ij} \sim N(0, \sigma_{MF}^2)$，$e_{ijk} \sim (0, \sigma_e^2)$ 并设所有的 M_i、M_j、MF_{ij}、e_{ijk} 相互独立，那么关于杉木苗高的随机效应模型可表示为

$$y = X\mu + U_1 M + U_2 F + U_3 MF + e \qquad (6\text{-}28)$$

其中，y 为苗高数据向量；X 为所有元素均为 1 的列向量；$M = (M_1 M_2 M_3)'$；$F = (F_1 F_2 F_3)'$；$MF = (MF_{11} MF_{12} MF_{13} MF_{21} MF_{22} MF_{23} MF_{31} MF_{32} MF_{33})'$；$e$ 为随机误差向量，并且

$$
U_1 = \begin{pmatrix}
1 & 0 & 0 \\
1 & 0 & 0 \\
1 & 0 & 0 \\
1 & 0 & 0 \\
1 & 0 & 0 \\
1 & 0 & 0 \\
1 & 0 & 0 \\
1 & 0 & 0 \\
0 & 1 & 0 \\
0 & 1 & 0 \\
0 & 1 & 0 \\
0 & 1 & 0 \\
0 & 1 & 0 \\
0 & 1 & 0 \\
0 & 1 & 0 \\
0 & 1 & 0 \\
0 & 0 & 1 \\
0 & 0 & 1 \\
0 & 0 & 1 \\
0 & 0 & 1 \\
0 & 0 & 1 \\
0 & 0 & 1 \\
0 & 0 & 1 \\
0 & 0 & 1
\end{pmatrix},\quad
U_2 = \begin{pmatrix}
1 & 0 & 0 \\
1 & 0 & 0 \\
1 & 0 & 0 \\
0 & 1 & 0 \\
0 & 1 & 0 \\
0 & 0 & 1 \\
0 & 0 & 1 \\
0 & 0 & 1 \\
1 & 0 & 0 \\
1 & 0 & 0 \\
1 & 0 & 0 \\
0 & 1 & 0 \\
0 & 1 & 0 \\
0 & 1 & 0 \\
0 & 0 & 1 \\
0 & 0 & 1 \\
1 & 0 & 0 \\
1 & 0 & 0 \\
1 & 0 & 0 \\
0 & 1 & 0 \\
0 & 1 & 0 \\
0 & 1 & 0 \\
0 & 0 & 1 \\
0 & 0 & 1
\end{pmatrix},\quad
U_3 = \begin{pmatrix}
1 & 0 & 0 & 0 & 0 & 0 & 0 & 0 & 0 \\
1 & 0 & 0 & 0 & 0 & 0 & 0 & 0 & 0 \\
1 & 0 & 0 & 0 & 0 & 0 & 0 & 0 & 0 \\
0 & 1 & 0 & 0 & 0 & 0 & 0 & 0 & 0 \\
0 & 1 & 0 & 0 & 0 & 0 & 0 & 0 & 0 \\
0 & 0 & 1 & 0 & 0 & 0 & 0 & 0 & 0 \\
0 & 0 & 1 & 0 & 0 & 0 & 0 & 0 & 0 \\
0 & 0 & 1 & 0 & 0 & 0 & 0 & 0 & 0 \\
0 & 0 & 0 & 1 & 0 & 0 & 0 & 0 & 0 \\
0 & 0 & 0 & 1 & 0 & 0 & 0 & 0 & 0 \\
0 & 0 & 0 & 1 & 0 & 0 & 0 & 0 & 0 \\
0 & 0 & 0 & 0 & 1 & 0 & 0 & 0 & 0 \\
0 & 0 & 0 & 0 & 1 & 0 & 0 & 0 & 0 \\
0 & 0 & 0 & 0 & 1 & 0 & 0 & 0 & 0 \\
0 & 0 & 0 & 0 & 0 & 1 & 0 & 0 & 0 \\
0 & 0 & 0 & 0 & 0 & 1 & 0 & 0 & 0 \\
0 & 0 & 0 & 0 & 0 & 0 & 1 & 0 & 0 \\
0 & 0 & 0 & 0 & 0 & 0 & 1 & 0 & 0 \\
0 & 0 & 0 & 0 & 0 & 0 & 1 & 0 & 0 \\
0 & 0 & 0 & 0 & 0 & 0 & 0 & 1 & 0 \\
0 & 0 & 0 & 0 & 0 & 0 & 0 & 1 & 0 \\
0 & 0 & 0 & 0 & 0 & 0 & 0 & 1 & 0 \\
0 & 0 & 0 & 0 & 0 & 0 & 0 & 0 & 1 \\
0 & 0 & 0 & 0 & 0 & 0 & 0 & 0 & 1
\end{pmatrix}
$$

下面用方差分析法估计模型（6-28）中的各个方差分量，该方法是 Henderson 于 1953 年提出的 3 种方差分量估计方法之一，它不同于通常的单因素或多因素方差分析中的统计方法。

（1）首先，将 $\boldsymbol{M}$、$\boldsymbol{F}$ 和 $\boldsymbol{MF}$ 都看成是随机效应向量，考虑线性模型

$$\boldsymbol{y} = \boldsymbol{X}\boldsymbol{\mu} + \boldsymbol{e}_0 \tag{6-29}$$

的误差平方和 $\mathrm{SSE}(\mu)$。由于模型（6-29）的最小二乘估计为 $\hat{\boldsymbol{\mu}} = (\boldsymbol{X}'\boldsymbol{X})^{-1}\boldsymbol{X}'\boldsymbol{y}$，因此 $\mathrm{SSE}(\mu)$ 可表示为：

$$
\begin{aligned}
\mathrm{SSE}(\mu) &= \hat{\boldsymbol{e}}_0' \hat{\boldsymbol{e}}_0 = \left(\boldsymbol{y} - \boldsymbol{X}\hat{\boldsymbol{\mu}}\right)'\left(\boldsymbol{y} - \boldsymbol{X}\hat{\boldsymbol{\mu}}\right) \\
&= \boldsymbol{y}'\left[\boldsymbol{I} - \boldsymbol{X}\left(\boldsymbol{X}'\boldsymbol{X}\right)^{-1}\boldsymbol{X}'\right]'\left[\boldsymbol{I} - \boldsymbol{X}\left(\boldsymbol{X}'\boldsymbol{X}\right)^{-1}\boldsymbol{X}'\right]\boldsymbol{y} \\
&= \boldsymbol{y}'\left[\boldsymbol{I} - \boldsymbol{X}\left(\boldsymbol{X}'\boldsymbol{X}\right)^{-1}\boldsymbol{X}'\right]\boldsymbol{y} \\
&= \boldsymbol{y}'\boldsymbol{D}_1\boldsymbol{y}
\end{aligned}
$$

其中 $\boldsymbol{D}_1 = \boldsymbol{I} - \boldsymbol{X}(\boldsymbol{X}'\boldsymbol{X})^{-1}\boldsymbol{X}'$。

其次，将 $\boldsymbol{M}$ 看成是固定效应向量、$\boldsymbol{F}$ 和 $\boldsymbol{MF}$ 看成是随机效应向量，求线性模型

$$\boldsymbol{y} = \boldsymbol{X}\boldsymbol{\mu} + \boldsymbol{U}_1\boldsymbol{M} + \boldsymbol{e}_1 = \left(\boldsymbol{X}\boldsymbol{U}_1\right)\binom{\boldsymbol{\mu}}{\boldsymbol{M}} + \boldsymbol{e}_1 \tag{6-30}$$

的误差平方和 $\mathrm{SSE}(\mu, M)$。模型（6-30）参数向量 $(\mu\ M)'$ 的最小二乘估计为

$$(\hat{\mu}\hat{M})' = \left[\left(\boldsymbol{X}\boldsymbol{U}_1\right)'\left(\boldsymbol{X}\boldsymbol{U}_1\right)\right]^{-}\left(\boldsymbol{X}\boldsymbol{U}_1\right)'\boldsymbol{y} \tag{6-31}$$

其中，矩阵右上角符号"—"为矩阵的广义逆。由于广义逆矩阵一般不是唯一的，因此 $(\mu,\ M)'$ 的最小二乘估计式（6-31）不是唯一的，但是可以证明由此得到的模型（6-30）的误差平方和是唯一的：

$$\mathrm{SSE}(\mu, M) = \hat{\boldsymbol{e}}_1'\hat{\boldsymbol{e}}_1 = \boldsymbol{y}'\left[\boldsymbol{I} - \left(\boldsymbol{X}\boldsymbol{U}_1\right)\left(\left(\boldsymbol{X}\boldsymbol{U}_1\right)'\left(\boldsymbol{X}\boldsymbol{U}_1\right)\right)^{-}\left(\boldsymbol{X}\boldsymbol{U}_1\right)'\right]\boldsymbol{y} = \boldsymbol{y}'\boldsymbol{D}_2\boldsymbol{y}$$

其中，$\boldsymbol{D}_2 = \boldsymbol{I} - \left(\boldsymbol{X}\boldsymbol{U}_1\right)\left[\left(\boldsymbol{X}\boldsymbol{U}_1\right)'\left(\boldsymbol{X}\boldsymbol{U}_1\right)\right]^{-}\left(\boldsymbol{X}\boldsymbol{U}_1\right)'$

再次，将 $\boldsymbol{M}$ 和 $\boldsymbol{F}$ 看成是固定效应向量，把 $\boldsymbol{MF}$ 看成是随机效应向量，考虑线性模型

$$y = X\mu + U_1 M + U_2 F + e_2 \tag{6-32}$$

的 误 差 平 方 和 SSE（ μ， M， F ）。 令 $D_3 = I - (X\ U_1\ U_2)\ (X\ U_1\ U_2)'$ $(X\ U_1\ U_2) - (X\ U_1\ U_2)$，根据前面同样的方法可以求得

$$SSE(\mu, M, F) = \hat{e}_2'\hat{e}_2 = y'D_3 y$$

最后，将 M、F 和 MF 都看成是固定效应向量，用如前同样的方法求得线性模型

$$y = X\mu + U_1 M + U_2 F + U_3 MF + e_3 \tag{6-33}$$

的误差平方和为

$$SSE(\mu, M, F, MF) = \hat{e_3}'\hat{e_3} = y'D_4 y$$

其中，$D_4 = I - (XU_1U_2U_3)\Big[(XU_1U_2U_3)'(XU_1U_2U_3)\Big]^-(XU_1U_2U_3)'$

（2）设 $A_0 = I - D_1, A_1 = D_1 - D_2, A_2 = D_2 - D_3, A_3 = D_3 - D_4, A_4 = D_4$，不难验证 D_1、D_2、D_3、D_4、A_0、A_1、A_2、A_3、A_4 均为投影矩阵，并且 A_0、A_1、A_2、A_3、A_4 两两相互正交，即有 $A_i A_j = 0 (i \neq j)$。因此，树木苗高试验数据的平方和可以分解为

$$y'y = y'A_0 y + y'A_1 y + y'A_2 y + y'A_3 y + y'A_4 y \tag{6-34}$$

其中，$y'A_1 y = SSE(\mu) - SSE(\mu, M) \triangleq SSE_M$ 为由父本效应引起的误差平方和；$y'A_2 y = SSE(\mu, M) - SSE(\mu, M, F) \triangleq SSE_F$ 为由母本效应引起的误差平方和；$y'A_3 y = SSE(\mu, M, F) - SSE(\mu, M, F, MF) \triangleq SSE_{MF}$ 为由父本、母本交互效应引起的误差平方和；$y'A_4 y = SSE(\mu, M, F, MF) \triangleq SSE_e$ 为随机效应引起的误差平方和。

（3）由模型（6-28）得 y 的协方差矩阵为

$$\Sigma = \text{var}(y) = U_1 U_1' \sigma_M^2 + U_2 U_2' \sigma_F^2 + U_3 U_3' \sigma_{MF}^2 + I\sigma_e^2 \tag{6-35}$$

由于 $A_2 U_1 = 0, A_3 U_1 = 0, A_4 U_1 = 0, A_3 U_2 = 0, A_4 U_2 = 0$ 和 $A_4 U_3 = 0$，因此上述误差平方和的数学期望分别为

$$\begin{cases} E(SSE_M) = \text{tr}[A_1 \text{var}(y)] = \text{tr}(U_1'A_1U_1)\sigma_M^2 + \text{tr}(U_2'A_1U_2)\sigma_F^2 + \text{tr}(U_3'A_1U_3)\sigma_{MF}^2 + \text{tr}(A_1)\sigma_e^2 \\ E(SSE_F) = \text{tr}[A_2 \text{var}(y)] = \text{tr}(U_2'A_2U_2)\sigma_F^2 + \text{tr}(U_3'A_2U_3)\sigma_{MF}^2 + \text{tr}(A_2)\sigma_e^2 \\ E(SSE_{MF}) = \text{tr}[A_3 \text{var}(y)] = \text{tr}(U_3'A_3U_3)\sigma_{MP}^2 + \text{tr}(A_3)\sigma_e^2 \\ E(SSE_e) = \text{tr}[A_4 \text{var}(y)] = \text{tr}(A_4)\sigma_e^2 \end{cases} \tag{6-36}$$

其中，tr 表示矩阵的迹。

令每个误差平方和等于其自身的数学期望，即有

$$\mathrm{tr}\left(U_1'A_1U_1\right)\sigma_M^2 + \mathrm{tr}\left(U_2'A_1U_2\right)\sigma_F^2 + \mathrm{tr}\left(U_3'A_1U_3\right)\sigma_{MF}^2 + \mathrm{tr}\left(A_1\right)\sigma_e^2 = \mathrm{SSE_M}$$

$$\mathrm{tr}\left(U_2'A_2U_2\right)\sigma_F^2 + \mathrm{tr}\left(U_3'A_2U_3\right)\sigma_{MF}^2 + \mathrm{tr}\left(A_2\right)\sigma_e^2 = \mathrm{SSE}_F$$

$$\mathrm{tr}\left(U_3'A_3U_3\right)\sigma_{MP}^2 + \mathrm{tr}\left(A_3\right)\sigma_e^2 = \mathrm{SSE_{MF}}$$

$$\mathrm{tr}\left(A_4\right)\sigma_e^2 = \mathrm{SSE}_e$$

（6-37）

解此线性方程组可得方差分量的估计。表 6-7 为线性方程组（6-38）的表格形式，这就是文献中常见的所谓方差分析表。记线性方程组（6-38）的系数矩阵为

$$\mathbf{C} = \begin{pmatrix} c_{11} & c_{12} & c_{13} & c_{14} \\ 0 & c_{25} & c_{23} & c_{24} \\ 0 & Q & c_{33} & c_{34} \\ 0 & 0 & 0 & c_{44} \end{pmatrix}$$

其逆矩阵记为

$$C^{-1} = \begin{pmatrix} \lambda_{11} & \lambda_{12} & \lambda_{13} & \lambda_{14} \\ 0 & \lambda_{22} & \lambda_{23} & \lambda_{24} \\ 0 & 0 & \lambda_{33} & \lambda_{34} \\ 0 & 0 & 0 & \lambda_{44} \end{pmatrix}$$

那么线性方程组（6-37）的解可表示为

$$\begin{cases} \hat{\sigma}_M^2 = \lambda_{11}\mathrm{SSE_M} + \lambda_{12}\mathrm{SSE}_F + \lambda_{13}\mathrm{SSE_{MF}} + \lambda_{14}\mathrm{SSE}_e \\ \hat{\sigma}_F^2 = \lambda_{22}\mathrm{SSE}_F + \lambda_{23}\mathrm{SSE_{MF}} + \lambda_{24}\mathrm{SSE}_e \\ \hat{\sigma}_{MP}^2 = \lambda_{33}\mathrm{SSE_{MF}} + \lambda_{34}\mathrm{SSE}_e \\ \hat{\sigma}_e^2 = \lambda_{44}\mathrm{SSE}_e \end{cases}$$

（6-38）

表6-7 模型（6-28）的方差分析表

方差来源	自由度	误差平方和	误差平方和数学期望
父本	$\mathrm{tr}\left(\mathbf{v}_1\right)$	SSE_M	$\mathrm{tr}\left(U_1'A_1U_1\right)\sigma_M^2 + \mathrm{tr}\left(U_2'A_1U_2\right)\sigma_F^2 + \mathrm{tr}\left(U_3'A_1U_3\right)\sigma_{MF}^2 + \mathrm{tr}\left(A_1\right)\sigma_e^2$
母本	$\mathrm{tr}\left(A_2\right)$	SSE_F	$\mathrm{tr}\left(U_2'A_2U_2\right)\sigma_P^2 + \mathrm{tr}\left(U_3', A_2U_3\right)\sigma_{MP}^2 + \mathrm{tr}\left(A_2\right)\sigma_e^2$
父本 × 母本	$\mathrm{tr}\left(A3\right)$	SSE_{MF}	$\mathrm{tr}\left(U_3'A_3U_3\right)\sigma_{MF}^2 + \mathrm{tr}\left(A_3\right)\sigma_e^2$
误差	$\mathrm{tr}\left(A_4\right)$	SSE_e	$\mathrm{tr}\left(A_4\right)\sigma_z^2$

根据二次型理论，有

$$\begin{cases} \operatorname{var}\left(\boldsymbol{y}'\boldsymbol{A}_i\boldsymbol{y}\right) = 2\operatorname{tr}\left(\boldsymbol{A}_i\boldsymbol{\Sigma}\right)^2 & (i,j=1,2,3,4; i\neq j) \\ \operatorname{cov}\left(\boldsymbol{y}'\boldsymbol{A}_i\boldsymbol{y}, \boldsymbol{y}'\boldsymbol{A}_j\boldsymbol{y}\right) = 2\operatorname{tr}\left(\boldsymbol{A}_i\boldsymbol{\Sigma}\boldsymbol{A}_j\boldsymbol{\Sigma}\right) \end{cases} \tag{6-39}$$

由于 $\boldsymbol{A}_i$ 和 $\boldsymbol{A}_j$（$j\neq i$）都是投影阵且相互正交，因此有 $\operatorname{cov}\left(\boldsymbol{y}'\boldsymbol{A}_i\boldsymbol{y}, \boldsymbol{y}'\boldsymbol{A}_4\boldsymbol{y}\right) = 0(i=1,2,3)$，于是据此容易得到各个方差分量估计的方差为

$$\begin{cases} \operatorname{var}\left(\hat{\sigma}_M^2\right) = 2\lambda_{11}^2\operatorname{tr}\left(\boldsymbol{A}_1\boldsymbol{\Sigma}\right) + 2\lambda_{12}^2\operatorname{tr}\left(\boldsymbol{A}_2\boldsymbol{\Sigma}\right)^2 + 2\lambda_{13}^2\operatorname{tr}\left(\boldsymbol{A}_3\boldsymbol{\Sigma}\right)^2 + 2\lambda_4^2\operatorname{tr}\left(\boldsymbol{A}_4\boldsymbol{\Sigma}\right)^2 \\ \qquad\quad + 4\lambda_{11}\lambda_{12}\operatorname{tr}\left(\boldsymbol{A}_1\boldsymbol{\Sigma}\boldsymbol{A}_2\boldsymbol{\Sigma}\right) + 4\lambda_{11}\lambda_{13}\operatorname{tr}\left(\boldsymbol{A}_1\boldsymbol{\Sigma}\boldsymbol{A}_3\boldsymbol{\Sigma}\right) + 4\lambda_{12}\lambda_{13}\operatorname{tr}\left(\boldsymbol{A}_2,\Delta\boldsymbol{A}_3\boldsymbol{\Sigma}\right) \\ \operatorname{var}\left(\hat{\sigma}_F^2\right) = 2\lambda_{22}^2\operatorname{tr}\left(\boldsymbol{A}_2\boldsymbol{\Sigma}\right)^2 + 2\lambda_{23}^2\operatorname{tr}\left(\boldsymbol{A}_3\boldsymbol{\Sigma}^2\right)^2 + 2\lambda_{24}^2\operatorname{tr}\left(\boldsymbol{A}_4\boldsymbol{\Sigma}\right)^2 + 4\lambda_{22}\lambda_{23}\operatorname{tr}\left(\boldsymbol{A}_2\boldsymbol{\Sigma}\boldsymbol{A}_3\boldsymbol{\Sigma}\right) \\ \operatorname{var}\left(\hat{\sigma}_{MF}^2\right) = \qquad\qquad\qquad\qquad 2\lambda_{33}^2\operatorname{tr}\left(\boldsymbol{A}_3\boldsymbol{\Sigma}^2\right) + 2\lambda_3^2\operatorname{tr}\left(\boldsymbol{A}_4\boldsymbol{\Sigma}\right)^2 \\ \operatorname{var}\left(\hat{\sigma}_e^2\right) = \qquad\qquad\qquad\qquad\qquad 2\lambda_4^2\operatorname{tr}\left(\boldsymbol{A}_4\boldsymbol{\Sigma}\right)^2 \end{cases} \tag{6-41}$$

对于杉木苗高试验数据，求方差分量的具体方差分析表如表6-8所示，根据表6-8或式（6-37）可得方差分量估计分别为 $\sigma_M^2 = 20.1813$、$\sigma_F^2 = 18.4333$、$\sigma_{MF}^2 = 17.7111$、$\sigma_e^2 = 121.1000$。再根据式（6-39）计算得这4个方差分量估计的方差分别为1969.30、1822.98、2348.27和1955.36，其标准误分别为44.3768、42.6964、48.4590和44.2195。

表6-8　杉木苗高数据方差分析表

方差来源	自由度	误差平方和	误差平方和数学期望
父本	2	665.583	$16\sigma_M^2 + 0.1667\sigma_F^2 + 5.5\sigma_{MF}^2 + 2\sigma_e^2$
母本	2	626.782	$15.75\sigma_F^2 + 5.322\sigma_{MF}^2 + 2\sigma_e^2$
父本 × 母本	4	669.093	$10.428\sigma_{MF}^2 + 4\sigma_e^2$
误差	15	1816.500	$15\sigma_e^2$

以上为求解遗传方差分量估计的 Henderson 方法，由此可以看出该方法可以处理平衡和不平衡数据。事实上，经典的数量遗传学文献中的方差分析表也是根据 Henderson 方法获得的，但是大多数方差分析表只针对特定的平衡遗传试验设计，对非平衡试验数据则无能为力。

（二）方差分量的假设检验

对于模型（6-28），要检验方差分量 σ_M^2、σ_F^2 和 σ_{MF}^2 是否显著为零。对于平

衡试验数据，可以采用 Wald 方法对方差分量进行显著性检验。为了能处理不平衡数据条件下的假设检验问题，这里采用 Ofversten（1993）提出的方法推导方差分量假设统计量。

首先，存在一个正交矩阵 Γ，使

$$\Gamma y = \begin{pmatrix} t_0 \\ t_1 \\ t_2 \\ t_3 \\ t_4 \end{pmatrix} = \begin{pmatrix} G \\ 0 \end{pmatrix} \begin{pmatrix} \mu \\ M \\ F \\ MF \end{pmatrix} + \Gamma e = \begin{pmatrix} G_{00} & G_{01} & G_{02} & G_{03} \\ 0 & G_{11} & G_{12} & G_{13} \\ 0 & 0 & G_{22} & G_{23} \\ 0 & 0 & 0 & G_{33} \\ 0 & 0 & 0 & 0 \end{pmatrix} \begin{pmatrix} \mu \\ M \\ F \\ MF \end{pmatrix} + \Gamma e \qquad （6\text{-}41）$$

其中，G 为行满秩矩阵，并且满足 $\mathbf{R}(G_{00}G_{01}G_{02}G_{03}) = d_0$、$\mathbf{R}(G_{11}G_{12}G_{13}) = d_1 - d_0$、$\mathbf{R}(G_{22}G_{23}) = d_2 - d_1$、$\mathbf{R}(G_{33}) = d_3 - d_2$，这里 $d_0 = \mathrm{R}(X)$，$d_1 = R(X\ U_1)$，$d_2 = R(XU_1U_2)$，$d_3 = R(XU_1U_2U_3)$。由于 $t_3 \sim N(0, G_{33}G'_{33}\sigma_{MF}^2 + I_{d_3-d_2}\sigma_e^2)$，$t_4 \sim N(0, I_{n-d_3}\sigma_e^2)$，且 $t3$ 与 $t4$ 相互独立，因此对零假设 $\mathrm{H}_0 : \sigma_{MF}^2 = 0$，其 s 检验的统计量为

$$F = \frac{t'_3 t_3 / (d_3 - d_2)}{t'_4 t_4 / (n - d_3)} \sim F(d_3 - d_2, n - d_3) \qquad （6\text{-}42）$$

其次，考虑零假设 $\mathrm{H}_0 : \sigma_F^2 = 0$ 的检验问题。设 $(K_1 K_2 K_3) = \begin{pmatrix} G_{11} & G_{12} & G_{13} \\ 0 & G_{22} & G_{23} \\ 0 & 0 & G_{33} \end{pmatrix}$ 可以验证 K_3 为行满秩矩阵，因此存在一个正交矩阵 P，使得 $K_3 K'_3 = P \Lambda P'$，其

中 Λ 为对角矩阵。设 $L = \Lambda^{-1/2} P'$，λ 为 Λ^{-1} 对角线最大元素，t_s 和 t_5 中含有 s 个元

素的子向量 $(s = d_3 - d_0)$，令 $z = L\begin{pmatrix} t_1 \\ t_2 \\ t_3 \end{pmatrix}$，$u = z + (\lambda I_s - \Lambda^{-1})^{1/2} t_s$，则有

$$\mathrm{var}(z) = LK_1 K'_1 L'\sigma_M^2 + LK_2 K'_2 L'\sigma_p^2 + LK_3 K'_3 L'\sigma_{MF}^2 + LL\sigma_e^2$$
$$= LK_1 K'_1 L'\sigma_M^2 + LK_2 K'_2 L'\sigma_\gamma^2 + I_s \sigma_{MF}^2 + \Lambda^{-1}\sigma_e^2$$

$$\mathrm{var}(u) = \mathrm{var}(z) + (\lambda I_s - \Lambda^{-1})\sigma_e^2$$
$$= LK_1 K'_1 L'\sigma_M^2 + LK_2 K'_2 L'\sigma_F^2 + I_s (\sigma_{MF}^2 + \lambda\sigma_e^2)$$
$$= LK_1 K'_1 L'\sigma_M^2 + LK_2 K'_2 L'\sigma_F^2 + I_s \sigma_s^2$$

其中，$\sigma_s^2 = \sigma_{MF}^2 + \lambda \sigma_e^2$。再设 $N_1 = LK_1$，$N_2 = LK_2$，那么存在一个正交矩阵 Q 使

$$Q(N_1 N_2) = \begin{pmatrix} S_{11} & S_{12} \\ \mathbf{0} & S_{22} \\ \mathbf{0} & \mathbf{0} \end{pmatrix} \qquad (6\text{-}42)$$

其中，S_{11} 和 S_{12} 皆为满秩矩阵，并且 $\mathbf{R}(S_{11} S_{12}) = d_1 - d_0$，$\mathbf{R}(S_{22}) = d_2 - d_1$。

令 $w = Qu = \begin{pmatrix} w_1 \\ w_2 \\ w_3 \end{pmatrix}$，其中 w_2 和 w_3 的维数分别为 $d_2 - d_1$ 和 $d_3 - d_2$。可以验证

$w_2 \sim N\left(0, S_{22} S_{22}' \sigma_F^2 + I_{d_2 - d_1} \sigma_s^2\right)$，$w_3 \sim N\left(0, I_{d_3 - d_2} \sigma_s^2\right)$，且 w_2 与 w_3 相互独立，因此在零假设 H_0：$\sigma_F^2 = 0$ 成立的条件下，有如下检验统计量：

$$F = \frac{w_2' w_2 / (d_2 - d_1)}{w_3' w_3 / (d_3 - d_2)} \sim F(d_2 - d_1, d_3 - d_2) \qquad (6\text{-}44)$$

最后，对于零假设 H_0：$\sigma_M^2 = 0$ 的检验问题，将上述 H_0：$\sigma_F^2 = 0$ 的检验问题作适当的调整即可。将式（6-42）中的 $N1$ 和 $N2$ 交换位置，得到新的正交矩阵 Q，及向量 w，此时 w_2 的维数为 $d_1 - d_2$，而对应的 F 检验统计量为

$$F = \frac{w_2' w_2 / (d_1 - d_0)}{w_3' w_3 / (d_3 - d_2)} \sim F(d_1 - d_0, d_3 - d_2) \qquad (6\text{-}45)$$

对于杉木苗高试验数据，式（6-41）中的 G 矩阵以及 t_1 至 t_4 分别为

$$G = \begin{Bmatrix} -4.8990 & -1.6330 & -1.6330 & -1.6330 & -1.8371 & -1.6330 & -1.4289 & -0.6124 \\ 0.0000 & 2.3094 & 1.1547 & 1.1547 & 0.0000 & 0.2887 & -0.2887 & -0.8660 \\ 0.0000 & 0.0000 & 2.0000 & -2.0000 & 0.0000 & 0.0000 & 0.0000 & 0.0000 \\ 0.0000 & 0.0000 & 0.0000 & 0.0000 & 2.3717 & -1.2649 & -1.1068 & 0.7906 \\ 0.0000 & 0.0000 & 0.0000 & 0.0000 & 0.0000 & 1.9105 & -1.9105 & 0.1309 \\ 0.0000 & 0.0000 & 0.0000 & 0.0000 & 0.0000 & 0.0000 & 0.0000 & 1.1103 \\ 0.0000 & 0.0000 & 0.0000 & 0.0000 & 0.0000 & 0.0000 & 0.0000 & 0.0000 \\ 0.0000 & 0.0000 & 0.0000 & 0.0000 & 0.0000 & 0.0000 & 0.0000 & 0.0000 \end{Bmatrix}$$

$$\begin{Bmatrix} -0.4082 & -0.6124 & -0.6124 & -0.6124 & -0.4082 & -0.6124 & -0.6124 & -0.4084 \\ -0.5774 & -0.8660 & 0.4330 & 0.4330 & 0.2887 & 0.4330 & 0.4330 & 0.2887 \\ 0.0000 & 0.0000 & 0.7500 & 0.7500 & 0.5000 & -0.7500 & -0.7500 & -0.5000 \\ -0.3162 & -0.4743 & 0.7906 & -0.4743 & -0.3162 & 0.7906 & -0.4743 & -0.3162 \\ 0.5758 & -0.7066 & -0.0654 & 0.6674 & -0.6019 & -0.0654 & 0.6674 & -0.6019 \\ -0.5182 & -0.5922 & -0.5552 & 0.2591 & 0.2961 & -0.5552 & 0.2591 & 0.2961 \\ 0.8944 & -0.8944 & 0.0000 & -0.4472 & 0.4472 & 0.0000 & -0.4472 & 0.4472 \\ 0.0000 & 0.0000 & 0.9682 & -0.5809 & -0.3873 & -0.9682 & 0.5809 & 0.3873 \\ 0.0000 & 0.0000 & 0.0000 & -0.7746 & 0.7746 & 0.0000 & 0.7746 & -0.7746 \end{Bmatrix}$$

$t_1' = (-17.1762, 19.2500)$、$t_2' = (-22.7157, -10.5252)$、$t_3' = (-16.3592, -19.6774, -3.5502, 1.2910)$、

$t_4' = (-11.4308, -1.7700, -14.3264, -13.7870, 12.2130, -6.7537, -2.7537, 1.4783, 17.4783, -3.5217)$，　3.6054，

9.6054，−12.394，−21.5516，6.4484，并且 $d_0 = 1$、$d_1 = 3$、$d_2 = 5$、$d_3 = 9$，因此检验

σ_{MF}^2 是否显著为零的 F 检验统计量值为

$$F = \frac{t_3' t_3 / (d_3 - d_2)}{t_4' t_4 / (n - d_3)} = \frac{669.0928 / 4}{1816.5 / 15} = 1.3813$$

再由分布 $F(4, 15)$ 得到对应的 p 值为 $p = 0.2873$。对于 $H_0 : \sigma_F^2 = 0$ 检验问题，

首先由

$$K_3 K_3' = \begin{Bmatrix} 2.7500 & 0.0000 & 0.0000 & 0.3400 & -0.2351 & 0.1291 & 0.0000 & 0.0000 \\ 0.0000 & 2.7500 & 0.0000 & 0.0000 & 0.0000 & 0.0000 & 0.1936 & -0.3873 \\ 0.0000 & 0.0000 & 2.8500 & -0.0993 & 0.0117 & 0.2828 & 0.0000 & 0.0000 \\ 0.3400 & 0.0000 & -0.0993 & 2.4719 & 0.3274 & 0.0117 & 0.0000 & 0.0000 \\ 0.2351 & 0.0000 & 0.0117 & 0.3274 & 2.7781 & 0.0993 & 0.0000 & 0.0000 \\ 0.1291 & 0.0000 & 0.2828 & 0.0117 & 0.0993 & 2.4000 & 0.0000 & 0.0000 \\ 0.0000 & 0.1936 & 0.0000 & 0.0000 & 0.0000 & 0.0000 & 2.8500 & 0.3000 \\ 0.0000 & -0.3873 & 0.0000 & 0.0000 & 0.0000 & 0.0000 & 0.3000 & 2.4000 \end{Bmatrix}$$

得到

$$P = \begin{pmatrix} -0.1875 & -0.4635 & 0.0000 & 0.2084 & -0.5601 & 0.6250 & 0.0421 & 0.0186 \\ 0.4635 & -0.1875 & 0.0000 & -0.2657 & 0.4130 & 0.4508 & -0.12 & 0.5394 \\ 0.0000 & 0.0000 & -0.4472 & 0.7696 & 0.3609 & 0.0466 & 0.24 & 0.1191 \\ 0.2550 & 0.6303 & -0.2961 & 0.0281 & -0.5424 & 0.0386 & -0.02 & 0.3909 \\ -0.1763 & -0.4358 & 0.0349 & 0.0474 & -0.1841 & -0.5748 & -0.0162 & 0.6411 \\ 0.0968 & 0.2394 & 0.8433 & 0.4160 & 0.0086 & 0.0621 & 0.1224 & 0.1739 \\ -0.3590 & 0.1452 & 0.0000 & -0.3430 & 0.0901 & 0.1343 & 0.8181 & 0.1922 \\ 0.7181 & -0.2905 & 0.0000 & 0.0000 & -0.2215 & -0.2215 & 0.4871 & -0.2521 \end{pmatrix}$$

和 $\Lambda = \mathrm{diag}\,(2.0, 20, 2.25, 3.0, 3.0, 3.0, 3.0)$ ， 使 得 $K_3K_3' = P\Lambda\Lambda'$。 取 $t_s' = (-11.4308, -1.7700, -14.3264, -13.7870, 12.2130, -6.7537, -2.7537, 1.4783)$，于是有

$$z = \Lambda^{-1/2}P'\begin{pmatrix} t_1 \\ t_2 \\ t_3 \end{pmatrix} = \begin{pmatrix} 8.9377 \\ -0.5328 \\ -2.5927 \\ -19.7536 \\ 9.9986 \\ 2.2479 \\ -7.3947 \\ -6.7397 \end{pmatrix}, \quad 以及\ u = z + \left(\lambda I_s - \Lambda^{-1}\right)^{1/2} t_s\ \begin{pmatrix} 8.9377 \\ -0.5328 \\ -5.9695 \\ -25.3821 \\ 14.9845 \\ -0.5093 \\ -8.5189 \\ -6.1362 \end{pmatrix}。$$

此外

$$(N_1\ N_2) = L(K_1\ K_2)\begin{pmatrix} 0.3062 & 0.5024 & -0.8086 & 0.0000 & 0.3062 & -0.3062 \\ 0.7569 & -0.6436 & -0.1133 & 0.0000 & 0.7569 & -0.7569 \\ 0.0000 & 0.0000 & 0.0000 & -0.7071 & 0.0000 & 0.7071 \\ -0.2779 & -0.1678 & 0.4457 & 1.0538 & -0.4963 & -0.5574 \\ 0.7469 & 0.1035 & -0.8503 & 0.4942 & -0.9553 & 0.4610 \\ -0.8334 & 0.9372 & -0.1039 & 0.0638 & 0.1127 & -0.1766 \\ -0.0562 & -0.1115 & 0.1677 & 0.3385 & -0.2029 & -0.1356 \\ -0.0248 & 0.6353 & -0.6105 & 0.1632 & 0.3472 & -0.5104 \end{pmatrix} \qquad (6\text{-}46)$$

存在正交矩阵使得

$$Q = \begin{pmatrix} -0.2165 & -0.5352 & 0.0000 & 0.1965 & -0.5281 & 0.5893 & 0.0397 & 0.0175 \\ 0.5352 & -0.2165 & 0.0000 & -0.2505 & 0.3894 & 0.4250 & -0.1140 & 0.5086 \\ 0.0000 & 0.0000 & -0.5000 & 0.7451 & 0.3495 & 0.0451 & 0.2394 & 0.1154 \\ 0.2500 & 0.6180 & -0.2887 & 0.0250 & -0.5782 & 0.1181 & -0.0275 & 0.3501 \\ -0.0884 & -0.2185 & -0.8165 & -0.4651 & -0.0096 & -0.0694 & -0.1369 & -0.1944 \\ -0.2308 & 0.4788 & 0.0000 & -0.1262 & 0.2997 & 0.6712 & 0.0219 & -0.4010 \\ 0.0825 & -0.0292 & 0.0000 & -0.2863 & -0.0460 & -0.0067 & 0.9529 & 0.0142 \\ -0.7323 & 0.0832 & 0.0000 & -0.1690 & 0.1448 & -0.0272 & 0.0125 & 0.6375 \end{pmatrix}$$

式（6-42）成立，其中

$$\begin{pmatrix} S_{11} & S_{12} \\ 0 & S_{22} \end{pmatrix} = \left(\begin{array}{ccc|ccc} -1.4142 & 0.7071 & 0.7071 & 0.0000 & 0.0000 & 0.0000 \\ 0.0000 & 1.2247 & -1.2247 & 0.0000 & 0.0000 & 0.0000 \\ \hline 0.0000 & 0.0000 & 0.0000 & 1.4142 & -0.7071 & -0.7071 \\ 0.0000 & 0.0000 & 0.0000 & 0.0000 & 1.2247 & -1.2247 \end{array} \right)$$

于是 $w = Qu = (-15.2976, 14.7259, -13.4614, -7.6433, 18.2568, 7.3088,$

$-0.8701, -4.1339)'$ 因此检验 σ_F^2 是否显著为零的 F 检验统计量值为

$$F = \frac{w_2' w_2 / (d_2 - d_1)}{w_3' w_3 / (d_3 - d_2)} = \frac{239.6280 / 2}{404.5751 / 4} = 1.1846$$

其对应的 p 值为 0.3944。将式（6-43）中的 N_1 和 N_2 互换位置，此时对应的，

$$Q = \begin{pmatrix} 0.0000 & 0.0000 & 0.5000 & -0.7451 & -0.3495 & -0.0451 & -0.2394 & -0.1154 \\ -0.2500 & -0.6180 & 0.2887 & -0.0250 & 0.5782 & -0.1181 & 0.0275 & -0.3501 \\ 0.2165 & 0.5352 & 0.0000 & -0.1965 & 0.5281 & -0.5893 & -0.0397 & -0.0175 \\ 0.5352 & -0.2165 & 0.0000 & -0.2505 & 0.3894 & 0.4250 & -0.1140 & 0.5086 \\ 0.3753 & 0.1360 & 0.7543 & 0.4903 & -0.0682 & 0.0270 & 0.1584 & -0.0304 \\ -0.3260 & 0.5110 & 0.1113 & -0.0871 & 0.3167 & 0.6622 & 0.0456 & -0.2680 \\ 0.0260 & -0.0321 & -0.0097 & -0.3026 & -0.0388 & -0.0195 & 0.9487 & 0.0687 \\ -0.5970 & 0.0639 & 0.2920 & 0.0572 & 0.0810 & -0.1286 & -0.0122 & 0.7264 \end{pmatrix},$$

$$\begin{pmatrix} S_{11} & S_{12} \\ 0 & S_{22} \end{pmatrix} = \left(\begin{array}{ccc|ccc} -1.4142 & 0.7071 & 0.7071 & 0.0000 & 0.0000 & 0.0000 \\ 0.0000 & -1.2247 & 1.2247 & 0.0000 & 0.0000 & 0.0000 \\ \hline 0.0000 & 0.0000 & 0.0000 & 1.4142 & -0.7071 & -0.7071 \\ 0.0000 & 0.0000 & 0.0000 & 0.0000 & 1.2247 & -1.2247 \end{array} \right),$$

$w = (13.4614, 7.6433, 15.2976, 14.7259, -15.8646, 4.0269, -1.0872, -11.6401)'$，因 此

检验 σ_M^2 是否显著为零的 F 检验统计量值为

$$F = \frac{w_2' w_2 / (d_1 - d_0)}{w_3' w_3 / (d_3 - d_2)} = \frac{450.8686 / 2}{404.5751 / 4} = 2.2288$$

其对应的 p 值为 0.2237。

三、R 语言程序

程序 6-1 是对杉木苗高试验数据按无约束固定效应模型计算参数估计和有关假设检验统计量的 R 语言程序。程序的第一部分是式（6-10）~式（6-12）的参数估计及其标准误差，结果存放在变量 beat 和 stdbeta 里。程序的第二部分是计算模型（6-10）中各个效应是否显著为零的 t 检验统计量及其对应的 p 值，结果存放在变量 tp 里，其第一列为参数估计值，第二列为对应的 p 值。程序的第三部分是计算检验所有父本效应是否有显著差异的统计量，其 F 值及其 p 值存放在变量 F 和 p 里。

程序（6-1）无约束固定效应模型参数估计及假设检验统计量 R 语言计算程序

```
# 半无约束模型参数估计及其标准误
X = matrix(c(1,1,0,1,0,1,0,0,0,1,1,0,1,0,1,0,0,0,1,1,0,1,0,1,0,0,0,
1,1,0,0,1,0,1,0,0,1,1,0,0,1,0,1,0,0,1,1,0,-1,-1,-1,-1,
0,0,1,1,0,-1,-1,-1,-1,0,0,1,1,0,-1,-1,-1,-1,0,0,1,0,1,
1,0,0,0,1,0,1,0,1,1,0,0,0,1,0,1,0,1,1,0,0,0,1,0,1,0,1,
0,1,0,0,0,1,1,0,1,0,1,0,0,0,1,1,0,1,0,1,0,0,0,1,1,0,1,
-1,-1,0,0,-1,-1,1,0,1,-1,-1,0,0,-1,-1,1,-1,-1,1,1,0,-1,
0,-1,0,1,-1,-1,1,1,0,-1,0,-1,0,1,-1,-1,1,1,0,-1,0,-1,0,1,
-1,-1,0,1,0,-1,0,-1,1,-1,-1,0,1,0,-1,0,-1,1,1,-1,-1,0,1,
0,-1,0,-1,1,-1,-1,-1,-1,1,1,1,1,1,-1,-1,-1,-1,1,1,1,1,
nrow = 24, byrow = TURE),
y = c(167,162,160,172,171,206,181,185,173,158,176,178,
162,188,172,176,158,174,153,169,175,153,148,176)
n = nrow(x)
t = qr(x)$rank
invxx = solve(t(x)%*%x)
beta = invxx%*%t(x)%*%y
sse = t(y)%*%y - t(beta)%*%t(x)%*%y
sigma2 = see / (n - r)
stdbeta = (diag(invxx) * sigma2)Ù0.5
```

\# 各参数假设检验

$tp = matrix(0, nrow = r, ncol = 2)$

$for = (i \, in \, 1:r)$

$$\begin{cases} t = beta[i]/(invxx[i,i] \star sigma2)^{0.5} \\ p = 2 \star (1 - pt(abs(t), n-r)) \\ tp[i,1] = t \\ tp[i,2] = p \end{cases}$$

\# 检验零假设 H0：M1=M2=0

$$H = matrix \left(c(0,1,0,0,0,0,0,0,0,0,0,1,0,0,0,0,0,0), nrow = 2, byrow = TRUE \right)$$

$betaH = beta - invxx\%\star\%t(H)\%\star\%solve(H\%\star\%invxx\%\star\%t(H))\%\star\%H\%\star\%beta)$

$ssh = t(y)\%\star\%y - t(betaH)\%\star\%t(x)\%\star\%y$

$rh = qr(H)\$rank$

$F = ((ssh - sse)/sse/(n-r))$

$p = 1 - pf(F, rh, n-r)$

第二节　半同胞子代测定遗传模型

林木半同胞子代测定试验是指从天然林或人工林的优树中采集种子，先期播种在苗圃地里，以后按随机区组设计栽植成永久的试验林。这种试验设计虽然比较简单、成本较低，但能对家系进行评价，并能估计亲本的一般配合力、加性遗传方差和遗传力。其局限性在于子代的遗传基础狭窄，不适宜作为下一代育种群体。但是在林木育种改良的初期，为了快速对大量亲本的一般配合力和遗传基础进行评价，半同胞子代测定方法还是十分有用的。

本章对单点多株小区和多点多株小区半同胞子代试验统计模型进行分析，给出亲本一般配合力、遗传方差分量及遗传相关系数的计算方法，给出有关参数估计的标准误和假设检验统计量的计算方法，并特别给出在不平衡数据条件下家系遗传力及其标准误的计算公式，最后以实例给出实现这些计算的 R 语言程序。

设有 f 个家系、b 个区组、多株小区的半同胞子代测定试验，某个性状的

表型值可用线性模型表示为

$$y_{ijk} = \mu + B_i + F_j + \mathrm{BF}_{ij} + e_{ijk} \qquad (6\text{-}47)$$

其中，y_{ijk} 为第 i 个区组第 j 个家系的第 k 个单株的性状值；B_i 为第 i 个区组的效应（i=1，…，b）；F_j 为第 j 个家系的效应（j=1，…，f）；BF_{ij} 为第 i 个区组与第 j 个家系的交互效应；e_{ijk} 为随机误差效应（k=1，…，n_{ij}），一般假定 $e_{ijk} \sim N(0, \sigma_e^2)$。对于模型（6-47），将使用固定效应模型和随机效应模型进行统计分析。

一、一般配合力

为了在半同胞家系测定试验中获得亲本的一般配合力，需将模型（6-47）中的 B_i、F_j 和 BF_{ij} 看成是固定效应，这样求出的 F_j 的估计就是亲本的一般配合力。利用最小二乘法求这些固定效应的估计，首先要使它们满足以下线性约束条件：

$$\sum_i B_i = 0, \sum_j F_j = 0, \sum_i \mathrm{BF}_{ij} = 0, \sum_i \mathrm{BF}_{ij} = 0 \qquad (6\text{-}48)$$

设 $\boldsymbol{\beta} = (\mu,\ B_1,...,\ B_b, F_1,...,F_f, \mathrm{BF}_{11},...,\mathrm{BF}_{bf})'$，则模型（6-47）和约束条件（6-48）的矩阵表达式为

$$\begin{cases} \boldsymbol{y} = \boldsymbol{X}\boldsymbol{\beta} + \boldsymbol{e} \\ \boldsymbol{L}\boldsymbol{\beta} = 0 \end{cases} \qquad (6\text{-}49)$$

当 $\boldsymbol{L}$ 满足边界条件时，参数向量 $\boldsymbol{\beta}$ 的最小二乘估计为式（6-18），σ_e^2 的无偏估计为式（6-19），$\boldsymbol{\beta}$ 最小二乘估计的协方差矩阵为式（6-20），相关的假设检验统计量计算参照式（6-21）～式（6-26）。

二、遗传方差估计与假设检验

为了求出遗传方差等遗传参数，需要将试验数据看成是来自试验群体的一个抽样，而有关亲本的效应视为随机效应。在模型（6-47）中，将区组效应 B_i 视为固定效应，将所有的家系效应 F_j 和交互效应 BF_{ij} 都看成是随机效应，并假设 $F_j \sim N(0, \sigma_F^2), \mathrm{BF}_{ij} \sim N(0, \sigma_{BF}^2)$，同时假定它们两两之间相互独立。这样，模型（6-47）的矩阵表达式为

$$\boldsymbol{y} = \boldsymbol{X}\boldsymbol{\beta} + \boldsymbol{U}_1\mathbf{F} + \boldsymbol{U}_2\mathbf{BF} + \boldsymbol{e} \qquad (6\text{-}50)$$

其　中，　$\boldsymbol{\beta}=\left(\mu, B_1, \cdots, B_b\right)'$；$\boldsymbol{F}=\left(F_1, \cdots, F_f\right)'$；$\mathbf{BF}=\left(\mathrm{BF}_{11}, \cdots, \mathrm{BF}_{bf}\right)'$；　$\boldsymbol{X}$　为 $n \times(b+1)$ 矩阵；$\boldsymbol{U}_1$ 为 $n \times f$ 矩阵；$\boldsymbol{U}_2$ 为 $n \times bf$ 矩阵；$\boldsymbol{y}$ 为 $n \times 1$ 的数量性状值向量；e 为 $n \times 1$ 的随机误差向量，这里 $n=\sum n_{ij}$，为样本大小。由 $F \sim N(0, I_f \sigma_F^2)$，$\mathrm{BF} \sim N(0, I_{bf} \sigma_{\mathrm{BF}}^2)$，$e \sim N(0, I_n \sigma_e^2)$，因此 y 的协方差矩阵为

$$\boldsymbol{\Sigma}=\operatorname{cov}(\boldsymbol{y})=\boldsymbol{U}_1 \boldsymbol{U}_1' \sigma_F^2+\boldsymbol{U}_2 \boldsymbol{U}_2' \sigma_{\mathrm{BP}}^2+\boldsymbol{I}_n \sigma_e^2 \qquad (6\text{-}51)$$

设　$\boldsymbol{D}_1=\boldsymbol{I}-\boldsymbol{X}\left(\boldsymbol{X}'\boldsymbol{X}\right)^-\boldsymbol{X}'$、$\boldsymbol{D}_2=\boldsymbol{I}-(\boldsymbol{XU}_1)\left[(\boldsymbol{XU}_1)'(\boldsymbol{XU}_1)\right](\boldsymbol{XU}_1)'$、$\boldsymbol{D}_3=\boldsymbol{I}-$ $(\boldsymbol{XU}_1\boldsymbol{U}_2)\ \left[(\boldsymbol{XU}_1\boldsymbol{U}_2)'(\boldsymbol{XU}_1\boldsymbol{U}_2)\right]\ (\boldsymbol{XU}_1\boldsymbol{U}_2)'$、　$\boldsymbol{A}_0=\boldsymbol{I}-\boldsymbol{D}_1$、　$\boldsymbol{A}_1=\boldsymbol{D}_1-\boldsymbol{D}_2$、 $\boldsymbol{A}_2=\boldsymbol{D}_2-\boldsymbol{D}_3$、$\boldsymbol{A}_3=\boldsymbol{D}_3$，则数量性状值的平方和可以分解为

$$\boldsymbol{y}'\boldsymbol{y}=\boldsymbol{y}'\boldsymbol{A}_0\boldsymbol{y}+\boldsymbol{y}'\boldsymbol{A}_1\boldsymbol{y}+\boldsymbol{y}'\boldsymbol{A}_2\boldsymbol{y}+\boldsymbol{y}'\boldsymbol{A}_3\boldsymbol{y}$$

其中，$\boldsymbol{y}'\boldsymbol{A}_1\boldsymbol{y}=\underline{\Delta}\mathrm{SSE}_F$，为由家系效应引起的误差平方和，$\boldsymbol{y}'\boldsymbol{A}_2\boldsymbol{y}\underline{\Delta}\mathrm{SSE}_{\mathrm{BF}}$ 为由家系与区组的交互效应引起的误差平方和；$\boldsymbol{y}'\boldsymbol{A}_3\boldsymbol{y}\underline{\Delta}\mathrm{SSE}_e$ 为由随机效应引起的误差平方和。这些误差平方和的数学期望分别为

$$\begin{cases} \mathrm{E}(\mathrm{SSE}_F)=\operatorname{tr}\left[\boldsymbol{A}_1\operatorname{var}(\boldsymbol{y})\right]=\operatorname{tr}\left(\boldsymbol{U}_1'\boldsymbol{A}_1\boldsymbol{U}_1\right)\sigma_F^2+\operatorname{tr}\left(\boldsymbol{U}_2'\boldsymbol{A}_1\boldsymbol{U}_2\right)\sigma_{\mathrm{BF}}^2+\operatorname{tr}\left(\boldsymbol{A}_1\right)\sigma_e^2 \\ \mathrm{E}(\mathrm{SSE}_{\mathrm{BP}})=\operatorname{tr}\left[\boldsymbol{A}_2\operatorname{var}(\boldsymbol{y})\right]=\qquad\qquad\operatorname{tr}\left(\boldsymbol{U}_2'\boldsymbol{A}_2\boldsymbol{U}_2\right)\sigma_{\mathrm{BF}}^2+\operatorname{tr}\left(\boldsymbol{A}_2\right)\sigma_e^2 \\ \mathrm{E}(\mathrm{SSE}_e)=\operatorname{tr}\left[\boldsymbol{A}_3\operatorname{var}(\boldsymbol{y})\right]=\qquad\qquad\qquad\qquad\qquad\qquad\operatorname{tr}\left(\boldsymbol{A}_3\right)\sigma_e^2 \end{cases} \qquad (6\text{-}52)$$

令每个误差平方和等于其自身的数学期望，解线性方程组可得方差分量的估计。设 $c_{11}=\operatorname{tr}\left(\boldsymbol{U}_1'\boldsymbol{A}_1\boldsymbol{U}_1\right)$、$c_{12}=\operatorname{tr}\left(\boldsymbol{U}_2'\boldsymbol{A}_1\boldsymbol{U}_2\right)$、$c_{13}=\operatorname{tr}\left(\boldsymbol{A}_1\right)$、$c_{22}=\operatorname{tr}\left(\boldsymbol{U}_2'\boldsymbol{A}_2\boldsymbol{U}_2\right)$、$c_{23}=\operatorname{tr}\left(\boldsymbol{A}_2\right)$、$c_{33}=\operatorname{tr}\left(\boldsymbol{A}_3\right)$，并记矩阵

$$\boldsymbol{C}=\begin{pmatrix} c_{11} & c_{12} & c_{13} \\ 0 & c_{22} & c_{23} \\ 0 & 0 & c_{33} \end{pmatrix}$$

其逆矩阵记为 $C^{-1}=\begin{pmatrix} \lambda_{11} & \lambda_{12} & \lambda_{13} \\ 0 & \lambda_{22} & \lambda_{23} \\ 0 & 0 & \lambda_{33} \end{pmatrix}$

方差分量的估计可表示为

$$\begin{cases} \hat{\sigma}_F^2 = \lambda_{11}\mathrm{SSE}_F + \lambda_{12}\mathrm{SSE}_{BF} + \lambda_{13}\mathrm{SSE}_e \\ \hat{\sigma}_{BF}^2 = \qquad\qquad \lambda_{22}\mathrm{SSE}_{BF} + \lambda_{23}\mathrm{SSE}_e \\ \hat{\sigma}_e^2 = \qquad\qquad\qquad\qquad\quad \lambda_{33}\mathrm{SSE}_e \end{cases} \quad (6\text{-}53)$$

各方差分量估计的方差可表示为

$$\begin{cases} \mathrm{var}\left(\hat{\sigma}_F^2\right) = 2\lambda_{11}^2\,\mathrm{tr}\left(A_1\Sigma\right)^2 + 2\lambda_{12}^2\,\mathrm{tr}\left(A_2\Sigma\right)^2 + 2\lambda_{13}^2\,\mathrm{tr}\left(A_3\Sigma\right)^2 + 4\lambda_{11}\lambda_{12}\,\mathrm{tr}\left(A_1\Sigma A_2\Sigma\right) \\ \mathrm{var}\left(\hat{\sigma}_{BP}^2\right) = 2\lambda_{22}^2\,\mathrm{tr}\left(A_2\Sigma\right)^2 + 2\lambda_{23}^2\,\mathrm{tr}\left(A_3\Sigma\right)^2 \\ \mathrm{var}\left(\hat{\sigma}_e^2\right) = 2\lambda_{44}^2\,\mathrm{tr}\left(A_3\Sigma\right)^2 \end{cases}$$

下面考虑 σ_F^2 和 σ_{BF}^2 是否显著为零的假设检验问题。首先存在一个正交矩阵 Γ，使

$$\Gamma y = \begin{pmatrix} t_0 \\ t_1 \\ t_2 \\ t_3 \end{pmatrix} = \begin{pmatrix} G \\ 0 \end{pmatrix}\begin{pmatrix} \beta \\ F \\ BF \end{pmatrix} + \Gamma e = \begin{pmatrix} G_{00} & G_{01} & G_{02} \\ 0 & G_{11} & G_{12} \\ 0 & 0 & G_{22} \\ 0 & 0 & 0 \end{pmatrix}\begin{pmatrix} \beta \\ F \\ BF \end{pmatrix} + \Gamma e \quad (6\text{-}55)$$

式中，G 为行满秩矩阵，并且 R $\left(G_{00}, G_{01}, G_{02}\right) = d_0$、R $\left(G_{11}, G_{12}\right) = d_1 - d_0$、$R(G_{22}) = d_2 - d_1$，这里 $d_0 = R(X)$、$d_1 = R(XU_1)$、$d_2 = R(X\,U_1\,U_2)$。容易验证 $t_2 \sim N(0, G_{22}G_{22}'\sigma_{BF}^2 + I_{d_2-d_1}\sigma_e^2)$，$t_3 \sim N(0, I_{n\sim d_2}\sigma_e^2)$，且 t_2 与 t_3 相互独立，因此对于零假设 H_0：$\sigma_{BF}^2 = 0$，其检验的统计量为

$$F = \frac{t_2't_2\,/\,(d_2 - d_1)}{t_3't_3\,/\,(n - d_2)} \sim F\left(d_2 - d_1, n - d_2\right) \quad (6\text{-}56)$$

设

$$K = \left(K_1, K_2\right) = \begin{pmatrix} G_{11} & G_{12} \\ 0 & G_{22} \end{pmatrix}$$

则存在正交矩阵 P，使 $K_2K_2' = P\Lambda P'$，其中 Λ 为对角矩阵，而且对角线元素均大于零。记 $L = \Lambda^{-1/2}P'$，令 $z = L\begin{pmatrix} t_1 \\ t_2 \end{pmatrix}$，并设 $s = d_2 - d_0$，则有

$$E(z) = 0, \mathrm{var}(z) = LK_1K_1'L'\sigma_F^2 + I_s\sigma_{BF}^2 + \Lambda^{-1}\sigma_e^2$$

设 λ 为 Λ^{-1} 对角线元素中的最大值，t_s 为 t_3 的一个字向量，令

$$u = z + \left(\lambda I_s - A^{-1} \right)^{1/2} t_s \tag{6-57}$$

那么有

$$\mathrm{E}(u) = 0, \mathrm{var}(u) = LK_1 K_1' L' \sigma_F^2 + \left(\sigma_{\mathrm{BF}}^2 + \lambda \sigma_e^2 \right) I_s$$

由于 K_1 的秩为 $d_1 - d_0$，因此存在正交矩阵 Q，使 $QLK_1 = (S', 0)'$，其中 S 为行满秩矩阵，其秩为 $d_1 - d_0$。定义随机向量

$$w = \begin{pmatrix} w_1 \\ w_2 \end{pmatrix} = Qu$$

其中，w_1 含有 $d_1 - d_0$ 个元素；w_2 含有 $d_2 - d_1$ 个元素，并有 $w_1 \sim N\left(0, SS'\sigma_F^2 + I_{d_1-d_0}\sigma_s^2\right), w_2 \sim N\left(0, I_{d_2-d_1}\sigma_s^2\right)$

这里 $\sigma_s^2 = \sigma_{\mathrm{BF}}^2 + \lambda \sigma_e^2$。由于 w_1 与 w_2 相互独立，因此检验零假设 $H_0 : \sigma_F^2 = 0$ 是否成立的统计量为

$$F = \frac{w_1' w_1 / (d_1 - d_0)}{w_2' w_2 / (d_2 - d_1)} \sim F(d_1 - d_0, d_2 - d_1) \tag{6-58}$$

三、遗传力

对于模型（6-1），家系 j 的平均值为

$$\bar{y}_{\cdot j \cdot} = \mu + \frac{1}{n_{\cdot j}} \sum_{i=1}^{b} n_{ij} B_i + F_j + \frac{1}{n_{\cdot j}} \sum_{i=1}^{b} n_{ij} \mathrm{BF}_{ij} + \frac{1}{n_{\cdot j}} \sum_{i=1}^{b} \sum_{k=1}^{n_y} e_{ijk} \tag{6-59}$$

其方差为

$$\mathrm{var}\left(\bar{y}_{\cdot j \cdot} \right) = \sigma_F^2 + \frac{\sum_{i=1}^{b} n_{ij}^2}{n_{\cdot j}^2} \sigma_{BF}^2 + \frac{1}{n_{\cdot j}} \sigma_e^2 \quad (j = 1, \cdots, f) \tag{6-60}$$

显然，当数据不平衡时，各家系均值的方差不全相同，因此在定义家系遗传力时用其平均值来代替，即家系遗传力定义为

$$h_F^2 = \frac{\sigma_F^2}{\frac{1}{f} \sum_{j=1}^{f} \mathrm{var}\left(\bar{y}_{\cdot j \cdot} \right)} = \frac{\sigma_F^2}{\sigma_F^2 + k_1 \sigma_{\mathrm{BF}}^2 + k_2 \sigma_e^2} \tag{6-61}$$

其中，$k_1 = \frac{1}{f} \sum_{j=1}^{f} \frac{1}{n_{\cdot j}^2} \sum_{i=1}^{b} n_{ij}^2$；$k_2 = \frac{1}{f} \sum_{j=1}^{f} \frac{1}{n_{\cdot j}}$。当数据平衡时，式（6-62）简化为

$$h_F^2 = \frac{\sigma_F^2}{\sigma_F^2 + \sigma_{BF}^2 / b + \sigma_e^2 / bm} \tag{6-63}$$

其中，m 为每个小区的株数。

由于半同胞家系之间的遗传差异只能解释加性遗传方差的 1/4，因此在计算单株遗传力时，σ_F^2 要乘以 4，而分母则以单株的方差 $\mathrm{var}(y_{ijk})$ 来代替，即单株遗传力的计算公式为

$$h_i^2 = \frac{4\sigma_F^2}{\sigma_F^2 + \sigma_{BF}^2 + \sigma_e^2} \tag{6-64}$$

很明显，单株遗传力计算公式对平衡和不平衡数据都适用。

遗传力是方差分量函数的比，其抽样方差的近似计算公式可基于一阶泰勒展开式而得到，为

$$\mathrm{var}\left(\frac{X_1}{X_2}\right) \approx \frac{\mathrm{var}(X_1)}{\theta_2^2} + \frac{\theta_1^2 \, \mathrm{var}(X_2)}{\theta_2^4} - \frac{2\theta_1 \, \mathrm{cov}(X_1, X_2)}{\theta_2^3} \tag{6-65}$$

其中，$\theta_1 = \mathrm{E}(X_1); \theta_2 = \mathrm{E}(X_2)$。式（6-65）在 Kempthorme（1957）、Becker（1984）和 Namkoong（1979）的文献中有所提及或应用，但没有给出完整的推导过程，详细推导过程可参见 Dieters 等（1995）的文献。

对于式（2.15），设 $X_1 = \hat{\sigma}_F^2$、$X_2 = \hat{\sigma}_F^2 + k_1\hat{\sigma}_{BF}^2 + k_2\hat{\sigma}_e^2$、并计算 $\theta_1 = E(X_1) = \sigma_F^2$，$\theta_2 = E(X_2) = \sigma_F^2 + k_1\sigma_{BF}^2 + k_2\sigma_e^2$ 及

$$\begin{cases} \mathrm{var}(X_1) = \mathrm{var}(\hat{\sigma}_F^2) \\ \mathrm{var}(X_2) = \mathrm{var}(\hat{\sigma}_F^2) + k_1^2 \, \mathrm{var}(\hat{\sigma}_{BF}^2) + k_2^2 \, \mathrm{var}(\hat{\sigma}_e^2) \\ \qquad + 2k_1 \, \mathrm{cov}(\hat{\sigma}_F^2, \hat{\sigma}_{BF}^2) + 2k_2 \, \mathrm{cov}(\hat{\sigma}_F^2, \hat{\sigma}_e^2) + 2k_1k_2 \, \mathrm{cov}(\hat{\sigma}_{BP}^2, \hat{\sigma}_e^2) \\ \mathrm{cov}(X_1, X_2) = \mathrm{var}(\hat{\sigma}_F^2) + k_1 \, \mathrm{cov}(\hat{\sigma}_F^2, \hat{\sigma}_{BF}^2) + k_2 \, \mathrm{cov}(\hat{\sigma}_F^2, \hat{\sigma}_e^2) \end{cases} \tag{6-66}$$

根据式（6-38），得

$$\begin{cases} \mathrm{cov}(\hat{\sigma}_F^2, \hat{\sigma}_{BF}^2) = 2\lambda_{11}\lambda_{22} \, \mathrm{tr}(A_1 \Sigma A_2 \Sigma) + 2\lambda_{12}\lambda_{22} \, \mathrm{tr}(A_2 \Sigma)^2 + 2\lambda_{13}\lambda_{23} \, \mathrm{tr}(A_3 \Sigma)^2 \\ \mathrm{cov}(\hat{\sigma}_F^2, \hat{\sigma}_e^2) = 2\lambda_{13}\lambda_{33} \, \mathrm{tr}(A_3 \Sigma)^2 \\ \mathrm{cov}(\hat{\sigma}_{BP}^2, \hat{\sigma}_e^2) = 2\lambda_{23}\lambda_{33} \, \mathrm{tr}(A_3 \Sigma)^2 \end{cases} \tag{6-67}$$

由式（6-54）和式（6-67）可计算出式（6-65），再由式（6-65）就可计算出式（6-61）家系遗传力的抽样方差 $\mathrm{var}(h_F^2)$。

对于式（6-64）的单株遗传力计算公式，设 $X_1 = 4\hat{\sigma}_F^2$、$X_2 = \hat{\sigma}_F^2 + \hat{\sigma}_{BF}^2 + \hat{\sigma}_e^2$，

并计算 $\theta_1 = E(X_1) = 4\sigma_F^2$、$\theta_2 = E(X_2) = \sigma_F^2 + \sigma_{BF}^2 + \sigma_e^2$、

$$
\begin{cases}
\mathrm{var}\left(X_1\right) = 16\,\mathrm{var}\left(\hat{\sigma}_F^2\right) \\
\mathrm{var}\left(X_2\right) = \mathrm{var}\left(\hat{\sigma}_F^2\right) + \mathrm{var}\left(\hat{\sigma}_{BF}^2\right) + \mathrm{var}\left(\hat{\sigma}_e^2\right) + 2\,\mathrm{cov}\left(\hat{\sigma}_F^2,\hat{\sigma}_{BF}^2\right) + 2\,\mathrm{cov}\left(\hat{\sigma}_F^2,\hat{\sigma}_e^2\right) + 2\,\mathrm{cov}\left(\hat{\sigma}_{BF}^2\right),\hat{\sigma}_e^2\right) \\
\mathrm{cov}\left(X_1,X_2\right) = 4\,\mathrm{var}\left(\hat{\sigma}_F^2\right) + 4\,\mathrm{cov}\left(\hat{\sigma}_F^2,\hat{\sigma}_{BF}^2\right) + 4\,\mathrm{cov}\left(\hat{\sigma}_F^2,\hat{\sigma}_e^2\right)
\end{cases}
\quad (6\text{-}68)
$$

及式（6-67），再按式（6-68）可以得到单株遗传力的抽样方差 $\mathrm{var}\left(h_i^2\right)$。

第三节　巢式设计遗传模型

Comstock 和 Robinson 提出了 3 种北卡罗来纳（North Carolina）遗传交配设计，分别称为 NC-Ⅰ、NC-Ⅱ 和 NC-Ⅲ。其中 NC-I 设计又称为巢式设计（nested design）、A/B 或 B/A 设计，其特点是从群体中随机选择若干个个体作为父本，然后再从群体中选择若干个不同的母本与每一个父本交配。巢式设计由于其设计简单并能产生大量的子代，已在动物和农作物育种中有较多的应用。在林木育种研究中，国际上巢式设计应用最好的例子是火炬松，国内在杉木（*Cunninghamia-lanceolata*）和马尾松（*Pinus massoniana*）等树种中也有不少研究报道。虽然巢氏设计在遗传育种中的应用由来已久，但是由于其遗传分析模型本身具有多种形式以及试验数据常具有不平衡性，使得巢式设计遗传模型对一些参数估计和假设检验存在一定的困难。

本章针对不平衡数据条件下 3 种巢式试验设计的统计分析模型，采用现代线性统计模型理论，给出遗传参数估计和相关假设检验统计量的计算公式。对于固定效应模型，使用约束线性模型方法推导出亲本配合力估计及亲本间配合力假设检验统计量的计算公式。对于随机效应模型，采用混合线性模型中的方差分析法，推导出方差分量估计的计算公式，并给出方差分量估计标准误及方差分量假设检验统计量的计算方法，进而给出亲本遗传力计算公式及其标准误的近似计算方法。最后以实例给出实现每种巢式设计遗传统计模型参数计算的 R 语言程序。

考虑 b 个随机区组 r 次重复 m 个父本分别与若干个不同母本交配的巢式试验设计统计模型

$$
y_{ijklt} = \mu + B_i + R_{il} + M_{ij} + F_{ijk} + \mathrm{FR}_{ijkl} + e_{ijkt} \quad (6\text{-}69)
$$

其中，y_{ijklt} 为第 i 区组、第 1 个重复中第 j 个父本与第 k 个母本交配子代的第 t 个个体观察值；μ 为总平均值；B_i 为第 i 个区组的效应（$i=1$，…，b）；R_{il}

为第 i 个区组、第 i 个重复的效应（$i=1$，…，r）；M_{ij} 为第 i 区组、第 j 个父本的效应（$j=1,...,m$）；F_{ijk} 为第 i 个区组中第 j 个父本与第 k 个母本交配下的母本效应（$k=1,…,f_{ij}$）；FR_{ijkl} 为 F_{ijk} 与第 i 个重复的互作效应；e_{ijklt} 为随机误差效应（$t=1,...,n_{ijkl}$），假定其服从均值为 0、方差为 σ_e^2 的正态分布。

一、固定效应模型

模型中除了 e_{ijklt} 为随机效应外其他效应均视为固定效应，目的在于估算父本的一般配合力和其他固定效应，并对各个因素或父本间配合力的差异是否显著进行检验。为此这些固定效应满足如下约束条件：

$$
\begin{cases}
\sum_{i=1}^{b} B_i = 0 \\
\sum_{i=1}^{r} R_u = 0 \quad (i=1,\cdots,b) \\
\sum_{j=1}^{m} M_{ij} = 0 \quad (i=1,\cdots,b) \\
\sum_{k=1}^{f_i} F_{ijk} = 0 \quad (i=1,\cdots,b; j=1,\cdots,m) \\
\sum_{l=1}^{r} FR_{ijkl} = 0 \quad (i=1,\cdots,b; j=1,\cdots,m; k=1,\cdots,f_{ij}) \\
\sum_{j=1}^{m} \sum_{k=1}^{f_j} FR_{ijkl} = 0 \quad (i=1,\cdots,b; l=1,\cdots,r)
\end{cases}
\tag{6-70}
$$

设 $\beta=(\mu,\beta_1,...,B_b,R_{11},...,R_{br},M_{11},...,M_{bm},F_{111},...,F_{bmf_{bm}r})'$，则模型（6-69）和约束条件（6-70）的矩阵表达式为

$$
\begin{cases}
y = X\beta + e \\
L\beta = 0
\end{cases}
\tag{6-71}
$$

当 L 满足边界条件时，参数向量 β 的最小二乘估计为式（6-18），σ_e^2 的无偏估计为式（6-20），β 最小二乘估计的协方差矩阵为式（6-20），相关的假设检验统计量计算参照式（6-21）～式（6-26）。

二、随机效应模型

将模型（6-69）中与亲本有关的效应，即 M_{ij}、M_{ijk} 和 FR_{ijkl} 应看成是随机变

量，此时模型（6-69）变成了随机效应模型或混合线性模型，其矩阵表达式可表示为

$$y = X\beta + U_1 M + U_2 F + U_3 FR + e \qquad （6-72）$$

其中，$\beta = (\mu, \ B_1,...,B_b, R_{11},...,R_{tr})'$；$M = (M_{11},...,M_{bm})'$；$F = (F_{111},...,F_{bmf_{bm}})'$；$FR = (FR_{1111},...,FR_{bmf_{bm}r})'$；$X$、$U_1$、$U_2$ 和 U_3 分别为对应效应向量的系数矩阵。假定随机效应 M_{ij}、FR_{ijk} 和 FR_{ijkl} 的均值都为 0，方差分别为 σ_M^2、σ_F^2 和 σ_{FR}^2 并且两两之间相互独立，可使用方差分析法（ANOVA）求这 3 个方差分量的估计。设 $D_1 = I - X(X'X)^- X'$、$D_2 = I - (XU_1)[(XU_1)]^-(X\ U_1\ )'$、$D_3 = I - (X\ U_1\ U_2)[(X\ U_1\ U_2)]^-(X\ U_1\ U_2)'$、$D_4 = I - (XU_1U_2U_3)$

$[(XU_1U_2U_3)'(XU_1U_2U_3)]^-(XU_1U_2U_3)'$　　$A_0 = I - D_1$、$A_1 = D_1 - D_2$、$A_2 = D_2 - D_3$、$A_3 = D_3 - D_4$、$A_4 = D_4$，表型性状的平方和可以分解为

$$y'y = y'A_0 y + ESS_M + ESS_F + ESS_{FR} + ESS_e$$

其中，$ESS_M = y'A_1 y$ 为父本间的平方和；$ESS_F = y'A_2 y$ 为父本内母本间的平方和；$ESS_{FR} = y'A_3 y$ 为重复 × 母本间的平方和；$ESS_e = y'A_4 y$ 为误差平方和。这些平方和的数学期望分别为

$$\begin{cases} E(ESS_M) = tr(A_1\Sigma) = tr(A_1)\sigma_e^2 + tr(U_3'A_1U_3)\sigma_{FR}^2 + tr(U_2'A_1U_2)\sigma_F^2 + tr(U_1^2)A_1U_1)\sigma_M^2 \\ E(ESS_F) = tr(A_2\Sigma) = tr(A_2)\sigma_e^2 + tr(U_3'A_2U_3)\sigma_{FR}^2 + tr(U_2'A_2U_2)\sigma_F^2 \\ E(ESS_{FR}) = tr(A_3\Sigma) = tr(A_3)\sigma_e^2 + tr(U_3'A_3U_3)\sigma_{FR}^2 \\ E(ESS_e) = tr(A_4\Sigma) = tr(A_4)\sigma_e^2 \end{cases} \qquad （6-73）$$

其中，tr 为矩阵的迹，

$$\Sigma = \mathbf{cov(y)} = \mathbf{U_1 U_1'}\sigma_M^2 + U_2 U_2'\sigma_F^2 + \mathbf{U_3 U_3'}\sigma_{FR}^2 + \mathbf{I}\sigma_e^2$$

令这些平方和的数学期望等于各自的平方和，并解线性方程组可得方差分量的估计。记矩阵

$$C = \begin{pmatrix} c_{11} & c_{12} & c_{13} & c_{14} \\ 0 & c_{22} & c_{23} & c_{24} \\ 0 & 0 & c_{33} & c_{34} \\ 0 & 0 & 0 & c_{44} \end{pmatrix} = \begin{pmatrix} tr(U_1'A_1U_1) & tr(U_2'A_1U_2) & tr(U_3'A_1U_3) & tr(A_1) \\ 0 & tr(U_2'A_2U_2) & tr(U_3'A_2U_3) & tr(A_2) \\ 0 & 0 & tr(U_3'A_3U_3) & tr(A_3) \\ 0 & 0 & 0 & tr(A_4) \end{pmatrix}$$

其逆矩阵记为

$$C^{-1} = \begin{pmatrix} \lambda_{11} & \lambda_{12} & \lambda_{13} & \lambda_{14} \\ 0 & \lambda_{22} & \lambda_{23} & \lambda_{24} \\ 0 & 0 & \lambda_{33} & \lambda_{34} \\ 0 & 0 & 0 & \lambda_{44} \end{pmatrix}$$

那么方差分量的估计可表示为

$$\begin{cases} \hat{\sigma}_M^2 = \lambda_{11} SSE_M + \lambda_{12} SSE_F + \lambda_{13} SSE_{FR} + \lambda_{14} SSE_e \\ \hat{\sigma}_F^2 = \qquad\qquad \lambda_{22} SSE_F + \lambda_{23} SSE_{rR} + \lambda_{24} SSE_e \\ \hat{\sigma}_{FR}^2 = \qquad\qquad\qquad\qquad \lambda_{33} SSE_{FR} + \lambda_{34} SSE_e \\ \hat{\sigma}_e^2 = \qquad\qquad\qquad\qquad\qquad\qquad \lambda_{44} SSE_e \end{cases} \quad (6\text{-}75)$$

根据二次型理论，进一步可以得到这些方差分量估计的抽样方差为

$$\begin{cases} \mathrm{var}\left(\hat{\sigma}_M^2\right) = 2\lambda_{11}^2 \,\mathrm{tr}\left(A_1\Sigma\right)^2 + 2\lambda_{12}^2 \,\mathrm{tr}\left(A_2\Sigma\right)^2 + 2\lambda_{13}^2 \,\mathrm{tr}\left(A_3\Sigma\right)^2 + 2\lambda_{14}^2 \,\mathrm{tr}\left(A_4\Sigma\right)^2 \\ \qquad\qquad + 4\lambda_{11}\lambda_{12}\,\mathrm{tr}\left(A_1\Sigma A_2\Sigma\right) + 4\lambda_{11}\lambda_{13}\,\mathrm{tr}\left(A_1\Sigma A_3\Sigma\right) + 4\lambda_{12}\lambda_{13}\,\mathrm{tr}\left(A_2\Sigma A_3\Sigma\right) \\ \mathrm{var}\left(\hat{\sigma}_F^2\right) = 2\lambda_{22}^2 \,\mathrm{tr}\left(A_2\Sigma\right)^2 + 2\lambda_{23}^2 \,\mathrm{tr}\left(A_3\Sigma\right)^2 + 2\lambda_{24}^2 \,\mathrm{tr}\left(A_4\Sigma\right)^2 + 4\lambda_{22}\lambda_{23}\,\mathrm{tr}\left(A_2\Sigma A_3\Sigma\right) \\ \mathrm{var}\left(\hat{\sigma}_{FR}^2\right) = 2\lambda_{33}^2 \,\mathrm{tr}\left(A_3\Sigma\right)^2 + 2\lambda_{34}^2 \,\mathrm{tr}\left(A_4\Sigma\right)^2 \\ \mathrm{var}\left(\hat{\sigma}_e^2\right) = 2\lambda_{44}^2 \,\mathrm{tr}\left(A_4\Sigma\right)^2 \end{cases} (6\text{-}76)$$

下面使用的方法考虑方差分量的假设检验问题。首先，存在一个正交矩阵 Γ，使

$$\Gamma y = \begin{pmatrix} t_0 \\ t_1 \\ t_2 \\ t_3 \\ t_4 \end{pmatrix} = \begin{pmatrix} G \\ 0 \end{pmatrix} \begin{pmatrix} \beta \\ M \\ F \\ FR \end{pmatrix} + \Gamma e = \begin{pmatrix} G_{11} & G_{12} & G_{13} & G_{14} \\ 0 & G_{22} & G_{23} & G_{24} \\ 0 & 0 & G_{33} & G_{34} \\ 0 & 0 & 0 & G_{44} \\ 0 & 0 & 0 & 0 \end{pmatrix} \begin{pmatrix} \beta \\ M \\ F \\ FR \end{pmatrix} + \Gamma e \quad (6\text{-}77)$$

其中，G 为行满秩矩阵，并且满足 $R\left(G_{11}G_{12}G_{13}G_{14}\right)=d_1$、$R\left(G_{22}G_{23}G_{24}\right)=d_2-d_1$、$R\left(G_{33}G_{34}\right)=d_3-d_2$、$R\left(G_{44}\right)=d_4-d_3$，这里 $d_1=R(X)$、$d_2=R\left(XU_1\right)$、$d_3=R\left(XU_1U_2\right)$、$d_4=R\left(XU_1U_2U_3\right)$。对于零假设 $H_0:\sigma_{FR}^2=0$，其检验的统计量可表示为

$$F = \frac{t_4't_4/\left(d_4-d_3\right)}{t_5't_5/\left(n-d_4\right)} \sim F\left(d_4-d_3,\, n-d_4\right) \quad (6\text{-}78)$$

其次，考虑零假设 $H_0: \sigma_F^2 = 0$。设 $(K_1 K_2 K_3) = \begin{pmatrix} G_{22} & G_{23} & G_{24} \\ 0 & G_{33} & G_{34} \\ 0 & 0 & G_{44} \end{pmatrix}$，可以证明

K_3 为行满秩矩阵，因此存在一个正交矩阵 P，使得 $K_3 K_3' = P\Lambda P'$，其中 Λ 为

对角矩阵。设 $L = \Lambda^{-1/2} P'$，λ 为 Λ 中对角线元素倒数的最大值，t_s 为 t_5 中含有

s 个元素的子向量，这里 $s = d_4 - d_1$，令 $z = L \begin{pmatrix} t_2 \\ t_3 \\ t_4 \end{pmatrix}$、$u = z + (\lambda I_S - \Lambda^{-1})^{1/2} t_s$。再设

$N_1 = LK_1$、$N_2 = LK_2$，那么存在一个正交矩阵 Q 使

$$Q(N_1 N_2) = \begin{pmatrix} S_{11} & S_{12} \\ 0 & S_{22} \\ 0 & 0 \end{pmatrix} \tag{6-79}$$

其中，S_{11} 和 S_{22} 为行满秩矩阵，并且 $\mathrm{R}(S_{11} S_{12}) = d_2 - d_1$、$\mathrm{R}(S_{22}) = d_3 - d_2$。

令 $w = Qu = \begin{pmatrix} w_1 \\ w_2 \\ w_3 \end{pmatrix}$，其中 w_2 和 w_3 的维数分别为 $d_3 - d_2$ 和 $d_4 - d_3$。可以验证，在零假

设 $H_0: \sigma_F^2 = 0$ 成立的条件下，有如下的检验统计量

$$F = \frac{w_2' w_2 / (d_3 - d_2)}{w_3' w_3 / (d_4 - d_3)} \sim F(d_3 - d_2, d_4 - d_3) \tag{6-80}$$

最后，对于零假设 $H_0: \sigma_M^2 = 0$ 的检验问题，将上述 σ_F^2 的检验问题做适当的调整即可。将式（6-79）中的 N_1 和 N_2 交换位置以得到新的正交矩阵 Q，此时 w_2 的维数为 $d_2 - d_1$，而对应的 F 检验统计量为

$$F = \frac{w_2' w_2 / (d_2 - d_1)}{w_3' w_3 / (d_4 - d_3)} \sim F(d_2 - d_1, d_4 - d_3) \tag{6-81}$$

三、遗传力

根据随机效应模型计算出的方差分量可以计算出单株遗传力和父本家系遗传力。单株遗传力比较简单，可直接表示为

$$h_i^2 = \frac{4\sigma_M^2}{\text{var}\left(y_{ijklt}\right)} = \frac{4\sigma_M^2}{\sigma_M^2 + \sigma_F^2 + \sigma_{FR}^2 + \sigma_e^2} \qquad （6\text{-}82）$$

父本 j 家系均值的方差可表示为

$$\text{var}\left(\overline{y}_{\cdot j=}\right) = k_{1j}\sigma_M^2 + k_{2j}\sigma_F^2 + k_{3j}\sigma_{FR}^2 + k_{4j}\sigma_e^2$$

其中，$K_{1j} = \dfrac{1}{n_{\cdot j\cdot}^2}\sum\limits_{i=1}^{b} n_{ij\cdot}^2$ ；$K_{2j} = \dfrac{1}{n_{\cdot j\cdot}^2}\sum\limits_{i=1}^{b}\sum\limits_{k=1}^{f_{ij}} n_{ijk\cdot}^2$ ；$K_{3j} = \dfrac{1}{n_{\cdot j\cdot}^2}\sum\limits_{i=1}^{b}\sum\limits_{k=1}^{f_{ij}}\sum\limits_{l=1}^{r} n_{ijkl}^2$ ；$K_{4j} = \dfrac{1}{n_{\cdot j\cdot}}$

这里 n_{ijkl} 为 i 区组第 j 个父本与第 k 个母本交配子代的个数。去所有父本家系均值方差的平均值作为家系均值的方差，于是父本家系遗传力可表示为

$$h_M^2 = \frac{\sigma_M^2}{\sigma_M^2 + k_2/k_1\sigma_F^2 + k_3/k_1\sigma_{FR}^2 + k_4/k_1\sigma_e^2} \qquad （6\text{-}83）$$

其中，$k_1 = \sum\limits_{j=1}^{m} k_{1j}$ ；$k_2 = \sum\limits_{j=1}^{m} k_{2j}$ ；$k_3 = \sum\limits_{j=1}^{m} k_{3j}$ ；$k_4 = \sum\limits_{j=1}^{m} k_{4j}$。

下面考虑单株遗传力和家系遗传力方差的计算问题。首先，遗传方差分量间的协方差为

$$\begin{cases}
\text{cov}\left(\hat\sigma_M^2, \hat\sigma_F^2\right) = 2\lambda_{12}\lambda_{22}\text{tr}\left(A_2\Sigma\right)^2 + 2\lambda_{13}\lambda_{23}\text{tr}\left(A_3\Sigma\right)^2 + 2\lambda_{14}\lambda_{24}\text{tr}\left(A_4\Sigma\right)^2 \\
\qquad + 2\lambda_{11}\lambda_{22}\text{tr}\left(A_1\Sigma A_2\Sigma\right) + 2\lambda_{11}\lambda_{23}\text{tr}\left(A_1\Sigma A_3\Sigma\right) + 2\left(\lambda_{12}\lambda_{23} + \lambda_{13}\lambda_{22}\right)\text{tr}\left(A_2\Sigma A_3\Sigma\right) \\
\text{cov}\left(\hat\sigma_M^2, \hat\sigma_{FR}^2\right) = 2\lambda_{13}\lambda_{33}\text{tr}\left(A_3\Sigma\right)^2 + 2\lambda_{14}\lambda_{34}\text{tr}\left(A_4\Sigma\right)^2 \\
\qquad + 2\lambda_{11}\lambda_{33}\text{tr}\left(A_1\Sigma A_3\Sigma\right)^2 + 2\lambda_{12}\lambda_{33}\text{tr}\left(A_2\Sigma A_3\Sigma\right)^2 \\
\text{cov}\left(\hat\sigma_M^2, \hat\sigma_e^2\right) = 2\lambda_{14}\lambda_{44}\text{tr}\left(A_4\Sigma\right)^2 \\
\text{cov}\left(\hat\sigma_F^2, \hat\sigma_{RR}^2\right) = 2\lambda_{23}\lambda_{33}\text{tr}\left(A_3\Sigma\right)^2 + 2\lambda_{24}\lambda_{34}\text{tr}\left(A_4\Sigma\right)^2 + 2\lambda_{22}\lambda_{33}\text{tr}\left(A_2\Sigma A_3\Sigma\right) \\
\text{cov}\left(\hat\sigma_F^2, \hat\sigma_e^2\right) = 2\lambda_{24}\lambda_{44}\text{tr}\left(A_4\Sigma\right)^2 \\
\text{cov}\left(\hat\sigma_{FR}^2, \hat\sigma_e^2\right) = 2\lambda_{34}\lambda_{44}\text{tr}\left(A_4\Sigma\right)^2
\end{cases} \qquad （6\text{-}84）$$

在式（6-72）中，设 $X_1 = 4\hat\sigma_M^2 + \hat\sigma_F^2 + \hat\sigma_{FR}^2 + \hat\sigma_e^2$，利用式（6-8）和式（6-84）计算两者的方差和协方差：

$$\begin{cases} \operatorname{var}(X_1)=16\operatorname{var}\left(\hat{\sigma}_M^2\right) \\ \operatorname{var}(X_2)=\operatorname{var}\left(\hat{\sigma}_M^2\right)+\operatorname{var}\left(\hat{\sigma}_F^2\right)+\operatorname{var}\left(\hat{\sigma}_{FR}^2\right)+\operatorname{var}\left(\hat{\sigma}_e^2\right) \\ \qquad +2\operatorname{cov}\left(\hat{\sigma}_M^2,\hat{\sigma}_F^2\right)+2\operatorname{cov}\left(\hat{\sigma}_M^2,\hat{\sigma}_{FR}^2\right)+2\operatorname{cov}\left(\hat{\sigma}_M^2,\hat{\sigma}_e^2\right) \\ \qquad +2\operatorname{cov}\left(\hat{\sigma}_F^2,\hat{\sigma}_{FR}^2\right)+2\operatorname{cov}\left(\hat{\sigma}_F^2,\hat{\sigma}_e^2\right)+2\operatorname{cov}\left(\hat{\sigma}_{FR}^2,\hat{\sigma}_e^2\right) \\ \operatorname{cov}(X_1,X_2)=4\operatorname{var}\left(\hat{\sigma}_M^2\right)+4\operatorname{cov}\left(\hat{\sigma}_M^2,\hat{\sigma}_F^2\right)+4\operatorname{cov}\left(\hat{\sigma}_M^2,\hat{\sigma}_{FR}^2\right)+4\operatorname{cov}\left(\hat{\sigma}_M^2,\hat{\varphi}_e^2\right)n \end{cases} \quad (6\text{-}85)$$

将式（6-85）以及 $\theta_1=E(X_1)=E(X_2)=\sigma_M^2+\sigma_F^2+\sigma_{FR}^2+\sigma_e^2$ 代入式（6-65），便可计算出单株遗传力的方差 $\operatorname{var}(h_i^2)$。

同样地，在式（6-83）中，设 $X_1=\hat{\sigma}_M^2$、$X_2=\hat{\sigma}_M^2+k_2/k_1\hat{\sigma}_F^2+k_3/k_1\hat{\sigma}_{FR}^2+k_4/k_1\hat{\sigma}_e^2$，利用式（6-76）和式（6-84）计算两者的方差和协方差：

$$\begin{cases} \operatorname{var}(X_1)=\operatorname{var}\left(\hat{\sigma}_M^2\right) \\ \operatorname{var}(X_2)=\operatorname{var}\left(\hat{\sigma}_M^2\right)+(k_2/k_1)^2\operatorname{var}\left(\hat{\sigma}_F^2\right)+(k_3/k_1)^2\operatorname{var}\left(\hat{\sigma}_{FR}^2\right)+(k_4/k_1)^2\operatorname{var}\left(\hat{\sigma}_e^2\right) \\ \qquad +2k_2/k_1\operatorname{cov}\left(\hat{\sigma}_M^2,\hat{\sigma}_F^2\right)+2k_3/k_1\operatorname{cov}\left(\hat{\sigma}_M^2,\hat{\sigma}_{FR}^2\right)+2k_4/k_1\operatorname{cov}\left(\hat{\sigma}_M^2,\hat{\sigma}_e^2\right) \\ \qquad +2k_2k_3/k_1^2\operatorname{cov}\left(\hat{\sigma}_F^2,\hat{\sigma}_{FR}^2\right)+2k_2k_4/k_1^2\operatorname{cov}\left(\hat{\sigma}_F^2,\hat{\sigma}_e^2\right)+2k_3k_4/k_1^2\operatorname{cov}\left(\hat{\sigma}_{FR}^2,\hat{\sigma}_e^2\right) \\ \operatorname{cov}(X_1,X_2)=\operatorname{var}\left(\hat{\sigma}_M^2\right)+k_2/k_1\operatorname{cov}\left(\hat{\sigma}_M^2,\hat{\sigma}_F^2\right)+k_3/k_1\operatorname{cov}\left(\hat{\sigma}_M^2,\hat{\sigma}_{FR}^2\right)+k_4/k_1\operatorname{cov}\left(\hat{a}_2^2,\hat{\sigma}_e^2\right) \end{cases} \quad (6\text{-}86)$$

将 式（6-86） 以 及 $\theta_1=E(X_1)=\sigma_M^2$ 和 $\theta_2=E(X_2)=\sigma_M^2+k_2/k\sigma_{FR}^2+k_3/k_1\sigma_{FR}^2+k_4/k\sigma_e^2$ 代入式（6-65）便可计算出父本家系遗传力的方差 $\operatorname{var}\left(h_M^2\right)$。

第四节　因子交配设计遗传模型

设有 m 个父本、f 个母本两两交配产生 mf 个全同胞家系，然后布置在 s 个地点进行设有 m 个父本、f 个母本两两交配产生 mf 个全同胞家系，然后布置在 s 个地点进行子代试验，每个地点设置 b 个区组，每个小区若干个单株，每个单株的数量性状值可用线性模型表示为

$$y_{ijtt}=\mu+S_i+B_{ij}+M_k+F_l+MF_{kl}+MS_a+FS_d+MFS_{at}+MFBS_{\mu\mu}+e_{j\omega t} \quad (6\text{-}87)$$

其中，y_{ijklt} 为第 i 个地点、第 j 个区组中第 k 个父本与第 l 个母本交配子代的第 t 个个体数量性状值；μ 为总平均值；S_i 为第 i 个地点的效应（$i=1,...,s$）；B_{ij} 为第 i 个地点内第 j 个区组的效应（$j=1,...,b$）；M_k 为第 k 个父本的效应（$k=1,...,m$）；F 为第 l 个母本的效应（$l=1,...,f$）；MF_{ij} 为第 k 个父本与第 l 母

本的交互效应；MS_{ik} 为第 i 个地点与第 k 个父本的交互效应；FS_{il} 为第 i 个地点与第 l 个母本的交互效应；$MFBS_{ijkkl}$ 为第 i 个地点、第 k 个父本与第 l 个母本的交互效应；$MFBS_{ijkl}$ 为第 i 个地点内第 j 个区组与第 k 个父本和第 l 母本组合的交互效应；e_{ijklt} 为随机误差效应（$t=1,..,n_{ijklt}$），一般假定它服从均值为 0、方差为 σ^2_e 的正态分布。

一、固定效应模型

对于模型（6-1），为了计算亲本的一般配合力和特殊配合力，将除随机效应 e_{ijklt} 外所有的效应都看成是固定效应，此时模型（6-1）被称为固定效应模型。根据约束线性模型理论可以估计配合力 M_k、F_l、MF_{kl} 和其他固定效应，还可以对这些效应进行统计检验。这里固定效应满足如下约束条件：

$$\sum_i S_i = 0$$

$$\sum_i B_{ij} = 0 \quad (i=1,\cdots,s)$$

$$\sum_k M_k = 0$$

$$\sum_l F_l = 0$$

$$\sum_k MF_{kl} = 0 \quad (l=1,\cdots,f)$$

$$\sum_l MF_k = 0 \quad (k=1,\cdots,m)$$

$$\sum_k FS_{ik} = 0 \quad (i=1,\cdots,s)$$

$$\sum_i MS_{ik} = 0 \quad (k=1,\cdots,m) \tag{6-88}$$

$$\sum_i FS_{il} = 0 \quad (i=1,\cdots,s)$$

$$\sum_i FS_{il} = 0 \quad (l=1,\cdots,f)$$

$$\sum_i MFS_{ikl} = 0 \quad (k=1,\cdots,m;l=1,\cdots,f)$$

$$\sum_k MFS_{ikl} = 0 \quad (i=1,\cdots,s;l=1,\cdots,f)$$

$$\sum_l MFS_{ikl} = 0 \quad (i=1,\cdots,s;k=1,\cdots,m)$$

$$\sum_{k,l} MFBS_{ijkl} = 0 \quad (i=1,\cdots,s;j=1,\cdots,b)$$

$$\sum_j MFBS_{ijkl} = 0 \quad (i=1,\cdots,s;k=1,\cdots,m;l=1,\cdots,f)$$

设 $\beta = (\mu,\ S_1,...,S_s,\ B_{11},...,M_1,...,F_1,...,MF_{11},...,MS_{11},...,MFS_{111},...,MFBS_{1111},...)'$，则模型（6-87）和约束条件（6-88）的矩阵表达式为

$$\begin{cases} y = X\beta + e \\ L\beta = 0 \end{cases} \qquad (6\text{-}89)$$

当 L 满足边界条件时，参数向量 β 的最小二乘估计为式（6-18），σ_e^2 的无偏估计为式（6-19），β 最小二乘估计的协方差矩阵为式（6-20），相关的假设检验统计量计算参照式（6-21）~式（6-26）。

二、随机效应模型

如果要计算遗传力等遗传参数，那么首先要计算遗传方差分量，此时要将模型（6-88）中的效应 M_k、F_l、MF_{kl}、FS_{il}、MFS_{ikl} 和 $MFBS_{ijkl}$ 看成是随机效应，此时模型（6-88）变成随机效应模型或混合线性模型，其矩阵表达式可表示为

$$y = X\beta + U_1 M + U_2 F + U_3 MF + U_4 MS + U_5 FS + U_6 MFS + U_7 MFBS + e \quad (6\text{-}90)$$

其中，$\beta = (\mu, S_1, \cdots, S_s, B_{11}, \cdots)'$；$M = (M_1, \cdots,)'$；$F = (F_1, \cdots,)'$；$MF = (MF_{11}, \cdots)'$；$MS = (MS_{11}, \cdots)'$；$FS = (FS_{11}, \cdots)'$；$MFS = (MFS_{111}, \cdots)'$；$MFBS = \left(MFB(S_{1111}, \cdots)\right)'$；$X$、$U_1$、$U_2$、$U_3$、$U_4$、$U_5$、$U_6$ 和 U_7 分别为相应的效应向量系数矩阵。假定随机效应 M_k、F_l、MF_{kl}、MS_{ik}、FS_{il}、MFS_{ikl}、$MFBS_{ijkl}$ 和 ei_{jklt} 的均值为 0，方差分别为 σ_M^2、σ_F^2、σ_{MF}^2、σ_{MS}^2、σ_{FS}^2、σ_{MFS}^2、σ_{MFBS}^2 和 σ_e^2，并且两两之间相互独立。使用方差分析法（ANOVA）求这 8 个方差分量的估计。记 $XU_1 = (XU_1)$，$XU_2 = (XU_1 U_2)$，$XU_3 = (XU_1 U_2 U_3)$、$XU_4 = (XU_1 U_2 U_3 U_4)$、$XU_5 = (XU_1 U_2 U_3 U_4 U_5)$ $XU_6 = (XU_1 U_2 U_3 U_4 U_5 U_6)$、$XU_7 = (XU_1 U_2 U_3 U_4 U_5 U_6 U_7)$ 设 $D_1 = I - X(X'X)^- X'$、$D_2 = I - XU_1 (XU_1' XU_1)^- XU_1'$、$D_3 = I - XU_2 (XU_2' XU_2)^- XU_2'$、$D_4 = I - XU_3 (XU_3' XU_3)^- XU_3'$、$D_5 = I - XU_4 (XU_4' XU_4)^- XU_4'$ $D_6 = I - XU_5 (XU_5' XU_5)^- XU_5'$、$D_7 = I - XU_6 (XU_6' XU_6)^-$ XU_6'、$D_8 = I - XU_7 (XU_7' XU_7)^- XU_7'$ $A_0 = I - D_1$、$A_1 = D_1 - D_2$、$A_2 = D_2 - D_3$、$A_3 = D_3 - D_4$、$A_4 = D_4 - D_5$、$A_5 = D_5 - D_6$，$A_6 = D_6 - D_7$，$A_7 = D_7 - D_8$、$A_8 = D_8$，，那么表型性状的平方和可以分解为

$$y'y = y'A_0 y + ESS_M + ESS_F + ESS_{MP} + ESS_{MS} + ESS_{FS} + ESS_{MFS} + ESS_{MFBS} + ESS_e$$

其中，$ESS_M = y'A_1 y$ 为父本间的平方和；$ESS_F = y'A_2 y$ 为母本间的平方和；$ESS_{MF} = y'A_3 y$ 为父本 × 母本间的平方和；$ESS_{MS} = y'A_4 y$ 为父本 × 场地间的

平方和；$ESS_{FS} = y'A_5 y$ 为母本 × 场地间的平方和；$ESS_{MFS} = y'A_6 y$ 为父本 × 母本 × 场地间的平方和；$ESS_{MFBS} = y'A_7 y$ 为父母本组合 × 场地内区组间的平方和；$ESS_e = y'A_4 y$ 为误差平方和。这些平方和的数学期望分别为

$$
\left\{
\begin{aligned}
E(ESS_M) &= tr(A_1\Sigma) = tr(A_1)\sigma_e^2 + tr(U_7'A_1U_7)\sigma_{MFBS}^2 + tr(U_6'A_1U_6)\sigma_{MFS}^2 + tr(U_5'A_1U_5)\sigma_{FS}^2 \\
&\quad + tr(U_4'A_1U_4)\sigma_{MS}^2 + tr(U_3'A_1U_3)\sigma_{MP}^2 + tr(U_2'A_1U_2)\sigma_F^2 + tr(U_1'A_1U_1)\sigma_M^2 \\
E(ESS_F) &= tr(A_2\Sigma) = tr(A_2)\sigma_s^2 + tr(U_7'A_2U_7)\sigma_{MrBS}^2 + tr(U_6'A_2U_6)\sigma_{MFS}^2 + tr(U_5'A_2U_5)\sigma_{FS}^2 \\
&\quad + tr(U_4'A_2U_4)\sigma_{MS}^2 + tr(U_3'A_2\mathbf{U}_3)\sigma_{MF}^2 + tr(U_2'A_2U_2)\sigma_F^2 \\
E(ESS_{MF}) &= tr(A_3\Sigma) = tr(A_3)\sigma_e^2 + tr(U_7'A_3U_7)\sigma_{MFB}^2 + tr(U_6'A_3U_6)\sigma_{MFS}^2 + tr(U_5'A_3U_5)\sigma_{FS}^2 \\
&\quad + tr(U_4'A_3U_4)\sigma_{MS}^2 + tr(U_3'A_8U_3)\sigma_{MP}^2 \\
E(ESS_{MS}) &= tr(A_4\Sigma) = tr(A_4)\sigma_e^2 + tr(U_7'A_4U_7)\sigma_{MFBS}^2 + tr(U_6'A_4U_6)\sigma_{MFS}^2 + tr(U_5'A_4U_5)\sigma_{FS}^2 \\
&\quad + tr(U_4'A_4U_4)\sigma_{MS}^2 \\
E(ESS_{FS}) &= tr(A_5^2\Sigma) = tr(A_5)\sigma_e^2 + tr(U_7'A_5U_7)\sigma_{MFus}^2 + tr(U_6'A_5U_6)\sigma_{MFs}^2 + tr(U_5^3A_5U_8)\sigma_{rs}^2 \\
E(ESS_{MFS}) &= tr(A_6\Sigma) = tr(A_6)\sigma_e^2 + tr(U_7'A_6U_7)\sigma_{MPBS}^2 + tr(U_6'A_6U_6)\sigma_{MFB}^2 \\
E(ESS_{MFBS}) &= tr(A_7\Sigma) = tr(A_7)\sigma_e^2 + tr(U_7'A_7U_7)\sigma_{MPBS}^2 \\
E(ESS_e) &= tr(A_8\Sigma) = tr(A_8)\sigma_e^2
\end{aligned}
\right.
\tag{6-91}
$$

其中，tr 表示矩阵的迹

$$
\begin{aligned}
\Sigma = cov(y) &= U_1U_1'\sigma_M^2 + U_2U_2'\sigma_F^2 \\
&\quad + U_3U_3'\sigma_{MP}^2 + U_4U_4'\sigma_{MS}^2 \\
&\quad + U_5U_5'\sigma_F^2 + U_6U_6'\sigma_{MFS}^2 \\
&\quad + U_7U_7'\sigma_{NPBS}^2 + I\sigma_e^2
\end{aligned}
\tag{6-92}
$$

令这些平方和的数学期望等于各自的平方和，并解线性方程组可得方差分量的估计。记矩阵

$$
C = \begin{pmatrix}
tr(U_1'A_1U_1) & tr(U_2'A_1U_2) & tr(U_3'A_1U_3) & tr(U_4'A_1U_4) & tr(U_5'AU_5) & tr(U_6'A_1U_6) & tr(\mathbf{U}_7'A_1U_7) & tr(A_2) \\
0 & tr(U_2A_2U_2) & tr(U_3'A_2U_3) & tr(U_4'A_2U_4) & tr(U_5'A_2U_5) & tr(U_6'A_1U_6) & tr(U_7'A_2U_7) & tr(A_2) \\
0 & 0 & tr(U_3'A_3U_3) & tr(U_4'A_3U_4) & tr(U_5A_3U_5) & tr(U_6'A_3U_6) & tr(U_7'A_3U_7) & tr(A_3) \\
0 & 0 & 0 & tr(U_4'A_4U_4) & tr(U_5'A_4U_5) & tr(U_6'AU_6) & tr(U_7A_4U_7) & tr(A_2)r \\
0 & 0 & 0 & 0 & tr(U_8'A_5U_5) & tr(U_6'A_8U_6) & tr(U_7'A_5U_7) & tr(A_5) \\
0 & 0 & 0 & 0 & 0 & tr(U_6'A_6U_6) & tr(U_7'A_0U_7) & tr(A_6) \\
0 & 0 & 0 & 0 & 0 & 0 & tr(U_7'A_1U_7) & tr(A_1) \\
0 & 0 & 0 & 0 & 0 & 0 & 0 & tr(A_8)
\end{pmatrix}
$$

其逆矩阵记为

$$C^{-1} = \begin{pmatrix} \lambda_{11} & \lambda_{12} & \lambda_{13} & \lambda_{14} & \lambda_{15} & \lambda_{16} & \lambda_{17} & \lambda_{48} \\ 0 & \lambda_{22} & \lambda_{23} & \lambda_{24} & \lambda_{25} & \lambda_{26} & \lambda_{27} & \lambda_{28} \\ 0 & 0 & \lambda_{33} & \lambda_{34} & \lambda_{35} & \lambda_{36} & \lambda_{37} & \lambda_{38} \\ 0 & 0 & 0 & \lambda_{44} & \lambda_{45} & \lambda_{46} & \lambda_{47} & \lambda_{48} \\ 0 & 0 & 0 & 0 & \lambda_{55} & \lambda_{56} & \lambda_{57} & \lambda_{58} \\ 0 & 0 & 0 & 0 & 0 & \lambda_{66} & \lambda_{67} & \lambda_{68} \\ 0 & 0 & 0 & 0 & 0 & 0 & \lambda_{77} & \lambda_{78} \\ 0 & 0 & 0 & 0 & 0 & 0 & 0 & \lambda_{88} \end{pmatrix}$$

那么方差分量的估计可表示为

$$\begin{cases} \hat{\sigma}_M^2 = \lambda_{11}\mathrm{SSE}_M + \lambda_{12}\mathrm{SSE}_F + \lambda_{13}\mathrm{SSE}_{MF} + \lambda_{14}\mathrm{SSE}_{MS} + \lambda_{15}\mathrm{SSE}_{FS} + \lambda_{16}\mathrm{SSE}_{MFS} + \lambda_{17}\mathrm{SSE}_{MPBS} + \lambda_{18}\mathrm{SSE}_e \\ \hat{\sigma}_F^2 = \qquad\quad \lambda_{22}\mathrm{SSE}_F + \lambda_{23}\mathrm{SSE}_{MF} + \lambda_{24}\mathrm{SSE}_{MS} + \lambda_{25}\mathrm{SSE}_{FS} + \lambda_{26}\mathrm{SSE}_{MFS} + \lambda_{27}\mathrm{SSE}_{MFBS} + \lambda_{28}\mathrm{SSE}_e \\ \hat{\sigma}_{MF}^2 = \qquad\qquad\qquad\quad \lambda_{33}\mathrm{SSE}_{MF} + \lambda_{34}\mathrm{SSE}_{MS} + \lambda_{35}\mathrm{SSE}_{PS} + \lambda_{36}\mathrm{SSE}_{MFS} + \lambda_{37}\mathrm{SSE}_{MFBS} + \lambda_{38}\mathrm{SSE}_e \\ \hat{\sigma}_{MS}^2 = \qquad\qquad\qquad\qquad\qquad\quad \lambda_{44}\mathrm{SSE}_{MS} + \lambda_{45}\mathrm{SSE}_{FS} + \lambda_{46}\mathrm{SSE}_{MFS} + \lambda_{47}\mathrm{SSE}_{MFBS} + \lambda_{48}\mathrm{SSE}_e \\ \hat{\sigma}_{FS}^2 = \qquad\qquad\qquad\qquad\qquad\qquad\qquad\quad \lambda_{55}\mathrm{SSE}_{FS} + \lambda_{56}\mathrm{SSE}_{MFS} + \lambda_{57}\mathrm{SSE}_{MBB} + \lambda_{58}\mathrm{SSE}_e \\ \hat{\sigma}_{MPS}^2 = \qquad\qquad\qquad\qquad\qquad\qquad\qquad\qquad\qquad\quad \lambda_{66}\mathrm{SSE}_{MFS} + \lambda_{67}\mathrm{SSE}_{MFBS} + \lambda_{68}\mathrm{SSE}_e \\ \hat{\sigma}_{MFBS}^2 = \qquad\qquad\qquad\qquad\qquad\qquad\qquad\qquad\qquad\qquad\qquad\quad \lambda_{77}\mathrm{SSE}_{MFBS} + \lambda_{78}\mathrm{SSE}_e \\ \hat{\sigma}_e^2 = \qquad\qquad\qquad\qquad\qquad\qquad\qquad\qquad\qquad\qquad\qquad\qquad\qquad\qquad \lambda_{88}\mathrm{SSE}_e \end{cases} \tag{6-93}$$

根据二次型理论可以得到这些方差分量估计的抽样方差分别为

$$\begin{aligned} \mathrm{var}\left(\hat{\sigma}_M^2\right) = {}& 2\lambda_{11}^2\,\mathrm{tr}\left(A_1\Sigma\right)^2 + 2\lambda_{12}^2\,\mathrm{tr}\left(A_2\Sigma\right)^2 + 2\lambda_{13}^2\,\mathrm{tr}\left(A_3\Sigma\right)^2 + 2\lambda_{14}^2\,\mathrm{tr}\left(A_4\Sigma\right)^2 \\ & + 2\lambda_{15}^2\,\mathrm{tr}\left(A_5\Sigma\right)^2 + 2\lambda_{16}^2\,\mathrm{tr}\left(A_6\Sigma\right)^2 + 2\lambda_{17}^2\,\mathrm{tr}\left(A_7\Sigma\right)^2 + 2\lambda_{18}^2\,\mathrm{tr}\left(A_8\Sigma\right)^2 \\ & + 4\lambda_{11}\lambda_{12}\,\mathrm{tr}\left(A_1\Sigma A_2\Sigma\right) + 4\lambda_{11}\lambda_{13}\,\mathrm{tr}\left(A_1\Sigma A_3\Sigma\right) + 4\lambda_{11}\lambda_{14}\,\mathrm{tr}\left(A_1\Sigma A_4\Sigma\right) \\ & + 4\lambda_{11}\lambda_{15}\,\mathrm{tr}\left(A_1\Sigma A_5\Sigma\right) + 4\lambda_{11}\lambda_{16}\,\mathrm{tr}\left(A_1\Sigma A_6\Sigma\right) + 4\lambda_{11}\lambda_{17}\,\mathrm{tr}\left(A_1\Sigma A_7\Sigma\right) \\ & + 4\lambda_{12}\lambda_{13}\,\mathrm{tr}\left(A_2\Sigma A_3\Sigma\right) + 4\lambda_{12}\lambda_{14}\,\mathrm{tr}\left(A_2\Sigma A_4\Sigma\right) + 4\lambda_{12}\lambda_{15}\,\mathrm{tr}\left(A_2\Sigma A_5\Sigma\right) \\ & + 4\lambda_{12}\lambda_{16}\,\mathrm{tr}\left(A_2\Sigma A_6\Sigma\right) + 4\lambda_{12}\lambda_{17}\,\mathrm{tr}\left(A_2\Sigma A_7\Sigma\right) + 4\lambda_{13}\lambda_{14}\,\mathrm{tr}\left(A_3\Sigma A_4\Sigma\right) \\ & + 4\lambda_{13}\lambda_{15}\,\mathrm{tr}\left(A_3\Sigma A_5\Sigma\right) + 4\lambda_{13}\lambda_{16}\,\mathrm{tr}\left(A_3\Sigma A_6\Sigma\right) + 4\lambda_{13}\lambda_{17}\,\mathrm{tr}\left(A_3\Sigma A_7\Sigma\right) \\ & + 4\lambda_{14}\lambda_{15}\,\mathrm{tr}\left(A_4\Sigma A_5\Sigma\right) + 4\lambda_{14}\lambda_{16}\,\mathrm{tr}\left(A_4\Sigma A_6\Sigma\right) + 4\lambda_{14}\lambda_{17}\,\mathrm{tr}\left(A_4\Sigma A_7\Sigma\right) \\ & + 4\lambda_{15}\lambda_{16}\,\mathrm{tr}\left(A_5\Sigma A_6\Sigma\right) + 4\lambda_{15}\lambda_{17}\,\mathrm{tr}\left(A_5\Sigma A_7\Sigma\right) + 4\lambda_{16}\lambda_{17}\,\mathrm{tr}\left(A_6\Sigma A_7\Sigma\right) \end{aligned} \tag{6-94}$$

$$\text{var}\left(\hat{\sigma}_F^2\right) = 2\lambda_{22}^2 \operatorname{tr}\left(A_2\Sigma\right)^2 + 2\lambda_{23}^2 \operatorname{tr}\left(A_3\Sigma\right)^2 + 2\lambda_{24}^2 \operatorname{tr}\left(A_4\Sigma\right)^2 + 2\lambda_{25}^2 \operatorname{tr}\left(A_5\Sigma\right)^2$$
$$+2\lambda_{26}^2 \operatorname{tr}\left(A_6\Sigma\right)^2 + 2\lambda_{27}^2 \operatorname{tr}\left(A_7\Sigma\right)^2 + 2\lambda_{28}^2 \operatorname{tr}\left(A_8\Sigma\right)^2$$
$$+4\lambda_{22}\lambda_{23} \operatorname{tr}\left(A_2\Sigma A_3\Sigma\right) + 4\lambda_{22}\lambda_{24} \operatorname{tr}\left(A_2\Sigma A_4\Sigma\right) + 4\lambda_{22}\lambda_{25} \operatorname{tr}\left(A_2\Sigma A_5\Sigma\right)$$
$$+4\lambda_{22}\lambda_{16} \operatorname{tr}\left(A_2\Sigma A_6\Sigma\right) + 4\lambda_{22}\lambda_{27} \operatorname{tr}\left(A_2\Sigma A_1\Sigma\right) + 4\lambda_{23}\lambda_{24} \operatorname{tr}\left(A_3\Sigma A_4\Sigma\right) \quad (6\text{-}95)$$
$$+4\lambda_{23}\lambda_{25} \operatorname{tr}\left(A_3\Sigma A_5\Sigma\right) + 4\lambda_{23}\lambda_{26} \operatorname{tr}\left(A_3\Sigma A_6\Sigma\right) + 4\lambda_{23}\lambda_{27} \operatorname{tr}\left(A_3\Sigma A_7\Sigma\right)$$
$$+4\lambda_{24}\lambda_{25} \operatorname{tr}\left(A_4\Sigma A_5\Sigma\right) + 4\lambda_{24}\lambda_{26} \operatorname{tr}\left(A_4\Sigma A_6\Sigma\right) + 4\lambda_{24}\lambda_{27} \operatorname{tr}\left(A_4\Sigma A_7\Sigma\right)$$
$$+4\lambda_{25}\lambda_{26} \operatorname{tr}\left(A_5\Sigma A_6\Sigma\right) + 4\lambda_{25}\lambda_{27} \operatorname{tr}\left(A_5\Sigma A_7\Sigma\right) + 4\lambda_{26}\lambda_{27} \operatorname{tr}\left(A_6\Sigma A_7\Sigma\right)$$

$$\text{var}\left(\hat{\sigma}_{\text{MF}}^2\right) = 2\lambda_{33}^2 \operatorname{tr}\left(A_3\Sigma\right)^2 + 2\lambda_{34}^2 \operatorname{tr}\left(A_4\Sigma\right)^2 + 2\lambda_{35}^2 \operatorname{tr}\left(A_5\Sigma\right)^2 + 2\lambda_{36}^2 \operatorname{tr}\left(A_6\Sigma\right)^2$$
$$+2\lambda_{37}^2 \operatorname{tr}\left(A_7\Sigma\right)^2 + 2\lambda_{38}^2 \operatorname{tr}\left(A_8\Sigma\right)^2 + 4\lambda_{33}\lambda_{34} \operatorname{tr}\left(A_3\Sigma A_4\Sigma\right)$$
$$+4\lambda_{33}\lambda_{35} \operatorname{tr}\left(A_3\Sigma A_5\Sigma\right) + 4\lambda_{33}\lambda_{36} \operatorname{tr}\left(A_3\Sigma A_6\Sigma\right) + 4\lambda_{33}\lambda_{37} \operatorname{tr}\left(A_3\Sigma A_7\Sigma\right) \quad (6\text{-}96)$$
$$+4\lambda_{34}\lambda_{35} \operatorname{tr}\left(A_4\Sigma A_5\Sigma\right) + 4\lambda_{34}\lambda_{36} \operatorname{tr}\left(A_4\Sigma A_6\Sigma\right) + 4\lambda_{34}\lambda_{37} \operatorname{tr}\left(A_4\Sigma A_7\Sigma\right)$$
$$+4\lambda_{35}\lambda_{36} \operatorname{tr}\left(A_5\Sigma A_6\Sigma\right) + 4\lambda_{35}\lambda_{37} \operatorname{tr}\left(A_5\Sigma A_7\Sigma\right) + 4\lambda_{36}\lambda_{37} + r\left(A_6\Sigma A_7\Sigma\right)$$

$$\text{var}\left(\hat{\sigma}_{\text{MS}}^2\right) = 2\lambda_{44}^2 \operatorname{tr}\left(A_4\Sigma\right)^2 + 2\lambda_{45}^2 \operatorname{tr}\left(A_5\Sigma\right)^2 + 2\lambda_{46}^2 \operatorname{tr}\left(A_6\Sigma\right)^2 + 2\lambda_{47}^2 \operatorname{tr}\left(A_7\Sigma\right)^2$$
$$+2\lambda_{48}^2 \operatorname{tr}\left(A_8\Sigma\right)^2 + 4\lambda_{44}\lambda_{45} \operatorname{tr}\left(A_4\Sigma A_5\Sigma\right) + 4\lambda_{44}\lambda_{46} \operatorname{tr}\left(A_4\Sigma A_6\Sigma\right)$$
$$+4\lambda_{44}\lambda_{47} \operatorname{tr}\left(A_4\Sigma A_7\Sigma\right) + 4\lambda_{45}\lambda_{46} \operatorname{tr}\left(A_5\Sigma A_6\Sigma\right) + 4\lambda_{45}\lambda_{47} \operatorname{tr}\left(A_5\Sigma A_7\Sigma\right) \quad (6\text{-}97)$$
$$4\lambda_{46}\lambda_{47} \operatorname{tr}\left(A_6\Sigma A_7\Sigma\right)$$

$$\text{var}\left(\hat{\sigma}_{\text{FS}}^2\right) = 2\lambda_{\text{ss}}^2 \operatorname{tr}\left(A_5\Sigma\right)^2 + 2\lambda_{\text{s6}}^2 \operatorname{tr}\left(A_6\Sigma\right)^2 + 2\lambda_{\text{s7}}^2 \operatorname{tr}\left(A_7\Sigma\right)^2 + 2\lambda_{\text{sg}}^2 \operatorname{tr}\left(A_8\Sigma\right)^2$$
$$+4\lambda_{55}\lambda_{36} \operatorname{tr}\left(A_5\Sigma A_6\Sigma\right) + 4\lambda_{55}\lambda_{57} \operatorname{tr}\left(A_5\Sigma A_7\Sigma\right) + 4\lambda_{36}\lambda_{37} \operatorname{tr}\left(A_6\Sigma A_7\Sigma\right) \quad (6\text{-}98)$$

$$\text{var}\left(\hat{\sigma}_{\text{MPS}}^2\right) = 2\lambda_{66}^2 \operatorname{tr}\left(A_6\Sigma\right)^2 + 2\lambda_{67}^2 \operatorname{tr}\left(A_7\Sigma\right)^2 + 2\lambda_{68}^2 \operatorname{tr}\left(A_8\Sigma\right)^2 + 4\lambda_{66}\lambda_{67} \operatorname{tr}\left(A_6\Sigma A_7\Sigma\right) \quad (6\text{-}99)$$

$$\text{var}\left(\hat{\sigma}_{\text{MFBS}}^2\right) = 2\lambda_{77}^2 \operatorname{tr}\left(\mathbf{A}_7\Sigma\right)^2 + 2\lambda_{78}^2 \operatorname{tr}\left(\mathbf{A}_8\Sigma\right)^2 \quad (6\text{-}100)$$

$$\text{var}\left(\hat{\sigma}_e^2\right) = 2\lambda_{88}^2 \operatorname{tr}\left(A_8\Sigma\right)^2 \quad (6\text{-}101)$$

下面考虑方差分量的假设检验问题。首先，存在一个正交矩阵 Γ，使

$$\mathbf{\Gamma}y = \begin{pmatrix} t_0 \\ t_1 \\ t_2 \\ t_3 \\ t_4 \\ t_5 \\ t_6 \\ t_7 \\ t_8 \end{pmatrix} = \begin{pmatrix} R_{00} & R_{01} & R_{02} & R_{03} & R_{04} & R_{05} & R_{06} & R_{07} \\ 0 & R_{11} & R_{12} & R_{13} & R_{14} & R_{15} & R_{16} & R_{17} \\ 0 & 0 & R_{22} & R_{23} & R_{24} & R_{25} & R_{26} & R_{27} \\ 0 & 0 & 0 & R_{33} & R_{34} & R_{35} & R_{36} & R_{37} \\ 0 & 0 & 0 & 0 & R_{44} & R_{45} & R_{46} & R_{47} \\ 0 & 0 & 0 & 0 & 0 & R_{55} & R_{56} & R_{57} \\ 0 & 0 & 0 & 0 & 0 & 0 & R_{66} & R_{67} \\ 0 & 0 & 0 & 0 & 0 & 0 & 0 & R_{77} \\ 0 & 0 & 0 & 0 & 0 & 0 & 0 & 0 \end{pmatrix} \begin{pmatrix} \beta \\ M \\ F \\ MF \\ MS \\ FS \\ MFS \\ MFBS \end{pmatrix} + Ie \qquad (6\text{-}102)$$

其中，若记 $d_0 = R(X)$、$d_1 = R(XU_1)$、$d_2 = R(XU_1U_2)$、$d_3 = R(XU_1U_2U_3)$、$d_4 = R(XU_1U_2U_3U_4)$、$d_5 = R(XU_1U_2U_3U_4U_5)$、$d_6 = R(XU_1U_2U_3U_4U_5U_6)$、$d_7 = R(X\ U_1\ U_2\ U_3\ U_4\ U_5\ U_6\ U_7)$，则有 $R(R_{00}R_{01}R_{02}R_{03}R_{04}R_{05}R_{06}R_{07}) = d_0$、$R(R_{11}R_{12}R_{13}R_{14}R_{15}R_{16}R_{17}) = d_1\text{-}d_0$、$R(R_{22}R_{23}R_{24}R_{25}R_{26}R_{27}) = d_2\text{-}d_1$、$R(R_{33}R_{34}R_{35}R_{36}R_{37}) = d_3\text{-}d_2$、$R(R_{44}R_{45}R_{46}R_{47}) = d_4\text{-}d_3$、$R(R_{55}R_{56}R_{57}) = d_5\text{-}d_4$、$R(R_{66}R_{67}) = d_6\text{-}d_5$、$R(R_{77}) = d_7\text{-}d_6$。

（1）对于零假设 $H_0 : \sigma^2_{MFBS} = 0$，由式（6-88）容易得到其检验统计量为

$$F = \frac{t'_7 t_7 / (d_7 - d_6)}{t'_8 t_8 / (n - d_7)} \qquad (6\text{-}103)$$

（2）考虑零假设 $H_0 : \sigma^2_{MFS} = 0$。设

$$A = (A_1 A_2 A_3 A_4 A_5 A_6 A_7) = \begin{pmatrix} R_{11} & R_{12} & R_{13} & R_{14} & R_{15} & R_{16} & R_{17} \\ 0 & R_{22} & R_{23} & R_{24} & R_{25} & R_{26} & R_{27} \\ 0 & 0 & R_{33} & R_{34} & R_{35} & R_{36} & R_{37} \\ 0 & 0 & 0 & R_{44} & R_{45} & R_{46} & R_{47} \\ 0 & 0 & 0 & 0 & R_{55} & R_{56} & R_{57} \\ 0 & 0 & 0 & 0 & 0 & R_{66} & R_{67} \\ 0 & 0 & 0 & 0 & 0 & 0 & R_{77} \end{pmatrix} \qquad (6\text{-}104)$$

存在正交矩阵 P，使 $A_7 A'_7 = P\Lambda A'$。令 $L = \Lambda^{-1/2}P'$、$z = L(t'_1 t'_2 t'_3 t'_4 t'_5 t'_6 t'_7)'$，则有

$$E(z) = 0, \quad \mathrm{var}(z) = LA_1 A'_1 L'\sigma^2_M + \cdots + LA_6 A'_6 L'\sigma^2_{MFS} + I_s \sigma^2_{MFBS} + \Lambda^{-1}\sigma^2_e$$

这里 $s = d_7 - d_0$。设 $u = z + (\lambda I_s - \Lambda^{-1})^{1/2} t_s$，其中 λ 为 Λ^{-1} 对角线元素最大值，t_s 为 t_8 的一个子向量，则 $E(u) = 0$、$\mathrm{var}(u) = B_1 B'_1 \sigma^2_M + \ldots + B_6 B'_6 \sigma^2_{MFS} + (\sigma^2_{MFBS} + \lambda\sigma^2_e)I_s$，

这里 $B_i = LA_i (i = 1, ..., 6)$。

又存在正交矩阵 Q，使

$$Q = (B_1 B_2 B_3 B_4 B_5 B_6) = \begin{pmatrix} S_{11} & S_{12} & S_{13} & S_{14} & S_{15} & S_{16} \\ 0 & S_{22} & S_{23} & S_{24} & S_{25} & S_{26} \\ 0 & 0 & S_{33} & S_{34} & S_{35} & S_{36} \\ 0 & 0 & 0 & 0 & S_{55} & S_{46} \\ 0 & 0 & 0 & 0 & 0 & S_{66} \\ 0 & 0 & 0 & 0 & 0 & 0 \end{pmatrix} \qquad (6\text{-}105)$$

令 $w = Qu = (w_1' w_2' w_3' w_4' w_5' w_6' w_7')$、$\sigma_1^2 = \sigma_{\text{MFS}}^2 + \lambda\sigma_e^2$，则 $w_6 \sim N(0, S_{66}S_{66}'\sigma_{\text{MFS}}^2 + I_{d_6-d_5}\sigma_1^2)$、$w_7 \sim N(0, \sigma_1^2 I_s)$，因此，在零假设 $H_0 : \sigma_{\text{MFS}}^2 = 0$ 成立的条件下，有检验统计量

$$F = \frac{w_6' w_6 / (d_6 - d_5)}{w_7' w_7 / (d_7 - d_6)} \sim F(d_6 - d_5, d_7 - d_6) \qquad (6\text{-}106)$$

（3）考虑零假设 $H_0 : \sigma_{\text{FS}}^2 = 0$。根据式（6-105），设

$$A = (A_1, A_2 A_3 A_4 A_5 A_6) = \begin{pmatrix} S_{11} & S_{12} & S_{13} & S_{14} & S_{15} & S_{16} \\ 0 & S_{22} & S_{23} & S_{24} & S_{25} & S_{26} \\ 0 & 0 & S_{33} & S_{34} & S_{35} & S_{36} \\ 0 & 0 & 0 & S_{44} & S_{45} & S_{46} \\ 0 & 0 & 0 & 0 & S_{55} & S_{56} \\ 0 & 0 & 0 & 0 & 0 & S_{66} \end{pmatrix}$$

则存在正交矩阵 P，使 $A_6 A_6' = P\Lambda\Lambda'$。令 $L = \Lambda^{-1/2}P'$、$z = L(w_1' w_2' w_3' w_4' w_5' w_6' w_7')$，则

$$E(z) = 0, \quad \text{var}(z) = LA_1 A_1' L'\sigma_M^2 + \cdots + LA_5 A_5' L'\sigma_{\text{RS}}^2 + I_s \sigma_{\text{MFS}}^2 + \Lambda^{-1}\sigma_1^2$$

这里 $s = d_7 - d_0$。设 $u = z + (\lambda I_s - \Lambda^{-1})^{1/2} t_s$，其中 λ 为 Λ^{-1} 对角线元素最大值，t_s 为 t_8 的一个子向量，则 $E(u) = 0$、$\text{var}(u) = B_1 B_1'\sigma_M^2 + ... + B_6 B_6'\sigma_{\text{MFS}}^2 + (\sigma_{\text{MFBS}}^2 + \lambda\sigma_e^2)I_s$，这里 $B_i = LA_i (i = 1, ..., 6)$。同样存在正交矩阵 Q，使 $Q(B_1 B_2 B_3 B_4 B_5) =$

$$\begin{pmatrix} S_{11} & S_{12} & S_{13} & S_{14} & S_{15} \\ 0 & S_{22} & S_{23} & S_{24} & S_{25} \\ 0 & 0 & S_{33} & S_{34} & S_{35} \\ 0 & 0 & 0 & S_{44} & S_{45} \\ 0 & 0 & 0 & 0 & S_{55} \\ 0 & 0 & 0 & 0 & 0 \end{pmatrix}。令 w = Qu = \begin{pmatrix} w_1 \\ w_2 \\ w_3 \\ w_4 \\ w_5 \\ w_6 \end{pmatrix}, \sigma_2^2 = \sigma_{MFS}^2 + \lambda\sigma_1^2, \quad 则 w_5 \sim N\left(0, S_{55}S_{55}'\sigma_{FS}^2\right.$$

$\left.+I_{d_5-d_4}\sigma_2^2\right)$、$w_6 \sim N(0, \sigma_2^2 I_s)$，因此在零假设 $H_0 : \sigma_{FS}^2 = 0$ 成立的条件下，有检验统计量

$$F = \frac{w_5'w_5 / (d_5 - d_4)}{w_6'w_6 / (d_6 - d_5)} \sim F\left(d_5 - d_4, d_6 - d_5\right) \tag{6-107}$$

（4）考虑零假设 $H_0 : \sigma_{MS}^2 = 0$。根据式（6-105），设

$$A = \left(A_1 A_2 A_3 A_4 A_5 A_6\right) = \begin{pmatrix} S_{11} & S_{12} & S_{13} & S_{15} & S_{14} & S_{16} \\ 0 & S_{22} & S_{23} & S_{25} & S_{24} & S_{26} \\ 0 & 0 & S_{33} & S_{35} & S_{34} & S_{36} \\ 0 & 0 & 0 & S_{45} & S_{44} & S_{46} \\ 0 & 0 & 0 & S_{55} & 0 & S_{56} \\ 0 & 0 & 0 & 0 & 0 & S_{66} \end{pmatrix}$$

则按步骤（3）的推导，最后可得 $w_5 \sim N(0, S_{55}S_{55}'\sigma_{MS}^2 + I_{d_5-d_4}\sigma_2^2)$、$w_6 \sim N(0, \sigma_2^2 I_s)$，因此在零假设 $H_0 : \sigma_{MS}^2 = 0$ 的条件下，有检验统计量

$$F = \frac{w_5'w_5 / (d_4 - d_3)}{w_6'w_6 / (d_6 - d_5)} \sim F\left(d_4 - d_3, d_6 - d_5\right) \tag{6-108}$$

（5）考虑零假设 $H_0 : \sigma_{FS}^2 = 0$。在步骤（3）中，存在正交矩阵 Q，使

$$Q\left(B_1 B_2 B_4 B_5 B_3\right) = \begin{pmatrix} S_{11} & S_{12} & S_{13} & S_{14} & S_{15} \\ 0 & S_{22} & S_{23} & S_{24} & S_{25} \\ 0 & 0 & S_{33} & S_{34} & S_{35} \\ 0 & 0 & 0 & S_{44} & S_{45} \\ 0 & 0 & 0 & 0 & S_{55} \\ 0 & 0 & 0 & 0 & 0 \end{pmatrix}。令 w = Qu = \begin{pmatrix} w_1 \\ w_2 \\ w_3 \\ w_4 \\ w_5 \\ w_6 \end{pmatrix}, \sigma_2^2 = \sigma_{MPS}^2 + \lambda\sigma_1^2, \quad 则有$$

$w_5 \sim N(0, S_{55}S_{55}'\sigma_{MF}^2 + I_{d_5-d_4}\sigma_2^2)$、$w_6 \sim N(0, \sigma_2^2 I_s)$，在零假设 $H_0 : \sigma_{MF}^2 = 0$ 成立的条件下，有

$$F = \frac{w_5' w_5 / (d_3 - d_2)}{w_6' w_6 / (d_6 - d_5)} \sim F(d_3 - d_2, d_6 - d_5) \tag{6-109}$$

（6）考虑零假设 $H_0 : \sigma_M^2 = 0$ 和 $H_0 : \sigma_F^2 = 0$。可以验证，在步骤（3）中

$$Q(B_1, B_2, B_3, B_4, B_5) = \begin{pmatrix} S_{11} & 0 & S_{13} & S_{14} & 0 \\ 0 & S_{22} & S_{23} & 0 & S_{25} \\ 0 & 0 & S_{33} & 0 & 0 \\ 0 & 0 & 0 & S_{44} & 0 \\ 0 & 0 & 0 & 0 & S_{55} \\ 0 & 0 & 0 & 0 & 0 \end{pmatrix} \tag{6-110}$$

成立，并且

$$\begin{cases} \operatorname{var}(\mathbf{w}_1) = sf I_{d_1 - d_0} \sigma_M^2 + s I_{d_1 - d_0} \sigma_{MF}^2 + f I_{d_1 - d_0} \sigma_{MS}^2 + I_{d_1 - d_0} \\ \operatorname{var}(\mathbf{w}_3) = s I_{d_3 - d_2} \sigma_{MF}^2 + I_{d_3 - d_2} \sigma_2^2 \\ \operatorname{var}(\mathbf{w}_4) = f I_{d_4 - d_3} \sigma_{MS}^2 + I_{d_4 - d_3} \sigma_2^2 \end{cases}$$

在 w_6 中取子向量 w_{62}，维数同 w_2；若 $d_3 - d_2 > d_5 - d_4$，则在 w_3 中取子向量 w_{32}，维数同 w_5，否则在 w_6 中取子向量 w_{52}，维数同 w_3，于是有

$$\operatorname{var}(\mathbf{w}_2 + \mathbf{w}_{62}) = sm\mathbf{I}_{d_2 - d_1} \sigma_F^2 + s\mathbf{I}_{d_2 - d_1} \sigma_{MF}^2 + \mathbf{f}_{d_2 - d_1} \sigma_{FS}^2 + 2\mathbf{I}_{d_2 - d_1} \sigma_2^2$$

$$\operatorname{var}(\mathbf{w}_{32} + \mathbf{w}_5) = s\mathbf{I}_{d_5 - d_4} \sigma_{MF}^2 + m I_{d_5 - d_4} \sigma_{FS}^2 + 2\mathbf{I}_{d_5 - d_4} \sigma_2^2$$

$$\operatorname{var}(\mathbf{w}_3 + \mathbf{w}_{52}) = s\mathbf{I}_{d_3 - d_2} \sigma_{MF}^2 + \mathbf{f}\mathbf{I}_{d_3 - d_2} \sigma_{FS}^2 + 2\mathbf{I}_{d_3 - d_2} \sigma_2^2$$

在 $H_0 : \sigma_M^2 = 0$ 成立的条件下，$w_1 + w_{61}$ 和 $w_{31} + w_4$ 或 $w_3 + w_{41}$ 相互独立同分布，因此有统计量

$$F = \frac{(w_1 + w_{61})(w_1 + w_{61})' / (d_1 - d_0)}{(w_{31} + w_4)(w_{31} + w_4)' / (d_4 - d_3)} \sim F(d_1 - d_0, d_4 - d_3) \tag{6-111}$$

或

$$F = \frac{(w_1 + w_{61})(w_1 + w_{61})' / (d_1 - d_0)}{(w_3 + w_{41})(w_3 + w_{41})' / (d_3 - d_2)} \sim F(d_1 - d_0, d_3 - d_2) \tag{6-112}$$

另外，根据式（4.24）有

$$\begin{cases} \operatorname{var}(w_2) = sm I_{d_2 - d_1} \sigma_F^2 + s I_{d_2 - d_1} \sigma_{MF}^2 + m I_{d_2 - d_1} \sigma_{FS}^2 + I_{d_2 - d_1} \sigma_2^2 \\ \operatorname{var}(w_3) = s I_{d_1 - d_2} \sigma_{MF}^2 + I_{d_3 - d_2} \sigma_2^2 \\ \operatorname{var}(w_5) = m I_{d_5 - d_4} \sigma_{FS}^2 + I_{d_5 - d_4} \sigma_2^2 \end{cases}$$

在 $w_{3\backslash6}$ 中取子向量 w_{62}，维数同 w_2；若 $d_3-d_2>d_5-d_4$，则在 w_3 中取子向量 w_{32}，维数同 w_5，否维数在 w_5 中取子向量 w_{52}，维数同 w_3，于是有

$$\text{var}\left(w_2+w_{62}\right)=smI_{d_2-d_1}\sigma_F^2+sI_{d_2-d_1}\sigma_{\text{MF}}^2+mI_{d_2-d_1}\sigma_{\text{FS}}^2+2I_{d_2-d_1}\sigma_2^2$$

$$\text{var}\left(w_{32}+w_5\right)=sI_{d_5-d_4}\sigma_{\text{MF}}^2+mI_{d_3-d_4}\sigma_{\text{FS}}^2+2I_{d_5-d_4}\sigma_2^2$$

或

$$\text{var}\left(w_3+w_{52}\right)=sI_{d_3-d_2}\sigma_{\text{MF}}^2+mI_{d_3-d_2}\sigma_{\text{FS}}^2+2I_{d_3-d_2}\sigma_2^2$$

在 $H_0:\sigma_F^2=0$ 成立的条件下，$w2+w62$ 和 $w32+w5+$ 或 $w3+w52$ 相互独立同分布，因此有统计量

$$F=\frac{\left(w_2+w_{62}\right)\left(w_2+w_{62}\right)'/\left(d_2-d_1\right)}{\left(w_{32}+w_5\right)\left(w_{32}+w_5\right)'/\left(d_5-d_4\right)}\sim F\left(d_2-d_1,d_5-d_4\right) \quad （6-113）$$

或

$$F=\frac{\left(w_2+w_{62}\right)\left(w_2+w_{62}\right)'/\left(d_2-d_1\right)}{\left(w_3+w_{52}\right)\left(w_3+w_{52}\right)'/\left(d_3-d_2\right)}\sim F\left(d_2-d_1,d_3-d_2\right) \quad （6-114）$$

三、遗传力

根据因子交配设计可以计算单株遗传力和家系遗传力。对于单株遗传力，无论数据是平衡还是不平衡，其计算表达式都是一样的。根据模型（6-4），单株遗传力定义为

$$h_i^2=\frac{2\left(\sigma_M^2+\sigma_F^2\right)}{\sigma_M^2+\sigma_F^2+\sigma_{\text{MF}}^2+\sigma_{\text{MS}}^2+\sigma_{\text{FS}}^2+\sigma_{\text{MFS}}^2+\sigma_{\text{MFBS}}^2+\sigma_e^2} \quad （6-115）$$

然而，对于有关家系遗传力文献中只给出了平衡数据条件下的结，我们给出了不平衡设计条件下家系遗传力的计算表达式。

记 n_{ijkl} 为第 i 个地点、第 j 个区组中第 k 个父本与第 l 母本交配子代的个数，那么家系 (k,l) 性状的均值为

$$\bar{y}_{\cdot kl\cdot}=C+M_k+F_l+MF_{kl}+\frac{1}{n_{\cdot\cdot kl}}\sum_{i=1}^s n_{i\cdot kl}M_{ik}+\frac{1}{n_{\cdot\cdot kl}}\sum_{i=1}^s n_{i\cdot kl}FS_{il}n$$

$$+\frac{1}{n_{nkl}}\sum_{i=1}^s n_{i\cdot kl}MFS_{ikl}+\frac{1}{n_{\cdot\cdot kl}}\sum_{i=1}^s\sum_{j=1}^{b_i} n_{i\cdot kl}MFBS_{ijkl}+\frac{1}{n_{\cdot\cdot kl}}\sum_{i=1}^s\sum_{j=1}^b\sum_{m=1}^{n_{y\cdot i}} e_{ijklt}$$

其中，C 为固定效应代数和，因此家系均值的方差为

$$\mathrm{var}\left(\overline{y}_{\cdot\cdot kl\cdot}\right)=\sigma_M^2+\sigma_F^2+\sigma_{MF}^2+\frac{1}{n_{\cdot\cdot kl}^2}\sum_{i=1}^{s}n_{i\cdot kl}^2\sigma_{MS}^2+\frac{1}{n_{\cdot\cdot kl}^2}\sum_{i=1}^{s}n_{i\cdot kl}^2\sigma_{MS}^2$$

$$+\frac{1}{n_{\cdot\cdot kl}^2}\sum_{i=1}^{s}n_{i\cdot kl}^2\sigma_{MFS}^2+\frac{1}{n_{\cdot\cdot kl}^2}\sum_{i=1}^{s}\sum_{j=1}^{b_i}n_{ijkl}^2\sigma_{MFBS}^2+\frac{1}{n_{\oplus\cdot kl}}\sigma_e^2$$

由于数据不平衡性会导致各家系均值的方差不一致，因此取家系均值方差的平均值作为计算家系遗传力的背景，于是不平衡数据条件下家系遗传力可表示为

$$h_f^2=\frac{\sigma_M^2+\sigma_F^2+\sigma_{MF}^2}{\dfrac{1}{n_{M\times F}}\sum_{k,l}\mathrm{var}\left(\overline{y}_{\cdot\cdot kl}\right)}=\frac{\sigma_M^2+\sigma_F^2+\sigma_{MF}^2}{\sigma_M^2+\sigma_F^2+\sigma_{MF}^2+k_1\sigma_{MS}^2+k_1\sigma_{FS}^2+k_1\sigma_{MFS}^2+k_2\sigma_{MPBS}^2+k_3\sigma_e^2}\quad（6-116）$$

其中，$n_{M\times F}$为家系的个数；$k_1=\dfrac{1}{n_{M\times F}}\sum_{k,l}\dfrac{1}{n_{\cdot\cdot kl}^2}\sum_{i=1}^{s}n_{i\cdot kl}^2$；$k_2=\dfrac{1}{n_{M\times F}}\sum_{k,l}\dfrac{1}{n_{\cdot\cdot kl}^2}\sum_{i=1}^{s}\sum_{j=1}^{b_i}n_{ijkl}^2$；$k_3=\dfrac{1}{n_{M\times F}}\sum_{k,l}\dfrac{1}{n_{\cdot\cdot kl}}$。

为了估算单株遗传力和家系遗传力的方差，首先计算方差分量间的协方差：

$$\begin{aligned}
\mathrm{cov}\left(\hat{\sigma}_M^2,\hat{\sigma}_F^2\right)=&\,2\lambda_{12}\lambda_{22}\,\mathrm{tr}\left(A_2\Sigma\right)^2+2\lambda_{13}\lambda_{23}\,\mathrm{tr}\left(A_3\Sigma\right)^2\\
&+2\lambda_{14}\lambda_{24}\,\mathrm{tr}\left(A_4\Sigma\right)^2+2\lambda_{15}\lambda_{25}\,\mathrm{tr}\left(A_5\Sigma\right)^2\\
&+2\lambda_{16}\lambda_{26}\,\mathrm{tr}\left(A_6\Sigma\right)^2+2\lambda_{17}\lambda_{27}\,\mathrm{tr}\left(A_7\Sigma\right)^2\\
&+2\lambda_{48}\lambda_{28}\,\mathrm{tr}\left(A_8\Sigma\right)^2+2\lambda_{11}\lambda_{22}\,\mathrm{tr}\left(A_1\Sigma A_2\Sigma\right)\\
&+2\lambda_{11}\lambda_{23}\,\mathrm{tr}\left(A_1\Sigma A_3\Sigma\right)+2\lambda_{11}\lambda_{24}\,\mathrm{tr}\left(A_1\Sigma A_4\Sigma\right)\\
&+2\lambda_{11}\lambda_{25}\,\mathrm{tr}\left(A_1\Sigma A_5\Sigma\right)+2\lambda_{11}\lambda_{26}\,\mathrm{tr}\left(A_1\Sigma A_6\Sigma\right)\\
&+2\lambda_{11}\lambda_{27}\,\mathrm{tr}\left(A_1\Sigma A_7\Sigma\right)+2\left(\lambda_{12}\lambda_{23}+\lambda_{13}\lambda_{22}\right)\mathrm{tr}\left(A_2\Sigma A_3\Sigma\right)\\
&+2\left(\lambda_{12}\lambda_{24}+\lambda_{14}\lambda_{22}\right)\mathrm{tr}\left(A_2\Sigma A_4\Sigma\right)+2\left(\lambda_{12}\lambda_{25}+\lambda_{15}\lambda_{22}\right)\mathrm{tr}\left(A_2\Sigma A_5\Sigma\right)\\
&+2\left(\lambda_{12}\lambda_{26}+\lambda_{16}\lambda_{22}\right)\mathrm{tr}\left(A_2\Sigma A_6\Sigma\right)+2\left(\lambda_{12}\lambda_{27}+\lambda_{17}\lambda_{22}\right)\mathrm{tr}\left(A_2\Sigma A_7\Sigma\right)\\
&+2\left(\lambda_{13}\lambda_{24}+\lambda_{14}\lambda_{23}\right)\mathrm{tr}\left(A_3\Sigma A_4\Sigma\right)+2\left(\lambda_{13}\lambda_{25}+\lambda_{15}\lambda_{23}\right)\mathrm{tr}\left(A_3\Sigma A_5\Sigma\right)\\
&+2\left(\lambda_{13}\lambda_{26}+\lambda_{16}\lambda_{23}\right)\mathrm{tr}\left(A_3\Sigma A_6\Sigma\right)+2\left(\lambda_{13}\lambda_{27}+\lambda_{17}\lambda_{23}\right)\mathrm{tr}\left(A_3\Sigma A_7\Sigma\right)\\
&+2\left(\lambda_{14}\lambda_{25}+\lambda_{15}\lambda_{24}\right)\mathrm{tr}\left(A_4\Sigma A_5\Sigma\right)+2\left(\lambda_{14}\lambda_{26}+\lambda_{16}\lambda_{24}\right)\mathrm{tr}\left(A_4\Sigma A_6\Sigma\right)\\
&+2\left(\lambda_{14}\lambda_{27}+\lambda_{17}\lambda_{24}\right)\mathrm{tr}\left(A_4\Sigma A_7\Sigma\right)+2\left(\lambda_{15}\lambda_{26}+\lambda_{16}\lambda_{25}\right)\mathrm{tr}\left(A_5\Sigma A_6\Sigma\right)\\
&+2\left(\lambda_{15}\lambda_{27}+\lambda_{17}\lambda_{25}\right)\mathrm{tr}\left(A_5\Sigma A_7\Sigma\right)+2\left(\lambda_{16}\lambda_{27}+\lambda_{17}\lambda_{26}\right)\mathrm{tr}\left(A_6\Sigma A_7\Sigma\right)
\end{aligned}\quad（6-117）$$

$$\begin{aligned}
\text{cov}\left(\hat{\sigma}_M^2, \hat{\sigma}_{\text{MF}}^2\right) = & 2\lambda_{13}\lambda_{33}\,\text{tr}\left(A_3\Sigma\right)^2 + 2\lambda_{14}\lambda_{34}\,\text{tr}\left(A_4\Sigma\right)^2 \\
& +2\lambda_{15}\lambda_{35}\,\text{tr}\left(A_5\Sigma\right)^2 + 2\lambda_{16}\lambda_{36}\,\text{tr}\left(A_6\Sigma\right)^2 \\
& +2\lambda_{17}\lambda_{37}\,\text{tr}\left(A_7\Sigma\right)^2 + 2\lambda_{18}\lambda_{38}\,\text{tr}\left(A_8\Sigma\right)^2 \\
& +2\lambda_{11}\lambda_{33}\,\text{tr}\left(A_1\Sigma A_3\Sigma\right) + 2\lambda_{11}\lambda_{34}\,\text{tr}\left(A_1\Sigma A_4\Sigma\right) \\
& +2\lambda_{11}\lambda_{35}\,\text{tr}\left(A_1\Sigma A_5\Sigma\right) + 2\lambda_{11}\lambda_{36}\,\text{tr}\left(A_1\Sigma A_6\Sigma\right) \\
& +2\lambda_{11}\lambda_{37}\,\text{tr}\left(A_1\Sigma A_7\Sigma\right) + 2\lambda_{12}\lambda_{33}\,\text{tr}\left(A_2\Sigma A_3\Sigma\right) \\
& +2\lambda_{12}\lambda_{34}\,\text{tr}\left(A_2\Sigma A_4\Sigma\right) + 2\lambda_{12}\lambda_{35}\,\text{tr}\left(A_2\Sigma A_5\Sigma\right) \\
& +2\lambda_{12}\lambda_{36}\,\text{tr}\left(A_2\Sigma A_6\Sigma\right) + 2\lambda_{12}\lambda_{37}\,\text{tr}\left(A_2\Sigma A_7\Sigma\right) \\
& +2\left(\lambda_{13}\lambda_{34} + \lambda_{14}\lambda_{33}\right)\text{tr}\left(A_3\Sigma A_4\Sigma\right) + 2\left(\lambda_{13}\lambda_{35} + \lambda_{15}\lambda_{33}\right)\text{tr}\left(A_3\Sigma A_5\Sigma\right) \\
& +2\left(\lambda_{13}\lambda_{36} + \lambda_{16}\lambda_{33}\right)\text{tr}\left(A_3\Sigma A_6\Sigma\right) + 2\left(\lambda_{13}\lambda_{37} + \lambda_{17}\lambda_{33}\right)\text{tr}\left(A_3\Sigma A_7\Sigma\right) \\
& +2\left(\lambda_{14}\lambda_{35} + \lambda_{15}\lambda_{34}\right)\text{tr}\left(A_4\Sigma A_5\Sigma\right) + 2\left(\lambda_{14}\lambda_{36} + \lambda_{16}\lambda_{34}\right)\text{tr}\left(A_4\Sigma A_6\Sigma\right) \\
& +2\left(\lambda_{14}\lambda_{37} + \lambda_{17}\lambda_{34}\right)\text{tr}\left(A_4\Sigma A_7\Sigma\right) + 2\left(\lambda_{15}\lambda_{36} + \lambda_{46}\lambda_{35}\right)\text{tr}\left(A_5\Sigma A_6\Sigma\right) \\
& +2\left(\lambda_{15}\lambda_{37} + \lambda_{17}\lambda_{35}\right)\text{tr}\left(A_5\Sigma A_7\Sigma\right) + 2\left(\lambda_{16}\lambda_{37} + \lambda_{17}\lambda_{36}\right)\text{tr}\left(A_6\Sigma A_7\Sigma\right)
\end{aligned}$$

（6-118）

$$\begin{aligned}
\text{cov}\left(\hat{\sigma}_M^2, \hat{\sigma}_{\text{MS}}^2\right) = & 2\lambda_{14}\lambda_{44}\,\text{tr}\left(A_4\Sigma\right)^2 + 2\lambda_{15}\lambda_{45}\,\text{tr}\left(A_5\Sigma\right)^2 \\
& +2\lambda_{16}\lambda_{46}\,\text{tr}\left(A_6\Sigma\right)^2 + 2\lambda_{17}\lambda_{47}\,\text{tr}\left(A_7\Sigma\right)^2 \\
& +2\lambda_{18}\lambda_{48}\,\text{tr}\left(A_8\Sigma\right)^2 + 2\lambda_{11}\lambda_{44}\,\text{tr}\left(A_1\Sigma A_4\Sigma\right) \\
& +2\lambda_{11}\lambda_{45}\,\text{tr}\left(A_1\Sigma A_5\Sigma\right) + 2\lambda_{11}\lambda_{46}\,\text{tr}\left(A_1\Sigma A_6\Sigma\right) \\
& +2\lambda_{11}\lambda_{47}\,\text{tr}\left(A_1\Sigma A_7\Sigma\right) + 2\lambda_{12}\lambda_{44}\,\text{tr}\left(A_2\Sigma A_4\Sigma\right) \\
& +2\lambda_{12}\lambda_{45}\,\text{tr}\left(A_2\Sigma A_5\Sigma\right) + 2\lambda_{12}\lambda_{46}\,\text{tr}\left(A_2\Sigma A_6\Sigma\right) \\
& +2\lambda_{12}\lambda_{47}\,\text{tr}\left(A_2\Sigma A_7\Sigma\right) + 2\lambda_{13}\lambda_{44}\,\text{tr}\left(A_3\Sigma A_4\Sigma\right) \\
& +2\lambda_{13}\lambda_{45}\,\text{tr}\left(A_3\Sigma A_5\Sigma\right) + 2\lambda_{13}\lambda_{46}\,\text{tr}\left(A_3\Sigma A_6\Sigma\right) \\
& +2\lambda_{13}\lambda_{47}\,\text{tr}\left(A_3\Sigma A_7\Sigma\right) + 2\left(\lambda_{14}\lambda_{45} + \lambda_{15}\lambda_{44}\right)\text{tr}\left(A_4\Sigma A_5\Sigma\right) \\
& +2\left(\lambda_{14}\lambda_{46} + \lambda_{16}\lambda_{44}\right)\text{tr}\left(A_4\Sigma A_6\Sigma\right) \\
& +2\left(\lambda_{14}\lambda_{47} + \lambda_{17}\lambda_{44}\right)\text{tr}\left(A_4\Sigma A_7\Sigma\right) \\
& +2\left(\lambda_{15}\lambda_{46} + \lambda_{16}\lambda_{45}\right)\text{tr}\left(A_5\Sigma A_6\Sigma\right) \\
& +2\left(\lambda_{15}\lambda_{47} + \lambda_{17}\lambda_{45}\right)\text{tr}\left(A_5\Sigma A_7\Sigma\right) \\
& +2\left(\lambda_{16}\lambda_{47} + \lambda_{17}\lambda_{46}\right)\text{tr}\left(A_6\Sigma A_7\Sigma\right)
\end{aligned}$$

（6-119）

$$\mathrm{cov}\left(\hat{\sigma}_M^2,\hat{\sigma}_{FS}^2\right)=2\lambda_{15}\lambda_{55}\,\mathrm{tr}\left(A_5\Sigma\right)^2+2\lambda_{16}\lambda_{56}\,\mathrm{tr}\left(A_6\Sigma\right)^2$$
$$+2\lambda_{17}\lambda_{57}\,\mathrm{tr}\left(A_7\Sigma\right)^2+2\lambda_{18}\lambda_{58}\,\mathrm{tr}\left(A_8\Sigma\right)^2$$
$$+2\lambda_{11}\lambda_{55}\,\mathrm{tr}\left(A_1\Sigma A_5\Sigma\right)+2\lambda_{11}\lambda_{56}\,\mathrm{tr}\left(A_1\Sigma A_6\Sigma\right)$$
$$+2\lambda_{11}\lambda_{37}\,\mathrm{tr}\left(A_1\Sigma A_7\Sigma\right)+2\lambda_{12}\lambda_{55}\,\mathrm{tr}\left(A_2\Sigma A_5\Sigma\right)$$
$$+2\lambda_{12}\lambda_{56}\,\mathrm{tr}\left(A_2\Sigma A_6\Sigma\right)+2\lambda_{12}\lambda_{57}\,\mathrm{tr}\left(A_2\Sigma A_7\Sigma\right)$$
$$+2\lambda_{13}\lambda_{55}\,\mathrm{tr}\left(A_3\Sigma A_5\Sigma\right)+2\lambda_{13}\lambda_{36}\,\mathrm{tr}\left(A_3\Sigma A_6\Sigma\right)$$
$$+2\lambda_{13}\lambda_{57}\,\mathrm{tr}\left(A_3\Sigma A_7\Sigma\right)+2\lambda_{14}\lambda_{55}\,\mathrm{tr}\left(A_4\Sigma A_5\Sigma\right)$$
$$+2\lambda_{14}\lambda_{56}\,\mathrm{tr}\left(A_4\Sigma A_6\Sigma\right)+2\lambda_{14}\lambda_{57}\,\mathrm{tr}\left(A_4\Sigma A_7\Sigma\right)$$
$$+2\left(\lambda_{15}\lambda_{36}+\lambda_{16}\lambda_{35}\right)\mathrm{tr}\left(A_5\Sigma A_6\Sigma\right)+2\left(\lambda_{15}\lambda_{57}+\lambda_{17}\lambda_{55}\right)\mathrm{tr}\left(A_5\Sigma A_2\Sigma\right)$$
$$+2\left(\lambda_{16}\lambda_{57}+\lambda_{17}\lambda_{56}\right)\mathrm{tr}\left(A_6\Sigma A_7\Sigma\right)$$

（6-120）

$$\mathrm{cov}\left(\hat{\sigma}_M^2,\hat{\sigma}_{MFS}^2\right)=2\lambda_{16}\lambda_{66}\,\mathrm{tr}\left(A_6\Sigma\right)^2+2\lambda_{17}\lambda_{67}\,\mathrm{tr}\left(A_7\Sigma\right)^2$$
$$+2\lambda_{18}\lambda_{68}\,\mathrm{tr}\left(A_8\Sigma\right)^2+2\lambda_{11}\lambda_{66}\,\mathrm{tr}\left(A_1\Sigma A_6\Sigma\right)$$
$$+2\lambda_{11}\lambda_{67}\,\mathrm{tr}\left(A_1\Sigma A_7\Sigma\right)+2\lambda_{12}\lambda_{66}\,\mathrm{tr}\left(A_2\Sigma A_6\Sigma\right)$$
$$+2\lambda_{12}\lambda_{67}\,\mathrm{tr}\left(A_2\Sigma A_7\Sigma\right)+2\lambda_{13}\lambda_{66}\,\mathrm{tr}\left(A_3\Sigma A_6\Sigma\right)$$
$$+2\lambda_{13}\lambda_{67}\,\mathrm{tr}\left(A_3\Sigma A_7\Sigma\right)+2\lambda_{14}\lambda_{66}\,tr\left(A_4\Sigma A_6\Sigma\right)$$
$$+2\lambda_{14}\lambda_{67}\,\mathrm{tr}\left(A_4\Sigma A_7\Sigma\right)+2\lambda_{15}\lambda_{66}\,\mathrm{tr}\left(A_5\Sigma A_6\Sigma\right)$$
$$+2\lambda_{15}\lambda_{67}\,\mathrm{tr}\left(A_5\Sigma A_7\Sigma\right)+2\left(\lambda_{16}\lambda_{67}+\lambda_{17}\lambda_{66}\right)\mathrm{tr}\left(A_6\Sigma A_7\Sigma\right)$$

（6-121）

$$\mathrm{cov}\left(\hat{\sigma}_M^2,\hat{\sigma}_{MFBS}^2\right)=2\lambda_{17}\lambda_{77}\,\mathrm{tr}(A_7\Sigma)^2+2\lambda_{18}\lambda_{78}\,\mathrm{tr}\left(A_8\Sigma\right)^2$$
$$+2\lambda_{11}\lambda_{77}\,\mathrm{tr}\left(A_1\Sigma A_7\Sigma\right)+2\lambda_{12}\lambda_{77}\,\mathrm{tr}\left(A_2\Sigma A_7\Sigma\right)$$
$$+2\lambda_{13}\lambda_{77}\,\mathrm{tr}\left(A_3\Sigma A_7\Sigma\right)+2\lambda_{14}\lambda_{77}\,\mathrm{tr}\left(A_4\Sigma A_7\Sigma\right)$$
$$+2\lambda_{15}\lambda_{77}\,\mathrm{tr}\left(A_5\Sigma A_7\Sigma\right)+2\lambda_{16}\lambda_{77}\,\mathrm{tr}\left(A_6\Sigma A_1\Sigma\right)$$

（6-122）

$$\mathrm{cov}\left(\hat{\sigma}_M^2,\hat{\sigma}_{MPBS}^2\right)=2\lambda_{17}\lambda_{77}\,\mathrm{tr}\left(A_7\Sigma\right)^2+2\lambda_{18}\lambda_{78}\,\mathrm{tr}\left(A_8\Sigma\right)^2$$
$$+2\lambda_{11}\lambda_{77}\,\mathrm{tr}\left(A_1\Sigma A_7,\Sigma\right)+2\lambda_{12}\lambda_{77}\,\mathrm{tr}\left(A_2\Sigma A_7\Sigma\right)$$
$$+2\lambda_{13}\lambda_{77}\,\mathrm{tr}\left(A_3\Sigma A_7\Sigma\right)+2\lambda_{14}\lambda_{77}\,\mathrm{tr}\left(A_4\Sigma A_7\Sigma\right)$$
$$+2\lambda_{15}\lambda_{77}\,\mathrm{tr}\left(A_5\Sigma A_7\Sigma\right)+2\lambda_{16}\lambda_{77}\,\mathrm{tr}\left(A_6\Sigma A_7\Sigma\right)$$

（6-123）

$$\mathrm{cov}\left(\hat{\sigma}_F^2,\hat{\sigma}_{\mathrm{MF}}^2\right)=2\lambda_{23}\lambda_{33}\,\mathrm{tr}\left(A_3\Sigma\right)^2+2\lambda_{24}\lambda_{34}\,\mathrm{tr}\left(A_4\Sigma\right)^2+2\lambda_{25}\lambda_{35}\,\mathrm{tr}\left(A_5\Sigma\right)^2+2\lambda_{26}\lambda_{36}\,\mathrm{tr}\left(A_6\Sigma\right)^2$$
$$+2\lambda_{27}\lambda_{37}\,\mathrm{tr}\left(A_7\Sigma\right)^2+2\lambda_{28}\lambda_{38}\,\mathrm{tr}\left(A_8\Sigma\right)^2+2\lambda_{22}\lambda_{33}\,\mathrm{tr}\left(A_2\Sigma A_3\Sigma\right)$$
$$+2\lambda_{22}\lambda_{34}\,\mathrm{tr}\left(A_2\Sigma A_4\Sigma\right)+2\lambda_{22}\lambda_{35}\,\mathrm{tr}\left(A_2\Sigma A_5\Sigma\right)$$
$$+2\lambda_{22}\lambda_{36}\,\mathrm{tr}\left(A_2\Sigma A_6\Sigma\right)+2\lambda_{22}\lambda_{37}\,\mathrm{tr}\left(A_2\Sigma A_7\Sigma\right)$$
$$+2\left(\lambda_{23}\lambda_{34}+\lambda_{24}\lambda_{33}\right)\mathrm{tr}\left(A_3\Sigma A_4\Sigma'\right)+2\left(\lambda_{23}\lambda_{35}+\lambda_{25}\lambda_{33}\right)\mathrm{tr}\left(A_3\Sigma A_5\Sigma\right)$$
$$+2\left(\lambda_{23}\lambda_{36}+\lambda_{26}\lambda_{33}\right)\mathrm{tr}\left(A_3\Sigma A_6\Sigma\right)+2\left(\lambda_{23}\lambda_{37}+\lambda_{27}\lambda_{33}\right)\mathrm{tr}\left(A_3\Sigma A_7\Sigma\right)$$
$$+2\left(\lambda_{24}\lambda_{35}+\lambda_{25}\lambda_{34}\right)\mathrm{tr}\left(A_4\Sigma A_5\Sigma\right)+2\left(\lambda_{24}\lambda_{36}+\lambda_{26}\lambda_{34}\right)\mathrm{tr}\left(A_4\Sigma A_6\Sigma\right)$$
$$+2\left(\lambda_{24}\lambda_{37}+\lambda_{27}\lambda_{34}\right)\mathrm{tr}\left(A_4\Sigma A_7\Sigma\right)+2\left(\lambda_{25}\lambda_{36}+\lambda_{26}\lambda_{35}\right)\mathrm{tr}\left(A_5\Sigma A_6\Sigma\right)$$
$$+2\left(\lambda_{25}\lambda_{37}+\lambda_{27}\lambda_{35}\right)\mathrm{tr}\left(A_5\Sigma A_7\Sigma\right)+2\left(\lambda_{26}\lambda_{37}+\lambda_{27}\lambda_{36}\right)\mathrm{tr}\left(A_6\Sigma A_7\Sigma\right)$$

（6-124）

$$\mathrm{cov}\left(\hat{\sigma}_F^2,\hat{\sigma}_{\mathrm{MS}}^2\right)=2\lambda_{24}\lambda_{44}\,\mathrm{tr}\left(A_4\Sigma\right)^2+2\lambda_{25}\lambda_{45}\,\mathrm{tr}\left(A_5\Sigma\right)^2$$
$$+2\lambda_{26}\lambda_{46}\,\mathrm{tr}\left(A_6\Sigma\right)^2+2\lambda_{27}\lambda_{47}\,\mathrm{tr}\left(A_7\Sigma\right)^2$$
$$+2\lambda_{28}\lambda_{48}\,\mathrm{tr}\left(A_8\Sigma\right)^2+2\lambda_{22}\lambda_{44}\,\mathrm{tr}\left(A_2\Sigma A_4\Sigma\right)$$
$$+2\lambda_{22}\lambda_{45}\,\mathrm{tr}\left(A_2\Sigma A_5\Sigma\right)+2\lambda_{22}\lambda_{46}\,\mathrm{tr}\left(A_2\Sigma A_6\Sigma\right)$$
$$+2\lambda_{22}\lambda_{47}\,\mathrm{tr}\left(A_2\Sigma A_7\Sigma\right)+2\lambda_{23}\lambda_{44}\,\mathrm{tr}\left(A_3\Sigma A_4\Sigma\right)$$
$$+2\lambda_{23}\lambda_{45}\,\mathrm{tr}\left(A_3\Sigma A_5\Sigma\right)+2\lambda_{23}\lambda_{46}\,\mathrm{tr}\left(A_3\Sigma A_6\Sigma\right)$$
$$+2\lambda_{23}\lambda_{47}\,\mathrm{tr}\left(A_3\Sigma A_7\Sigma\right)+2\left(\lambda_{24}\lambda_{45}+\lambda_{25}\lambda_{44}\right)\mathrm{tr}\left(A_4\Sigma A_5\Sigma\right)$$
$$+2\left(\lambda_{24}\lambda_{46}+\lambda_{26}\lambda_{44}\right)\mathrm{tr}\left(A_4\Sigma A_6\Sigma\right)+2\left(\lambda_{24}\lambda_{47}+\lambda_{27}\lambda_{44}\right)\mathrm{tr}\left(A_4\Sigma A_7\Sigma\right)$$
$$+2\left(\lambda_{25}\lambda_{46}+\lambda_{26}\lambda_{45}\right)\mathrm{tr}\left(A_5\Sigma A_6\Sigma\right)+2\left(\lambda_{25}\lambda_{47}+\lambda_{27}\lambda_{45}\right)\mathrm{tr}\left(A_5\Sigma A_7\Sigma\right)$$
$$+2\left(\lambda_{26}\lambda_{47}+\lambda_{27}\lambda_{46}\right)\mathrm{tr}\left(A_6\Sigma A_7\Sigma\right)$$

（6-125）

$$\mathrm{cov}\left(\hat{\sigma}_p^2,\hat{\sigma}_{\mathrm{FS}}^2\right)=2\lambda_{25}\lambda_{55}\,\mathrm{tr}\left(A_5\Sigma\right)^2+2\lambda_{26}\lambda_{56}\,\mathrm{tr}\left(A_6\Sigma\right)^2$$
$$+2\lambda_{27}\lambda_{57}\,\mathrm{tr}(A_7\Sigma)^2+2\lambda_{28}\lambda_{58}\,\mathrm{tr}\left(A_8\Sigma\right)^2$$
$$+2\lambda_{22}\lambda_{55}\,\mathrm{tr}\left(A_2\Sigma A_5\Sigma\right)+2\lambda_{22}\lambda_{56}\,\mathrm{tr}\left(A_2\Sigma A_6\Sigma\right)$$
$$+2\lambda_{22}\lambda_{57}\,\mathrm{tr}\left(A_2\Sigma A_7\Sigma\right)+2\lambda_{23}\lambda_{55}\,\mathrm{tr}\left(A_3\Sigma A_5\Sigma\right)$$
$$+2\lambda_{23}\lambda_{56}\,\mathrm{tr}\left(A_3\Sigma A_6\Sigma\right)+2\lambda_{23}\lambda_{57}\,\mathrm{tr}\left(A_3\Sigma A_7\Sigma\right)$$
$$+2\lambda_{24}\lambda_{55}\,\mathrm{tr}\left(A_4\Sigma A_5\Sigma\right)+2\lambda_{24}\lambda_{56}\,\mathrm{tr}\left(A_4\Sigma A_6\Sigma\right)$$
$$+2\lambda_{24}\lambda_{37}\,\mathrm{tr}\left(A_4\Sigma A_7\Sigma\right)+2\left(\lambda_{25}\lambda_{56}+\lambda_{26}\lambda_{55}\right)\mathrm{tr}\left(A_5\Sigma A_6\Sigma\right)$$
$$+2\left(\lambda_{25}\lambda_{37}+\lambda_{27}\lambda_{55}\right)\mathrm{tr}\left(A_5\Sigma A_7\Sigma\right)+2\left(\lambda_{26}\lambda_{57}+\lambda_{27}\lambda_{56}\right)\mathrm{tr}\left(A_6\Sigma A_7\Sigma\right)$$

（6-126）

$$\mathrm{cov}\left(\hat{\sigma}_F^2,\hat{\sigma}_{\mathrm{MFS}}^2\right)=2\lambda_{26}\lambda_{66}\,\mathrm{tr}\left(A_6\Sigma\right)^2+2\lambda_{27}\lambda_{67}\,\mathrm{tr}\left(A_7\Sigma\right)^2$$
$$+2\lambda_{28}\lambda_{68}\,\mathrm{tr}\left(A_8\Sigma\right)^2+2\lambda_{22}\lambda_{66}\,\mathrm{tr}\left(A_2\Sigma A_6\Sigma\right)$$
$$+2\lambda_{22}\lambda_{67}\,\mathrm{tr}\left(A_2\Sigma A_7\Sigma\right)+2\lambda_{23}\lambda_{66}\,\mathrm{tr}\left(A_3\Sigma A_6\Sigma\right)$$
$$+2\lambda_{23}\lambda_{67}\,\mathrm{tr}\left(A_3\Sigma A_7\Sigma\right)+2\lambda_{24}\lambda_{66}\,\mathrm{tr}\left(A_4\Sigma A_6\Sigma\right)$$
$$+2\lambda_{24}\lambda_{67}\,\mathrm{tr}\left(A_4\Sigma A_7\Sigma\right)+2\lambda_{25}\lambda_{66}\,\mathrm{tr}\left(A_5\Sigma A_6\Sigma\right)$$
$$+2\lambda_{25}\lambda_{67}\,\mathrm{tr}\left(A_5\Sigma A_7\Sigma\right)+2\left(\lambda_{26}\lambda_{67}+\lambda_{27}\lambda_{66}\right)\mathrm{tr}\left(A_6\Sigma A_7\Sigma\right)$$

（6-127）

$$\text{cov}\left(\hat{\sigma}_F^2, \hat{\sigma}_{\text{MFBS}}^2\right) = 2\lambda_{27}\lambda_{77}\,\text{tr}(A_7\Sigma)^2 + 2\lambda_{28}\lambda_{78}\,\text{tr}\left(A_8\Sigma\right)^2$$
$$+2\lambda_{22}\lambda_{77}\,\text{tr}\left(A_2\Sigma A_7\Sigma\right) + 2\lambda_{23}\lambda_{77}\,\text{tr}\left(A_3\Sigma A_7\Sigma\right)$$
$$+2\lambda_{24}\lambda_{77}\,\text{tr}\left(A_4\Sigma A_7\Sigma\right) + 2\lambda_{25}\lambda_{77}\,\text{tr}\left(A_5\Sigma A_7\Sigma\right) \tag{6-128}$$
$$+2\lambda_{26}\lambda_{77}\,\text{tr}\left(A_6\Sigma A_7\Sigma\right)$$

$$\text{cov}\left(\hat{\sigma}_{\text{MF}}^2, \hat{\sigma}_{\text{MS}}^2\right) = 2\lambda_{34}\lambda_{44}\,\text{tr}\left(A_4\Sigma'\right)^2 + 2\lambda_{35}\lambda_{45}\,\text{tr}\left(A_5\Sigma\right)^2$$
$$+2\lambda_{36}\lambda_{46}\,\text{tr}\left(A_6\Sigma\right)^2 + 2\lambda_{37}\lambda_{47}\,\text{tr}\left(A_7\Sigma\right)^2$$
$$+2\lambda_{38}\lambda_{48}\,\text{tr}\left(A_8\Sigma\right)^2 + 2\lambda_{33}\lambda_{44}\,\text{tr}\left(A_3\Sigma A_4\Sigma\right)$$
$$+2\lambda_{33}\lambda_{45}\,\text{tr}\left(A_3\Sigma A_5\Sigma\right) + 2\lambda_{33}\lambda_{46}\,\text{tr}\left(A_3\Sigma A_6\Sigma\right) \tag{6-129}$$
$$+2\lambda_{33}\lambda_{47}\,\text{tr}\left(A_3\Sigma A_7\Sigma + 2\left(\lambda_{34}\lambda_{45} + \lambda_{35}\lambda_{44}\right)\text{tr}\left(A_4\Sigma A_5\Sigma\right)\right.$$
$$+2\left(\lambda_{34}\lambda_{46} + \lambda_{36}\lambda_{44}\right)\text{tr}\left(A_4\Sigma A_6\Sigma\right) + 2\left(\lambda_{34}\lambda_{47} + \lambda_{37}\lambda_{44}\right)\text{tr}\left(A_4\Sigma A_3\Sigma\right)$$
$$+2\left(\lambda_{35}\lambda_{46} + \lambda_{36}\lambda_{45}\right)\text{tr}\left(A_5\Sigma A_6\Sigma\right) + 2\left(\lambda_{35}\lambda_{47} + \lambda_{37}\lambda_{45}\right)\text{tr}\left(A_5\Sigma A_7\Sigma\right)$$
$$+2\left(\lambda_{36}\lambda_{47} + \lambda_{37}\lambda_{46}\right)\text{tr}\left(A_6\Sigma A_7\Sigma\right)$$

$$\text{cov}\left(\hat{\sigma}_{\text{MF}}^2, \hat{\sigma}_{\text{FS}}^2\right) = 2\lambda_{35}\lambda_{55}\text{tr}\left(A_5\Sigma\right)^2 + 2\lambda_{36}\lambda_{56}\text{tr}\left(A_6\Sigma\right)^2$$
$$+2\lambda_{37}\lambda_{37}\text{tr}\left(A_7\Sigma\right)^2 + 2\lambda_{38}\lambda_{38}\text{tr}\left(A_8\Sigma\right)^2$$
$$+2\lambda_{33}\lambda_{55}\,\text{tr}\left(A_3\Sigma A_5\Sigma\right) + 2\lambda_{33}\lambda_{56}\,\text{tr}\left(A_3\Sigma A_6\Sigma\right)$$
$$+2\lambda_{33}\lambda_{57}\,\text{tr}\left(A_3\Sigma A_7\Sigma\right) + 2\lambda_{34}\lambda_{55}\,\text{tr}\left(A_4\Sigma A_5\Sigma\right) \tag{6-130}$$
$$+2\lambda_{34}\lambda_{36}\,\text{tr}\left(A_4\Sigma A_6\Sigma\right) + 2\lambda_{34}\lambda_{37}\,\text{tr}\left(A_4\Sigma A_7\Sigma + 2\left(\lambda_{35}\lambda_{56} + \lambda_{36}\lambda_{55}\right)\text{tr}\left(A_5\Sigma A_6\Sigma\right)\right.$$
$$+2\left(\lambda_{35}\lambda_{57} + \lambda_{37}\lambda_{35}\right)\text{tr}\left(A_5\Sigma A_7\Sigma\right) + 2\left(\lambda_{36}\lambda_{37} + \lambda_{37}\lambda_{56}\right)\text{tr}\left(A_6\Sigma A_7\Sigma\right)$$

$$\text{cov}\left(\hat{\sigma}_{\text{MF}}^2, \hat{\sigma}_{\text{MFS}}^2\right) = 2\lambda_{36}\lambda_{66}\text{tr}\left(A_6\Sigma\right)^2 + 2\lambda_{37}\lambda_{67}\,\text{tr}\left(A_7\Sigma\right)^2$$
$$+2\lambda_{38}\lambda_{68}\,\text{tr}\left(A_8\Sigma\right)^2 + 2\lambda_{33}\lambda_{66}\,\text{tr}\left(A_3\Sigma A_6\Sigma\right)$$
$$+2\lambda_{33}\lambda_{67}\,\text{tr}\left(A_3\Sigma A_7\Sigma\right) + 2\lambda_{34}\lambda_{66}\,\text{tr}\left(A_4\Sigma A_6\Sigma\right) \tag{6-131}$$
$$+2\lambda_{34}\lambda_{67}\,\text{tr}\left(A_4\Sigma A_7\Sigma\right) + 2\lambda_{35}\lambda_{66}\,\text{tr}\left(A_5\Sigma A_6\Sigma\right)$$
$$+2\lambda_{35}\lambda_{67}\,\text{tr}\left(A_5\Sigma A_7\Sigma\right) + 2\left(\lambda_{36}\lambda_{67} + \lambda_{37}\lambda_{86}\right)\text{tr}\left(A_6\Sigma A_7\Sigma\right)$$

$$\text{cov}\left(\hat{\sigma}_{\text{MP}}^2, \hat{\sigma}_{\text{MFBS}}^2\right) = 2\lambda_{37}\lambda_{77}\,\text{tr}\left(A_7\Sigma\right)^2 + 2\lambda_{38}\lambda_{78}\,\text{tr}\left(A_8\Sigma\right)^2$$
$$+2\lambda_{33}\lambda_{77}\,\text{tr}\left(A_3\Sigma A_7\Sigma\right) + 2\lambda_{34}\lambda_{77}\,\text{tr}\left(A_4\Sigma A_7\Sigma\right) \tag{6-132}$$
$$+2\lambda_{35}\lambda_{77}\,\text{tr}\left(A_5\Sigma A_7\Sigma\right) + 2\lambda_{36}\lambda_{77}\,\text{tr}\left(A_6\Sigma A_7\Sigma\right)$$

$$\text{cov}\left(\hat{\sigma}_{\text{MS}}^2, \hat{\sigma}_{\text{FS}}^2\right) = 2\lambda_{45}\lambda_{55}\,\text{tr}\left(\mathbf{A}_5\Sigma\right)^2 + 2\lambda_{46}\lambda_{56}\,\text{tr}\left(\mathbf{A}_6\Sigma\right)^2$$
$$+2\lambda_{47}\lambda_{57}\,\text{tr}\left(\mathbf{A}_7\Sigma\right)^2 + 2\lambda_{48}\lambda_{58}\,\text{tr}\left(\mathbf{A}_8\Sigma\right)^2$$
$$+2\lambda_{44}\lambda_{55}\,\text{tr}\left(A_4\Sigma A_5\Sigma\right) + 2\lambda_{44}\lambda_{56}\,\text{tr}\left(A_4\Sigma A_6\Sigma\right) \tag{6-133}$$
$$+2\lambda_{44}\lambda_{57}\,\text{tr}\left(A_4\Sigma A_7\Sigma\right) + 2\left(\lambda_{45}\lambda_{56} + \lambda_{46}\lambda_{55}\right)\text{tr}\left(A_5\Sigma A_6\Sigma\right)$$
$$+2\left(\lambda_{45}\lambda_{57} + \lambda_{47}\lambda_{55}\right)\text{tr}\left(A_5\Sigma A_7\Sigma\right) + 2\left(\lambda_{46}\lambda_{57} + \lambda_{47}\lambda_{56}\right)\text{tr}\left(A_6\Sigma A_7\Sigma\right)$$

$$\mathrm{cov}\left(\hat{\sigma}_{MS}^2, \hat{\sigma}_{MFS}^2\right) = 2\lambda_{46}\lambda_{66}\,\mathrm{tr}\left(A_6\Sigma\right)^2 + 2\lambda_{47}\lambda_{67}\,\mathrm{tr}\left(\mathbf{A}_7\Sigma\right)^2$$
$$+2\lambda_{48}\lambda_{48}\,\mathrm{tr}\left(A_8\Sigma\right)^2 + 2\lambda_{44}\lambda_{66}\,\mathrm{tr}\left(A_4\Sigma A_6\Sigma\right)$$
$$+2\lambda_{44}\lambda_{67}\,\mathrm{tr}\left(A_4\Sigma A_7\Sigma\right) + 2\lambda_{45}\lambda_{66}\,\mathrm{tr}\left(A_5\Sigma A_6\Sigma\right) \tag{6-134}$$
$$+2\lambda_{45}\lambda_{67}\,\mathrm{tr}\left(A_5\Sigma A_7\Sigma\right) + 2\left(\lambda_{46}\lambda_{67} + \lambda_{47}\lambda_{36}\right)tr\left(A_6\Sigma A_7\Sigma\right)$$

$$\mathrm{cov}\left(\hat{\sigma}_{MS}^2, \hat{\sigma}_{MFBS}^2\right) = 2\lambda_{47}\lambda_{77}\,\mathrm{tr}\left(A_7\Sigma\right)^2 + 2\lambda_{48}\lambda_{78}\,\mathrm{tr}\left(A_8\Sigma\right)^2 + 2\lambda_{44}\lambda_{77}\,\mathrm{tr}\left(A_4\Sigma A_7\Sigma\right)$$
$$+2\lambda_{45}\lambda_{77}\,\mathrm{tr}\left(A_5\Sigma A_7\Sigma\right) + 2\lambda_{46}\lambda_{77}\,\mathrm{tr}\left(A_6\Sigma A_7\Sigma\right) \tag{6-135}$$

$$\mathrm{cov}\left(\hat{\sigma}_{FS}^2, \hat{\sigma}_{MFS}^2\right) = 2\lambda_{56}\lambda_{66}\,\mathrm{tr}\left(A_6\Sigma\right)^2 + 2\lambda_{57}\lambda_{67}\,\mathrm{tr}\left(A_7\Sigma\right)^2$$
$$+2\lambda_{58}\lambda_{68}\,\mathrm{tr}\left(A_8\Sigma\right)^2 + 2\lambda_{55}\lambda_{66}\,\mathrm{tr}\left(A_5\Sigma A_6\Sigma\right) \tag{6-136}$$
$$+2\lambda_{55}\lambda_{67}\,\mathrm{tr}\left(A_s\Sigma A_7\Sigma\right) + 2\left(\lambda_{56}\lambda_{67} + \lambda_{57}\lambda_{66}\right)\mathrm{tr}\left(A_6\Sigma A_7\Sigma\right)$$

$$\mathrm{cov}\left(\hat{\sigma}_{FS}^2, \hat{\sigma}_{MFBS}^2\right) = 2\lambda_{57}\lambda_{77}\,\mathrm{tr}\left(A_7\Sigma\right)^2 + 2\lambda_{58}\lambda_{78}\,\mathrm{tr}\left(A_8\Sigma\right)^2$$
$$+2\lambda_{55}\lambda_{77}\,\mathrm{tr}\left(A_5\Sigma A_7\Sigma\right) + 2\lambda_{56}\lambda_{77}\,\mathrm{tr}\left(A_6\Sigma A_7\Sigma\right) \tag{6-137}$$

$$\mathrm{cov}\left(\hat{\sigma}_{MFS}^2, \hat{\sigma}_{MFBS}^2\right) = 2\lambda_{68}\lambda_{78}\,\mathrm{tr}\left(A_8\Sigma\right)^2 + 2\lambda_{66}\lambda_{77}\,\mathrm{tr}\left(A_6\Sigma A_7\Sigma\right) \tag{6-138}$$

$$\begin{cases} \mathrm{cov}\left(\hat{\sigma}_M^2, \hat{\sigma}_e^2\right) = 2\lambda_{18}\lambda_{88}\,\mathrm{tr}\left(A_8\Sigma\right)^2 \\[6pt] \mathrm{cov}\left(\hat{\sigma}_F^2, \hat{\sigma}_e^2\right) = 2\lambda_{28}\lambda_{88}\,\mathrm{tr}\left(A_8\Sigma\right)^2 \\[6pt] \mathrm{cov}\left(\hat{\sigma}_{MF}^2, \hat{\sigma}_e^2\right) = 2\lambda_{38}\lambda_{88}\,\mathrm{tr}\left(A_8\Sigma\right)^2 \\[6pt] \mathrm{cov}\left(\hat{\sigma}_{MS}^2, \hat{\sigma}_e^2\right) = 2\lambda_{48}\lambda_{88}\,\mathrm{tr}\left(A_8\Sigma\right)^2 \\[6pt] \mathrm{cov}\left(\hat{\sigma}_{FS}^2, \hat{\sigma}_e^2\right) = 2\lambda_{58}\lambda_{88}\,\mathrm{tr}\left(A_8\Sigma\right)^2 \\[6pt] \mathrm{cov}\left(\hat{\sigma}_{MFS}^2, \hat{\sigma}_e^2\right) = 2\lambda_{68}\lambda_{88}\,\mathrm{tr}\left(A_8\Sigma\right)^2 \\[6pt] \mathrm{cov}\left(\hat{\sigma}_{MFBS}^2, \hat{\sigma}_e^2\right) = 2\lambda_{78}\lambda_{88}\,\mathrm{tr}\left(A_8\Sigma\right)^2 \end{cases} \tag{6-139}$$

在式（6-115）中，设 $X_1 = 2(\hat{\sigma}_M^2 + \hat{\sigma}_F^2)$、$X_2 = \hat{\sigma}_M^2 + \hat{\sigma}_F^2 + \hat{\sigma}_{MF}^2 + \hat{\sigma}_{MS}^2 + \hat{\sigma}_{FS}^2 + \hat{\sigma}_{MFS}^2 + \hat{\sigma}_e^2$，利用式（6-94）～式（6-101）及式（6-117）～式（6-139）计算这两个变量的方差和协方差：

$$\mathrm{var}\left(X_1\right) = 4\,\mathrm{var}\left(\hat{\sigma}_M^2\right) + 4\,\mathrm{var}\left(\hat{\sigma}_F^2\right) + 8\,\mathrm{cov}\left(\hat{\sigma}_M^2, \hat{\sigma}_F^2\right) \tag{6-140}$$

$$\begin{aligned}
\operatorname{var}(X_2) =\ & \operatorname{var}(\hat{\sigma}_M^2) + \operatorname{var}(\hat{\sigma}_F^2) + \operatorname{var}(\hat{\sigma}_{MF}^2) + \operatorname{var}(\hat{\sigma}_{MS}^2) \\
& + \operatorname{var}(\hat{\sigma}_{FS}^2) + \operatorname{var}(\hat{\sigma}_{MFS}^2) + \operatorname{var}(\hat{\sigma}_{MFBS}^2) + \operatorname{var}(\hat{\sigma}_e^2) \\
& + 2\operatorname{cov}(\hat{\sigma}_M^2,\hat{\sigma}_F^2) + 2\operatorname{cov}(\hat{\sigma}_M^2,\hat{\sigma}_{MF}^2) + 2\operatorname{cov}(\hat{\sigma}_M^2,\hat{\sigma}_{MS}^2) \\
& + 2\operatorname{cov}(\hat{\sigma}_M^2,\hat{\sigma}_{FS}^2) + 2\operatorname{cov}(\hat{\sigma}_M^2,\hat{\sigma}_{MPS}^2) + 2\operatorname{cov}(\hat{\sigma}_M^2,\hat{\sigma}_{MPBS}^2) + 2\operatorname{cov}(\hat{\sigma}_M^2,\hat{\sigma}_e^2) \quad (6\text{-}141) \\
& + 2\operatorname{cov}(\hat{\sigma}_F^2,\hat{\sigma}_{MF}^2) + 2\operatorname{cov}(\hat{\sigma}_F^2,\hat{\sigma}_{MS}^2) + 2\operatorname{cov}(\hat{\sigma}_F^2,\hat{\sigma}_{FS}^2) + 2\operatorname{cov}(\hat{\sigma}_F^2,\hat{\sigma}_{MFS}^2) \\
& + 2\operatorname{cov}(\hat{\sigma}_F^2,\hat{\sigma}_{MFBS}^2) + 2\operatorname{cov}(\hat{\sigma}_F^2,\hat{\sigma}_e^2) + 2\operatorname{cov}(\hat{\sigma}_{MP}^2,\hat{\sigma}_{MS}^2) + 2\operatorname{cov}(\hat{\sigma}_{MF}^2,\hat{\sigma}_{FS}^2) \\
& + 2\operatorname{cov}(\hat{\sigma}_{MF}^2,\hat{\sigma}_{MFS}^2) + 2\operatorname{cov}(\hat{\sigma}_{MF}^2,\hat{\sigma}_{MFBS}^2) + 2\operatorname{cov}(\hat{\sigma}_{MF}^2,\hat{\sigma}_e^2) + 2\operatorname{cov}(\hat{\sigma}_{MS}^2,\hat{\sigma}_{FS}^2) \\
& + 2\operatorname{cov}(\hat{\sigma}_{MS}^2,\hat{\sigma}_{MFS}^2) + 2\operatorname{cov}(\hat{\sigma}_{MS}^2,\hat{\sigma}_{MFBS}^2) + 2\operatorname{cov}(\hat{\sigma}_{MS}^2,\hat{\sigma}_e^2) + 2\operatorname{cov}(\hat{\sigma}_{FS}^2,\hat{\sigma}_{MFS}^2) \\
& + 2\operatorname{cov}(\hat{\sigma}_{FS}^2,\hat{\sigma}_{MFBS}^2) + 2\operatorname{cov}(\hat{\sigma}_{FS}^2,\hat{\sigma}_e^2) + 2\operatorname{cov}(\hat{\sigma}_{MFS}^2,\hat{\sigma}_{MFBS}^2) + 2\operatorname{cov}(\hat{\sigma}_{MFS}^2,\hat{\sigma}_e^2) \\
& + 2\operatorname{cov}(\hat{\sigma}_{MFBS}^2,\hat{\sigma}_e^2)
\end{aligned}$$

$$\begin{aligned}
\operatorname{cov}(X_1,X_2) =\ & 2\operatorname{var}(\hat{\sigma}_M^2) + 2\operatorname{var}(\hat{\sigma}_F^2) + 4\operatorname{cov}(\hat{\sigma}_M^2,\hat{\sigma}_F^2) + 2\operatorname{cov}(\hat{\sigma}_M^2,\hat{\sigma}_{MF}^2) \\
& + 2\operatorname{cov}(\hat{\sigma}_M^2,\hat{\sigma}_{MS}^2) + 2\operatorname{cov}(\hat{\sigma}_M^2,\hat{\sigma}_{FS}^2) + 2\operatorname{cov}(\hat{\sigma}_M^2,\hat{\sigma}_{MFS}^2) \\
& + 2\operatorname{cov}(\hat{\sigma}_M^2,\hat{\sigma}_{MFBS}^2) + 2\operatorname{cov}(\hat{\sigma}_M^2,\hat{\sigma}_e^2) + 2\operatorname{cov}(\hat{\sigma}_F^2,\hat{\sigma}_{MF}^2) + 2\operatorname{cov}(\hat{\sigma}_F^2,\hat{\sigma}_{MS}^2) \quad (6\text{-}142) \\
& + 2\operatorname{cov}(\hat{\sigma}_F^2,\hat{\sigma}_{FS}^2) + 2\operatorname{cov}(\hat{\sigma}_F^2,\hat{\sigma}_{MFS}^2) + 2\operatorname{cov}(\hat{\sigma}_F^2,\hat{\sigma}_{MFBS}^2) + 2\operatorname{cov}(\hat{\sigma}_F^2,\hat{\sigma}_e^2)
\end{aligned}$$

将式（6-140）～式（6-142）及 $\theta_1 = E(X_1) = 2(\sigma_M^2 + \sigma_F^2)$、$\theta_2 = E(X_2) = \sigma_M^2 + \sigma_F^2 + \sigma_{MF}^2 + \sigma_{MS}^2 + \sigma_{FS}^2 + \sigma_{MFS}^2 + \sigma_{MFBS}^2 + \sigma_e^2$ 代入式（6-65）可以计算出单株遗传力的方差 $\operatorname{var} = (h_i^2)$。

设 $X_1 = \hat{\sigma}_M^2 + \hat{\sigma}_F^2 + \hat{\sigma}_{MF}^2$，$X_2 = \hat{\sigma}_M^2 + \hat{\sigma}_F^2 + \hat{\sigma}_{MF}^2 + k_1\hat{\sigma}_{MS}^2 + k_1\hat{\sigma}_{MFS}^2 + k_1\hat{\sigma}_{MFBS}^2 + k_3\hat{\sigma}_e^2$，利用式（6-94）～式（6-101）及式（6-117）～式（6-139）计算这两个变量的方差和协方差：

$$\operatorname{var}(X_1) = \operatorname{var}(\hat{\sigma}_M^2) + \operatorname{var}(\hat{\sigma}_F^2) + \operatorname{var}(\hat{\sigma}_{MF}^2) + 2\operatorname{cov}(\hat{\sigma}_M^2,\hat{\sigma}_F^2) + 2\operatorname{cov}(\hat{\sigma}_M^2,\hat{\sigma}_{MF}^2) + 2\operatorname{cov}(\hat{\sigma}_F^2,\hat{\sigma}_{MF}^2) \quad (6\text{-}143)$$

$$\begin{aligned}
\operatorname{var}(X_2) =\ & \operatorname{var}(\hat{\sigma}_M^2) + \operatorname{var}(\hat{\sigma}_F^2) + \operatorname{var}(\hat{\sigma}_{MF}^2) + k_1^2\operatorname{var}(\hat{\sigma}_{MS}^2) + k_1^2\operatorname{var}(\hat{\sigma}_{FS}^2) + k_1^2\operatorname{var}(\hat{\sigma}_{MF3}^2) \\
& + k_2^2\operatorname{var}(\hat{\sigma}_{MFB8}^2) + k_3^2\operatorname{var}(\hat{\sigma}_\mu^2) + 2\operatorname{cov}(\hat{\sigma}_M^2,\hat{\sigma}_F^2) + 2\operatorname{cov}(\hat{\sigma}_M^2,\hat{\sigma}_{MP}^2) \\
& + 2k_1\operatorname{cov}(\hat{\sigma}_M^2,\hat{\sigma}_{Ms}^2) + 2k_1\operatorname{cov}(\hat{\sigma}_M^2,\hat{\sigma}_{FS}^2) + 2k_1\operatorname{cov}(\hat{\sigma}_M^2,\hat{\sigma}_{MFS}^2) \\
& + 2k_2\operatorname{cov}(\hat{\sigma}_M^2,\hat{\sigma}_{MFBS}^2) + k_3 2\operatorname{cov}(\hat{\sigma}_M^2,\hat{\sigma}_e^2) + 2\operatorname{cov}(\hat{\sigma}_F^2,\hat{\sigma}_{MF}^2) + 2k_1\operatorname{cov}(\hat{\sigma}_F^2,\hat{\sigma}_{MS}^2) \\
& + 2k_1\operatorname{cov}(\hat{\sigma}_F^2,\hat{\sigma}_{FS}^2) + 2k_1\operatorname{cov}(\hat{\sigma}_F^2,\hat{\sigma}_{MFS}^2) + 2k_2\operatorname{cov}(\hat{\sigma}_F^2,\hat{\sigma}_{MFBS}^2) + 2k_3\operatorname{cov}(\hat{\sigma}_F^2,\hat{\sigma}_e^2) \quad (6\text{-}144) \\
& + 2k_1\operatorname{cov}(\hat{\sigma}_{MF}^2,\hat{\sigma}_{MS}^2) + 2k_1\operatorname{cov}(\hat{\sigma}_{MF}^2,\hat{\sigma}_{PS}^2) + 2k_1\operatorname{cov}(\hat{\sigma}_{MP}^2,\hat{\sigma}_{MFS}^2) \\
& + 2k_2\operatorname{cov}(\hat{\sigma}_{MP}^2,\hat{\sigma}_{MFBS}^2) + 2k_3\operatorname{cov}(\hat{\sigma}_{MF}^2,\hat{\sigma}_e^2) + 2k_1^2\operatorname{cov}(\hat{\sigma}_{MS}^2,\hat{\sigma}_{FS}^2) \\
& + 2k_1^2\operatorname{cov}(\hat{\sigma}_{MS}^2,\hat{\sigma}_{MFS}^2) + 2k_1k_2\operatorname{cov}(\hat{\sigma}_{MS}^2,\hat{\sigma}_{MFBS}^2) + 2k_1k_3\operatorname{cov}(\hat{\sigma}_{MS}^2,\hat{\sigma}_e^2) \\
& + 2k_1^2\operatorname{cov}(\hat{\sigma}_{FS}^2,\hat{\sigma}_{MFS}^2) + 2k_1k_2\operatorname{cov}(\hat{\sigma}_{FS}^2,\hat{\sigma}_{MFBS}^2) + 2k_1k_3\operatorname{cov}(\hat{\sigma}_{FS}^2,\hat{\sigma}_e^2) \\
& + 2k_1k_2\operatorname{cov}(\hat{\sigma}_{MFS}^2,\hat{\sigma}_{MFBS}^2) + 2k_1k_3\operatorname{cov}(\hat{\sigma}_{MFS}^2,\hat{\sigma}_e^2) + 2k_2k_3\operatorname{cov}(\hat{\sigma}_{MFBS}^2,\hat{\sigma}_e^2)
\end{aligned}$$

$$
\begin{aligned}
\mathrm{cov}\left(X_{1}, X_{2}\right) = {} & \mathrm{var}\left(\hat{\sigma}_{M}^{2}\right) + \mathrm{var}\left(\hat{\sigma}_{F}^{2}\right) + \mathrm{var}\left(\hat{\sigma}_{\mathrm{MF}}^{2}\right) \\
& + 2\,\mathrm{cov}\left(\hat{\sigma}_{M}^{2}, \hat{\sigma}_{F}^{2}\right) + 2\,\mathrm{cov}\left(\hat{\sigma}_{M}^{2}, \hat{\sigma}_{\mathrm{MF}}^{2}\right) \\
& + 2\,\mathrm{cov}\left(\hat{\sigma}_{F}^{2}, \hat{\sigma}_{\mathrm{MF}}^{2}\right) + k_{1}\,\mathrm{cov}\left(\hat{\sigma}_{M}^{2}, \hat{\sigma}_{\mathrm{MS}}^{2}\right) \\
& + k_{1}\,\mathrm{cov}\left(\hat{\sigma}_{M}^{2}, \hat{\sigma}_{\mathrm{FS}}^{2}\right) + k_{1}\,\mathrm{cov}\left(\hat{\sigma}_{M}^{2}, \hat{\sigma}_{\mathrm{MFS}}^{2}\right) \\
& + k_{2}\,\mathrm{cov}\left(\hat{\sigma}_{M}^{2}, \hat{\sigma}_{\mathrm{MFBS}}^{2}\right) + k_{3}\,\mathrm{cov}\left(\hat{\sigma}_{M}^{2}, \hat{\sigma}_{e}^{2}\right) \\
& + k_{1}\,\mathrm{cov}\left(\hat{\sigma}_{F}^{2}, \hat{\sigma}_{\mathrm{MS}}^{2}\right) + k_{1}\,\mathrm{cov}\left(\hat{\sigma}_{F}^{2}, \hat{\sigma}_{\mathrm{FS}}^{2}\right) \\
& + k_{1}\,\mathrm{cov}\left(\hat{\sigma}_{F}^{2}, \hat{\sigma}_{\mathrm{MFS}}^{2}\right) + k_{2}\,\mathrm{cov}\left(\hat{\sigma}_{F}^{2}, \hat{\sigma}_{\mathrm{MFBS}}^{2}\right) \\
& + k_{3}\,\mathrm{cov}\left(\hat{\sigma}_{F}^{2}, \hat{\sigma}_{e}^{2}\right) + k_{1}\,\mathrm{cov}\left(\hat{\sigma}_{\mathrm{MF}}^{2}, \hat{\sigma}_{\mathrm{MS}}^{2}\right) \\
& + k_{1}\,\mathrm{cov}\left(\hat{\sigma}_{\mathrm{MF}}^{2}, \hat{\sigma}_{\mathrm{FS}}^{2}\right) + k_{1}\,\mathrm{cov}\left(\hat{\sigma}_{\mathrm{MF}}^{2}, \hat{\sigma}_{\mathrm{MPS}}^{2}\right) \\
& + k_{2}\,\mathrm{cov}\left(\hat{\sigma}_{\mathrm{MF}}^{2}, \hat{\sigma}_{\mathrm{MFBS}}^{2}\right) + k_{3}\,\mathrm{cov}\left(\hat{\sigma}_{\mathrm{MF}}^{2}, \hat{\sigma}_{e}^{2}\right)
\end{aligned} \tag{6-145}
$$

将式（6-143）～式（6-145）及 $\theta_{1} = E(X_{1}) = \sigma_{M}^{2} + \sigma_{F}^{2} + \sigma_{\mathrm{MF}}^{2}$、$\theta_{2} = E(X_{2}) = \sigma_{M}^{2} + \sigma_{F}^{2} + \sigma_{\mathrm{MF}}^{2} + k_{1}\sigma_{\mathrm{MS}}^{2} + k_{1}\sigma_{\mathrm{FS}}^{2} + k_{1}\sigma_{\mathrm{MFS}}^{2} + k_{2}\sigma_{\mathrm{MFBS}}^{2} + k_{3}\sigma_{e}^{2}$ 代入式（6-18）可以计算出家系遗传力的方差 $\mathrm{var}(h_{f}^{2})$。

第五节　双列杂交设计遗传模型

双列杂交设计 (diallel mating design) 是指选取一组亲本进行各种可能交配的杂交试验，该交配设计可以获得亲本的一般配合力和特殊配合力等遗传信息，因此它在农作物和树木育种中得到了广泛的应用。Sprague 和 Tatum (1942) 最初定义的一般配合力为一个品系在杂交组合中的平均表现，而特殊配合力则为特定的杂交组合所呈现的优于或低于所涉品系平均表现之和。Griffing (1956) 将双列杂交设计归结为 4 类并提供了一般配合力和特殊配合力计算公式，同时还给出两种配合力方差分量计算方法。在双列杂交设计中，同一个亲本既可以作为父本也可以作为母本，同时往往杂交组合或小区会有缺失现象，所有这些给估算遗传参数带来了不少困难。

设有 p 个参试亲本，4 种双列杂交设计分别为：①包含亲本所有正交、反交和自交的设计，共有 p2 个杂交组合，如表 6-9 所示；②包含正交和自交，不包含反交的设计，有 p（p+1）/2 个杂交组合，如表 6-1 所示；③包含正交和反交，不包含自交的设计，有 p（p-1）个杂交组合，如表 5.3 所示；④只包含正交的设计，有 p（p-1）/2 个杂交组合。事实上，真正的双列杂交试验会考虑环境和区组效应，使试验设计比以上 4 种双列杂交设计复杂。

表6-9　包含正交（上三角）、反交（下三角）和自交（对角线）的双列杂交设计

♂ / ♀	1	2	3	4	5	6	7	8
1	×	×	×	×	×	×	×	×
2	×	×	×	×	×	×	×	×
3	×	×	×	×	×	×	×	×
4	×	×	×	×	×	×	×	×
5	×	×	×	×	×	×	×	×
6	×	×	×	×	×	×	×	×
7	×	×	×	×	×	×	×	×
8	×	×	×	×	×	×	×	×

表6-10　包含正交（上三角）和自交（对角线）的双列杂交设计

♂ / ♀	1	2	3	4	5	6	7	8
1	×	×	×	×	×	×	×	×
2		×	×	×	×	×	×	×
3			×	×	×	×	×	×
4				×	×	×	×	×
5					×	×	×	×
6						×	×	×
7							×	×
8								×

表6-11 包含正交（上三角）和反交（下三角）的双列杂交设计

♂ / ♀	1	2	3	4	5	6	7	8
1		×	×	×	×	×	×	×
2	×		×	×	×	×	×	×
3	×	×		×	×	×	×	×
4	×	×	×		×	×	×	×
5	×	×	×	×		×	×	×
6	×	×	×	×	×		×	×
7	×	×	×	×	×	×		×
8	×	×	×	×	×	×	×	

表6-12 只含正交（上三角）的双列杂交设计

♂ / ♀	1	2	3	4	5	6	7	8
1		×	×	×	×	×	×	×
2			×	×	×	×	×	×
3				×	×	×	×	×
4					×	×	×	×
5						×	×	×
6							×	×
7								×
8								

本章根据现代线性模型理论，针对几种双列杂交设计遗传模型，给出遗传参数估计和相关假设检验统计量的计算公式。使用约束线性模型理论计算一般配合力和特殊配合及其他固定效应，并对配合力之间的差异进行显著性检验；使用随机效应模型计算遗传方差分量，进而计算遗传力和遗传相关系数。对于每一个参数估计，给出它们的标准误和显著性检验统计量的计算公式。

如表 6-10 和表 6-12 所示，这两个不含反交的双列杂交设计称为半双列杂交设计。考虑单地点 b 个区组的半双列杂交设计，单株的某个数量性状值可表示为

$$y_{ijkl} = \mu + B_i + G_j + G_k + S_{jk} + e_{ijkl} \tag{6-146}$$

其中，y_{ijkl} 为第 i 个区组中第 j 个亲本与第 k 个亲本杂交后代第 l 个个体的数量性状值；μ 为总平均；B_i 为第 i 个区组效应；G_j 和 G_k 分别为第 j 个和第 k 个

亲本的一般配合力；S_{jk} 为第 j 个与第 k 个亲本的特殊配合力；e_{ijkl} 为随机误差，一般假定 $e_{ijkl} \sim N(0, \sigma_e^2)$。

一、固定效应模型

对于模型（6-146），为了计算亲本的一般配合力和特殊配合力，将 B_j、G_j、G_k 和 S_{jk} 看成是固定效应，并且让这些固定效应满足如下约束条件：

$$
\begin{cases}
\sum_i B_i = 0 \\
\sum_j G_j = 0 \\
\sum_{k>j} S_{jk} + \sum_{k<j} S_{kj} = 0 \quad (j=1,\cdots,p)
\end{cases}
\tag{6-147}
$$

根据半双列杂交设计是否含有自交，设 $\beta = (\mu, \ B_1,...,B_b, G_1,...,G_p, S_{11}, S_{pp})'$ 或 $\beta = (\mu, \ B_1,...,B_b, G_1,...,G_p, S_{12},...,S_{p-1,p})'$，则模型（6-146）和约束条件（6-147）的矩阵表达式为

$$
\begin{cases}
y = X\beta + e \\
L\beta = 0
\end{cases}
\tag{6-148}
$$

当 L 满足边界条件时，参数向量 β 的最小二乘估计为式（6-18），σ_e^2 的无偏估计为式（6-19），β 最小二乘估计的协方差矩阵，相关的假设检验统计量计算参照式（6-20）～式（6-26）。

二、随机效应模型

若将模型中的一般配合力 G_j 和 G_k 及特殊配合力 S_{jk} 视为随机变量，则模型（6-119）变为随机效应模型。设 $\beta = (\mu, \ B_1,...,B_b)'$、$G = (G_1, G_2,...,G_p)'$、$S = (S_{11}, S_{12},...)'$，那么随机效应模型的矩阵表达式为

$$
y = X\beta + U_1 G + U_2 S + e
\tag{6-149}
$$

假定随机效应 G_j 和 S_{jk} 的均值为 0，方差分别为 σ_{GCA}^2 和 σ_{SCA}^2，并且两两之间相互独立，根据模型可以估计一般配合力方差 $\left(\sigma_{GCA}^2\right)$ 和特殊配合力方差 $\left(\sigma_{SCA}^2\right)$，进而估计加性遗传方差 $\left(\sigma_a^2\right)$ 和显性遗传方差 $\left(\sigma_d^2\right)$。它们之间有如下关系：

$$
\begin{cases}
\sigma_a^2 = 4\sigma_{GCA}^2 \\
\sigma_d^2 = 4\sigma_{SCA}^2
\end{cases}
$$

记 $XU_1 = (X\ U_1)$、$XU_2 = (X\ U_1\ U_2)$，设 $D_1 = I - X(X'X)^- X'$、$D_2 = I$-XU$_1$ $(XU_1'XU_1)^- XU_1'$、$D_3 = I$-XU$_2(XU_2'XU_2)^- XU_2'$、$\quad A_0 = I - D_1$、$A_1 = D_1 - D_2$、$A_2 = D_2 - D_3$、$A_3 = D_3$，那么表型性状的平方和可以分解为 $y'y = y'A_0 y + \mathrm{ESS}_{\mathrm{GCA}} + \mathrm{ESS}_{\mathrm{sCA}} + \mathrm{ESS}_e$。

其中，$\mathrm{ESS}_{\mathrm{GCA}} = y'A_1 y$ 为一般配合力间的平方和；$\mathrm{ESS}_{\mathrm{SCA}} = y'A_2 y$ 为特殊配合力间的平方和；$\mathrm{ESS}_e = y'A_3 y$ 为误差平方和。这几个平方和的数学期望分别为

$$
\begin{cases}
\mathrm{E}\left(\mathrm{ESS}_{\mathrm{GCA}}\right) = \mathrm{tr}\left(A_1\boldsymbol{\Sigma}\right) = \mathrm{tr}\left(A_1\right)\sigma_e^2 + \mathrm{tr}\left(U_2'A_1U_2\right)\sigma_{\mathrm{SCA}}^2 + \mathrm{tr}\left(U_1'A_1U_1\right)\sigma_{\mathrm{GCA}}^2 \\
\mathrm{E}\left(\mathrm{ESS}_{\mathrm{SCA}}\right) = \mathrm{tr}\left(A_2\boldsymbol{\Sigma}\right) = \mathrm{tr}\left(A_2\right)\sigma_\epsilon^2 + \mathrm{tr}\left(U_2'A_2U_2\right)\sigma_{\mathrm{SC}}^2 \\
\mathrm{E}\left(\mathrm{ESS}_e\right) = \mathrm{tr}\left(A_4\boldsymbol{\Sigma}\right) = \mathrm{tr}\left(A_3\right)\sigma_e^2
\end{cases}
\tag{6-150}
$$

其中

$$
\boldsymbol{\Sigma} = \mathrm{var}(y) = U_1U_1'\sigma_{\mathrm{GCA}}^2 + U_2U_2'\sigma_{\mathrm{SCA}}^2 + I\sigma_e^2
\tag{6-151}
$$

令这些平方和的数学期望等于各自的平方和，解线性方程组可得方差分量的估计。及矩阵

$$
C = \begin{pmatrix}
\mathrm{tr}\left(U_1'A_1U_1\right) & \mathrm{tr}\left(U_2'A_1U_2\right) & \mathrm{tr}\left(A_1\right) \\
0 & \mathrm{tr}\left(U_2'A_2U_2\right) & \mathrm{tr}\left(A_2\right) \\
0 & 0 & \mathrm{tr}\left(A_3\right)
\end{pmatrix}
$$

其逆矩阵记为

$$
C^{-1} = \begin{pmatrix}
\lambda_{11} & \lambda_{12} & \lambda_{13} \\
0 & \lambda_{22} & \lambda_{23} \\
0 & 0 & \lambda_{33}
\end{pmatrix}
$$

那么各方差分量的估计可表示为

$$
\begin{cases}
\hat{\sigma}_{\mathrm{GCA}}^2 = \lambda_{11}\mathrm{SSE}_{\mathrm{GCA}} + \lambda_{12}\mathrm{SSE}_{\mathrm{SCA}} + \lambda_{13}\mathrm{SSE}_e \\
\hat{\sigma}_{\mathrm{SCA}}^2 = \phantom{\lambda_{11}\mathrm{SSE}_{\mathrm{GCA}} + {}} \lambda_{22}\mathrm{SSE}_{\mathrm{SCA}} + \lambda_{23}\mathrm{SSE}_e \\
\hat{\sigma}_e^2 = \phantom{\lambda_{11}\mathrm{SSE}_{\mathrm{GCA}} + \lambda_{22}\mathrm{SSE}_{\mathrm{SCA}} + {}} \lambda_{33}\mathrm{SSE}_e
\end{cases}
\tag{6-152}
$$

根据二次型理论可以得到这些方差分量估计的抽样方差为

$$
\begin{cases}
\mathrm{var}\left(\hat{\sigma}_{ccA}^2\right) = 2\lambda_{11}^2\mathrm{tr}\left(A_1\Sigma\right)^2 + 2\lambda_{12}^2\mathrm{tr}\left(A_2\Sigma\right)^2 + 2\lambda_{13}^2\mathrm{tr}\left(A_3\Sigma\right)^2 + 4\lambda_{11}\lambda_{12}\mathrm{tr}\left(A_1\Sigma A_2\Sigma\right) \\
\mathrm{var}\left(\hat{\sigma}_{\mathrm{SCA}}^2\right) = 2\lambda_{22}^2\mathrm{tr}\left(A_2\Sigma\right)^2 + 2\lambda_{23}^2\mathrm{tr}\left(A_3\Sigma\right)^2 \\
\mathrm{var}\left(\hat{\sigma}_e^2\right) = 2\lambda_{33}^2\mathrm{tr}\left(A_4\Sigma\right)^2
\end{cases}
\tag{6-153}
$$

下面考虑方差分量 σ_{GCA}^2 和 σ_{SCA}^2 的建设检验问题。首先，存在一个正交矩阵 Γ，使

$$\Gamma y = \begin{pmatrix} t_1 \\ t_2 \\ t_3 \\ t_4 \end{pmatrix} = \begin{pmatrix} V \\ o \end{pmatrix} \begin{pmatrix} \beta \\ G \\ s \end{pmatrix} + \Gamma e = \begin{pmatrix} V_{11} & V_{12} & V_{13} \\ 0 & V_{22} & V_{23} \\ 0 & 0 & V_{33} \\ 0 & 0 & 0 \end{pmatrix} \begin{pmatrix} \beta \\ G \\ s \end{pmatrix} + \Gamma e \quad （6\text{-}154）$$

其中，V 为行满秩矩阵，并且满足 $R(V_{11}V_{12}V_{13}) = d_1$、$R(V_{22}V_{23}) = d_2 - d_1$、$R(V_{33}) = d_3 - d_2$，这里 $d_1 = R(X)$、$d_2 = R(XU_1)$、$d_3 = R(XU_1U_2)$。对于零假设 $H_0 : \sigma_{\mathrm{SCA}}^2 = 0$，其检验的统计量可表示为

$$F = \frac{t_3' t_3 / (d_3 - d_2)}{t_4' t_4 / (n - d_3)} \sim F(d_3 - d_2, n - d_3) \quad （6\text{-}155）$$

其次，考虑零假设 $H_0 : \sigma_{\mathrm{SCA}}^2 = 0$ 的检验问题。设 $(K_1 K_2) = \begin{pmatrix} V_{22} & V_{23} \\ 0 & V_{33} \end{pmatrix}$，则存在一个正交矩阵 P，使 $K_3 K_3' = P \Lambda P'$，其中 Λ 为对角矩阵。设 $L = \Lambda^{-1/2} P'$，λ 为 Λ 中对角线元素倒数的最大值，并设 $s = d_3 - d_1$，取 t_s 为 t_4 中含有 s 个元素的子向量，再令 $z = L \begin{pmatrix} t_2 \\ t_3 \end{pmatrix}$、$u = z + \left(\lambda I_s - \Lambda^{-1} \right)^{1/2} t_s$，则有

$$E(u) = 0, \quad \mathrm{var}(u) = L K_1 K_1' L' \sigma_{\mathrm{GCA}}^2 + \left(\sigma_{\mathrm{SCA}}^2 + \lambda \sigma_e^2 \right) I_s$$

由于 K_1 的秩为 $d_2 - d_1$，因此存在正交矩阵 Q，使 $QLK_1 = (K_3', 0')'$，其中 K_3 为行满秩矩阵，其秩为 $d_2 - d_1$。令 $w = \begin{pmatrix} w_1 \\ w_2 \end{pmatrix} = Qu$，其中 w_1 含有 $d_1 - d_0$ 个元素，w_2 含有 $d_2 - d_1$ 个元素，并有

$$w_1 \sim N\left(0, K_3 K_3' \sigma_{\mathrm{OCA}}^2 + I_{d_2 - d_1} \sigma_s^2\right), \quad w_2 \sim N\left(0, I_{d_3 - d_2} \sigma_s^2\right)$$

这里 $\sigma_s^2 = \sigma_{\mathrm{SCA}}^2 + \lambda \sigma_e^2$。由于 w_1 与 w_2 相互独立，因此检验零假设 $H_0 : \sigma_{\mathrm{GCA}}^2 = 0$ 是否成立的统计量为

$$F = \frac{w_1' w_1 / (d_2 - d_1)}{w_2' w_2 / (d_3 - d_2)} \sim F(d_2 - d_1, d_3 - d_2) \quad （6\text{-}156）$$

三、遗传力

根据模型（6-149），单株狭义遗传力可表示为

$$h^2 = \frac{4\sigma_{GCA}^2}{2\sigma_{GCA}^2 + \sigma_{SCA}^2 + \sigma_e^2} \quad （6\text{-}157）$$

而单株的广义遗传力可表示为

$$H^2 = \frac{4\left(\sigma_{\text{GCA}}^2 + \sigma_{\text{SCA}}^2\right)}{2\sigma_{\text{GCA}}^2 + \sigma_{\text{SCA}}^2 + \sigma_e^2} \tag{6-158}$$

为了估算遗传力的方差，首先计算方差分量间的协方差

$$\begin{cases} \text{cov}\left(\hat{\sigma}_{\text{GCA}}^2, \hat{\sigma}_{\text{SCA}}^2\right) = 2\lambda_{12}\lambda_{22}\,\text{tr}\left(\mathbf{A}_2\boldsymbol{\Sigma}\right)^2 + 2\lambda_{13}\lambda_{23}\,\text{tr}\left(\mathbf{A}_3\boldsymbol{\Sigma}\right)^2 + 2\lambda_{11}\lambda_{22}\,\text{tr}\left(\mathbf{A}_1\boldsymbol{\Sigma}\mathbf{A}_2\boldsymbol{\Sigma}\right) \\ \text{cov}\left(\hat{\sigma}_{\text{GCA}}^2, \hat{\sigma}_e^2\right) = 2\lambda_{13}\lambda_{33}\,\text{tr}\left(A_3\boldsymbol{\Sigma}\right)^2 \\ \text{cov}\left(\hat{\sigma}_{\text{SCA}}^2, \hat{\sigma}_e^2\right) = 2\lambda_{23}\lambda_{33}\,\text{tr}\left(A_2\boldsymbol{\Sigma}\right)^2 \end{cases} \tag{6-159}$$

在式（6-157）中，设 $X_1 = 4\hat{\sigma}_{\text{GCA}}^2$、$X_2 = 2\hat{\sigma}_{\text{GCA}}^2 + \hat{\sigma}_{\text{SCA}}^2 + \sigma_e^2$，利用式（6-153）和式（6-159）计算两者的方差和协方差：

$$\begin{cases} \text{var}\left(X_1\right) = 16\,\text{var}\left(\hat{\sigma}_{\text{GCA}}^2\right) \\ \text{var}\left(X_2\right) = 4\,\text{var}\left(\hat{\sigma}_{\text{GCA}}^2\right) + \text{var}\left(\hat{\sigma}_{\text{sCA}}^2\right) + \text{var}\left(\hat{\sigma}_e^2\right) \\ \qquad + 4\,\text{cov}\left(\hat{\sigma}_{\text{GCA}}^2, \hat{\sigma}_{\text{SCA}}^2\right) + 4\,\text{cov}\left(\hat{\sigma}_{\text{GCA}}^2, \hat{\sigma}_e^2\right) + 2\,\text{cov}\left(\hat{\sigma}_{\text{SCA}}^2, \hat{\sigma}_e^2\right) \\ \text{cov}\left(X_1, X_2\right) = 8\,\text{var}\left(\hat{\sigma}_{\text{GCA}}^2\right) + 4\,\text{cov}\left(\hat{\sigma}_{\text{GCA}}^2, \hat{\sigma}_{\text{SCA}}^2\right) + 4\,\text{cov}\left(\hat{\sigma}_{\text{SCA}}^2, \hat{\sigma}_e^2\right) \end{cases} \tag{6-160}$$

将式（6-160）以及 $\theta_1 = E(X_1) = 4\sigma_{\text{GCA}}^2$ 和 $\theta_2 = E(X_2) = 2\sigma_{\text{GCA}}^2 + \sigma_{\text{SCA}}^2 + \sigma_e^2$ 代入式（6-65），便可计算出单株狭义遗传力的方差 var（h²）。

在式（6-158）中，设 $X_1 = 4(\sigma_{\text{GCA}}^2 + \sigma_{\text{SCA}}^2)$、$X_2 = 2\hat{\sigma}_{\text{GCA}}^2 + \hat{\sigma}_{\text{SCA}}^2 + \hat{\sigma}_e^2$，利用式（6-153）和式（6-159）计算两者的方差和协方差

$$\begin{cases} \text{var}\left(X_1\right) = 16\,\text{var}\left(\hat{\sigma}_{\text{GCA}}^2\right) + 16\,\text{var}\left(\hat{\sigma}_{\text{GCA}}^2\right) + 32\,\text{cov}\left(\hat{\sigma}_{\text{GCA}}^2, \hat{\sigma}_{\text{sCA}}^2\right) \\ \text{var}\left(X_2\right) = 4\,\text{var}\left(\hat{\sigma}_{\text{GCA}}^2\right) + \text{var}\left(\hat{\sigma}_{\text{SCA}}^2\right) + \text{var}\left(\hat{\sigma}_e^2\right) \\ \text{cov}\left(X_1, X_2\right) = 8\,\text{var}\left(\hat{\sigma}_{\text{GCA}}^2\right) + 4\,\text{var}\left(\hat{\sigma}_{\text{sCA}}^2\right) + 12\,\text{cov}\left(\hat{\sigma}_{\text{OCA}}^2, \hat{\sigma}_{\text{SCA}}^2\right) \\ \qquad + 4\,\text{cov}\left(\hat{\sigma}_{\text{GCA}}^2, \hat{\sigma}_e^2\right) + 4\,\text{cov}\left(\hat{\sigma}_{\text{SCA}}^2, \hat{\sigma}_e^2\right) \end{cases} \tag{6-161}$$

将式（6-161）以及 $\theta_1 = E(X_1) = 4(\sigma_{\text{GCA}}^2 + \sigma_{\text{SCA}}^2)$ 和 $\theta_2 = E(X_2) = 2\sigma_{\text{GCA}}^2 + \sigma_e^2$ 代入式（6-65），便可计算出单株广义遗传力的方差 var（H^2）。

第七章　林木遗传育种中试验统计法的创新与发展

第一节　转化分析法的统计学基础

一、转化分析法概述

林木田间试验是林木遗传育种的中心环节。由于外在环境的影响以及株间竞争等因素的作用，随着试验时间的推移，试验林的部分植株会死亡，原先造林时平衡的试验设计失去了均衡性，精心设计的试验获得非平衡的试验资料。此时采用传统的方差分析或现代线性模型理论来处理这些非平衡的试验数据，经常获得负的方差分量（线性模型中有的方法还常常出现迭代不收敛等问题）。负的方差分量，这既无生物学意义，又无从给出其数学解释，只能说明这些方法有问题。2008年，齐明通过对试验设计及其原理，进行反复钻研，从试验设计的角度，提出了一个转化理论：其一，对于一些规则的正交试验设计类型，其非平衡的试验资料可以转化为随机区组设计试验来进行数据处理；其二，对于重复内环境一致的区组，多株小区可以转化为单株小区，这样原先 b 个区组，k 株小区试验，便变成了 bk 个重复，单株小区的试验，来进行统计分析；其三，对于更复杂的模型，经分析发现非正态分布因子获得负的方差分量时，可删除非正态参试验因子，重构线性模型进行统计分析。这就是转化分析法基本观点。这样对试验数据进行统计处理，可以解决参试因子负的方差分量等问题。但是转化分析法是从试验设计的角度提出来的。Abderrahmaxe Achouch 和朱军等人采用蒙特卡罗模拟（Monte Carlo Simulation），进行比较同一试验资料，不同统计分析模式的效益。国内外不少学者采用蒙特卡罗模拟研究方差分量估计法的优劣。本研究借助于 Monte Carlo 模拟法，从统计学的角度来评价林木转化分析法的分析效果，为林木转化分析法的应用提供科学依据。

二、平衡试验设计及其统计分析模型

考虑计算工作量的大小和研究结果的普遍性，本研究选取单因素随机区组试验，RCB 设计，作为研究对象，由于在林木子代试验中，通常采用 4 株、5 株、6 株小区（偶尔也采用 8 株和 10 株小区）进行试验，故 Monte Carlo 模拟法共选用如下五个试验：

其一，40 个半同胞家系，10 个区组，4 株小区参试；

其二，40 个半同胞家系，8 个区组，5 株小区参试；

其三，40 个半同胞家系，8 个区组，6 株小区参试；

其四，40 个半同胞家系，6 个区组，8 株小区参试；

其五，40 个半同胞家系，4 个区组，10 株小区参试；

选用 40 个半同胞家系，是为了反映研究性状内在的遗传变异幅度。

以单株观察值作为统计分析单位，有如下线性模型：

$$y_{ijk} = u + f_i + b_j + (fb)_{ij} + e_{ijk} \qquad (7-1)$$

式中：$i = 1 \to 40; j = 1 \to 4 \sim 10; k = 4 \sim 10; y_{ijk}$ 为第 i 个处理在第 j 个区组的第 k 个观察值；u 为群体平均值（为 60）；f_i 为第 i 个半同胞家系的效应值，$f_i \sim N(0, \sigma_f^2); b_j$ 为第 j 个区组的效应值；$b_j \sim N(0, \sigma_b^2)$；$e_{ijk}$ 为随机误差，$e_{ijk} \sim N(0, \sigma_e^2)$；$(fb)_{ij}$ 为家系与区组重复间的交互作用；由于存在缺区或缺株，绘散点图表明遵从二项分布。

三、平衡试验数据的产生与非平衡试验数据的产生及统计分析

（一）平衡试验数据的产生

根据林木遗传育种的经验，均假定这些因子服从正态分布，指定机误的方差 V_e 为 280，区组因子的方差 V_b 为 15，半同胞家系的方差 V_f 为 20。在未对多株小区进行转化时，非平衡资料的原试验设计中，处理与区组重复间的交互作用因子不遵循正态分布，绘散点图表明 $(fb)_{ij}$ 遵从二项分布，故按二项分布产生其效应值。群体平均值为 60。采用 MAT－LAB7.X 语言编写的数据产生程序，以获得试验的平衡资料。一个试验，一次模拟 100 套数据，并保存在 Excel 中。

（二）平衡试验数据的产生及统计分析

根据林木遗传育种中的经验，造林存活率为 75% ~ 95%，但是杉木试验林通常的造林存活率为 83% 左右。假设为随机死亡，存活率为 83%，使用 MATLAB 语言中的删除语句，获得非平衡试验数据。

其方差分析方法亦采用 MATLAB7.X 语言，编写试验数据分析程序，以便获得未转化的每套试验资料包括方差分量在内的诸多参数。

（三）试验数据的转化分析法

每套资料在完成以上分析后，将多株小区转化为单株小区后，转化后的线性模型：

$$y_{ijk} = u + f_i + b_j + e_{ijk} \tag{7-2}$$

式中 $i = 1 \to 40; i = 1 \to 40 \sim 48 : k = 1$ 或 0 ；u 为群体平均效应；其他各因子的意义与式（4-1）中相同。

在随机模型条件下，各参试因子都是随机因子。于是有：

$$f_i \sim N(0, \sigma_f^2); \ b_j \sim N(0, \sigma_b^2); \ e_{ijk} \sim N(0, \sigma_e^2)$$

方差分析原理参见有关文献。分析方法亦是采用 MATLAB7. X 语言编写的程序进行，分析目的同样是为了获得机误的方差 V_e，区组因子的方差 V_b，半同胞家系的方差 V_f，半同胞家系遗传力 h_f^2，家系内单株遗传力 h_i^2。

（四）五个试验，互作项负的方差频率

五个试验中，处理与区组重复间的互作项获得负方差的频率如下：

试验 I 中，在 100 套资料中，有 58 套资料，半同胞家系与区组重复间的互作项获得了非负方差分量，有 42 套资料获得了负的方差分量，按通常做法，令其为 0，这 42 套资料的模拟结果从而获得有偏遗传参数。

试验 II 中，在 100 套资料中，有 51 套资料半同胞家系与区组重复间的互作项获得了非负方差分量，有 49 套资料获得了负的方差分量，按通常做法，令其为 0，这 49 套资料从而获得有偏遗传参数。

试验 III 中，在 100 套资料中，有 61 套资料获得了非负方差分量，有 39 套资料获得了负的方差分量，按通常做法，令其为 0，这 39 套资料从而获得有偏遗传参数。

试验 IV 中，在 100 套资料中，有 68 套资料获得了非负方差分量，有 32 套资料获得了负的方差分量，按通常做法，令其为 0，这 32 套资料从而获得有偏遗传参数。

　　试验 V 中，在 100 套资料中，有 79 套资料获得了非负方差分量，有 21 套资料获得了负的方差分量，按通常做法，令其为 0，这 21 套资料从而获得有偏遗传参数。

　　对以上结果进行观察，可以发现：在单因素 RCB 设计试验中，处理（半同胞家系）与区组重复间的交互作用，获得负的方差分量的概率通常在 21%～49% 之间。

　　五个试验，模拟数据的林木转化分析法的分析结果，均未获得负的方差分量，方差分析获得的参数均为无偏估计值。这一结果支持了参试因子是随机正态因子的观点，因为只有满足方差分析的前提条件（正态性），才不会有负的方差分量。没有负的方差分量，这是在林木中，转化分析法优越于原模型分析法（未转化）的一个重要证据。

四、总结

　　规则的、平衡的试验设计总是获得非平衡试验资料。以单株观察值参与分析，式（7-1）的统计分析结果，区组与家系互作项常常获得负的方差估计，其概率大小通常在 21%～49% 之间。这是由于互作项不遵循正态分布的缘故。将 RCB 设计中的多株小区转化为单株小区，按式（7-2）进行分析，其结果没有负的估计值。

　　蒙特卡罗模拟（*Monte Carlo simulation*）的分析结果在 4～6 株小区试验中十分明了：林木转化分析法在若干参数上的偏性大小和均方误差大小，明显优于未转化模型的分析结果，这说明了林木转化分析法具有较好的统计效益和较高的精确性。

　　一般而言，对于不平衡的试验数据，对其进行转化，有利于遗传力大小接近理想状态的结果，误差降低。

　　另外，由于林木转化分析法模型简单，编程也简便，计算量也比原模型法式（7-1）小，获得的参数精确度高，值得推广应用。

第二节　林木遗传改良中若干统计分析法的改进与研制

两点连锁分析是遗传图谱构建的基础，采用极大似然法，推导出利用 BC 群体、F2 群体以及全同胞群体计算两个标记位之间重组率的公式或迭代步骤，其中对于全同胞群体考虑了两位点间的 17 种不同的分离类型对及每种分离类型对下不同连锁相的情况。并且将隐马尔可夫模型（HMM）应用到全同胞群体的多位点连锁分析中，给出了全同胞群体中 17 种分离位点对在不同的连锁相下的标记基因型的转移概率矩阵，这些转移概率矩阵分 6 大类；推导出相邻位点间重组率的迭代计算公式，该方法可以同时计算一列标记位点间的重组率和似然值，并可分析计算包含缺失的数据集。对于基因位点的排序，当标记位点数较多时，目前还没有一个全局最优的排序算法，只能采用近似的计算方法，笔者给出了多位点排序的 3 种计算方法，即排列法、模拟退火算法和启发式搜索算法等。

作为对全同胞群体遗传图谱构建统计方法的检验，随机模拟了一个全同胞群体，并构建了遗传连锁图谱。该群体含有 11 对染色体，每个染色体上含有 40 个共显性的分子标记位点，整个群体包含 300 个个体。通过两点连锁分析，得到两两位点间的重组率并推断出两两位点间的连锁相；再按重组率进行连锁群的划分，在临界值为 0.3 时，通过最短距离法聚类分析，能正确地将 440 个标记划分为 11 个连锁群；对每个连锁群按启发式搜索法对位点进行排序，最优的排序应用隐马尔可夫链方法进行多位点的连锁分析，得到最优排序下位点间的遗传距离。从排序结果看，最好选用多种排序的方法对同一个连锁群进行排序，以保证得到最优的排序。运用全同胞群体的遗传连锁图谱构建的方法，利用南京林业大学林木遗传育种和基因工程实验室积累的句容 0 号无性系（早）x 柔叶杉 8 的 F 代群体的 AFLP 标记数据修订了句容 0 号无性系和柔叶杉的遗传锁图谱。该数据含有 90 个个体的 414 个 AFLP 标记位点数据，其中来自句容 0 号杉的位点有 243 个，来自柔叶杉的位点有 171 个。这比原有的图谱分别增加了 26 个标记和 28 个标记，双亲的图谱共增加了 54 个 AFLP 标记，使图谱上的分子标记总数达到 195 个，双亲遗传图谱的跨度均超过了 2 000 cm，基本上达到了杉木基因组的长度，图谱的覆盖率接近 100%。

在数量性状基因（QTL）定位方面，介绍了近交系中 QTL 的单标记分析、区间作图和复合区作图方法，以及异交群体中 QTL 作图的方法，并对相关的统计分析方法作了进一步研究。阐述了回交群体和 F2 代群体的 QTL 单标记分析方法中的 t 检验法、方差分析法、回归分析法和似然比检验法，并具体地给出了有关计算步骤。介绍了利用回交群体和 F2 群体进行 QTL 区间作图的极大似然法和回归分析法。在构造 QTL 区间作图的模型中，给出了能够精确地推导 QTL 基因型在两侧标记基因型下的条件概率，介绍了复合区间作图的基础理论以及回交群体和 F2 群体的复合区间作图模型和实现 EM 算法的具体过程，其中对 F2 代群体的 QTL 复合区间作图的理论作详细的解析尚属首次。

对于异交群体，介绍了半同胞群体和全同胞群体的 QTL 作图法，对于全同胞群体，提出了贝叶斯作图法，运用 MCMC 方法可对 QTL 在染色体上的位置和 QTL 的效应等有关参数进行估计。将区间作图和复合区间作图应用于林木的 F 代群体的 QTL 作图，称为改良的区间作图和复合区间作图法。对于林木 F1 代 1：1 的分离位点，仅考虑分离类型对 abab×aaaa，即两个位点的分离类型均为 ab×aa 型。在给定两个标记位点的基因型和连锁相的情况下，容易获得 QTL 基因型的条件概率分布，再根据群体的数量性状表型数据，可以构造区间作图或复合区间作图的似然函数，参数估计采用 EM 算法，迭代计算过程同回交群体的区间作图和复合区间作图的迭代过程一样。

利用构建的两张杉木 AFLP 分子标记遗传连锁图谱，采用改良的复合区间作图法，对杉木的 16 个数量性状进行了 QTL 定位。模型中只将被搜索标记区间所在的连锁群上其他标记作为背景标记。以 1cm 为间距对每个标记区间进行 QTL 搜索，当某个标记区间内的似然比统计量的最大值超过 13.82（对应于 LOD 为 3.0）时，就认为该区间内存在一个 QTL。在两张杉木遗传连锁图谱上，共搜索到了 25 个 QTL。在句容 0 号无性系遗传连锁图谱上，有 5 个 QTL 分布在 4 个连锁群上。在柔叶杉的遗传连锁图谱上，有 20 个 QTL 分布在 3 个连锁群上，其中第 6 连锁群上集中了高达 13 个 QTL。

第三节　林木遗传育种中若干试验类型的 M 语言程序

一、单因素完全随机试验不平衡资料的分析方法

（1）单因素类内观察值不等的方差分析线性模型

$$y_{ij} = u + p_i + e_{ij}$$

%式中：p_i 为第 i 个参试品种，$i = 1 \rightarrow a$；第 i 个品种有 ni。个子代参试；y_{ij} 为第 i 个品种的第 j 个观察值，$j = \min(j) \rightarrow \max(j)$。

（2）不平衡数据处理程序

%将试验数据采集到 Excel 中，用零将各处理数据补平衡；

%下面是程序：

A = [data]；   %从 Excel 中复制到 Matlab7.0 中来

a= 参试品种数；

$C = sparse(A); D = spones(C)$

$Al = sum(A, 2); A2 = sum(Al);$ $N1 = sum(D, 2),$ $N = sum(N1),$ $CT = A2^2 / N,$
$S_p = sum(A1, \sim 2. / N1) - CT,$
$AS = A \cdot \sim 2; AA = sum(sum(AS)); ST = AA - CT,$ $SSe = ST - Sp,$
$MSp = Sp / (a - 1); MSe = SSe / (N - a)$

%下面求方差分量

$N2 = sum(N1.2), K = (N * N - N2) / (N * (a - 1))$

$Ve = MSe;$ $Vp = (MSp - MSe) / K$ %计算结果可以复制到 Word 中来，存盘打印。

品种（家系）的遗传力：

$h_f^2 = 1 - (1 / F) = \sigma_f^2 / \left[\sigma_f^2 + (1 / K) * \sigma_e^2 \right]$

混合选择时的单株遗传力：

$h_i^2 = 4 * \sigma_f^2 / \left[\sigma_f^2 + \sigma_e^2 \right]$

二、单因素随机区组试验数据的转化分析法

（1）求因子的离差平方和

% Model: 1

$y_{ijk} = u + b_i + f_j + e_{ijk}$

%试验设计为：19 full - sib families : 40 repeats, single individuals in plot

%程序开始

$A = [data];$ %从 A 为数据矩阵，从 Excle 中复制到 Matlab7.0 中来

$A1 = sum(A, 1); A2 = sum(A, 2);$

$C = sparse(A); D = spones(C);$

$D1 = sum(D, 1);\quad D2 = sum(D, 2)$

$AA1 = (A1.^{\wedge}\,2) \cdot /D1; AA2 = (A2.^{\wedge}\,2)/D2$

$AA3 = A.^{\wedge}\,2;$

$AA4 = sum(sum(AA3))$

$AA5 = sum(sum(A))$

$N = sum(D1);$

$St = sum(AA1) - AA5^{\wedge}2/N$

$Sb = sum(AA2) - AA5^{\wedge}2/N$

$ST = AA4 - AA5^{\wedge}2/N$

$Se = ST - St - Sb$

（2）求方差分量

% Model

$y_{ijk} = u + b_i + f_j + e_{ijk}$ %19 个处理，40 个重复，单株小区 format long

$A = [\text{ data }];$ % 从 Excle 中过来

$a1 = sparse(A);\quad a2 = spones(a1)$

$b1 = sum(a1, 1); N1 = sum(a2, 1);$

$s1 = sum((b1.*b1) \cdot /N1)$

$b2 = sum(a1, 2); N2 = sum(a2, 2); s2 = sum((b2.*b2)./N2)$

$Tb3 = sum(b1), N = sum(N1)$

$CT = Tb3 * Tb3/N;$

$s3 = sum\big(sum(a1.^{\wedge}2)\big)$

$Sb = s1 - CT; Sf = s2 - CT$

$St = s3 - CT; Se = St - Sb - Sf$

$dfB = 40 - 1; dfF = 19 - 1; dfT = N - 1; dfE = N - 19 - 40 + 1;$

$MSb = Sb/dfB,\quad MSf = Sf/dfF,\quad MSe = Se/dfE$

$N11 = sum(N1 \cdot 2); N22 = sum(N2 \cdot 2); N = sum(N1)$

$k1 = (40 - N22/N)/(40 - 1); k2 = (N - N11/N)/(40 - 1)$

$k3 = (N - N22/N)/(19 - 1); k4 = (19 - N11/N)/(19 - 1)$

$k5 = (N22/N - 40)/(N - 19 - 40 + 1)$

$k6 = (N11/N - 19)/(N - 19 - 40 + 1)$

$k = [1, k1, k2; 1, k3, k4; 1, k5, k6];$

$m = [MSb, MSf, MSe]';$

$w = \text{inv}(k) * m$ %w为参试因子的方差分量全同胞家系的遗传力

$$h_{t_k}^2 = \sigma_{fs}^2 / \left[\sigma_{f_k}^2 + (k4 / k3) * \sigma_b^2 + (1 / k3) * \sigma_e^2 \right]$$

若参试材料多为单交，则全同胞家系内的单株遗传力可由下式求出：

$$h_{fs}^2 = [1 + 0.5 * (NBS - 1)] * h_i^2 / \left[1 + 0.5(NBS - 1) * h_i^2 \right]$$

如果参试的材料是半同胞家系，则家系的遗传力为：

$$h_f^2 = \sigma_f^2 / \left[\sigma_f^2 + (k4 / k3) * \sigma_b^2 + (1 / k3) * \sigma_e^2 \right]$$

由于在半同胞家系试验中，$\sigma_i^2 = (1 / 4)V_A$，并在随机模型下进行试验，故家系内的单株遗传力为：$h_i^2 = 4 * \sigma_f^2 / \left[\sigma_f^2 + \sigma_b^2 + \sigma_e^2 \right]$

（3）对全同胞家系进行 F 检验

%Model：4

$$y_{ijk} = u + b_i + f_j + e_{ijk}$$

% 程序接上一段

$$a = \begin{bmatrix} 1 & 0.2029 & 15.0420 \\ 1 & 31.6619 & 0.2021 \\ 1 & -0.0145 & -0.0067] \end{bmatrix}$$

syms MSb MSf MSe

$$a1 = [\begin{matrix} MSb & 0.2029 & 15.0420 \\ MSf & 31.6619 & 0.2021 \\ MSe & -0.0145 & -0.0067] \end{matrix}$$

$$a2 = [\begin{matrix} 1 & MSb & 15.042 \\ 1 & MSf & 0.2021 \\ 1 & MSe & -0.0067] \end{matrix}$$

$$a3 = [\begin{matrix} 1 & 0.2029 & MSb \\ 1 & 31.6619 & MSf \\ 1 & -0.0145 & MSe \end{matrix}];$$

$\det(a); \det(a1); \det(a2); \det(a3);$

$b1 = \det(a1) / \det(a); b2 = \det(a2) / \det(a); b3 = \det(a3) / \det(a)$

$c1 = \text{vpa}(b1, 5), c2 = \text{vpa}(b2, 5), c3 = \text{vpa}(b3, 5)$

$c1 = 0.43891e - 3 * MSb + 0.45474e - 1 * MSf + 0.99911 * MSe$

$c2 = 0.31572e - 1 * MSf + 0.31134e - 1 * MSe - 0.43806e - 3 * MSb$

$c3 = -0.66001e-1*MSE - 0.45611E-3*MSF + 0.66457*MSB$

$M_x = collect(c3 + 0.2021*cl);$ %M_x 是参比均方

$vpa(M_x, 5)$

$ans = 0.13592*MSe - 0.36421e-3*MSf + 0.66546e-1*MSb$

$M_x = 0.1076 + 0.2021*0.8596 = 0.2813$

$Sx = \{[0.13592*0.8577]2/544 + [0.0003642*3.3941]2/18 + \dots$

$[0.066546*2.4936]2/39\}$

$Sx =$

$[0.00073111e-004]$

$Dfx = 0.2813^{\wedge}2/Sx$

$Dfx = 0.2813*0.2813/0.00073111$

$= 108.23$

$F = Msf/M_x$

$F = 3.3941/0.2813$

$= 12.0658$

$F_{1\%}(18,108) = 2.12 \ll F = 12.0658$%故全同胞家系数差异显著

（附注：$MSe = 0.8577; MSf = 3.3941; MSb = 2.4936$）

三、两因素有众多重复次数且不平衡的方差分析程序

$y_{ijk} = u + p_i + s_j + (ps)_{ij} + e_{ijk}$

% 重点是求交互作用离差平方和

% 下面是 40 treatments，RCB design，6 Blocks，30 individuals in plot 资料的 M 程序：

formatlong;

$A = [data];$%数据从Excel复制到Matlab7.0中来

$SS = sum(sum(A\cdot \sim \wedge 2));$

$C = sparse(A); D = spones(C);$

$b1 = sum(C,2);$ $N1 = sum(D,2);$

$sp = sum((b1.*b1)./N1);$

$Tb3 = sum(b1), N = sum(N1);$

$CT = Tb3 * Tb3 / N, SSp = Sp - CT, SSt = SS - CT$

$A1 = A(:, 1:30); A2 = A(:, 31:60); A3 = A(:, 61:90);$

$A4 = A(:, 91:120); A5 = A(:, 121:150); A6 = A(:, 151:180);$

$B1 = sum(A1, 2); B2 = sum(A2, 2); B3 = sum(A3, 2); B4 = sum(A4, 2);$

$B5 = sum(A5, 2); B6 = sum(A6, 2);$

$B = [B1, B2, B3, B4, B5, B6];$

$BB = sum(B, 1); CB = (BB, *BB)$

$TB = B \cdot 2 = [B1, B2, B3, B4, B5, B6].2;$

$C = sparse(A); D = spones(C);$

$D1 = D(:, 1:30); D2 = D(:, 31:60); D3 = D(:, 61:90);$

$D4 = D(:, 91:120);$

$D5 = D(:, 121:150); D6 = D(:, 151:180);$

$E1 = sum(D1, 2); E2 = sum(D2, 2); E3 = sum(D3, 2); E4 = sum(D4, 2);$

$E5 = sum(D5, 2); E6 = sum(D6, 2);$

$E = [E1, E2, E3, E4, E5, E6];$

$ps = TB. / E; EE = sum(E, 1); SSs = sum(CB, /EE) - CT$

$PB = sum(sum(ps))$

$GE = PB - sp - sum(CB, /EE) + CT; dfg = 240 - 40 - 6 + 1; MSg = GE / dfg$

$dfp = 39; MSp = SSp / 39, dfs = 5; MSs = SSs / 5$

$SSt = sum(sum(A \cdot 2)) - CT, dft = N - 1; MSt = SS / dft$

$SSe = SSt - SS1 - SS2 - GE, dfe = N - 240; MSe = SSe / dfe$

$E = [E1, E2, E3, E4, E5, E6];$

$F1 = sum(E, 1); F2 = sum(E, 2)$

$FE = E \cdot \text{^}2;$

$FF1 = sum(FE, 1); FF2 = sum(FE, 2); FFn = sum(FF1);$

第四节　试验模型选择、数据采集和不平衡数据分析技巧

一、单因素随机试验设计不平衡数据的方差分析法数据输入格式

单因素类内观察值不等的方差分析线性模型

$$y_{ij} = u + p_i + e_{ij} \qquad （7-3）$$

式中：$i=1 \rightarrow a$；$j=\min(j) \rightarrow \max(j)$；u 为群体平均效应；$p_i$ 为品种效应；e_{ij} 为随机误差。

不平衡单因素完全随机试验的典型资料（表 7-1）

表7-1   不平衡单因素完全随机试验的典型资料（数据在Excel采集样式）

处理数	类内观察值（观察值不等，用0补平衡）											
品种 1	√	√	√	√	√	0	0	⋯	0	0	0	0
品种 2	√	√	√	√	√	√	√	⋯	0	0	0	0
⋯	⋯											
品种 i	√	√	√	√	√	√	√	⋯	√	0	0	0
⋯	⋯											
品种 a	√	√	√	√	√	√	√	⋯	√	√	√	√

注：表示存活的植株性状值；"0"表示缺株或没有植株位置，添0补齐到与最多的参试样本数品种相等为止。

二、单因素随机区组试验设计的线性模型和不平衡数据的采集格式

转化后的线性模型

$y_{ijk}=u+p_i+b_j+e_{ijk}$ 式中：$i=1 \rightarrow a$；$j=1 \rightarrow b$；$k=1$ 或 0；u 为群体平均效应；p_i 为种源效应；b_j 为重复效应；e_{ijk} 为随机误差。

不平衡单因素随机区组试验的典型资料（表 7-2）

表7-2   不平衡单因素随机区组试验的典型资料（数据在Excel中采集式样）

处理	重复 1	重复 2	重复 3	⋯	重复 j	⋯	重复 b
种源 1	√	√	√	⋯	0	⋯	√
种源 2	0	√	√	⋯	√	⋯	0
种源 3	√	0	√	⋯	√	⋯	√
⋯	⋯	⋯	⋯	⋯	⋯	⋯	⋯
种源 i	√	√	0	⋯	√	⋯	√
⋯	⋯	⋯	⋯	⋯	⋯	⋯	⋯
种源 a	√	0	0	⋯	√	⋯	0

注："√"表示存活样株的性状值，"0"表示该校株死亡。下同。

（1）平衡格子设计

在林木遗传改良中，有时参试材料太多而试验地的立地条件又变化太大，此时使用随机区组设计进行田间试验，效果不佳。例如在林木种源试验中多采用平衡格子设计，以期进行环境局部控制。

（2）平衡格子设计的试验数据的调整技术

对于平衡格子设计的试验数据处理，根据 Cox 认为可以按随机区组设计模式进行分析。

由于在林木遗传育种中，对参数的要求在试验数据处理时，必须以单株观察值为单位，参与统计分析。此时平衡格子设计试验获得的非平衡试验数据，如何处理？这个问题值得研究。

线性模型理论是一个办法。广义方差分析法（转化分析法）还是有其独有的优势，值得开发研制。

党参试材料少，同一重复内各亚区组的环境差异不显著，可直接采用转化分析法的方法，进行数据处理。党参试材料多，且同一重复中的不同亚区组间试验环境差异明显，此时这类试验数据应先进行数据调整。下面介绍平衡格子试验设计的数据调整技术。

①试验必须在每个亚区组中设立共同对照。由于许多林木能无性繁殖，因而理想的对照是无性系。如果没有无性系对照，通常的规则是采用两个 OP 家系，作共同对照，以指示亚区组环境。这两个 OP 对照材料与其他参试材料一道，随机排列在亚区组内。

②计算每个亚区组内的环境指数。如果采用的无性系对照，可将其在亚区组内重复一次，即作两个材料使用，用其平均值与亚区组群的平均值之差，作为环境指数；如果是采用 2 个 OP 家系作共同对照，可按如下办法来计算环境指数。

$\bar{x}_1$ 代表亚区组内第一个对照的平均效应值，$\bar{x}_2 ..$ 代表亚区组内第二个对照的平均效应值，$\bar{x} ..$ 代表大重复（由各亚区组组成）群体的平均效应值，则亚区组的环境指数 $I = \left[(\bar{x}_{1.} - \bar{x}_.) + (\bar{x}_{2.} - \bar{x}_.) \right] / 2 = (\bar{x}_{1.} + \bar{x}_{2.}) / 2 - \bar{x}_.$

③用环境指数对亚区组内的参试材料的个体观察值进行校正。即：$X_{ij} - I$

④用调整后的试验数据，采用转化分析法的原理进行统计分析。

当试的各亚区组中没有采用共同对照时，环境指数 I= 亚区组平均值与重复平均值之差；用 $x'_{ij} = \left[x_{ij} - I \right]$ 或 $x'_{ij} = \left[x_{ij} - I \right] / \sigma_e$ 对亚区组内的观察值进行调整。这里为该重复的标准误。

三、两因素有众多重复次数且不平衡模型分析时数据采集格式

（一）不平衡数据的统计分析模型

以单株观察值作为统计分析单位，有如下线性模型

$$y_{ijk} = u + p_i + s_j + (ps)_{ij} + e_{jk} \qquad (7\text{-}4)$$

式中：$i = 1 \rightarrow a; j = 1 \rightarrow b; k = 30$；$y_{ijk}$ 为第 i 个处理在第 j 个试点或区组的第 k 个观察值；p_i 为第 i 个品种效应；s_j 为第 j 个重复（试点）效应；$(ps)_{ij}$ 为品种与区组互作效应；e_{ijk} 为随机误差。

（二）不平衡数据的典型资料（表7-3，表7-4）

表7-3　两因素重复次数不等的典型试验资料采集（数据在Excel采集样式）

处理	重复或试点 1	重复或试点 2	重复或试点 3	…	重复或试点 j	…	重复或试点 b
处理 1	√√√√…	√√√ 0…	√√√√…	…	√√√√…	…	√√√√…
处理 2	√√√ 0…	√√√√…	√√√√…	…	0 √√√…	…	√ 0 √√…
处理 3	√ 0 √√…	√√√√…	√ 0 √√…	…	√√√ 0…	…	√√√ 0…
…	…	…	…	…	…	…	…
处理 i	√√√ 0…	√ 0 √√…	√ 0 √√…	…	√ 0 √ 0…	…	√√√√…
…	…	…	…	…	…	…	…
处理 a	√ 0 √√…	0 √√√…	√√√√…	…	√ 0 √√…	…	0 √√√…

注：每个格子在 Excel 中占30格，成行状排列，即一个重复 X 处理占30格，成行排列。

表7-4 两因素重复次数不等模型，其区组重复或试点上的频率分布

处理	重复或试点 1	重复或试点 2	重复或试点 3	…	重复或试点 j	…	重复或试点 b
处理 1	n11	n12	n13	…	n1j	…	n1b
处理 2	n21	n22	n23	…	n2j	…	n2b
处理 3	n31	n32	n33	…	n3j	…	n3b
…	…	…	…	…	…	…	…
处理 i	ni1	ni2	ni1	…	nij	…	nib
…	…	…	…	…	…	…	…
处理 a	na1	na2	Na3	…	naj	…	nab

注：小区试验（小区内样本数 <30）的模型，其试验数据采集见本章 Excel 采集样式表 7-2。

第八章 林木遗传图谱构建及遗传多样性分析技术与应用

第一节 遗传图谱的构建

一、遗传图谱概述

遗传图谱（genetic map）又称连锁图谱（linkage map）或遗传连锁图谱（genetic linkage map），是指基因组内基因以及专一的多态性DNA标记相对位置的图谱，其研究经历了经典遗传图谱到现代的DNA标记连锁图谱的过程。长久以来，各种生物的遗传图谱几乎都是根据诸如形态、生理和生化等常规标记来构建，经典遗传图谱主要是研究多样性的相互关系、基因所构成的连锁群以及连锁群中各多样性基因的线性关系。过去几十年，经典遗传图谱研究发展极为缓慢，所建成的遗传图谱仅限于少数种类的生物，而且图谱的分辨率大都很低，表现为标记少、图距大、饱和度低，不能准确定位某个基因的具体位置，更不能克隆这一基因，因而应用价值有限。

20世纪80年代初，随着DNA重组技术的问世，利用DNA分子水平上的变异作为遗传标记进行遗传作图取得了重大进展。1980年，Bostein首先提出利用RFLP（restriction fragment lengthpolymorphism，RFLP）标记构建遗传图谱的设想，1987年，Donis-Keller等发表了第一张人类的RFLP连锁图谱。植物的分子连锁图谱构建工作的发展速度超过了动物的同类研究，这主要是因为植物可很方便地建立和维持较大的分离群体。目前，已经构建图谱的植物达几十种，几乎包括了所有重要的农作物。相对农作物，大多数林木是长期异交的树种，遗传负荷（genetic load）较高，很难像农作物那样利用纯系、近交系或高世代群体进行遗传作图。有关林木遗传作图起步相对较晚，但发展迅速。迄今为止，已有近20个树种构建了遗传图谱，如苹果树、杨树、桉树、松树、云杉等。林木遗传图谱的建立，可以对林木抗逆、抗病虫和其他性状进行数量性状基因定位研究，为分子标记辅助选择奠定基础，为数量性状的遗传改良和抗性基因的克隆提供理论依据。

二、遗传图谱构建理论基础

遗传连锁图谱构建的理论基础是染色体的交换与重组，其构建就是以重组子推算重组率并转化为遗传距离，从而把遗传标记顺序排列在一个连锁群上的过程。DNA标记的出现极大地丰富了遗传图谱的内容。由于DNA标记检测出的每个分子标记反映的都是相应染色体座位上的遗传多态性状态，因此利用DNA标记构建遗传连锁图谱在原理上与传统遗传图谱的构建也相同。一般图谱构建包括以下几个基本步骤：根据遗传材料的DNA多态性，选择建立作图群体的亲本组合；建立具有大量DNA标记处于分离状态的分离群体；选择适合作图的分子标记；测定作图群体中不同个体或株系的标记基因型；对标记基因型数据进行连锁分析，构建连锁图。

三、遗传图谱构建的发展

遗传图谱构建研究经历了经典遗传作图和分子遗传作图两个阶段，其中经典遗传作图阶段主要是利用形态学标记、细胞学标记和同工酶标记等构建遗传图谱，由于形态学标记易受环境的影响，细胞学和同工酶标记数量又有限，很难构建一张高密度的遗传图谱，因此传统的方法受到很大的限制，导致遗传图谱构建研究进展比较缓慢。1980年以来，分子标记的快速发展大大促进了遗传图谱构建的发展。分子标记是基于核苷酸多态性的标记，与传统的标记相比，主要有以下优点：①直接以核苷酸分子形式表现，遗传非常稳定，表现为"中性"，不受个体生长发育阶段及外界环境因素的影响；②数量很多，多态性非常高，许多标记还具有共显性特点，能同时区分杂合体和纯合体，并提供完整的遗传信息；③操作方法简单、方便。分子标记技术凭借其自身的稳定性、多态性、准确性、快速性等优势已广泛应用于杨属、柳属、桉属、松属、云杉属等林木的图谱构建。

遗传图谱是通过遗传重组交换结果进行连锁分析所得到的基因或其他遗传标记在染色体上的相对位置的排列图。传统的由形态、生理和生化标记构建的遗传图谱饱和率低，应用价值有限。引入DNA分子标记后，遗传图谱的构建取得了重大进展，成为遗传学领域的研究热点之一。遗传图谱的应用主要有三个方面：①与图位克隆技术相结合，分离基因。这既适用于单基因控制的性状，也适用于有主效基因的多基因控制的性状。②用于控制数量性状的基因（QTL）的定位。这将有利于研究基因的表达机理，包括基因表达的时序性、基因之间的相互作用、基因与环境的相互作用等问题，还可指导杂交育种，进行早期筛选。③通过图谱的比较了解基因组的结构（structure）、组织（organization）和进化（evolution），并使不同种属间的遗传图谱以及定位在图上的基因可以相互借鉴，简化构建新图谱的工作。构建分子标记遗传图谱主要有以下几步：（1）根据研究目标选择合适的亲本，建立适宜的作图群体；（2）对亲本和群体进行分子标记分析；（3）使用计算机软件进行统计分析，确定分子标记间的连锁关系和遗传距离；（4）将连锁群锚定于染色体。

　　农作物的遗传图谱构建起步较早，发展很快。现在所有的农作物都已构图。许多作物的图谱密度很高，Harushima 等构建的水稻高密度遗传连锁图有多达 2275 个分子标记，总图距 1521.6cm。果树中研究较多的是苹果、桃和柑橘。在苹果树上，Hemmat 等首先构建了拥有 233 个基因座、24 个连锁群、总长为 950cm 的分子图谱；Lawson 等利用 RomeBeauty×WhiteAngel F1 群体构建了含有 21 个连锁群的图谱，其中 5 个基因位点分别与控制枝条生长、萌芽期、花芽萌发、吸收根生长以及果色性状有连锁关系；Gardiner 和 basset 等还构建了苹果抗疮痂病基因 Vf 的局部加密图。从 1992—1998 年，已有 8 张桃的种内杂交分子图谱和 3 张种间杂交分子遗传图谱先后报道，一些桃的农艺性状如：柱形、红叶、果实品质、叶腺型、抗病基因等都已在这些图上定位。Cai 等对柑橘属间杂交种的 BC1 群体构建了由 RAPD、RFLP 和同工酶标记组成的图谱，包括 19 个连锁群，总长 1192cm，平均密度为每对标记 7.5cm，覆盖整个基因组的 70% ～ 80%。

　　与农作物相比，树木遗传图谱的构建起步较晚。这主要是因为树木的杂合度高，生长周期长，而且除杨树、柳树等一些可在室内水培杂交的树种外，大多数树木的杂交授粉操作较难控制，很难像农作物那样利用近交系和高世代群体构建遗传图谱。但"拟测交"（doubt pseudo-testcross）理论解决了这一问题，为利用 F1 群体构图提供了依据。现有的谱系清楚的 F_2 和 BC_1 群体也可用于构图，而利用大配子体作图是大多数针叶树可以采取的方法。树木是多年生的，作图群体可长时间保存（大配子体作图除外），图谱完成后可用于长期的多方面的研究，这是农作物图谱所不能比拟的。因此近些年来树木遗传图谱的构建发展很快。

第二节　数量性状基因的定位

在数量性状基因定位（QTLs）研究方面，对农作物的研究较多，并能够得到实际的运用。如通过图位克隆技术已从番茄、水稻等作物中得到几种抗病、抗虫的基因：番茄的青枯病抗性基因（Pto、Fen、Prf）、叶霉病抗性基因（Cf-2、Cf-4、Cf-5）、根节线虫抗性基因，水稻的白叶枯病抗性基因（Xa21、Xa1）、稻瘟病抗性基因（Pi-b），大麦中的真菌广谱抗性基因和小麦、甜菜中线虫抗性基因（Cre3、Hspro-1）、水稻中的矮生基因（D1）也是用图位克隆的方法分离的。许多农艺性状、与生长发育相关的性状被定位在遗传图谱上。

林木中的大多数性状是数量性状，由多基因、微效基因控制，在分子标记和遗传作图的基础上，开始林木 QTLs 定位研究（表 1.1）。Grattapaglia 等利用构建的巨桉（Eucalyptus grandis）和尾叶桉（E.urophylla）的中等密度 RAPD 标记连锁图，研究了影响无性繁殖的 QTLs 分别在两张图谱上的定位情况。共发现 10 个影响无性繁殖（以芽的鲜重为依据）的 QTLs，即 6 个与插穗出芽能力（以插穗出芽数为依据）相关的 QTLs 和 4 个决定生根能力（以生根的插枝占总插穗数的百分比为依据）的 QTLs，这些 QTLs 可分别解释各自性状变异的 89.0%、67.1%、62.7%。控制出芽能力的 QTLs 主要被定位于巨桉的图谱上，而控制生根能力的 QTLs 大部分定位于尾叶桉的图谱上。

有人对美洲黑杨（Populus deltoides）× 毛果杨（P.trichocarpa）F_2 群体构建的遗传图谱进行了树干生长、干形、树叶萌发和叶片变异等 QTLs 的定位研究，发现生长两年后的树干体积变异的 44.7% 由两个 QTLs 控制；树干基部面积的 QTLs 和同一枝条上所有叶片的总面积的 QTLs 成簇排列，有相近的染色体位置和遗传行为；叶片色素沉淀、叶柄长度和叶柄长度比例这三个性状主要是由少量的 QTLs 控制；单叶面积、叶形、叶片展开角、叶脉颜色则是由多个微效 QTLs 控制，但控制生长中相关性状的位点间的距离比控制不相关性状的位点的距离小，如连锁群 L 上的一段染色体控制了大约 20% 的所有与叶面积相关的性状（叶片 大小、叶柄长度和中脉角度）的变异。

Frewen 等用美洲黑杨 × 毛果杨的 F2 群体构建了有 AFLP 和微卫星标记的遗传图谱，用以研究控制芽形成（bud set）和萌发（bud flush）时间的 QTLs。他们采集了位于不同地点的 相同无性系数据进行分析，定位了 3 个控制芽形成、6 个控制芽萌发的 QTLs，2 个候选基因 PHYB2（参与光周期）和（参加脱落酸信号反应）在图谱上与这些 QTLs 一致。有人初步将酚甙类次生代谢产物和抗光肩星天牛 QTLs 定位在美洲黑杨回交群体 AFLP 分子标记遗传连锁图谱上。

O'-Malley 等用 AFLP 标记构建的火炬松图谱有 508 个标记，分成 12 个连锁群，总长约为 1700cm，并发现了与胚期近交衰退（inbreeding depression）相关的多个位点（Remington et al）。Plomin 等构建了海岸松（Pinus pinaster）具 423 个 RAPD、27 个蛋白质标记，总长为 1860cM 的遗传图谱，不同时期生长高度、叶原基发生和茎的伸长等性状的 QTLs 被定位在图上。2000 年他们研究组又构建了一张由 239 个 AFLP 和 127 个 RAPD 标记组成的有 13 个连锁群、长 1873cm、占基因组 93.4% 的图谱，并比较了两种分子标记，认为要获得相同数量的标记，AFLP 技术比 RAPD 技术快 2 倍，费用低 3 倍。

Davey 等用三代远系杂交群体构建了辐射松（Pinsradiata）的图谱，由 RFLP 标记 165 个、RAPD 标记 41 个以及 2 个微卫星标记组成。Emebiri 和 davey 又用全同胞大配子体构建了有 222 个 RAPD 标记的辐射松的图谱，并将分别在不同年龄表达的与幼苗生长相关的多个 QTLs 定位在图上，控制松针与径干单位比（needle-to-ste munitrate，NESTUR）性状的 QTLs 也被定位。Kuang 等还利用 S1 种子的大配子体构建了一张有 172 个标记、19 个连锁群、长 1116.7cm 的图谱，但以 RAPD 为主的这 172 个标记中有一半偏离了预计的 1：1 比例。

综上所述，随着分子标记在林木遗传图谱构建上的广泛应用，林木遗传育种进入了一个崭新的时代，建立高密度遗传图谱，进行数量性状基因定位研究为抗性基因克隆打下了坚实的基础，对于林木育种具有重要的意义。

第三节 质量性状的基因的定位

在实际育种工作中，首先要确定目标性状是属于质量性状还是数量性状。利用与目标质量性状基因紧密连锁的分子标记，是进行质量性状选择的有效途径之一。林木中，标记目标性状基因的方法目前主要有两种：一是利用 Michelmor 等根据建立近等基因系（Near-isogenic Lines，NILs）类似原理创造性地提出了用混合分群分析法（Bulked Segregant Analysis，BSA）对目标性状进行基因定位的新的技术路线。BSA 是将分离群体中研究的目标性状根据其表型（如抗病、感病）分成两组，将每组内的一定数量的植株的 DNA 混合，形成按表型区分的 DNA 池，并用作模板进行标记分析。二是利用已有的连锁图谱进行标记，一旦发现某一目标基因被定位在某一染色体上，就可以选择分散在染色体不同位点的标记，逐渐逼近，找到该基因的分子标记。目前，林木中利用 BSA 结合已构建的遗传连锁图谱对控制杨树叶锈病、叶枯病与糖松松疱锈病等进行了分子标记及图谱定位，这些与目标基因紧密连锁的分子标记的发现，使进一步克隆目标基因，进行基因转移成为可能。

杨树叶锈病（Melampsora laricipulina）是中欧、北欧及北美对杨树生长破坏最严重的病害，这种病害可使杨树提前落叶，轻者可使杨树生长量减少 20%，重者可使杨树林全部毁灭。为了控制杨树叶锈病的发生，各国学者对控制杨树叶锈病的基因进行了分子标记或图谱定位。例如 Cervera 等以美洲黑杨 × 黑杨的 F1 代的叶片为材料，利用 AFLP 技术和 BSA 法，用 144 个引物组合筛选了大小为 70bp ～ 800 bp 的 11 500 个多态性片段，得到了 3 个与抗杨树叶锈病基因紧密连锁的 AFLP 标记。BSA 法与 AFLP 技术相结合大大提高了寻找与目的基因相连锁的分子标记的筛选效率。Villar 等利用 BSA 法和 RAPD 技术相结合，采用 2×2 因素交配设计，对杨树 4 个家系 189 个子代检测出与杨树抗叶片锈病相连锁的 5 个 rapes 标记，并从中获得了比 1cm 还要小的一个抗病基因标记，使分离该基因成为可能。Newcome 等以毛果杨 × 美洲黑杨三代谱系为材料，连续两年在不同试验点调查杨树对叶锈病的抗性，进行统计分析后发现，锈病坏死斑是受来自亲本毛果杨的一个显性基因（Mmdl）控制，并基于已有的图谱把 Mmdl 基因定位在连锁群上，并与其中一个 RFLP 标记 P222 相距 5cm。Stirling 等利用 AFLP 标记技术对控制杨树叶锈病位点 MXC3 所在的染色体区域进行了精细作图，得到了包含 19 个 AFLP 标记，平均间隔 2.73cm 的一个毛果杨 × 美洲黑杨高分辨率的一个同源群，其中有 7 个 AFLP 标记与 MXC3 位点共分离。为了加速寻找与 MXC3 位点紧密连锁的分子标记，他们利用 AFLP 技术与 BSA 相结合的方法，用 2048 个 AFLP 引物对抗病池和感病池进行了筛选，结果得到了 380 个与 MXC3 位点相连锁的候选多态性和 26 个 AFLP 标记，有 15 个 AFLP 标记被定位在已绘制的连锁图谱上。这使基于图位克隆（Map Based Cloning，MBC）分离 MXC3 位点成为可能。

杨树叶枯病 [Alternaria alternata（Fr.）Keissler] 是我国东北、西北、华北等地区的杨树主要病害之一。该病菌对我国杨树插条苗及实生苗造成了极大的经济损失，为了选育具有抗杨树叶枯病的苗木，苏晓华等利用 RAPD 标记技术和 BSA 相结合，以美洲黑杨 × 青杨三代谱系为材料，经进行杨树叶枯病接种及病情分析后估计美洲黑杨对杨树叶枯病的抗性是由 1 对纯合隐性等位基因控制。

并对该基因进行了标记分析，找到了两个 RAPD 标记（RPH12-6 和 RPH12-4）与该基因紧密连锁，并把该基因 Ala 定位在已绘制的美洲黑杨 × 青杨遗传连锁图谱的第 3 连锁群上，这将为杨树抗病品种的早期鉴定和分子标记辅助杨树抗病育种成为可能。

Davey 等对糖松进行了抗松疱锈病基因局部作图，利用抗感型植株的种子的胚乳组织建立抗感病基因池，采用 800 个 RAPD 随机引物共获得 10 个与抗松疱锈病基因相连锁的标记，其中一个标记 OPF-03/810 与抗松疱锈病基因仅相距 0.9 cm（ davey et al.，1995）。Wilcox 等利用 RAPD 标记技术和 BSA 相结合，用 60 对引物组合筛选抗病池和感病池，对火炬松抗松疱锈病（ fel ）基因局部区域作图，共获得该区域 13 个 RAPD 标记，其中的 J7-485a 与 Fr1 基因相距仅 2 cm。松针胆汁蚊虫（Pine.Needle Gall Midge，PGM）是一种可减少松树生长的昆虫，Kondo 等以日本黑松为材料，利用 RAPD 技术和 BSA 相结合对控制日本黑松 PGM 的基因进行了分子标记，用 1 160 个 RAPD 随机引物进行筛选，共获得 3 个 RAPD 标记（OPC06580，OPD01700 和 OPAX192100），这 3 个 RAPD 标记与控制该虫的基因遗传距离分别为 5.1 cm，6.7 cm 和 13.6 cm，并将它们定位在已绘制的日本黑松遗传连锁图谱上。

法国 Benet 等以榔榆（ulmus parvifolia jacq.）×（U. pumila L.）的子代为材料，利用 RAPD 技术与 BSA 相结合，找到 3 个与抗榆树黑斑病 [Stegophora ulmea（Schw. Fries）Sydow&Sydow（syn.Gnomonia ulmea）] 相连锁的标记。Lu 等利用 AFLP 标记和 Lovell×Nemared F2 代 55 个个体为材料构建了桃树（Pruns persica（L.）barsch）遗传连锁图谱，169 个标记来自 21 对引物扩增得到的 153 个多态性片段。分属于 15 个不同的连锁群，覆盖桃树核基因组 1297cm，连锁图谱上的 AFLP 分子标记平均间距为 9.1 cm。在第一连锁群上定了了抗桃树根结线虫（Meloidogyne incognita and Meloidogynejavanica）的两个基因 Mi 和 Mij，这两个基因位点间隔为 16.5 cm。一个公共显性 AFLP 标记（E-AAM-CAT）与 Mij 位点紧密连锁，距离为 3.4 cm。另一个 AFLP 标记（E-AT/M-CAT）与 Mi 位点连锁，距离为 6.0 cm。与桃树抗根结线虫相连锁的这些标记的发现可用于 MAS 的抗桃树根结线虫育种。正是由于分子标记在桃树遗传连锁图谱中的具体应用，使得桃树成为研究控制农艺性状基因的模式种。

表8-1　主要林木遗传图谱构建和数量性状基因定位

树种 Poretroopecies	分子标记类型 Merten	标记数目 Nomberofmarten	总围距 Meapdistance	数性状 Quantitadivetnits	来源 Soerce
日本柳杉 Crpsoeriajsponica	RAPD	119/84	175614111.9	木材强度	KurmotoetaL（2000）
	APLP，CAPS	91/132	1266.119923		NibidoealL（2000）
蓝枝 Fucabpeurglobuluer 蓝桉 Eglobuluxd	RFLP	249	1375	木材，纤堆	ThamnructL（2002）
绍叶按 Etereticomnls	APUP	268/200	919967		Murequcsetal.（1998）
巨桉 Egrondiox 尾叶按 Europhllas	RAPD	240/251	1552/101	发芽、生根	CnttipuylisaalL（1994，1995）
巨楼 Egrandis	RAPD			生长，制性 高生长、	GrattapaglhnetaL（1996）
亮果按 Eniteru	RFLP.RAPD， 同工酶			叶面积耐霜冻	Byrmee（l199，1997.b6）
尾叶枝 Kmroplyllex 巨桉 Egrandis	RAPD	86/92	129511312	木材密度、 生长和干形	VerbarganeaL（1997）
落叶松 Lartrdecidua× 日本幕叶松 Lkaempfenl	RAPD，APLP， ISSR	117/125	1152/1206		ArcadeetoL.（2000）
挪威云杉 Piceaabies	RAPD	145			BinelimnedBauc（1994）； SkovaodWelendod（1998）
白云杉 Piceaslouca	RAPD，SCAR， BSTP	165/144	2059.4/2007.7		Gosclindal（2002）
地中海松 Piusbnitia	RAPD				KaysndNcealx（1995）
湿地松 Pinurelioni	RAPD	55			Nelsooetal.（1993）
糖松 Pinsslamberiana	RAPD			抗锈病	DeveyaaL（1995）； Hartinseal（1998）
长叶松 Pinwspolutris	RAPD				NelsooetaL.（1994）
P.palustris× P.elloeni	RAPD	122 133/83	13382/994.6	生长	Kubisiakeal（1995） Wengeal.2002）
海岸松 Piwsplnaster	RAPD	263			Plomlonea（1995ab；1996a，b）
辐射松 Pinwsmadiata	AFUP，RAPD	239/127	1873		Costaeal.（2000）
	AFLP，RAPD， microsatelie				Deveyeta1.（1996）
美国白松 Pinusstrobus	RAPD	168			Ksangeal.（1998，1999） Ech（1997）
	RAPD， microselite	69	2071		

（续　表）

树种 Poretroopecies	分子标记类型 Merten	标记数目 Nomberofmarten	总围距 Meapdistance	数性状 Quantitadivetnits	来源 Soerce
欧洲赤松 Pinursyhvestris	RAPDIAFLP	94155	796/1335	生长	Yudanieal（1995）； Hurme and Savolanan（1999） Lerceteauetal（2000）
火炬松 Pinussaeda	RAPD，BSTP			锈病材性	Devtyaal（1994）； Groovere al.（1994）； WlcoxaaL（1996）； Temcagental.（2001）； Brown aL（2001）； Sewelle1oal. （1999.2000.2002）
P.loeda × P.rodiate	RFILP. vmircsellite		1281/123	针叶生长	DeveyeaL1999）； Emebiniet L（1998a.b
黑检 P.thumberti 响叶栎	RAPD/APLP +RAPD	98/207	1469.8/2085.5	抗病	KoodoC2000）； Hayubi（200I）
Populuradenopodax 馒白杨 P.alba	RAPD	62/197	553/2300		Yinget1.19992001）； 尹佟明等（1999）
北美山杨 P.remuloldes	RFLP 同工酶				LiuandPurnier（1993）
美洲黑杨 Populusdeltoides	AFLP	198	2927		Wu et alL（2000）
毛栗杨 P.trichocarpax 美洲黑杨 P.dloides	RAPD，RFLP， STS	343	1255.3	生长、 发育	Bndsbaw et al.（1994） BndsbawaodSettler （1994，1995）； Preweaaal.（2000）
美洲黑杨，黑杨 P.nipra，毛果杨	AFLP. mkcrotlitco	566/369/339			Cenvental（2001）
花旗松 Paeudotnpameriesil	RAPD.RFLP	141	1062	适应性	JermstadtalL （1998；2001.，b）
美洲黑杨 P.deltoldesX 青杨	RAPD	110		抗病	苏晓华等（1998）
P.cathayana 欧洲栎 Querourobur	RAPD，SCAR， SSRs	307	893.2/921.7		Barrenecbeea1（1998）
蜓叶在豆杉 Taourbrifolal	RAPD	102			Gocemcoeal（1996）
椰榆 UImnuspanfolia	RAPD	4			BeoetetaL（1995）

第四节　基于候选基因的联合遗传学分析

一、候选基因概述

候选基因（Candidate Gene）是一种已知功能或有潜在功能的任何 DNA 序列，也可以说是被赋予潜在功能的 RFLP 探针。根据研究目的，可以有针对性地采用不同的候选基因。比如研究人类疾病或植物病虫害的抗性时，可以选择候选抗性基因、防卫反应基因以及有关代谢途径中的基因。目前，虽然候选基因主要由少数大公司拥有，但通过各种渠道可以共享的探针在逐渐增加。由于它拥有的潜在功能，候选基因比起其他分子标记技术对生物功能基因组的研究具有更加重要的意义。许多生物特别是亲缘关系比较近的物种，特定核酸序列的同源性较高，它们有可能有编码功能相同或相近的多肽或蛋白质分子，也就是说不同来源的候选基因可以交叉运用。因此，候选基因在基因鉴定，包括 QTL 的鉴定和定位中特别有用。例如，Frewen 等在毛果杨（Populus trichocarpa）× 美洲黑杨（P. deltoides）的 F2 群体中发现了 5 个候选基因包括 PHYBI，PHYS2，ABIIB，ABIID 和 ABI3 参与了叶芽休眠调控并将其进行了图谱定位。目前，在桉树、火炬松等树种开展了控制林木生长、材质、抗病虫等方面的候选基因数量性状定位。在本节中，我们主要以毛白杨与毛新杨转录组图谱联合遗传进行分析。

二、毛白杨转录组图谱构建准备

构建转录组图谱不同于构建遗传连锁图谱，其所要研究的对象是组织中的转录物组，是通过对群体内分子之间的多态性进行遗传连锁分析，以确定表达序列或基因间的遗传排列顺序和遗传距离。转录图谱的构建有以下几个难点。第一，提取难度大，从组织材料的保存、分离以及分离后的储藏都需要有严格的保护措施。另外，构建转录组图谱涉及群体水平，同时提取大量个体样本无疑增加了保证质量的难度。第二，不同组织的群体组成不同，因此构建的转录组图谱也同样具有组织特异性，因此选择合适的植物材料也是影响图谱最终应用的重要因素之一。第三，分离后还要经过两个关键步骤转化为双链后才能进行分析。目前，合成双链的成本较高，大量合成的价格很高。综上所述，为了避免转录组图谱构建中出现不必要的损失，对试验的可行性研究就显得尤为重要了。根据连锁图谱的作图经验，我们选择多态性较高的毛新杨毛白杨回交群体作为候选作图群体，对不同植物材料进行了筛选，并对亲本间的多态性水平进行了估算，并根据双扩增特点，对引物组合进行了优化和筛选，为构建毛白杨转录组图谱作了充分准备。

三、利用 cDNA-AFLP 技术构建毛白杨未成熟木质部转录组图谱

数量遗传学的主旨就是理解并阐述数量性状的遗传基础和遗传结构，揭示数量性状变异和基因型变异之间的联系。分子标记技术的飞速发展，带动了定位技术的发展，使数量性状研究真正摆脱了长期处在统计学研究阶段，走入了分子水平的基因组研究时代。以遗传标记主要是分子标记为基础构建遗传连锁图谱是利用标记基因型和表型值的连锁关系，在基因组内搜索显著影响表型效应的基因的先决条件。因此，分子数量遗传学最初研究的十几年时间，人们主要致力于构建各个物种的遗传连锁图谱。期间，各种遗传标记系统，如 RFLP、RAPD、SSR、AFLP、ISSR 等和各种控制授粉群体，如 BC 群体、F2 群体、RIL 群体等，都被开发出来用于遗传连锁图谱的构建。然而，就目前来看，大部分遗传连锁图谱都是利用基因组标记构建而成的，而对这些标记的基因组来源如编码区还是非编码区以及标记具有怎样的生物学功能并不清楚。因此，越来越多的"功能性标记"被开发出来并应用在遗传作图研究中。所谓"功能性标记"，通常是指来源于编码区的核酸序列形成的标记。目前常用的功能性分子标记包括利用基因序列变异通过大量的序列发掘出的多态性，还有利用基因序列的单核苷酸多态性标记等。根据技术作图的原理，提出了利用标记构建转录组图谱的方法，并利用该方法构建了马铃薯和拟南芥的转录组图谱。该方法秉承了技术的众多优点，如标记信息量大，模板用量少，不需要预先了解实验材料的基因组信息等，而且通过利用序列，使其可以展示特异组织在特殊发育阶段的基因表达谱并且能将其遗传学位置反映在连锁图上，因此提供了比基因组图谱更多的信息。由于图上标记均来源于转录的，理论上来讲每一个标记可以代表一个基因，因此可能会提高候选基因作图的效率。此外，不同物种的转录组图谱之间的比较基因组学研究，还可以直接对基因的系统进化提供更多的信息。

毛白杨是我国重要的乡土树种之一，具有速生、适应性强、干形美观等特

点，在我国北方广泛栽培。毛白杨的遗传育种工作开展较早，北京林业大学朱之梯教授早就开展了包括毛白杨资源保存、杂交育种、良种繁育、倍性育种等较为系统的研究工作。此后，北京林业大学的张志毅教授带领其课题组在毛白杨遗传改良工作上进行了更为深入的研究，包括深入开展毛白杨及其他白杨派树种的派内派间杂交育种研究、杂种优势遗传机理和杂种优势预测研究、毛白杨抗性基因分离、毛白杨遗传多样性研究等。其中张德江等利用技术构建了第一张毛白杨较为饱和的遗传连锁图谱，为毛白杨复杂性状研究奠定了基础。在此基础上，先后对毛白杨生长性状、物候性状以及少量材性性状进行了分析，并将控制各性状的位点定位在各连锁群上。

cDNA-AFLP 技术是在前面的工作基础上利用毛新杨 × 毛白杨年生群体，选择主干上发育中的木质部组织构建毛白杨转录组图谱。在拟测交的原则下，构建了毛白杨和毛新杨两张转录图谱，并对图谱的基本特性进行了分析。利用转录图谱对毛白杨基因组进行了估算，并对标记在连锁群上的分布情况进行了分析。此外，还增加了若干 SSRs 标记分析，并对 SSRs 的通用性、在毛白杨回交群体中的分离类型进行了总结。

第五节　林木分子标记辅助选择育种

一、分子标记技术概述

分子标记技术在林木遗传育种上具有十分广泛的应用：分子标记是一种新型的遗传标记，由于其独特的优越性，已被广泛地应用于生物学研究的各领域；分子标记能够为品种鉴别、亲缘关系确定、种质资源遗传结构状况等的研究提供最有效的方法和手段；在提高林木遗传育种效率、缩短育种周期、增强定向育种的可靠性等方面展现了广阔的应用前景。各种分子标记系统在林业中的应用会越来越广泛，发挥出巨大的作用。分子标记的成功应用将为林木选种、育种工作提供更多有价值的信息，极大地提高育种的目的性、精确性，缩短育种周期，提高育种效率。

分子标记辅助选择是形态标记、生化标记选择的一个有益补充，它不受其他基因效应和环境因素的影响，结果可靠，同时可在早期进行选择，大大缩短育种周期。

在林业上，加拿大 Bousquet 等利用白云杉的遗传图谱对其成熟木材密度进行 QTLs 分析和早期选择研究；美国学者利用火炬松连锁图谱进行了木材密度 QTLs 研究，根据确定木材密度 QTLs 两侧连锁紧密的分子标记对火炬松木材密度进行早期测定。

二、林木分子标记辅助育种的发展

林木分子标记辅助育种的研究刚起步，相比之下一些主要农作物的研究已进入实用阶段。主要原因是基因作图的速度相当缓慢，分子标记的数量较少，林木上的分子标记数量更加少。一些重要性状的分子标记与目标性状间的距离仍较大；分子标记在不同的遗传背景中表现不稳定，特别是数量性状遗传的重要性状的分子标记极易受遗传背景的影响；所需要的实验设备及实验费用很高，增加了选择成本。

虽然传统分子标记具有其潜在的优势，但还存在诸如数量性状分子标记在不同遗传背景中易受影响，表现不稳定，能确凿鉴别数量性状的位点极少等问题。随着杨属植物基因组计划的实施，杨树全基因组信息将会为其他林木基因组研究提供有价值的参考，单核苷酸多态性标记技术、基于表达序列标签的表达谱分析以及 RNA 干涉技术的应用，使人们从全基因组水平分析基因的功能成为可能，将会大大加快分子育种技术的发展。

分子标记技术是一项很有潜力、很有应用前景的新技术，随着分子生物学的飞速发展，遗传标记包括形态标记、细胞学标记、同工酶标记和分子标记等，分子标记是以 DNA 分子多态性为基础的遗传标记，是指能反映生物个体或种群间基因组特异性的 DNA 片段，也称为 DNA 的指纹（带型）图谱。林木中常用的分子标记方法主要有限制性片段多态性（RFLP）、随机扩增多态性（RAPD）、扩增片段多态性（AFLP）、简单重复序列（SSR）、单核苷酸多态性（SNP）等，广泛应用于遗传育种、高密度遗传图谱的构建、基因定位和克隆、亲缘关系鉴别及遗传多样性研究等领域。遗传图谱是遗传学的重要研究内容，又是研究种质资源、选育良种及基因克隆等的理论依据和基础。分子标记基本上是一个信息工具。它们并不直接对植物生产作贡献，但它们可以为遗传转化感兴趣的基因定位提供重要的信息，或为种群结构、杂交系统和谱系鉴定提供信息。

三、以分子标记为基础的遗传图谱构建

遗传图谱构建是林木分子育种研究的重要内容，以分子标记为基础构建遗传图谱，对树木基因和重要经济性状进行质量和数量性状的定位，能够实现辅助选择育种。目前桉树和杨树遗传图谱研究较多，桉树中的巨桉、巨尾桉、亮果桉、赤桉、细叶桉、蓝桉已经构建了分子图谱，杨树中毛白杨、响叶杨和银白杨等多种杨树也有报道。此外，落叶松、云杉、柳树、杜仲、梅花、茶树、核桃、麻风树、榛子等有较高经济价值的林木种质资源也相继构建了自己的遗传图谱。

在过去相当长的一段时间里，林木遗传图谱的构建多采用 RAPD 和 AFLP 等分子标记的方法，结合使用等位酶、RFLP、EST、SSR 等分子标记技术，随着生物技术的迅速发展，现代遗传图谱的构建已由 SNP 等共显性标记类型组成，它在高密度、高解析度等方面取得突破，为基于图谱的相关研究提供了依据。

第六节　林木遗传多样性研究技术及应用

遗传变异在整个树种中的分布格局，即树种遗传多样性，对遗传资源管理具有重要意义。这种变异在树种间、群体间的遗传分化程度有可能差异很大。当前主要应用数量性状遗传变异、生化遗传变异、同工酶遗传变异标记，DNA标记等途径，比较树种内遗传分化程度时，有几个值得注意的问题：首先，用于分析遗传多样性试材的选传背景和生态背景要明确，需要一个科学合理的比较尺度，例如，树种间、树种内群体间覆盖大小，有些树种样本群体间相距有数百公里，而其他树种的样本群体间可能只有数公里的距离。第二，样本大小不仅影响计算性状的分布与方差，而且影响基因频率的离差，因此，要重视抽样策略及其样本容量对研究结果的影响。第三，研究样本的不同属性，如数量性状、化学成分、同工酶、DNA 等，各种方法用于研究遗传多样性都不是尽善尽美，几乎都是在相对条件下的研究结果，今后需要加强同一树种样本材料的多方面的配套研究。

一、林木遗传多样性概述与研究意义

林木遗传多样性研究，20 世纪初前后，欧洲云杉、欧洲赤松等主要树种的

形态变异报道较多，随着种源研究及育种的深入进行，数量性状遗传表征遗传变异的研究十分广泛，但大多数都集中在育种材料（有限范围）的研究。20世纪70年代开始直到90年代，欧美国家对针叶树萜烯类，酶类含量进行了数量性状和质量性状的测定分析，研究树种地理群体的变异及其群体遗传结构。此间，还利用免疫蛋白技术，如研究欧洲赤松群体间渐变群的免疫蛋白呈现趋势变异，由于有关免疫蛋白遗传控制及方式尚未定论，相关其他研究报道很少。同工酶研究又称鼻表型基因标记，近30年来在林木遗传多样性评价中研究报道最多。近10年左右，运用RFLP及其他DNA变异来衡量遗传多态性，又称DNA标记，成为新的遗传多样性评价技术，从已有研究报道来看，已经对不少树种进行研究，并取得结果，有些则取得了实质性进展。

（1）遗传多样性是生物巧夺天工的表征，是自然美的源泉，是生物多样性的基础。

（2）遗传多样性是可再生资源，是影响生物生产力的主要因素，是人类可持续"环境发展"的物质保证。同时，遗传多样性也是容易被侵蚀、衰退或灭绝的活资源。人类科学合理地利用遗传多样性，能持续提供环境、食物、药物、原材料等可再生资源。

（3）遗传多样性是地球生物的进化结果，属于生物适应时间序列和可变空间多样性的遗传物质，是当今和未来的生物维持适应性、抗逆性的物质保障，也是地球气候变迁和环境变化过程中，维持生命延续繁衍的物质基础，是自然的保险库。

（4）研究遗传多样性是揭示遗传学奥秘的重要途径。21世纪是生物学为人类作出辉煌贡献的重要历史阶段，了解遗传变异、遗传结构、遗传机制等有助于认识遗传规律，从微观到宏观操纵生物遗传。

（5）通过遗传多样性研究，在探索树种遗传变异规律基础上，对遗传多样性的质量和参数进行评价，为特定树种提供遗传背景，进而实施原地（址）保存、异地（址）保存和设备保存等配套保存策略，使保存的效果最好、投入最小。

（6）通过遗传多样性研究，有助于人类实现持续遗传改良的目的。通过对遗传（种质）材料的多样性研究，不仅为目前育种推荐材料，而且为长远发展提供遗传改良素材。随着生物工程技术和其他相关高新技术的发展，在遗传多样性研究基础上，能较好地提供符合多样性要求的基因资源。

（7）研究基因、基因型的遗传多样性组合（G），在适当生态系统（E）中实现遗传多样性与生态环境的GE优化配置，能较大限度地提高遗传材料的环境效益和生产力，进而实现优化资源配置。

二、遗传多样性的实验（遗传分析）方法与应用

遗传多样性实验，始终被林木育种工作所关注，但由于追求一致性和高生产率以及研究的出发点过多注重眼前利益，影响了育种研究的进展。近年来随着高新技术发展，生化遗传、分子遗传实验技术移植到森林遗传多样性研究中来，通过实验，表达显示一些基因的遗传标记，从而建立起遗传分析（genetic analysis）实验程序，进行遗传多样性评价。当前研究遗传多样性方法有以下几种：

（1）生化合成物质相对含量的对应分析。如萜烯类化合物，在通常情况下基因位点由2个等位基因所控制，其中一个显性程度较高。黄酮类化合物，目前还缺少结果。

（2）种胚性状的遗传分析。据报道，已标记日本柳杉等树种的种胚不育、胚芽苗白化、胚致死等3个基因，并已进行了相应的基因的命名和公布。

（3）树木叶色与形态的遗传标志。成功的例子是日本的"黄金柳杉"，生长季节叶子金黄色，通过多世代杂交和遗传分析，研究测定为叶绿体遗传，作出相应的标记。另外，对山杨多倍体（4n，3n）和柏类多倍体（4n，6n，8a等）的树体矮化"球型"，也进行了相关的遗传分析。

（4）遗传亲和性的遗传分析．在树木种间与家系间遗传不亲合性受到许多等位基因的1个至多个位点的控制。这些位点对衡量遗传变异及系统演化十分有效。但在多数情况下，这些基因呈现的显性关系表现出复杂的等级。

（5）同工酶是目前利用最为广泛的一类标记方法。由于共显性广泛分布在等位基因所控制的位点上，等位基因在杂合状态下，也可以被检测到。因此，许多等位酶位点，是很有效的标记。在大多数林木群体中，一些个体拥有相似的基因型，几个等位基因同时存在，易于进行等位酶位点研究；另外，标记基因位点在遗传多样性研究的同时，可能用于进一步研究群体适合度。

（6）应用现代生物技术进行分子标记。利用 RFLP、PCR 等技术，以及数量性状位点定位（QTL），可检测更小的遗传变异，甚至判别基因型间遗传差异。分子指纹图谱则能更加灵敏地表现超显性，在系统研究中提供更多的遗传信息。诚然，现代生物技术还处在发展阶段，各种方法尚存在不完善之处。用于林木遗传分析过程之中，理想的遗传分析需要明确的基因型，包括多世代准确亲缘关系的理想群体，方可能标记出基因存在和缺失，确立"遗传清单"（genetic inventory），在此基础上对个体、家系、群体的遗传变异进行估测，还需要充分必要的遗传分析—分子标记的特定设计。

三、研究林木遗传多样未来发展

通俗地讲，多样性就是五花八门，代表着生物学含义的稳定性和持续性。自然界中生态系统的千变万化，势必要求生物遗传多样性的搭配。森林遗传多样性研究是在揭示自然规律的基础上，使人为活动配合自然寻求资源优化配置，获取最佳的林地生产力和最佳的环境效益。

遗传多样性研究的任务十分艰巨，在短期内很难找出遗传多样性"天然合理"的内部机制及外延生物学意义。森林物种，包括乔、灌木树种十分丰富，在天然状态下历史演替过程复杂，现存树种呈现水平分布和垂直分布并存现状，多树种混交、伴生、复层、纯林等相嵌，一些树种广域分布甚至跨国跨洲；绝大多数树种为异花授粉，个体杂合性强，个体大，生长发育周期长，难以测定评价，也难以获得纯合体。研究森林遗传多样性并不像人们歌颂森林那样美妙。森林是人类的摇篮，人类在利用和破坏森林过程中不断发展，因此，在人类活动密集区、经济发达的区域，天然林残存很少，除少数地域，如热带亚马孙河雨林、西伯利亚寒温带针阔林、喜马拉雅山沟谷森林等之外，大多是天然次生林或经人工干预的次生林，部分地区营造了大面积的人工林。以上森林背景，同样给研究森林遗传多样性造成困难。

在研究森林遗传多样性的方法论和技术方面，还存在未知和亟待提高的问题。

（1）遗传变异层次与生物系统学等级的相关研究规范。分析"DNA——细胞——个体——家系——群体——种"遗传变异层次的基因位点及遗传多样性时，与常规育种的"个体内——个体——家系——群体——群体组集——亚种（变种）——种"生物系统学等级相关研究，缺乏原则规范。主要有三个方面问题：首先，缺少常规方法与高新技术有机地结合，林木遗传多样性研究比起农作物等背景资料欠缺很多，表型性状缺乏系统研究，尤其是多世代的积累甚少。第二，无论是常规技术还是高新技术研究多层次、多等级的遗传多样性，都缺乏总体与样本或参数与统计量的理论分析，研究结果的准确性参差不齐，需要建立标准化技术。第三，在实际进行高新技术研究中，按常规抽样技术研究种群各层次基因位点遗传多样性时，研究配套设备的经费保证要求很高，工作量大，单个的研究单位难以承受。需要建立完善的研究体系，并建立持续滚动的研究课题作保障。

（2）对基因位点了解的局限性容易导致"简现"结论。树木与其他生物一样，基因多态程度随着基因位点的变化而变化，在测定全部基因变异时必须随机选择基因位点作样本，然后作研究分析，评价遗传多样性。由于现有技术对基因位点了解的限制，目前仅能标记出很少的一部分，加之还不怎么清楚基因与性状一对一、多对一、多对多以及显性、上位连锁等关系。因此，在实际分析中，绝大多数情况下，只能是出现多少就分析多少，就出现位点论定位点，容易导致"简现"结论。

（3）研究基因变异的确切量值的科技条件正在发展之中。要了解树种的基因变异的确切量值，必须研究所有位点；林木等高等植物基因组含 4000～5000 个结构基因位点；约有几万个以上的基因，研究全部基因位点实际上在目前科技条件下不可能做到。当前，只能凭借已有的高新技术，如同工酶分析、RFLP 标记、PCR 标记等测定少量基因来估测全部基因变异。同时，各种高新技术也还存在不足之处，例如，利用 RFLP 标记获得连锁群，大都还未定位到对应的染色体上，限制了研究的进一步发展；利用 RAPD 检测受反应条件影响较大，标记与信息量较少，重复性差等。

（4）林木数量性状遗传与遗传多样性关系研究，尚待进一步深入。大多数经济性状受数量遗传控制，数量性状易受环境影响，目前国内外对这方面的研究不多，尤其是数量性状——发育遗传——环境的深入研究很少。从 H. H. Hattemer 等人报道中看到，已有研究发现数量性状的多样性高于生化遗传标记的多样性，二者表现出不一致性。刚刚开始应用的生化统计遗传技术—数量性状位点定位（QTL）技术，预计也受环境因子的制约。

（5）森林遗传多样性的研究试材和条件亟待完善。林木遗传多样性研究具有特殊性，可以借鉴其他生物学科的原理和技术，但要通过特定树种的研究来做结论，针对森林的自身特点的研究，当前应着手以下几方面努力：①通过研究选择典型树种，结合原地保存（天然林）与异地保存设置，建立遗传多样性研究模式林实验网络。②科学设计，人工建造多世代、长久性"遗传群体林"，同时，配合人工杂交和子代测定，建立相应的亲缘关系遗传实验林。③建立与森林遗传多样性研究匹配的、具有足够试验容量的先进仪器、设备和规范技术。④纳入国家科技攻关、基础研究、环境研究的计划，坚持持续地滚动研究，保证必要的财力和人力投入。

第九章　林木基因工程与基因组学创新应用与实践

林木基因组学研究进展迅速。结构基因组学方面，已构建了近40个主要造林树种的遗传连锁图谱，在不同树种中定位了30余个重要的数量性状位点，在部分树种中开展了基因组比较和综合图谱构建研究，杨树的全基因组测序已经完成，桉树的全基因组测序正在进行。功能基因组学方面，已分析了主要造林树种多种组织的转录组 EST 序列，对林木次生生长与木材形成、开花和抗寒性的形成等过程开展了功能基因组学研究。另外，探讨了林木基因组学研究的发展趋势，以期为我国林木基因组学研究提供有益的参考。结构基因组学指基因组作图和测序以及对已测序基因组上基因序列结构的研究。林木结构基因组学在遗传图谱构建、数量性状位点定位、比较基因组作图和基因组测序等方面都取得了巨大进展。在本章内容中，主要介绍了林木基因工程与基因组学的一些创新应用与实践。

第一节　林木基因克隆技术研究

林木种质资源丰富，种质间遗传差异大，控制林木重要性状的基因克隆及转化对培育优良林木新品种具有很强的实用价值，但许多具有潜在应用价值的林木基因未得到充分发掘和有效分离。近年来，大规模随机 EST 测序技术的运用以及克隆技术的不断完善，特别是毛果杨基因组测序计划的完成，大量与林木重要性状相关的基因被分离和鉴定。这些重要基因的获得为利用转基因技术培育高产、优质、抗逆、抗病虫害的林木新品种奠定了一定的基础。

林木在净化大气、防风固沙、保持水土、维持生态平衡和生物多样性、提供优质木材和高产优质林果等方面发挥着突出作用，具有巨大的生态效益、社会效益和经济价值。传统的育种手段如引种驯化、杂交育种、选择育种等难以实现林木高抗优质多性状综合改良的需求。近年来生物技术的发展、分子标记辅助选择技术的运用以及基因工程研究的兴起，为利用基因工程手段改良林木、加速林木新品种的选育奠定了基础。林木等木本植物基因资源丰富、遗传多样性复杂，但许多天然优良基因尚未被分离利用，大部分基因的功能仍处于未知状态。各种模式植物基因组测序的完成，特别是杨树基因组测序计划的完成，并结合连锁和连锁不平衡的分析方法，大大促进了木本植物功能基因的克隆和功能基因组学的研究。

近年来，林木功能基因陆续被分离和鉴定。Yamamoto 等从黑松中克隆了首个来自林木的基因——核酮糖二磷酸羧化酶基因。到目前为止，为达到改良材性、缩短花期、抗干旱和病虫害等育种目标，科研人员分离的林木来源的基因总数达到 470 个以上，运用到的克隆技术主要有：RAC 技术、RT-PCR 技术、mRNA 差别显示技术（DDRT-PCR）、抑制性差减杂交（suppression sub-tractive hybridization，SSH）核酸探针分离目标基因和酵母单杂交技术等。对这些基因的分析鉴定，主要采用与拟南芥（Arabidopsis halliana）、烟草（Nicoti-ana tabacum）等的同源基因进行相似性比较，构建分子进化树，或对蛋白质结构域和功能进行预测分析；通过半定量和定量 RT-PCR 技术，研究目的基因在某种时空状态或胁迫环境下的表达量。运用反向遗传学方法，通过基因超量表达技术、反义 RNA 技术、RNA 干涉和转基因技术研究林木基因的功能，填补或完善基因功能注释。

一、与材质有关的基因

木质素生物合成途径中的关键酶基因 PtCOMT、F5H、4CL、CCR、CCoAOMT 和 CAD 等均已从毛果杨、美洲山杨、火炬松中克隆。利用基因工程技术对这些基因进行表达调控，可以有效改变木质素组成或降低木质素含量，培育新型能源品种，从源头降低造纸成本，减少环境污染。除此以外，Ko 等从欧洲山杨 × 毛白杨杂交杨中克隆到 class II HD-Zip 转录因子 ptah1 基因，该基因被证实在维管组织分化中起调控作用。Samuga 和 Joshi 从美洲山杨中分离到 PtrSLD2 全长基因，其在木质部次级细胞壁有较高丰度的表达，参与纤维素生物合成。PoptrMP1 和 PopmMP2 属于 MONOPTEROS（MP）/AUXIN 响应因子，PoptrMP1 集中在毛果杨次生木质部表达，过量表达 PoptrMP1 导致作用的下游靶基因的转录量提高 2 ~ 4 倍。两者可能在维管组织的发育中起作用。sonora 等将赤桉 HD-Zip class 转录因子 ech1 基因转入烟草，转基因植株纤维长度和干重增加，叶片、根部和茎部的生长量均明显高于对照。Lee 等的研究证明：RNA 干扰技术抑制 pott47C 的表达后，转基因银白杨 × 欧洲山杨杂交杨植株次生细胞壁厚度明显减小，葡糖醛酸木聚糖的合成受阻。导管外观变形，纤维素含量下降。最近，MYB 转录因子 pteMYB3 和 Ptr-MYB20 及 NAC 转录因子 PtrWND2B 和 PtrWND6B 被证实参与纤维素和木质素的生物合成，并参与调控木材形成。

二、与生殖有关的基因

林木树种存在生长周期长、生殖发育滞后的特点。目前已从美洲山杨、辐射松和巨桉中分离了一些参与花形成和发育的基因——MYB、PTM、PMADS2、PTLF、PRFLL、NEEDLY、FT2，为通过基因工程手段进行开花调控，缩短花周期，获得提早开花或花期不育的转基因新品种打下良好基础。花发育基因 PTM3/4 为美洲山杨 SEPALLATA-class MADS-box 基因，其在转基因烟草、拟南芥、美洲山杨中均参与季节性的开花调节。辐射松的基因与拟南芥 LEAFY/FLORICAULA 基因高度同源，NLY 与 LFY 在功能上具有相似性。Dorneles 和 Rodriguez 运用 Northern 杂交和原位杂交技术研究了雪松 FLOR/CAULA/LEAFY 同源基因 CfLFY 的表达量，发现 CfLFY 集中在花分生组织和花芽中表达，参与了雪松的开花调控。

三、抗逆基因

在干旱胁迫下林木自身的调控基因和功能基因均被诱导表达。调控基因编码 DREB、MYB/MYC 和 zip 等转录因子，它们与响应水分胁迫的顺式作用元件相结合，从而激活下游基因表达。渗透调节物质——蔗糖、脯氨酸、水通道蛋白和 LEA 蛋白等属于功能性基因的表达产物，可直接参与减轻干旱胁迫所造成的危害。干旱胁迫应答基因编码蛋白——LEA 蛋白是一类重要的脱水素，具有高度亲水性，能够保护细胞免受水分胁迫的伤害。欧洲栎和欧美杨的脱水素基因 QrDhn1、QrDhn2、QrDhn3、peudhn1 均能够响应外部缺水条件，其表达量明显提高，具有增强植物脱水耐性的功能。Wayne 等（1997）报道了加拿大短叶松干旱诱导基因 JPD16 和 JPD18，在外源 10 λ mol·m^{-3} ABA 作用 1 小时后，其在植株根和针叶部的表达量明显上升。Chang 等（1996a）从遭受水分胁迫的火炬松根部 cDNA 文库中分离到 pLP5，该基因可能编码细胞壁增厚蛋白，防止植株脱水萎蔫。欧洲水青冈（Fagus sylvatica）ABA 响应基因 FsDhn1 编码晚期胚胎富集蛋白 LEA，在欧洲水青冈种子干燥的条件下，LEA 蛋白受诱导特异表达，表明 FsDhn1 是一个干旱诱导基因。

植物适应低温反应的产生有依赖 ABA 和非依赖 ABA 两种途径。前者包括 ABA 应答元件和带有 zip 基序的 ABA 应答元件结合蛋白；后者包括 CRT/DRE 顺式作用元件和 CBF 结合蛋白（CRT/DRE-binding factor）等重要构件。Kayak 等（2006）从冈尼桉（Eucalyptus ginni）分离的冷诱导基因 EguCBF1a 和 EguCBF1b，编码 CRT/DRE 结合因子，能够响应短日照和低温胁迫。Puhakainen 等（2004）从白桦中克隆获得低温诱导基因 Bplti36，并发现在短日照和低温处理下，Bplti36 转录水平显著上升。白桦脂肪酸生物合成基因 BpFAD3、BpFAD7 和 BpFAD8，参与亚油酸（18∶2）转变为 a- 亚麻酸（18∶3）的过程，低温能诱导 BpFAD3 和 BpFAD8 的表达，但抑制 BpFAD7 的表达，使 a- 亚麻酸（18∶3）含量增高，脂肪酸不饱和性增加，从而提高白桦的抗寒能力。

逆境胁迫下植物的抗氧化系统主要由超氧化物歧化酶（SOD）、过氧化物酶（POD）和谷胱甘肽（GSH）等抗氧化物组成，它们协同作用抵抗活性氧对植物机体的伤害。其中关键的抗氧化酶基因——铜/锌超氧化物歧化酶基因 PtSodCcl，由 Akkapeddi 等（1999）从臭氧胁迫的美洲山杨叶片基因组中克隆，Northern 杂交结果显示，PtSodCc 对臭氧诱导敏感，其表达量迅速上升，推测其能够清除臭氧的胁迫毒害。夜叉桤木（Sinus firma）血红素 Hb 基因 fhb1 受 NO 诱导，促使 NO 清除剂的产生，从而降低 NO 胁迫对机体的损害此外，Sillanpa 等（2005）的研究认为，半胱氨酸蛋白酶基因 Cyp1 和 Cyp2 参与白桦叶片衰老的调控，是一种重要的抗氧化物质。

当今环境污染日趋严重，树木自身具备一定的修复功能，对维持生态平衡和抵抗环境恶化具有重要作用。近年来，基因工程技术逐渐成为对被污染环境进行生物治理的有力工具。从杨树中分离的 PtdMTP1、白桦的 MRP4 等基因及其应用，对于阐明树木抗环境污染的机制有重要意义。PtdMTP1 基因从毛果杨×美洲黑杨杂交杨中克隆得到，具有解除 Cd 和 Zn 胁迫的能力，并对抑制 Co、Mn 和 N 等重金属的富集有一定效果。Keinanen 等（2007）运用抑制消减杂交（SSH）技术从 Cu 胁迫的白桦中获得耐重金属基因 MRP4，其在根与芽部的表达量显著上升，参与消除重金属 Cu 对生物的毒性。

第二节 林木抗逆基因研究与新品种选育技术

应用于林木抗逆的基因主要有抗旱、耐盐、抗冻等基因。抗旱、耐盐基因主要是与渗透压调节分子（脯氨酸、甘露醇、甜菜碱等）合成有关的基因（脯氨酸合成酶基因、甜菜碱合成酶基因等），在抗寒冻方面，已在鱼类抗冻基因途径、脂肪酸去饱和途径、超氧物歧化酶（SOD）基因途径、糖类基因途径的研究上取得了成果。但由于植物的抗寒性状是由多基因控制的，靠转单个基因来提高抗寒性的程度相当有限。

林木在自然环境中生长发育，形成了对各种环境胁迫的适应性和抗性，种内存在丰富的遗传变异，为选育抗逆性品种提供了资源和可能。林木抵御不同逆境胁迫的机理不同，应在充分了解抗逆性遗传机理的基础上，筛选实用有效的测定方法和测定指标。一般情况下，采用多项指标综合评价，才能够准确地评价林木的实际抗逆能力。抗逆性育种是多目标改良，在育种过程中既要考虑品种对逆境的适应能力，又要考虑品种在各种逆境条件下的生产潜力，培育抗逆、优质、速生林木品种是抗逆育种追求的目标。引种、选择育种、杂交育种等常规育种方法仍然是培育林木抗逆品种的重要途径，生物技术育种为林木抗逆育种开辟了新的途径。

林木频繁地受环境胁迫（stress），生长、发育或繁殖将受到不利影响，甚至死亡。胁迫可以是生物性的（biotic），即由病虫害引起，也可以是非生物性的（abiotic），即由过度或不足的物理、化学条件引发。导致林木损伤的物理、化学因素有干旱、寒冷、高温、水涝、盐渍、污染、土壤矿物质营养不足以及光照太强或太弱等。不同树种或同一树种的不同种源、林分和个体对环境胁迫的反应不同。林木长期生长在各种胁迫的自然环境中，通过自然选择或人工选择，有利性状被保留下来，并不断加强，不利性状不断被淘汰，林木便产生一定的适应性，即能采取不同的方式去抵抗各种胁迫因子。林木抵抗各种胁迫因子的能力称为抗逆性（stress resistance）。充分利用林木抗逆性的遗传变异，通过一定的育种途径，选育出对某种不良环境具有抗性或耐性的群体和个体，应用于生产，这一过程可称为抗逆性育种（breeding for stress resistance）。

一、对干旱的适应性

由于经过长期自然选择，树木可通过不同途径来抵御和适应干旱。Levitt

（1972）将避旱性和耐旱性统称为抗旱性。Turner（1979）把栽培植物对干旱的适应性划分为避旱、高水势下耐旱和低水势下耐旱三种类型。Hall（1990）认为，植物对干旱的适应性应包括三种机制：避旱、耐旱和水分利用效率。树木是多年生植物，具有生命周期和年周期两个生长发育周期，对干旱的抵抗能力主要通过忍耐干旱和提高水分利用效率来实现的。综合现有的研究成果，树木的抗旱性机制可归纳如下（如图9-1所示）：

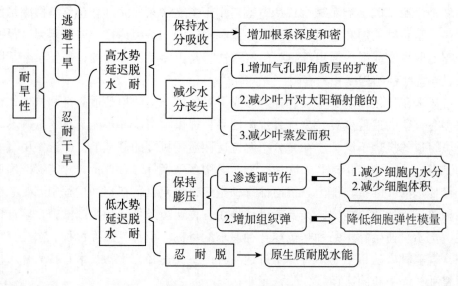

图9-1　树木的抗旱性机制

（一）高水势下延迟脱水躲避干旱

在土壤或大气出现干旱胁迫时，植物首先通过增加吸水或减少水分消耗，维持较高的水势和水分利用效率，推迟组织脱水，以达到躲避干旱的目的。抗旱植物的一个普遍特征就是根系生长快、根深，根的活力强。许多观察发现，在干旱条件下植物根／茎比值提高。除了提高吸水能力外，某些植物的抗旱性完全或部分取决于减少蒸腾失水。减少水分损失的途径主要是通过以下三个途径来实现：

（1）增加气孔阻力和角质层阻力；

（2）通过改变叶片的形态特征，减少对光能的吸收；

（3）减少蒸腾表面积。

当干旱进一步加剧时，常引起植物叶片形态改变，如叶片卷曲、萎蔫、复叶闭合、茸毛或蜡质增厚，甚至叶片脱落或死亡，从而减少对光能的吸收和减小蒸腾面。

许多抗旱的植物种类，特别是荒漠地区生长的树木，其形态均表现出避旱的特征。如在中亚荒漠地区生长的常绿灌木沙冬青，其根、茎、叶均表现出抗脱水的旱生特征。沙冬青叶片上下表皮皆具有浓密的表皮毛，气孔下陷极深，形成气孔窝，由不透水的脂类物质组成的角质层厚达 15μm，以抑制蒸腾失水，并加强反射使叶肉细胞免于灼伤。叶肉细胞紧密排列，全部栅栏化，海绵组织退化，细胞壁较厚，细胞间自由空间度很小，细胞质浓厚，内含物丰富，都有利于适应水分和温差的胁迫。

（二）低水势下忍耐脱水抵御干旱

在持续干旱下，推迟脱水的各种机制最终会失去作用，不可避免地造成植物脱水，严重时可导致不可逆的伤害或死亡。耐旱的树木均具有较强的耐脱水能力。植物组织耐脱水的主要机理：一是在低水势下保持一定的膨压和代谢功能，增加细胞的持水能力；二是细胞能忍受脱水，不受或少受伤害。当受到脱水伤害时，植物体内主要通过调整生物膜结构与功能、渗透调节作用和抗过氧化能力来完成抗脱水伤害。植物体内的这种反应是通过植物的合成和降解来实现的，最终受到植物基因的调控。

（三）我国林木抗旱性的研究进展及应用

1. 林木抗旱指标

林木抗旱性的指标相对较多，本文主要从林木的表型指标（叶片、根系、茎）、生理生化指标、产量指标三个方面进行概述。

（1）表型指标

表型指标最具有直观性，抗干旱的木本植物在叶、茎、根系等方面都具有与干旱环境相适的形态结构特征。在长期干旱条件下，叶片的形态结构会发生变化，表现在角质层厚度、气孔、皮孔的密度、栅栏组织/海绵组织（比值）、表皮毛等；叶表皮外壁有发达的角质层，叶片的表皮毛，可保护植物避免强光照射，免受灼伤；叶片的栅栏组织，可使干旱缺水植物萎蔫时减少机械损伤。茎的木质化程度、疏导组织、表皮上的附属结构等都会影响植物抵抗干旱的能力，而林木茎的抗旱研究报道较少见。植物遭受干旱胁迫时，最敏感的部位是根系，目前开展对根系的干旱胁迫主要集中在根幅、根表面积、根长、根体积、根冠比、根系生物量、根平均直径、根系发达程度、根系活力等参数；大量研究发现，在干旱地区，植物的根系越发达，就越能抵御干旱，说明这种植物的抗旱性较强；有人做过水分胁迫和复水对石灰岩地区柏树幼苗根系生长研究，随着胁迫程度的加剧和时间的延长，幼苗的相关根指标均呈下降趋势，当幼苗在水分胁迫较轻时，把较多的碳水化合物分配到茎叶中，当幼苗在水分胁迫较重时，把较多的碳水化合物分配到根中。尽管表型指标经常被人们使用，但林木的生长特征容易受其它环境因素影响，故表型指标的误差较大。

（2）生理生化指标

近年来，在农林业领域，抗旱性研究主要集中在生理生化指标上的探讨，如测光合作用各种参数、相对含水量、水势、叶水势、根系活力、酶活性、荧光特性、膜透性、相对水分亏缺、叶持水力、P-V技术测出的各种水分参数等多种生理生化指标。叶的相对含水量（RWC）是反映植物抗旱性强弱的重要指标之一，通常RWC越大，下降速率越小，则抗旱性越强。原生质膜是对环境变化最敏感的部位，逆境造成原生质膜的损伤，细胞质膜透性变大，导致组织液渗出；抗旱性研究中膜相对透性常用电导率来表示，以检验细胞膜受损程度。单一生理生化指标评价作物抗旱性，这很难符合林木抗旱的实际情况，同时一些生理指标测定技术具局限性，而且所测的结果受人为干涉影响大，缺乏可信度。为了探讨林木的生理状况，应采用多种生理指标的综合关联研究。

（3）产量指标

林木的生长发育、生理生化指标的可靠性，最终都要用产量做判断，主要指标有高生长量（树高、苗高）、径生长量（胸径、地径）、生物量（全株、各个营养器官）、种子产量、果实产量等。在干旱胁迫下，抗旱能力强的树种具有较高的生长量和生物量。由于林木的生长周期长、树体高大、栽培环境复杂等不可控因素较多，这就给用生长量鉴定带来了难度，故可借鉴农作物中常用的抗旱系数法来鉴定（抗旱系数＝胁迫下的平均产量/非胁迫下的产量）。

2. 林木抗旱研究方法

为保证林木抗旱试验的科学性，设计合理的试验方法，可提高鉴定精度。抗旱鉴定方法主要有：田间鉴定法、旱棚或人工气候室法、盆栽鉴定法、野外调查与实验室相结合法等。

（1）田间鉴定法

一般选择地点除选择降雨量少外，还需具备机井灌条件的地区，土壤质地、肥力和坡度要高度均匀，便于搭建防雨棚，安装水表，获得灌水数量，同时测定不同阶段的土壤湿度，监测林木（苗木）不同土壤含水量下的生长动态、生理生化指标，这个方法易受多种环境因素的影响，如观测时间长，工作量大，重复性差，精度不高。

（2）旱棚或人工气候室法

安装一定的设施（如人工气候室），设置一定的温度和湿度条件下，在此期间用通气泵间歇通气供氧，测定苗木的生理指标和生长指标（苗高、地径），研究以各性状的抗旱系数作为抗旱能力的指标，通过隶属函数计算对各抗旱系数进行综合评价。有学者研究不同品种楸树抗旱特性，主要是用已测的生理和生长指标进行综合分析，抗旱性较强的为光叶楸、梓树和金丝楸。此方法得出的结果较可靠，对于测定一定数量苗期林木抗旱性是可行的，但不能开展大批量鉴定，同时，此方法与实际栽培环境存在差异，最终结果存在差异。

（3）盆栽鉴定法

在林业上，多数研究者都采用盆栽试验来对苗木进行抗旱测定，一般选择生长状况良好，大小基本一致的植株为试验材料，通过控制盆栽植物的土壤含水量造成干旱胁迫来鉴定林木的抗旱，一般是设置不同水分梯度，同样也测定生理和生长指标进行评价，这只能说明单一个体，研究个体数量较少，与实际环境相差很远，多数集中在苗期的抗旱性鉴定。

（4）野外调查与实验室相结合法

通过野外调查并收集样本，在实验室测定相应的抗旱指标，所得的结果用来判断林木的抗旱能力，观察叶片特征的方法主要是石蜡切片法、徒手切片法；根、枝、叶的水势测定。

石蜡切片法、徒手切片法主要是通过常规石蜡切片技术，测量叶片角质层、上下表皮、栅栏组织、海绵组织和叶片厚度等多种指标，若植物叶片越厚，储水能力越强。水势可反映植物水分状况，常见的水势测定法有小液流法、压力室法、露点法。根系从土壤中吸收的水分被充分储藏，白天随着光照强度、大气温度增加，蒸腾作用增强，为了满足蒸腾耗水，水势逐渐降低以满足低水势从土壤中吸收水分。测水势需要一个长期稳定的过程，从而更加准确表现植物体内的水分状况。

（5）间接测定法

干旱胁迫首先通过影响植物光合速率、细胞液浓度等一些生理生化指标来抑制植物正常生长。间接测定法主要集中测各种生理指标，但任何单一生理生化指标都不能全面评价供试材料的抗旱性，而且由于林木发育时期、所处环境存在一定的差异，由于当前的技术测定精度有限，在测定指标的筛选、测定技术的提高方面有待做更深入的研究。

总之，林木抗旱研究中，采取间接鉴定法，利用盆栽和人工干旱棚对植物进行有效干旱胁迫处理，野外调查也不能忽略，田间直接鉴定法接近大田实际情况，可提高抗旱性研究鉴定技术的准确性。因此，应结合以上几种方法来研究林木抗旱的能力。

3. 林木抗旱存在的不足与未来发展趋势

开展林木抗旱研究的目的是为林木育种服务，而林木选育过程中，除了考虑抵御干旱等逆境，还要兼顾丰产、速生、优质的生产需要及景观、生态的要求，故需更深入、更仔细的研究。该领域存在的不足及发展趋势主要在以下几个方面。

（1）开展茎干、根系抗旱研究。目前大多数林木抗旱研究主要集中于叶，茎干、根系抗旱研究较少。茎干的木质化程度、疏导组织、表皮上的附属结构都会影响林木的抗旱能力；根系对水分、养分的吸收不可低估，而现有的水平还不足以掌握干旱胁迫下根系发生的变化。

（2）开展多种生理指标的研究。采用单一生理生化指标评价林木抗旱很难符合实际，且现有的技术水平有限，会产生一些不可控的误差，将影响结果准确性。今后林木抗旱研究应采用多种生理指标进行较深入的研究。

（3）开展长期抗旱研究。由于林木的生长周期长，不可控因素较多，目前研究大多注重林木的短期变化，多数实验期限一般是几个月、1年、2年左右，缺乏对林木抗旱性形成的进化生态学研究，今后应加强在长时间尺度上林木抗旱性研究。

（4）开展抗旱综合研究。目前林木的抗旱研究主要集中于植物的生理生化和表型方面的研究，但是抗旱性是一个内容多而复杂的研究，对林木抗旱分子生物、基因的研究较少。故今后要着重林木不同部位的抗旱基因与分子生物学方面的研究。

随着技术的发展，应对干旱诱导蛋白、抗氧化酶系统、渗透调节机制、抗旱选育等方面进行系统研究，且分子水平上认识到抗旱机理，结合多种方法来研究林木抗旱的能力，才能够确保林木健康生长，促进林业生产的发展具有十分重要的现实意义。

二、对低温的适应性

（一）低温对植物伤害概述

低温对植物的伤害可分为冷害和冻害两类。冷害是热带、亚热带喜温植物及生长旺盛的温带植物，突然遭到 0℃ 以上低温或低温反复侵袭造成的伤害。冻害是指植物受到冰点以下的低温胁迫，发生组织结冰而造成的伤害。与冷害相比，冻害更为普遍。关于植物冻害机理，有多种假说，比较认同的是膜伤害假说。细胞膜系（质膜、叶绿体膜、线粒体膜及液泡膜等）的稳定性与植物抗冻性密切相关，细胞膜系形态变化和成分改变在抗冻机制上起关键作用。

低温首先损伤细胞的膜体系，从而导致体内生理生化过程的破坏，低温引起细胞各种膜结构的破坏是造成植物冻害损伤和死亡的根本原因，而质膜是这种破坏的原初部位。伤害性低温不仅会引起膜脂的相变，而且会引起膜蛋白的变化，包括膜蛋白的构型变化以及膜蛋白和膜脂相互关系的变化，引起膜蛋白的迁移运动。

Levitt（1980）基于膜伤害理论，将植物分成两类。一类是敏感植物，另一类是抗寒植物。前者膜的透水性和稳定性差，极易引起胞内结冰，也易被胞内冰晶刺穿，导致死亡。后者膜的透水性和稳定性强，即使在寒冷条件下发生胞外结冰，当温度回升后也能缓慢恢复。Levitt（1980）还总结了植物抗冻性的 6 个机理（如图 9-2），其中冻害引起脱水的忍耐性是抗冻性的主要因素。

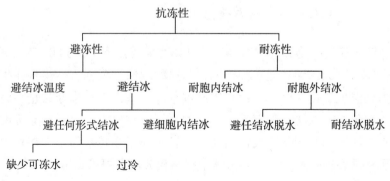

图 9-2 植物抗冻性的 6 个机理

抗寒性较强的植物多通过回避细胞内结冰、避免脱水胁变和忍耐细胞脱水胁变的方式抗冻。植物避免细胞内结冰的方法有 4 条途径：

一是提高细胞液的浓度，降低冰点；

二是使细胞内的水流到细胞外结冰；

三是细胞液地过冷却（是指细胞液在其冰点以下仍保持非冰冻状态）；

四是水的玻璃态化（即液态水在摄氏零度以下不结冰而保持液态）；其中细胞外结冰和细胞液的过冷却是植物避免细胞内结冰伤害的最主要和最普遍的两种适应机制。抗寒性是植物在长期寒冷环境中，通过本身的遗传变异和自然选择获得的，是适应低温的遗传特性。但这种特性只有在特定环境条件的诱导下，才能表达出来，随环境的改变也可消失。抗寒基因表达之前，抗寒性强的植物也是不耐寒的，只有当它表达后才能发展为抗寒力。抗寒基因表达为抗寒力的过程，就是抗寒性提高的过程，称为抗寒锻炼或寒冷驯化。植物进入抗寒锻炼，主要取决于内外两个方面的因素。低温与短日照，特别是低温是主要的外界诱发条件。不同植物所要求的低温诱导临界温度不同，大多数植物为 2℃～5℃，锻炼的温度越低，抗寒效应越高，对降温速度的要求与植物的抗寒性有关。抗寒锻炼还受光的影响，如果缺光，植物即使在持续的低温下也不能得到抗寒锻炼。光在抗寒锻炼中所起的作用主要是光合效应和光周期效应，光周期效应是通过光敏素起作用的；植物生理活动强度，胁变的分裂和生长活动等是内因。

植物的生长活动与抗寒基因的表达是矛盾的，生长越旺盛，抗寒力越弱；降低生长活动是提高抗寒性的前提条件。植物必须在秋季低温和短日照条件下，逐渐停止生长活动，抗寒基因才能活动，才能表达出抗寒力。

（二）林木抗寒的应用与研究进展

逆境会伤害植物，严重时会导致其死亡。当温度下降到 0 ℃以下时，植物体内会发生冰冻，导致受伤甚至死亡，这种现象称为冻害。树木在生长期中如突然遇到温度变化，会打乱植物生理进程而造成伤害，迄今为止，尚没有解决低温寒害的根本办法。随着基因工程的发展，在树木抗寒性研究方面取得了进展。本文就结构基因、顺式作用元件、转录因子和转基因技术在林木抗寒中应用与研究进展进行阐述，以期为林木抗寒相关研究提供参考。

1.结构基因

结构基因是一类编码蛋白质的基因，大多数真核生物基因是不连续的，所谓不连续基因是指基因编码序列在 DNA 分子上是不连续的，被非编码序列所隔开。编码序列称为外显子（Exon），是一个基因表达为多肽链的部分；非编码序列称为内含子，又称插入序列。内含子只转录，在前 mRNA 时被剪切掉。一些抗寒相关结构基因，通过转录形成 RNA，再通过翻译形成相关蛋白质，进而表现出抗寒特性。2003 年，李春霞从胡萝卜中克隆得到了抗冻蛋白（Antifreezing proteins，AFPs）基因，并转入山杨，得到转基因植株后经 PCR 检测获得 1 株卡那霉素转基因株系。

结果表明，目的基因 AFP 已被整合进山杨基因组中。2007 年，Benedict 等将拟南芥抗寒相关基因 CBF1 转化到杨树基因组中，并证明该基因成功表达可提高杨树抗寒性。

2. 顺式作用元件

顺式作用元件（Cisacting element），位于结构基因旁侧，包括启动子（Promoter）、增强子（Enhancer）、应答元件（Responsive elements）。它是转录因子结合位点，并通过这种结合进而调控下游基因转录，确保转录精确起始和转录效率，目前此方面在林木中研究较少，相对滞后。此外，Li 等的研究认为，不同基因启动子对抗逆基因表达作用不同，其中 cor15 基因启动子要弱于 cor15b 基因启动子对抗逆基因表达活性的影响；研究还发现这种影响不仅与顺式作用元件种类有关，也与其数量密切相关。Khurana 等发现 CCAAT-box 和 HSEs 作为小分子热激蛋白 sHSP26 启动子中重要热激元件在表达调控中起决定性作用。

3. 转录因子

转录因子（Transcription factors）是能够结合在基因上游特异核苷酸序列上的蛋白质，并能调控该基因转录。转录因子可以调控核糖核酸聚合酶（RNA 聚合酶，或叫 RNA 合成酶）与 DNA 模板结合；同时在与该基因上游启动子区域结合的同时，转录因子还可以与其他一些转录因子形成转录因子复合体，进一步影响基因转录，进而影响蛋白质合成。2014 年，罗梦雪等，从麻疯树基因组中克隆到一个 CBF2 基因（命名为 JcCBDF2），运用生物信息学分析手段对该基因序列及其编码蛋白质序列进行分析，结果表明，JcCBDF2 蛋白中不止包含 AP2/EREBP 保守结合结构域，还具有 CBF 转录因子特征序列；实时荧光定量结果显示基因主要在麻疯树叶片内转录表达，对低温胁迫极其敏感，初步认为基因是低温诱导型转录因子。赵天田、王贵禧、梁丽松等。根据平榛花芽转录本高通量测序结果，采用 RACE—PCR 技术克隆到平榛 S4OQ 基因，并对基因进行实时荧光定量表达分析，结果表明，平榛雌花芽在 5 月份表达量最高，随后表达量逐渐下降，在不同器官中表达具有差异性，雄花序中表达量最高。杨杞、白肖飞、高阳等，以沙冬青为试验材料，利用 RT—PCR 和 RACE 技术克隆了沙冬青 CBF/DREB1 基因 cDNA 序列，并对其进行序列分析，运用生物信息学预测其编码氨基酸序列具有 CBF 家族基因特有的 AP2 结构域，为进一步研究植物抗逆和获得抗性基因提供新候选基因。

（三）林木抗寒性研究方法与应用

1. 恢复生长法

生长恢复试验，即将经低温处理的林木移入一定适宜生长的条件下培养，观察测量其发芽生根能力及存活率等指标来判断其抗寒性。1997 年，杨敏生、王春荣、裴保华选取 9 个白杨杂种无性系为试材，进行生长恢复试验，还测定了多种生理指标，包括相对电导率、钾离子相对渗出率、失水率及水分饱和亏等，根据这些生理相关指标的测定结果对各试材抗寒性做综合评定，结果表明，各无性系间抗寒性差异较大。2005 年，沈冠华、邵云、杨奎增等以光兆速生杨为试材，经低温处理后测定相对电导率并拟合 Logistic 方程来评价其抗寒性，通过测定水分饱和亏、苗木生长恢复试验等各项指标进行综合评价，该杨树耐寒能力在 −25℃ 以上，抗寒能力较强。2010 年，张东亚、赵蕾、孙守文等对密叶杨 × 胡杨 6 个杂交种品系一年生休眠枝条进行低温胁迫试验，也用相同方法对试材抗寒性做评价。除此之外，还可采用组织褐变法，即根据受冻组织颜色变化推断冻害程度；此方法可靠性较高，也存在一些不足之处，相对费时且需要一定试验经验。

2. 电导法

低温胁迫处理后，待测试材细胞膜最先受到损害，从而使胞内溶质外渗，可通过测定溶液相对电导值得知电解质外渗值，进而反应细胞膜受伤程度，以得知各试材抗寒性强弱。细胞膜受损程度越轻，说明抗寒性越好，反之，则说明抗寒性较弱。电导法测量结果比较准确，操作方便，是试验最常用的方法之一。早在 1989 年，Pelkonen 就指出杨树枝条电阻抗与其抗冻性有关。史清华、高建社、王军等以 5 个杨树无性系为试材，经不同低温处理后，采用电导法分别测定其相对电导率及钾离子渗出率，将测定结果做单因素方差分析及多重比较，建立各无性系低温（T）—电导率、K + 渗出率回归模型，得出各无性系半致死温度在 −25 ℃ ～ −32 ℃ 之间。黄月华等以 5 种桉树幼苗为试材，测定低温胁迫后各试材一系列抗逆相关生理指标，结果表明，当温度逐渐降低时，邓恩桉幼苗相对电导率逐渐升高；综合分析各项指标表明，各无性系间抗寒性差异较大。

3. 其他

叶绿素荧光法（Chlorophyll Fluorescence，CF）、电解质渗出率法（Electrolyte Leakage，EL）、电阻抗图谱法（Electrical Impedance Spectrocopy，EIS）、全株冰冻测试法（Whole—plant Freeze Testing，WPFT）和核磁共振显微镜图谱法（Nuclear magnetic resonance，NMR）等均可用来研究植物的抗寒性。

（四）林木抗寒展望

目前，抗寒性研究是林木抗逆性研究中的一项重要内容，并已深化到基因水平。虽然转基因技术存在一定争议，而且植物抗寒性状作为质量性状受多基因控制（质量性状通常受寡基因控制），抗寒分子机制相对复杂，目前对这方面研究仍不够透彻，经基因转化获得的抗寒性植株还有很大盲目性。但利用转基因技术增加林木抗寒性，并不涉及食品安全问题，同时一些寒冷胁迫应答基因已陆续被鉴定，很多关键基因已通过转基因技术成功提高了林木抗寒性。近年来，在大数据时代潮流中，基因芯片、转录组等高通量生物技术成功应用进一步加快了抗寒相关候选基因的鉴定，因此，运用基因工程技术改善植物抗寒性将有广阔前景。

三、对土壤盐碱的适应性

（一）盐碱胁迫对植物造成的伤害

盐碱胁迫对植物造成的伤害主要表现在以下两个方面：

一是细胞质中金属离子，主要是 $Na+$ 的大量积累，它会破坏细胞内离子平衡并抑制细胞内生理生化代谢过程，使植物光合作用能力下降，最终因碳饥饿而死亡；

二是盐碱土壤是一个高渗环境，它能阻止植物根系吸收水分，从而使植物因"干旱"而死亡。

同时盐碱土壤 pH 值较高，这使得植物体与外界环境酸碱失衡，进而破坏细胞膜的结构，造成细胞内溶物外渗而使植物死亡。因而，受盐碱胁迫的植物一方面要降低细胞质中离子积累，另一方面还通过积累过程产生某些特殊的产物，如蛋白质、氨基酸、糖类等来增强细胞的渗透压，阻止细胞失水，稳定质膜及酶类的结构。

植物在系统发育过程中对盐害的抵御有不同的机理，形成了不同的植物抗盐类型。

（1）泌盐植物：吸收盐分以后，不积累在体内，而是通过盐腺排出体外，如柽柳。

（2）稀盐植物：生长快，吸水多，能把吸进体内的盐分稀释，如碱蓬属植物。

（3）聚盐植物：具有肉质茎，体内有盐泡，能将原生质内的盐分排.到盐泡里去，使细胞的渗透压增加，就可提高吸收水分和养分的能力，如盐角草和碱蓬。

（4）拒盐植物：细胞的原生质对养分的透性很小，并在液泡内积累有机酸、可溶性糖和其他物质，渗透压较高，能从外界吸水，如长冰草。如果增加细胞内钙离子，可以降低细胞膜的透性，减少 K+、Na+ 等一价离子的吸收。

耐盐方式主要有渗透调节、区隔化、维持膜系统的完整性、改变代谢类型等。

（1）渗透调节：是指植物生长在渗透胁迫条件下，其细胞中有活性和无毒害作用的渗透溶质的主动净增长过程。

渗透调节方式有两种：一是吸收和积累无机盐，一些盐生植物主要通过这种方式；二是合成有机化合物，包括非盐植物和一些盐生植物。

（2）离子区隔化：是在盐胁迫条件下，植物将主要的盐分离子转移至液泡中，而在细胞质中合成代谢可兼容的溶质，来补偿液泡与细胞质之间的渗透差异。

（3）改变代谢类型：在盐胁迫条件下，一些植物的代谢途径不能适应，发生盐害。另一些植物能够采取放弃旧的代谢途径，产生新的代谢途径的方式去适应这种新的生境。如獐毛等盐生植物在低盐条件下是 C3 植物，光合作用以 C3 途径方式进行，若在高盐条件下，向 C4 途径转化。

（4）维护膜系统的完整性：在盐胁迫条件下，细胞质膜首先受到盐离子胁迫影响而产生胁变，导致质膜受伤。质膜胁变最明显的表现是质膜透性增大。

盐分条件下，植物膜系统的变化有 2 个阶段：

一是盐分对膜系统的破坏；二是植物对膜系统的修复。植物能否维持其膜系统的稳定性，主要在于其修复能力大小。膜系统的修复与 SOD、POD、CAT 酶活性的升高是分不开的。

（二）微生物肥料在松嫩平原盐碱地造林中的应用

从 20 世纪 40 年代以来，对植物耐盐性、盐碱地造林树种选择、造林技术、选育耐盐植物、林带对地下水位的影响、地下水位与盐碱地的关系、树木对盐碱土壤的改良作用、土壤次生盐渍化等问题进行了比较深入细致的研究，取得一系列成果。巴基斯坦引进可作饲料的盐土植物千金子属，在盐渍土上大量栽培繁殖，生长良好。埃及与巴基斯坦等国收集盐土植物如滨藜属等，在重度盐渍的非耕地上种植，也获得了成功。我国王志刚等对 12 个树种进行筛选，表明沙枣、沙棘、怪柳属适应于粗放管理模式盐碱地推广的造林植物。

1. 微生物肥料发展趋势

微生物肥料在国际上的应用已有一百多年的历史了。1895 年 Caron 首次使用了几种土壤细菌使豆科作物增产。此后，Noble 和 Hilter（1905）首次将根瘤菌应用于生产，Bassalik.k（1910）从蚯蚓肠中分离出能分解铝硅酸盐矿物的细菌。20 世纪 20 年代，美国、澳大利亚等国开始有根瘤菌接种剂（根瘤菌肥料）的研究和试用，一直到现在根瘤菌依然是主要的品种。A.Mehknha（1930，1935）从土壤中相继分离出硅酸盐细菌和解磷细菌，由于解磷细菌的使用，使土壤有效磷含量提高了 15% ～ 42%。使用圆褐固氮菌自生或共生及解磷细菌使作物增产 10% 左右，而且应用面积很大。20 世纪 50 年代，世界各国都在加强对本领域的研究，美、法等国将固氮螺菌接种禾本科植物，使玉米增产 10% ～ 20%，固氮能力可达 2.6 kg/ 亩。意大利、德国、比利时、日本等国实验报告表明：玉米接种固氮螺菌可取代 20.3% 的氮肥。Burr（1978），Kloepper（1980），Suslow（1982）又相继发现植物根际存在着一些微生物，在自然条件下能通过另一些微生物的控制，间接地促进植物生长，称之为促进植物生长根细菌，简称为促生菌，由此开始了对根细菌的研究及对有益微生物的筛选。

我国微生物肥料的研究应用和国际上一样，始于豆科植物根瘤菌接种剂的研究。20 世纪 50 年代研究应用了自生固氮菌、磷细菌、硅酸盐细菌剂，称为细菌肥料；60 年代推广应用了 "5406" 放线菌抗生菌肥料；70-80 年代中期开始研究由土壤真菌制成的泡囊—丛枝真菌。80 年代中期至 90 年代，相继应用联合固氮菌和硅酸盐菌剂（生物钾肥）以及新发展的光合作用菌剂，制剂和秸秆腐熟剂等。近年的研究、生产和应用历史，其间经历三次大的起伏，目前正处在第四次发展阶段。

目前，国内外已发现多个种属的根际微生物具有防病促生的潜能。在有益微生物的筛选中开始把提高土壤肥力，促进作物生长及对病原微生物的拮抗作用等因素加以综合考虑，从而开阔了研究和应用视野。

2. 微生物肥料对盐碱地的改良作用

（1）提高土壤肥力，改善土壤理化性质

施用微生物肥料不仅能补充被消耗的植物养分，而且还能不断提高土壤有机质含量。有机质在分解过程中能产生各种有机酸，使土壤中阴离子溶解度增加，有利于脱盐。同时活化钙镁盐类，有利于离子代换，起到中和土壤的碱性物质，释放各种养分的作用。施用微生物肥料的土壤容重较对照降低，毛管孔隙度增加，可以明显改善土壤结构，增加土壤孔隙度，提高土壤保水保肥和通气能力。有机质经微生物分解，缩合成新的腐殖质，它能与土壤中的粘粒及钙离子结合，形成有机无机复合体，促进土壤中水稳性团粒结构的形成，从而可以协调土壤中水、肥、气、热的矛盾，改善土壤结构，使土壤疏松，耕性变好。

（2）增加土壤向植物提供营养的能力

一般情况下，微生物肥料中添加有固氮微生物，该类微生物主要通过其中固氮酶的作用，将空气中的 N_2 还原为可被作物吸收利用的 NH_4^+。微生物的固氮效率因土壤条件的不同而有较大差异。微生物肥料中还添加了一定数量的溶磷微生物和硅酸盐细菌，施入土壤后经增殖并与其它土壤微生物协同作用，可分解土壤中某些原次生矿物，并同时将这些矿物所固定的磷、钾等养分释放出来，把无效态磷、钾转化成可供作物吸收利用的有效态养分，直接被植物吸收利用，提高土壤供肥能力。

（3）提高植物的抗盐性

一方面腐殖质本身具有强大的吸附力。据报道，500g 腐殖质能吸收 15kg以上的钠，可以使碱性盐固定起来，对植物不起伤害作用，起到了缓冲作用。另一方面施肥可以补充和平衡土壤中植物所需的阳离子，而离子平衡可以提高植物的抗盐性，植物所需的阳离子（如钾）主要吸自紧挨根系周围的环境，这样植物所需的离子在这一局部区域消失，而不需要的有害离子则不断增加，从而造成了一种不平衡状态。这种不平衡使植物不能忍受高的盐分浓度。增施微生物肥料，不仅可补充土壤 N、P、K、Ca、Fe、Zn、Cu 等植物需要而土壤又缺乏的阳离子，使土壤溶液得到平衡。而且可促进根系发育，植物有了发达的根系，根部面积增大，又可调节这种不平衡，使植物能经受较高的盐分浓度，从而提高了抗盐性。

（4）改善土壤微生态系统，提高土壤生物肥力的水平

微生物肥料中含有多种有益微生物，这些微生物除了具有产生大量活性物质的能力外，有的还具有固氮、溶磷、解钾的能力，有的具有抑制树木根际病原菌的能力，有的则具有改善土壤微生态环境的能力。微生物肥料施入土壤后能够调节土壤中微生物的区系组成，使土壤中的微生态系统结构发生了改变。施用微生物肥料后，根区土壤细菌、真菌和放线菌数量显著增加，其中细菌，占绝对优势。这是因为当有新鲜有机物质进入土壤后，为微生物提供了新的能

源，使微生物在种群数量上发生较大的改变。微生物是生物肥力的核心，是共同构成土壤肥力不可或缺的核心组分。人工接种微生物，即施用微生物肥料，是维持和提高土壤肥力的有效手段。此外，微生物肥料还能够激活脲酶、蔗糖酶、磷酸酶、过氧化氢酶等土壤有益酶的生物活性，从而实现改良培肥土壤，提高土壤肥力，改善植物营养环境的目的。

（三）林木耐盐碱相关基因的应用与研究进展

土地盐渍化是一个全球性的资源与生态问题，正吞噬着人类赖以生存的、有限的土地资源，已严重制约当地经济和社会的发展。据统计，全世界盐碱地面积超过 800 万 km^2；而我国的盐碱地面积约为 100 万 km^2，占国土总面积的10.3%，主要分布在沿海和"三北"地区。当前，我国人多地少，土地资源严重匮乏，随着国民经济和社会的迅速发展，人口增长与耕地减少的矛盾日益突出，各类盐碱地资源已经成为一种重要的土地后备资源，亟待治理、开发和利用。近半个世纪以来，人类对盐碱地开发利用的实践有了长足的发展。与传统的工程措施相比，利用耐盐碱植物，尤其是林木，改良盐碱地具有投资小、适用范围广和可持续性强等优点。然而，林木耐盐碱性状多属于数量性状，采用常规育种技术提高耐盐碱能力难度很大，培育出真正的耐盐碱品种尤为困难。近年来，随着植物耐盐碱机理研究的不断深入和现代分子生物学技术的迅猛发展，运用基因工程手段培育林木耐盐碱新品种显示出巨大的潜力。截至目前，科研工作者已克隆、鉴定出一批与耐盐碱相关的基因，并通过遗传转化获得了一些转基因株系。

早在 20 世纪 80 年代，全球盐碱地面积就以每年 1 万～1.5 万 km^2 的速度在增长。由于受全球气候变暖引起的海平面上升、干旱自然灾害发生更为频繁以及不合理的灌溉措施等诸多因素的影响，如今盐渍化土地面积的增速已远超过上述数据，给人们的生产生活、经济发展以及生态环境造成严重威胁。通过基因工程手段来培育林木耐盐碱新品种为有效解决这一问题提供了新思路，受到人们的广泛关注，成为当前的研究热点之一。近 10 年来，林木耐盐碱相关基因及其基因工程研究取得了较大进展。科研工作者先后从柽柳、海榄雌、胡杨等 10 多个树种中克隆到一批耐盐碱相关基因，对这些基因进行了科学分类和功能定位，并发现了大量未知功能的新基因。在此基础上，将这些基因转入八里庄杨、84K 杨、小黑杨等 10 多个受体中，获得了一批耐盐碱能力得到不同程度提高的转基因株系，为下一步深入研究提供了物质基础和技术支撑。

（1）充分利用耐盐碱基因资源，拓展研究对象。在我国广袤的盐碱地上分布着大量的耐盐碱植物，仅盐生植物就有 587 种，耐盐碱基因资源非常丰富。但是，当前耐盐碱相关基因研究所涉及的树种较为单一，局限于少数盐生植物，尤以柽柳、胡杨和红树林植物为主；在基因工程方面，转化受体更是集中在杨树这一类模式植物上，鲜有涉及其他树种。

因此，今后有必要开展对经济、生态价值较高树种，如白刺、沙枣、枸杞等的研究，丰富研究材料的多样性。

（2）挖掘耐盐碱高端调控基因，提高遗传转化效率。在盐碱胁迫下，林木中的一些基因，特别是末端基因的表达水平发生了变化，但仅靠改变这些末端基因是不够的，开展大量的有关末端基因方面的研究是低效的，很难培育出真正的耐盐碱新品种。同时，末端基因常与植物的存活性有关，改变其表达水平可能会引起发育缺陷，消弱包括蛋白质运输和修饰在内的很多生物过程。而高端调控基因是环境因子变化的主要响应基因，其变化（或变异）往往会引起包括细胞分裂、个体大小、抗逆性与适应性等方面的变化。因此，若想有效地调控林木耐盐碱能力，就必需找到其高端调控基因。只有当高端调控基因得到增强时，生长和耐盐碱性才有可能同时得到提高。

（3）加强盐碱胁迫信号传导研究，构建多层次基因调控网络。目前，在盐碱胁迫应答基因的功能及表达调控方面的研究占多数，但对有关信号传递途径之间的联系以及整个信号传递网络系统的机理研究较少。一个典性的控制复杂性状的基因网络是多层次、分等级的，从上到下依次为高端调控基因、枢纽基因和末端基因。高端调控基因能将响应信号传递到下游的调节基因，而末端基因则具体负责某一特定功能。因此，今后应深入了解林木盐碱逆境分子遗传基础及其遗传调控网络系统，加强盐碱胁迫信号传导途径相关基因的研究，如脱落酸信号传导途径基因、磷脂酰肌醇信号传导途径基因、乙烯信号传导途径相关基因等。

（4）转化多目标基因，培育出耐盐碱新品种。当前的林木耐盐碱基因工程以转单价基因为主，这些基因的表达不同程度地提高了转基因植株的耐盐碱能力，但离生产应用还有很大差距。迄今，国内官方认定的唯一一个得到推广应用的林木耐盐碱转基因新品种为"中天杨"。林木耐盐碱性是由多基因控制的复杂的数量性状，转双价基因植物的耐盐碱能力明显高于转单价基因植株。因此，若想获得能够应用于生产的耐盐碱新品种，可能需要多个耐盐碱基因的共同转化，今后应加强这方面的研究。随着对植物耐盐碱机理研究的不断深入、功能基因组学的开展，以及 EST、cDNA 微阵列、基于转座子标签和三螺旋 DNA（T—DNA）标签的反求遗传学、转录组测序技术（RNA—Seq）等新技术的运用，林木耐盐碱基因工程研究显示出更为广阔的前景，必将培育出大量能够用于生产推广的转基因林木新品种。

四、病害及抗病

（一）林木病害及抗病概述

林木生长发育过程中，各个部位经常受到多种侵染性的或非侵染性的病害侵袭，不仅可使林木生长受到抑制，林产品变质或减产，有时甚至造成大量死亡。如我国北方地区的杨树腐烂病、溃疡病，落叶松的枯梢病、早期落叶病，红松的疱锈病等，杉木的黄化病，国外松的松针褐斑病、桉树及木麻黄等的青枯病、油桐炭疽病等，泡桐丛枝病及枣疯病等，都对林业生产构成严重威胁，造成了重大经济损失。

造成植物病害的病原物主要由真菌、细菌、病毒、类病毒等。病原物侵染的途径和致病手段多种多样。病毒一般通过机械损伤、昆虫介导进入寄主细胞，经胞间连丝进入周围细胞，再经过维管束运往寄主全身。细菌一般经过伤口、气孔、皮孔等进入寄主细胞间隙和导管。有的还进一步侵入周围细胞。植物的抗病性是指植物与病原物相互关系中，寄主植物抵抗病原物侵染的性能。植物被病原物侵染后一般表现为感病、耐病、抗病或免疫等4种反应。

同一种植物对不同的病原物可以有不同的反应，某种植物对某种病原物的侵染会发生哪种反应，是由植物与病原物的亲和性程度决定的。如果植物受到不亲和的病原物的侵染就表现为免疫和抗病，而受到亲和的病原物的侵染时则表现为感病。植物与病原物不同程度的亲和能力是这两类生物之间经过长期协同进化形成的。树木与病原物在长期进化和相互作用的复杂过程中，逐渐形成和表现出各种抵御有害病原物的特性与能力，这在病理学上称为抗病性（disease resistance）植物的抗病性与其他性状有所不同，它除了受遗传性制约外，还受环境和病原物的致病性的影响，因此是一个综合性状的总称。植物的抗病性是指植物与病原物相互关系中，寄主植物抵抗病原物侵染的性能。植物被病原物侵染后一般表现为感病、耐病、抗病或免疫等4种反应。

树木的抗病性按遗传方式的不同，可分成：

（1）单基因抗病性（disease resistance based on single gene）

控制抗病性的基因只有一个，有显性隐性之分。单基因遗传一般符合孟德尔的遗传规律，大量研究证明，寄主植物对许多病害存在着单基因抗性的遗传。大多数品种对抗真菌性病害的抗性属单基因显性遗传，少数抗性属于单基因隐性或不完全显性遗传。有时同一抗性基因对病菌某些小种是显性，对另一些为隐性。在不同遗传背景下，一个抗病基因可表现为显性或隐性，是常见现象。植物抗病毒病害中抗性基因多属于隐性基因。

（2）寡基因抗病性（disease resistance based on oligogene）

指由少数基因控制的抗病性。其作用方式分为基因独立遗传、复等位基因和基因连锁遗传。

（3）多基因抗病性（disease resistance basing on polygene）

指由众多微效基因控制的抗病性。当这一性状分离时，常观察不到整齐的表现型种类，在高抗性和低抗性的杂种之间，存在着一系列过渡的类型，在抗性的中亲遗传与超亲遗传现象之间没有显著的界限。

Flor 最早提出"基因对基因"的假说，认为抗病是植物品种所具有的抗病基因和与之相应的病原物的无毒基因结合时才得以表现的。在此基础上，Vanderolank 提出了垂直和水平两类抗病性的假设。认为垂直抗病性是由单基因控制的，由主效基因单独起作用，表现为质量遗传；而水平抗性是由多基因控制的，由许多微效基因综合起作用，表现为数量遗传。植物的抗病性是由植物的形态结构和生理生化等多方面因素在时间和空间上综合表现的结果。它是通过体内抗病基因的表达，进而控制有关蛋白酶的表达和有关抗病调控物质的产生来实现的。

抗病基因的存在与否，抗病基因的表达速度，有关蛋白酶的活性及调控物质的量，就决定了植物抗病性的强弱。寄主植物可采用多种方式来抵御病原物的侵染，归纳为预存和诱导两大系统。预存系统包括细胞壁的一些成分（如角质、蜡质、木质素等）、气孔特殊结构、小分子抗病物质、种子抗真菌蛋白等。诱导抗性是由病原物侵染诱导形成的，包括局部抗性反应和系统抗性两种。植株在受到非亲和性病原物感染后，侵染部位会出现局部保护反应，出现枯斑，以限制病原物生长和扩散，这种方式即为过敏性反应。

（二）抗病育种的途径和方法

①选择抗病树种：不同树种对同一病原的感染程度不同。如欧亚起源的松树比美国和墨西哥的松树抗病；短叶松比火炬松抗梭形锈病。②选择抗病的种源：如火炬松密西西比河以西的种源比其他种源抗梭形锈病；花旗松南方种源对落针病菌病原最敏感。③在重病区按表型选择抗病单株：由于单株的抗病性配合力的差异，所以一般将按表型进行的单株选择与子代测定相配合，从中挑

选抗病的亲本或家系，建立抗病性种子园。④杂交育种：如短叶松 × 火炬松，可导入短叶松的抗梭形病的基因，再通过选择和回交可维持杂种具有火炬松的干形好、生长快的优良性状。选择和杂交得到的材料，都要经过人工或自然接种和鉴定过程，才能最后筛选出真正抗病的材料。选择出来的材料，如需种子繁殖的，常用以建立种子园，如能无性繁殖的，通过采穗圃繁殖推广。

（三）存在问题和展望

①在自然群体中选择抗病材料，特别是抗锈病和抗肿瘤病虽然是成功的，但由于对树木抗病的机理了解还不深，这不仅已影响了当前抗病育种的进展，更妨碍了多世代抗病育种的开展。②抗病育种工作的成功，取决于正确处理寄主——病原——环境三个因素错综复杂的相互关系。寄主存在变异已如上述。由于病原常适应寄主改变而变异，已发现从不同寄主上采集的某种栅锈菌、梭锈菌进行接种，病原致病力有明显差别。如新培育成功的抗锈病杨树新品种，在大量投入生产之前，就遭到新的病害侵袭，这很可能与病原发生了新的变异有关。这就是抗病育种比产量和品质育种复杂的原因所在。③研究并改进病原菌的分离、培养、收集、接种和鉴定技术，确立实验室表现和田间表现的相关性，是加速和提高抗病育种的进程和效率的重要措施。

五、抗虫

（一）林木的抗虫性概述

林木的抗虫性（insect resistance）是树木与昆虫协同进化过程中形成的一种可以遗传的特性，它使树木不受虫害或受害较轻。

林木对害虫危害具有一定的防卫反应，按照林木受害虫危害而引起的反应的时间先后，将防卫分为原生防卫和诱发防卫两种。原生防卫指林木在进化过程中形成的组织结构或产生毒它性化学物质，包括机械阻止、使昆虫中毒或干扰昆虫生长发育及生殖等；诱发防卫是在昆虫侵害后，林木在非固有的理化因子刺激下所做出的组织和化学反应，包括分泌毒它性化合物、坏死反应和减少对入侵者所必需的营养物质的供给等。

抗虫植物体内还具有一整套化学防御体系，普遍认为其内含有抗虫性的化学物质，即营养物质和次生代谢物质。越来越多的研究发现次生性物质发挥着重要的作用。如：萜烯类、酚酸类、生物碱、糖苷、黄酮类化合物等。植物对昆虫的化学防御类型主要包括以下 3 类：

（1）产生能引起昆虫忌避或抑制其取食的物质，使觅食昆虫避开、离去或阻碍取食中的昆虫取食。

（2）产生阻碍昆虫对食物消化和利用的化学因素。

（3）植物改变昆虫所需营养成分的食量和比例，不利于昆虫的生长、发育和繁殖。

（二）林木幼苗的虫害防治具体措施与实践应用

1.林木幼苗虫害的预防

林木幼苗虫害的预防涉及到两点，一是对土壤和种子的处理，挑选林木幼苗的种植地时要从温度、土壤、水源、空气等角度出发，提前对土壤进行灌溉和施肥，喷洒农药消灭害虫，为林木幼苗的生长提供一切必需物质；选择的林木种子应具有较强的抗病性和抗虫性，通过高温和药剂浸泡处理来提高林木种子的成活率。二是采用合适的培育技术。杂草是虫害滋生的温床，中耕除草能够去除林木幼苗周围的杂草，从根源上杜绝虫害问题的发生；合理施肥尤为必要，施肥的种类、用量、时间都要经过科学的计算和严格的控制，在为林木幼苗提供养分的同时，还能进一步提高林木幼苗的抗虫害能力；而合理灌溉能够促进害虫迁徙，减少林木幼苗生长区域的害虫数量，害虫对林木幼苗的危害也会降到最低。

2.综合防治

（1）生物防治。根据虫害类型在林木幼苗生长区域投放天敌，能够有效控制害虫数量。这种虫害防治措施成本低，见效快，值得在植树造林工程中予以推广。

（2）化学防治。在害虫大量发生的时节，采用辛硫磷 1000 倍液进行喷洒或滴灌，合理地控制化学药剂的使用量，不仅可以杀灭害虫，还可以降低对环境的污染。

（3）物理防治。在虫害高发季节可以在林木幼苗生长区域附近安装大量的灭虫灯，还可辅以超声波灭虫，双管齐下，能够将害虫数量控制在最小范围内，效果十分显著。

（三）林木抗虫研究进展

1.白蜡窄吉丁生物防治技术

白蜡窄吉丁（鞘翅目：吉丁甲科）我国原称花曲柳窄吉，蛀干危害多种白蜡树，包括我国著名的用材树种水曲柳等。白蜡窄吉丁原产地为东北亚国家，包括中国、日本、韩国、蒙古、俄罗斯西伯利亚，近年来传播到美国和加拿大，以及俄罗斯欧洲部分。国内分布于北京、天津、河北、辽宁、吉林、黑龙江等省市。目前我国白蜡窄吉丁危害较重的主要是引进的北美白蜡树种，如绒毛白蜡、美国红梣（洋白蜡）、美国白蜡等，这些树种在我国多作为行道树、公园绿化树栽种。而我国本土的白蜡树对白蜡窄吉丁具有较高的抗虫性，受害则较轻。

2. 新疆苹小吉丁生物防治技术研究

苹小吉丁近年来在新疆暴发成灾，对我国和世界唯一的一块面积为 15 万亩的珍贵野生苹果——塞威氏苹果（新疆称为野苹果）林造成了重大危害，发生面积已占野苹果林的 85% 以上，已造成 666.7 万 hm² 野苹果树被害致死。苹果野果林主要分布于新疆天山西部的伊犁州。塞威氏苹果被许多学者研究证实为现代栽培苹果品种的祖先，是我国乃至世界唯一的一片野生苹果种质资源库。因其具有抗寒、抗旱和耐瘠薄等抗逆性强等优良性状，是西北地区及其他苹果产区栽培苹果品种嫁接的主要砧木，具有很高的科研和生产价值。苹小吉丁不光危害野生苹果树，也危害栽培苹果、梨、桃、杏、沙果、海棠等果树。其幼虫取食韧皮部，阻断养分运输，造成枝条枯死，进而导致树木死亡。如果不能有效控制其危害和蔓延的势头，新疆野苹果林资源将遭受灭顶之灾。为了保护这片野生苹果基因库，我们从"十一五"开始，对新疆野苹果林的苹小吉丁防治技术进行了研究。

3. 杨十斑吉丁生物防治技术研究

杨十斑吉丁（鞘翅目：吉丁甲科）以幼虫在树皮下蛀食危害，导致树木营养输送组织被切断，造成树势衰弱，甚至死亡。该害虫分布我国、中亚细亚、俄罗斯、欧洲南部和非洲北部。我国主要分布于西北干旱地区，严重危害杨柳树，近年来在新疆暴发成灾，严重危害防护林杨树。在新疆克拉玛依市造林减排区杨树林分中，被害率最高达 80%，平均达 50%，造成大量 10 年生左右的杨树死亡。

第三节　林木营养生长和生殖生长的调控机制

林木营养生长和生殖生长相互促进、相互制约，并且在一定范围内的相对比例可以相互转换。在农林生产实践中，为了节约资源、达到最佳的经济效益，常需根据不同的经营目标采用各种调节方法或措施，调控林木营养生长和生殖生长的相对比例。如茶叶园茶树（Camellia sinensis）的大量开花结实对茶叶的产量和质量有较大的影响，需要进行人为地干预调节，减少其开花结实量，抑制其生殖生长；用作行道树的杨树（Populus spp.）、法国梧桐（Platanus orientalis）等园林绿化树种，较多的开花结实会引起很多行人的过敏，也需采用特定的调节措施进行调控，抑制生殖生长；另一方面，如何有效地改善果园果树的"大小年"和"徒长枝"现象，提高果园的果实产量或种子园优良种质材料的产量和质量，抑制其过剩的营养生长，也是当前农林业研究的重要热点之一。目前，常用的调控方法主要有水肥管理、生长调节剂应用以及抚育控制等。然而，不同树种由于其自身习性、生物学特性等差异，其调控方法不尽相同。

基因、激素和环境因子等多个影响因素组成了一个复杂的网络系统，共同作用、相互协调，调控着林木的营养生长和生殖生长。相关的调控机制主要包括转基因育种理论、激素平衡理论、激素信号调节理论、碳水化合物的积累与分配假说、营养亏缺理论、C/N 理论和生活史理论等。

一、基因

基因在调控植物营养生长和生殖生长转换过程中，起着至关重要的作用。从模式植物拟南芥和金鱼草中已分离出多个调控花诱导和开花的基因，如 FLO 和 LFY、AP1 分别是金鱼草和拟南芥花分生组织的决定基因。在光照调控试验中，光敏色素基因和隐花色素基因通过不同的基因表达量来促进或抑制植物成花，也可控制植物的花期。在温度调控试验中，低温促进基因的去甲基化，促进成花基因的表达，Ver203 很可能是控制春化过程的关键基因之一。

在激素调控试验中，赤霉素解除了 DELLA 蛋白对植物生长发育过程的阻遏作用，从而促进植物的生殖生长。

基因表达对植物体营养生长和生殖生长转换的影响，形成了转基因育种理论。从速生欧美杨 NE19 中克隆的 PdSBPase 基因，转录到拟南芥中，新株系的株高、叶面积、根长、1，5- 二磷酸核酮糖产量和淀粉含量均明显高于野生型，证明该基因可以有效促进植物的营养生长；35S-LFY 转基因杨只需 7 个月即可开花，而非转基因野生型杨树则需要 8 年以上才能开花，这也间接表明转基因育种可以调控杨树的生殖生长；在一定程度上可通过调控特定基因的表达来控制植物的营养生长和生殖生长，并最终在育种中加以应用。然而，目前有关转基因育种调控林木营养生长和生殖生长的应用研究主要集中在杨树等模式植物中，其他林木树种的研究则集中在外源调控试验引起的基因表达差异分析，以及筛选调控林木营养生长和生殖生长的有关基因等方面。

二、激素

生长素（IAA）、赤霉素（GA3）、细胞分裂素（ZR）、脱落酸（ABA）、乙烯（ETH）等都是植物生长发育的必需激素，调控着林木营养生长和生殖生长的多个过程。叶面喷施赤霉素，可促进油桐花芽分化期 IAA 的形成和 ABA 的降低，抑制花芽分化，推迟花期。喷施赤霉素的抑制剂——多效唑，可提高植物体内 ABA 和 ZR 含量，降低 GA3 和 IAA 含量，从而促进妃子笑荔枝花芽的分化和孕育。多效唑处理西洋杜鹃花后，内源激素表现为 GA3、ZR 和 IAA 含量的降低和 ABA 含量的升高，花期推迟。在植物的生长发育过程中，多胺也起着重要的调节作用，外施多胺和亚精胺可以有效促进果树的开花结实。此外，油菜素内酯、独角金内酯、茉莉酸、水杨酸、玉米素霉烯酮、苯丙氨酸类化合物等也是调控植物生长发育的重要生理信号物质。基于激素在植物体内的作用，产生了激素平衡理论和激素信号调节理论。研究发现，较高的 ABA/IAA、ABA/GA、ZR/IAA、ZR/GA 比值有利于罗汉果和洋杜鹃的开花。激素的平衡使得成花基因解除遏制，达到活化状态，并开始表达，从而调配营养物质的流向，合成各类特异蛋白质，形成花原基，最终促进生殖生长。近年来，随着分子生物学和植物基因组学的发展，激素信号调节理论得到进一步的深入剖析：赤霉素信号经受体感知后，首先激活信号传递通道，然后调控营养生长或生殖生长的相关基因表达，最终促进或抑制植物的生长发育。目前已从拟南芥、水稻等模式植物中分离并鉴定出 GID1 受体蛋白、F-box 信号转导途径蛋白等多个参与赤霉素信号转导途径调控植物生长发育的因子。

生理信号物质调节林木成花以及果实的生长发育是一个复杂而精细的调控过程，同时还受到光照、温度、矿质营养和水分等外界环境因子的影响，但在调控过程中涉及的关键成分、生理信号物质之间和其他物质之间的相互作用机制还有待进一步研究。

三、环境因子

温度、光照、水分和矿质营养等环境因子在调控林木营养和生殖生长过程中，既是生长发育的物质能量源，又可作为调控的重要信号物质。低温在花芽分化阶段的作用是诱导性的，是植物春化作用的主导因子。光照通过光强、光质、光周期调控林木营养生长和生殖生长之间的转换，如调整开花过程中的光周期，可以改变植物体内光敏色素基因 PhyA、PhyB 的表达和 FT 蛋白的合成，从而控制植物的营养生长或生殖生长。水分胁迫不是荔枝成花必需的，只是降低了荔枝成花对低温的要求，在诱导成花后，需要进行灌溉才可以继续完成生殖生长。一定范围的氮肥可以提高火炬松的光合效率，促进碳水化合物的合成，有利于植株的生殖生长，但花芽分化前过量的氮肥则容易抑制茶树的花芽分化，促进营养生长。

目前相关的理论或假说主要有：碳水化合物的积累与分配假说、营养亏缺理论、C/N 理论和生活史理论等。碳水化合物的积累与分配假说认为，在生殖生长启动后，特别是坐果后，营养需求中心由茎、叶转向花、果、种子，从而导致植物的营养流向生殖生长。经典的营养亏缺理论认为，树木的大量开花结实会极大地消耗其内部的碳水化合物储备，且主要消耗的是可溶性糖和淀粉等非结构性碳水化合物，在此种情况下，增加足够可利用资源，二者可以同步进行。C/N 理论强调，当其比值高时植物偏向生殖生长，当其比值低时植物偏向营养生长，但越来越多的研究证实碳水化合物比值的升高主要影响生殖生长的质量，而非生殖生长的诱导因素。

四、调控方法与展望

调控林木营养生长和生殖生长的有效方法主要是水肥管理、生长调节剂应用、整枝修剪、环剥割芽、人工除花除果等营林措施和基因筛选等育种措施，然而这些调控技术还主要集中在经济林树种中。

此外，除少数常见树种外，大部分树种还是实生苗培育、粗放型经营，没有经过系统的良种筛选试验和生长发育调控试验。但是，影响林木营养生长和生殖生长的调控技术需应用到具体环境、具体树种的个体水平上才具有生产实践的意义。因此，建议在后续的研究中：一是根据林木培育的目标和种植地的自然气候条件，调查不同生态区域的目标树种营养生长和生殖生长的表现情况，筛选培育优良基因型，因地制宜，适地适树适品系；二是调查主产区优良品系的生长发育规律，检测生理生化和相关基因表达量指标，筛选调控的最佳临界期，为更加精准地调控试验提供理论参考；三是针对不同树种的生物学特性，对主要品系开展调控的原位试验和盆栽试验，引入新的处理方法和检测手段，探索出更高效、更实用的新技术或新方案，最终实现林木的分类（定向）经营，提高林木的经济效益。

调控林木营养生长和生殖生长的技术，除了以上营林和育种措施外，温度、降水和光照等环境因子也起着非常关键的作用，特别是在营养生长和生殖生长转变的初始阶段，适宜的温度和光照决定了成花还是成叶的启动，而水肥、矿质营养、修剪等措施只是减弱了部分林木成花（或成叶）启动对温度和光照的需求，并不能代替。因此，应了解目标树种对环境的响应，特别是对温度和光照的响应；在适宜调控的关键时期，借助温度和光照的影响，配合使用水肥、生长调节剂、修剪环割等措施，从而提高各项营林措施的有效性，节约资源。

提高林木营养生长和生殖生长的调控效率，需要继续深入了解调控二者的关键因子和机制。林木营养生长和生殖生长的调控转换是非常复杂的生理生化过程，现有研究在基因、激素、环境因子等方面均做了探讨，但还不能完全解释调控的机制，很多理论还只是假说或猜测，没有可靠的证据证明对调控的直接影响，需进一步深入研究。基因调控的影响还主要停留在模式植物和部分主要树种上，不能为每个具体树种的调控提供理论依据。因此，继续寻找控制不同林木生长或成花的关键基因，为进一步的转基因育种研究提供参考依据，将是今后林木基因育种的一个重要方向和任务。另外，生理生化物质的检测水平还有待提高，特别是其动态特征可能是引起林木营养生长和生殖生长转换的原因，也可能只是对外界环境变化的响应，与营养生长和生殖生长没有直接的关联性。因此，今后在检测碳水化合物、内源激素等生理生化指标的物质种类和含量变化的同时，应重点考虑其动态流向，探索完善重要林木营养生长和生殖生长的调控机制，从而有针对性地改善调控措施，提高应用效率。

第四节　基因差异表达分析技术在林木遗传发育中的应用

植物基因差异表达是在转录水平上对基因的表达情况进行研究，包括 2 个及 2 个以上材料之间存在差异基因或者差异基因在相同环境条件下具有不同的表达模式，以及同一材料在不同处理下，同一基因呈现不同的表达模式 2 种情况。在真核生物基因组中，仅约 10% ～ 15% 的基因在细胞中表达，而且在不同发育阶段、不同生理状态和不同类型的细胞中基因表达也不同. 基因的差异性表达是细胞形态及功能多样性的根本原因，也是植物生长发育和各种生理及病变的物质基础。

通过基因差异表达，分离新的功能基因、挖掘和鉴定差异表达基因的新功能等，对作物遗传改良具有十分重要的意义。目前，分子生物学技术逐步应用到作物遗传育种中，分子标记辅助育种、转基因育种以及分子设计育种正在成为作物遗传改良的重要手段。

1990 年代开始，基因差异表达分析方法逐渐得到发展，并在挖掘新的功能基因以及揭示基因的新功能方面表现出优势。随着研究的深入，对差异性表达基因的富集程度要求更高，从而促使基因差异表达的筛选方法不断得以丰富和改进，尤其是测序技术的发展，使得差异表达基因的获得更加便捷，数量更多，效率更高。苏在兴等采用基因差异表达分析技术，解析徐薯 18 和徐 7812 个甘薯品种在新陈代谢、抗逆性和碳水化合物积累等方面的机理机制，已获得一批与新陈代谢、抗逆性、物质积累等相关的功能基因。下面介绍基因差异表达分析在林木遗传育种中的应用。

一、挖掘重要农艺性状相关基因

农艺性状是指农作物的株高、生育期、育性及产量等可以代表作物特点的重要因子，是作物育种重要考察指标。Firon 等通过分析甘薯起始膨大根和纤维根的转录组信息，发现至少 2.5 倍的表达差异短片段 8353 个，采用 qRT-PCR 法对其中 Sporamin、AGPase 和 GBSS1 等 9 个基因进行检测，表明这些差异表达基因参与碳水化合物的代谢和淀粉合成，促使储藏根的形成。Tao 等利用 Illumina paired-end（PE）转录组测序技术，结合重头组装策略对甘薯 7 个不同组织的转录组进行分析，为甘薯组织特异表达基因和非生物逆境基因的研究奠定基础。程立宝等对莲藕进行转录组测序分析，发现 86 个可能与莲藕根茎膨大相关基因，得到 10 个贮藏蛋白合成和 5 个淀粉合成相关基因，其中 Lrplp8 和 Lrgbss 对莲藕根状茎的膨大起到重要作用。

育性是有性繁殖作物重要的农艺性状。雄性不育性的发现及三系配套育种、光温不育等概念的提出及成功运用，为新品种的培育和推广带来了极大的方便，黄鹂等利用拟南芥 ATH1 基因芯片与 3 种不同类型的白菜不育系及其共同保持系的花蕾的 mRNA 进行杂交，发现各不育系与保持系的花蕾中基因表达存在巨大差异，不同类型不育系之间花蕾转录组的组成特征也有差异，由于 3 种不育系与保持系花蕾的差异仅表现在花粉的形成和绒毡层的发育上，而其他花器官均无差别，从而推断这些差异表达的基因可能与花粉花药的发育有关。刘冬梅等用陆地棉洞 A 的不育株和可育株小孢子单核早期花药进行转录组测序，获得 51 个激素相关差异表达基因，首次分析小孢子时期激素相关基因在转录组水平上的差异，并对其中 2 个关键基因进行验证，为深入研究陆地棉洞 A 的不育机理和挖掘关键基因奠定了基础。

二、挖掘重要品质性状相关基因

随着农作物新品种的更迭以及栽培技术的革新，我国的粮食产量已达到比较理想的水平，人均收入逐步提高的同时，人们的食物消费开始转向有营养、益健康且口感佳的方向，所以对农产品的外观品质和营养品质等要求更高。

外观品质是农产品商品价值的重要指标，如水稻种子灌浆不充分、胚乳中的淀粉粒等营养物质排列疏松导致垩白，影响稻米的外观品质。Chen 等采用 RNA-Seq 法，在垩白率及胚乳垩白度均低的籼稻品种 PYZX 和垩白率及胚乳垩白度均高的粳稻品种 P02428 中发现 5552 个差异表达基因，与 PYZX 相比，P02428 中表达量较高的基因有 3603 个，较低的基因 1949 个；而与 2 亲本的高垩白重组自交系混样相比，低垩白 RIL 混样中有 88 个基因表达量较高，623 个基因表达量较低，从中分析确定 33 个可能与垩白相关的候选差异表达基因，为后续的基因功能验证和育种应用奠定了基础。

营养品质包括淀粉及可溶糖等碳水化合物、蛋白质、脂肪酸等，不同加工用途对营养成分的要求不尽相同。小麦、甘薯等是重要的淀粉类作物，利用基因差异表达技术分析淀粉合成相关的基因，对育种研究至关重要。小麦材料 CBO37A 具有 A 型（直径 >10 μm）、B 型（直径 5 ～ 10 μm）和 C 型（直径 <5 μm）3 种淀粉粒，而 PI330483 仅有 A 型淀粉粒，Cao 等采用 qRT-PCR 法对这 2 份小麦材料的淀粉粒大小与 AGPase 大亚基、AGPase 小亚基、SSI、SSII 和 SBEI 等淀粉合成相关基因的表达模式进行研究，发现 SBEII a、SBEII b、WaxyD1 和 AGPase 大亚基基因在 2 份材料中呈截然不同的表达模式。

三、挖掘耐逆相关基因

全球气候逐渐恶化，极端天气逐渐增多，其中干旱是非常普遍的现象，正考验着农业生产。Li 等利用基因芯片对玉米抗旱相关小 RNA 的基因差异表达进行分析，得到 miR156、miR159、miR319 等 3 个与抗旱相关的家族基因。Deng 等用差异表达的方法从耐旱玉米品系中分离到 4 个差异表达 cDNA 片段，并用实时荧光定量 PCR 分析这 4 个基因在干旱胁迫下的 6 个玉米近交系中的表达模式，证实候选基因在耐旱品系中呈上调表达，而在干旱敏感品系则相反。

现代农业的投入逐渐加大，而农药、除草剂、化肥以及工业废弃物等各种形式的土地污染严重影响我国的粮食和其他经济作物的产出，植物功能基因的差异表达使其能最大限度地耐受逆境胁迫。Gao 等通过转录组测序技术获得紫花地丁镉处理与非镉处理条件下 892 个差异表达基因，且随机选取 15 个 DEGs 进行 qRT-PCR 结果验证，为进一步研究其耐镉胁迫机制提供遗传学基础。印莉萍等比较正常供铁和缺铁胁迫下铁高效型小麦（京—411）和铁低效型小麦（三属麦—3）的基因表达差异模式，获得 ATP 结合转运体的 cDNA 片段并进行 Northern 杂交，证明它的基因表达受缺铁胁迫的抑制。Kato 等利用基因芯片分析硝酸铵诱导下拟南芥和水稻中 eIF6 基因的差异表达，发现该基因在这 2 种植物中呈现出不同的表达模式，表明 eIF6 基因在不同的物种中具有表达特异性。

除了非生物胁迫外，病虫害等生物胁迫也给农业生产造成巨大的损失，所以挖掘生物胁迫应答基因，辅助选育抗病虫新品种，能有效地缓减农药的使用，增加农民收入和提高生产效率。Evers 等以抗马铃薯晚疫病品系 Solanum phureja 和感晚疫病双单倍体 S.tuberosum subsp.tuberosum 为材料，用差异显示 mR-NA 法，获得与抗病性、胁迫应答、初级新陈代谢和次级新陈代谢相关的基因。

四、林木相关基因的差异表达研究进展

为了了解基因的功能，甚至基因之间的相互作用，关键的步骤是从表达谱中筛选出潜在的差异表达基因。目前有关林木的基因差异表达研究进展迅速，下面以鹅掌楸、茶树以及毛白杨等为例，介绍主要的研究成果及其进展。

李帅等以鹅掌楸属植物正反交 2 个组合为材料，利用 DDRT-PCR 技术，研究其在不同生长发育阶段基因表达的差异。结果表明：2 组合总条带表达数都是在生长旺盛期最大，休眠期次之，萌动期最小。杂种鹅掌楸 H×M 和 BM×J 的双亲共沉默型（Ⅰ），杂种特异表达型（Ⅱ）在不同生长时期均存在极显著差异。而单亲表达一致型（Ⅲ），单亲表达沉默型（Ⅳ）在不同生长时期均无显著差异。杂种鹅掌楸 H×M 和 BM×J 不同基因差异表达模型（Ⅰ，Ⅱ，Ⅲ，Ⅳ）在萌动期、生长旺盛期、休眠期都存在显著差异。

以往对茶树的研究多集中于茶树生化成分、适制性、抗逆性等方面，也有学者在茶树花形态结构及花发育过程等方面做了解剖学研究，但对茶树生殖生长相关基因的研究报道较为少见，目前也未克隆到与茶树花发育直接相关的基因。为了能更深入地对茶树花发育的分子机制进行研究，抑制茶树生殖生长，促进营养生长，提高茶树芽叶的质量和产量提供理论和现实依据，有必要对茶树花发育过程中特异表达的基因进行克隆研究。王梦娜以陕西紫阳群体种的代表性种质紫阳楮叶种为材料，采用改良的 SDS-酸酚法提取茶树芽叶和花器官总 RNA，进一步通过 mRNA 差异显示技术分析了茶树花发育过程中基因的差

异表达，利用生物信息学检索对差异表达基因的功能加以确定，并结合半定量
RT-PCR 对差异表达基因进行了表达特性的研究。研究发现采用 mRNA 差异显
示技术研究陕西地方茶树的代表性种质紫阳槠叶种在芽叶和花芽分化发育过程
中的 6 个不同阶段，克隆与花发育相关基因的差异表达 cDNA。共获得了差异
表达片段 27 个，其中在花芽形成和发育过程中表达量增加的片段共 12 条，表
达量降低的片段共 15 条，说明在茶树花芽形成和发育过程中确实存在大量相
关基因的差异表达。

宋跃朋对毛白杨种质资源库进行长期观测，系统调查了毛白杨花器官的表
型性状，选取特定时期的雌雄花芽进行温度胁迫实验，验证雌雄花器官响应温
度胁迫的差异性。同时，由种质资源库中发现了 3 株雄全同株个体。利用雄全
同株个体为实验材料，通过 Affymetrix 杨树全基因组基因表达芯片对其两性花
的雌雄花器官之间差异表达基因进行了筛选与功能注释。利用高通量测序技术
对两性花的雌雄花器官之间差异表达的 microRNA 进行了筛选，并对其靶基因
进行了预测与验证。差异表达基因和 microRNA 分析暗示了 DNA 甲基化修饰
在花发育过程中具有重要意义。

第五节　基因芯片技术在林木遗传分析中的应用

基因芯片（DNA Microarray）是 20 世纪末生物技术发展的最主要的技术
之一。近年来，基因芯片以其强大的大规模并行提取 DNA 或 RNA 分子信息的
能力，受到全世界科学界和工业界越来越多的重视，在基因发现、疾病诊断以
及药物发现等领域得到了越来越多的应用。基因芯片的重要性可以与 20 世纪
50 年代把单个晶体管组装成集成电路芯片相比，基因芯片技术将会对 21 世纪
生命科学和医学的发展产生无法估计的影响。

一、基因芯片技术与林木遗传概述

随着分子生物学和农林科学的交叉渗透，农林科学的研究已从动植物的个体
水平不断向微观和宏观延伸；生物技术、信息技术等新方法与农林科学传统方法
的结合，使农林科学的研究手段日益更新和完善。从多学科、多角度探讨动植物
丰富基因资源及其遗传表现正成为动植物育种改良的研究热点。

生物芯片技术产生于 20 世纪 90 年代初期，在迄今约 20 年的时间里，它
所覆盖的领域在不断扩大，技术方法也在不断完善。目前常见的生物芯片分为

三大类：即基因芯片、蛋白质芯片和芯片实验室，最近又出现了细胞芯片、组织芯片、糖芯片以及其他类型生物芯片等。基因芯片是生物芯片技术中发展最成熟和最先进入应用领域并实现商品化的技术。根据所用探针类型的不同，基因芯片可分为 cDNA 芯片和寡核苷酸芯片两大类。可以预计，在生物芯片技术中，能高通量并行分析成千上万个基因表达的基因表达谱芯片技术在未来 10 年内将会成为分子生物学实验室中常规的实验技术。基因组学和生物信息学对高通量基因表达信息的分析和调控技术，为解决动植物生长发育与环境协同发展的复杂性研究提供了可能。

森林是最重要的陆地生态系统，并且是人类最主要的可持续利用资源。而杨树因具备以下几个特性已被广泛接受为林木基因组研究的模式树种：①具有一个较小的基因组（约 485Mb），与水稻的相近，仅为拟南芥的 4 倍，松树的 1/40；②杨属植物有丰富的遗传多样性；③已建立多个高效、稳定的杨树遗传转化系统；④大多数杨树可以无性繁殖并且生长迅速，是世界中纬度地区广泛栽培的工业用材物种，有重要的经济价值。杨树是第 1 个被全基因组测序的树种，也是第 3 个被全基因组测序的植物；杨树全基因组序列测定的完成，是林木分子生物学研究的里程碑，为杨树功能基因组研究提供了坚实基础，也是利用杨树基因组表达谱芯片技术探索其与人类利益密切相关的生物学机制的重要条件。

二、实验设计、采样及芯片制备

选毛白杨为实验材料，分别在春季、夏季、秋季和冬季的 4 个时间点采样，每个时间点采 5 个样品，分别为根、叶、芽、主干接木质部形成层和主干接韧皮部形成层，每个样品做 3 个生物学重复，共需做 60 张芯片。

做芯片的实验样品全部来自河北省深州市的 3 棵（3 个生物学重复）树龄 8 年的毛白杨 741。采取"自上而下、旋转下移"的周年取样方案，以避免取样创伤对下次取样的影响；每次采样随身携带液氮罐，样品即采即存，回到实验室后立即转入 -80℃ 超低温冰箱中保存。

样品 RNA 提取及芯片实验由博奥生物有限公司完成，使用的芯片为 Affymetrix 公司推出的 GeneChip Poplar Genome Array，该芯片共包含 61 413 个探针组，探针设计依据为 UniGene Build #6（2005 年 4 月 16 日）和 GenBank 中所有杨属植物的 mRNAs 和 ESTs（截至 2005 年 4 月 26 日）以及 JGI 预测的 45 555 个基因模型，总共代表了 56 055 个转录本。

博奥公司用 GeneChip Operating software（GCOS）分析软件对图像进行分

析，把图像信号转化为数字信号，然后用 dChip 软件对数字信号进行校正和归一化处理，输出 .xls 格式的表达谱数据文件

三、差异基因筛选

分别从时间（一年四季）和空间（不同组织）的角度对样品的芯片数据进行比较，筛选出差异表达的基因，然后对差异基因进行分子注释。筛选差异基因用 SAM 软件，该软件采用排列检验的方法，为每一个基因计算出一个 t 检验分数，作为衡量基因表达同相应变量之间联系的紧密程度的指标。既可以通过改变一个调整参数（Δ）的值来控制假阳性发现率（FDR），从而确定被检测为差异表达的基因的数量，也可以通过调整倍数改变（fold change）参数来限定差异表达的范围。通常以 FDR ≤ 5% 和 fold change ≥ 2or ≤ 0.5 作为筛选差异基因的条件。将得到的差异基因的 probe ID 导入到博奥的分子注释系统（MAS），可以进行一些分子功能分析，如 Pathway 分析和 Go 分析等。

四、数据的深度挖掘和分析

随着生物科学的发展进步，生物学研究者们越来越意识到，导致某一生物学现象的原因很少是单个基因起作用的结果，而是多个相互之间存在某种联系的基因共同作用的结果，因此确定这些有联系的基因以及它们之间的这种联系逐渐成为研究者的重点。这里，可用功能相关基因作为存在联系的基因的代名词。到目前为止，功能相关基因还没有一个全面的权威的定义，但可以从以下两种情形来理解。一种情形是，当经过特定处理时，表达同步上调或同步下降的一类共表达基因，另一种情形是参与某一特定代谢途径或信号传导过程的一类基因。很明显，这两种情形下的功能相关基因是有区别的，即表达同步上调或下降的基因不一定参与同一代谢途径，参与同一代谢途径的一类基因表达也不一定同步上调或下降，因此，在分析过程中必须明确是针对哪种情形下的功能相关基因。但是，不论要研究哪类功能相关基因，都需要同时对大量基因的表达水平进行分析研究。

生物芯片技术实现了多少生物学家梦寐以求的愿望：从同一时间只能关注几个甚至一个基因的表达水平，到同时观察研究成千上万个基因的表达水平。从芯片实验得到的基因表达谱数据中，既可以挖掘个别基因的表达水平信息，也可以挖掘一组基因的表达信息，并且可以通过统计学和信息学的一些技术探索基因之间的相互联系，构建出相应的基因网络。

聚类分析在比较基因相对表达量高低及表达趋势、共表达基因识别和基因调控网络构建方面有重要的应用。聚类分析涉及两个方面：距离定义和聚类方法。聚类分析中常用的距离有：欧氏距离，绝对距离，Minkowi ski 距离，Cheby shev 距离，方差加权距离和马氏距离等，类与类之间的连接方式有：单连接（最近相邻法），完全连接（最远相邻法），无权重的平均连接，有权重的平均连接，无权重的质心连接和有权重的质心连接等；常用的聚类方法主要有：

层次聚类，K-means 聚类，SOM 聚类和 SOTA（Self-organizing trees）聚类等。各种聚类方法都有各自的优缺点，都有各自的适用情况目前还没有普遍适用的评估方案来判定到底什么情况用什么聚类方法最好，研究者应该在实际应用中进行反复比较与验证，综合评定最适合自己数据集的聚类方法。估计在不久的将来，随着聚类方法的不断改进，在分类的同时，会有一些算法对分类结果进行评估。数据在聚类的过程中会经过相应一些算法的调整，调整后的数据相比于未调整的数据会更加明显地突出基因表达的细微差异和表达趋势，这在研究参与同一代谢途径或信号转导过程的功能相关基因在不同条件、不同部位或不同时间表达差异的过程中有重要的指导作用。此外，通过聚类可以获得和发现一系列的共表达基因，这些共表达基因从理论上讲，有好大一部分是共调控的功能相关基因，我们一方面可以通过启动子分析和其他生物功能分析方法验证其中的共调控基因，另一方面可以从中预测一些未知基因的生物功能。得到的共调控基因，可以根据其表达谱数据，利用数学和信息学的方法建立基因调控网络。随着基因网络的不断建立，以及网络与网络之间联系的确立，就可以从更高级的水平即系统生物学的水平来研究相应的物种。

第十章　细胞工程在林木遗传改良技术中的创新应用与实践

第一节　林木杂交育种技术应用与实践

杂交作为一种科学方法不仅促进了遗传学的诞生和发展，而且历来就是育种学家创造变异和培育新品种的主要手段。随着现代遗传学理论的不断发展，人工创造新变异的方法以及新的育种途径也不断出现，但到目前为止，最有成效的育种方法还是杂交育种。与农作物相比，林木育种水平在整体上相对落后，但杂交育种也一直是最受重视的育种方法之一，并取得了丰硕成果。近年来，林木杂交育种在理论和实践上都取得了长足的进展，特别是分子标记技术的发展为杂交育种这一古老的方法注入了新的活力。

一、林木杂交育种概述

由于长期以来植物学家把一个物种作为一个遗传上同质个体的集群看待，认为同一物种的不同个体的基本特性和遗传效应是相似的，所以，在林木杂交育种的早期都用种内随机遇到的、未经选择的个体作杂交亲本，而研究的主体是对 F1 代的选择，这种策略可称为 CS（Cross 和 Selection）二阶段育种程序。近 30 年的林木遗传研究发现，种内变异在多水平上，即在产地间、群体间、个体间和个体内广泛存在，学者们开始修改杂交育种策略，以便把群体间和群体内基因型的变异都用于杂交亲本选择，从而使杂交育种进入了 SCS（Selection、Cross 和 Selection）三阶段育种时代。随着轮回选择和配合力育种理论在农作物育种中的有效应用和发展，以及在林木育种中对性状遗传控制方式和遗传参数信息的获得，育种学家认识到要提高林木育种效果，育种策略必须由一次性短周期育种研究向以轮回选择为基础的多世代长期改良方向发展，使每一轮育种都能从一个全新的育种基本群体开始。1981年意大利学者提出了在两个杂交用亲本种中先进行配合力测定和改良，再用高配合力基因型作种内和种间杂交亲本的育种策略，可称作 BSCS（Breeding、Selection、Cross 和 Selection）四阶段育种程序。这一育种策略把亲本的改良放在杂交育种的优先位置上，改变了长期以来把 F1 代的选择作为杂交育种主体，每次育种都从零开始的传统做法，利用多群体、多世代改良提高杂交育种的预见性和效率，从而使育种过程系统化、多世代化。

二、林木杂交育种优势

（一）杂种优势的遗传学机理

杂种优势的遗传学机理杂种优势是指两个遗传性不同的亲本杂交所产生的杂种一代在生长势、生活力、繁殖力、抗逆性、产量和品质上比双亲优异的现象。关于杂种优势的遗传学理论很多，其中最主要的是"显性学说"（非等位基因间的遗传互补）和"超显性学说"（等位基因间的遗传互补），在林业上也提出"杂种生境"假说，但都不能解释这一现象的复杂机制。近年来从生理生化角度和分子水平的研究表明，杂种优势的遗传原因在功能上表现为基因的刺激、抑制、互补和协调。并指出杂种优势与结构基因和调节基因都可能有关，并与细胞核—细胞质互作有关，而且也受整个遗传系统（基因背景）的影响。所以情况极为复杂，有许多问题尚待进一步深入研究。

（二）杂种优势的早期预测

关于杂种优势早期预测的最早报道见于 Rob-bins 对番茄的研究，他通过人工培养番茄的幼根，发现纯系1对吡哆醇有较大的反应，纯系2对烟碱酸有较大的反应，而这两个品种的杂种一代既能合成吡哆醇又能合成烟碱酸，且产生这两种维生素的能力均超过亲本，从而揭示了遗传学上"显性学说"和"超显性学说"的生化基础，并为 F1 代杂种优势育种实践中有效的选配亲本和早期预测杂种优势提供了根据。早在1962年 Schwartz 就将同工酶技术用于玉米杂种优势的预测，他在授粉16d 的不同玉米自交系胚乳中发现了迁移率明显不同的酯酶同工酶，杂种胚乳中除具有两亲本的同工酶带以外，还出现了迁移率介于两亲本之间，而又为亲本所没有的新的同工酶（杂种酶），并认为这一现象可能与杂种优势有关。

黄敏仁等对鹅掌楸属自然和人工杂种进行了过氧化物酶同工酶分析，发现杂种不仅具有双亲的特征酶带，而且还有双亲所没有的"杂种酶带"，为杂种优势的早期预测提供了依据。

根据杂种优势遗传解释的显性学说和超显性学说，获得杂种优势的双亲要存在遗传差异，遗传距离作为衡量双亲遗传差异大小的一个参数，必然和杂种优势有一定联系，因而，常被用于亲本选配和杂种优势预测。在这一方面最早的报道是 Pa-terniani，Lonquist，对玉米的研究，并发现二者之间存在线性正相关。虽然在早期研究中亲本遗传差异的度量多基于形态标记或生化标记，近年来多基于分子标记，从总的研究结果看二者之间存在相关性，包括直线相关和曲线相关，当然也有例外情况，而且与所研究的性状有关。

三、杨树的杂交育种

最早从事杨树杂交育种工作的是 Henrya 教授，他于 1912 年在英国用棱枝杨（Popuius deitoids var Angujata）与毛果杨（PopuJus trichoarpa Torr.）进行人工杂交，选育出了速生、适应性强的格氏杨（Popuius generosa Henry）。在意大利，已建立起了包括多个种源在内的欧美杨胃种群体，培育出具有适合不同栽培目的的优良无性系。美国从 1924 年起，进行了系统的杨树杂交工作，用美洲山杨（Populus us tremuloides）、银白杨（Populus alba L.）等 34 个不同植株，做了 100 个杂交组合，得到了上万株杂种。在明尼苏达州大学北方中心实验站，进行了毛果杨和不同种源的美洲黑杨（Populus deltoids March.）杂交，以速生、抗寒和抗病为目标选育出了 NE-311、NE-296、NE-200 等杂种无性系。在加拿大安大略省，以速生、抗寒和提高插穗生根能力为目标，选育出了最佳杂交组合美洲山杨 × 大齿杨（Populus grandidentata）。在法国还发现欧洲山杨（Populus tremda）× 美洲山杨、欧洲山杨 × 银白杨的杂种具有明显的杂种优势。在苏联，1933 年开始进行杨树杂交育种工作，从银白杨 × 新疆杨中选出莫斯科银毛杨和苏维埃塔形杨，从欧洲山杨 × 新疆杨中选出雅布洛考夫杨。

中国杨树育种工作始于 20 世纪 40 年代，但真正有计划的杨树育种研究是从 50 年代中开始的。叶培忠 1946 年在甘肃省天水市水土保持推广站首次进行了河北杨（Populus hopeiensis）与山杨（Populus davidiana），河北杨与毛白杨（Populus tomentosa Carr.）杂交试验。当时所用亲本仅限于白杨派，采用的是立木人工授粉法，并未从这些种间杂种育成可用无性系，可称之为我国杨树杂交育种探索阶段。1954 年，在徐纬英领导下开始了我国大规模有计划的杂交育种项目研究。这一时期可称为杨树育种的繁荣期。首先是徐纬英等人进行了白杨派及青杨派与黑杨派的有性杂交，杂交后代中美杨×加杨杂种的适应性有很大提高。1956 年，他们以改良青杨和扩大适应范围为目的，以钻天杨为父本，以青杨为母本，采用常规杂交，选育出北京杨杂种系列，其中以北京杨 3 号、0567 号和 8000 号表现最好。1957 年，徐纬英等以小叶杨为母本，以钻天杨和旱柳混合花粉为父本，成功地选育出速生、耐旱和耐盐碱的群众杨杂种系列。鹿学程等 1964 年用赤峰杨为母本，以欧洲黑杨、钻天杨和青杨的混合花粉为父本，杂交选育出速生、耐旱、耐寒和抗病的"昭林 6 号"，成为内蒙古推广的主要优良品种之一。到 20 世纪 70 年代末 80 年代初，随着吴中伦等人 1972 年从意大利引进美洲黑杨无性系 69 杨和 63 杨显示出的速生性和对亚热带气候的适应性，及其进入结实阶段，我国开始了以这两个美洲黑杨无性系为亲本的新杂交育种时代。到 20 世纪 90 年代即已选出一批新无性系，其中包括中林系统、南林系统和陕林系列，黑龙江省刘培林等在已选良种的基础上，开展杂交，选育出黑林系列品系。黑林 1 号、2 号、3 号、B6、窄冠杨系列在东北、内蒙古等地得到广泛栽培。1983 年开始了国家科技攻关，取得了可喜成果，毛白杨、山杨、河北杨、欧美杨等得到系统研究，并选育出一大批优良品种。

20 世纪，我国杨树育种经历了探索期（40～50 年代前）、繁荣期（50～60 年代）和恢复期或新生期（70～90 年代）。90 年代中期以来杨树育种向创新期发展，即我国杨树良种选育研究是以产品和技术服务需求和理论有所创新为指导，并在两个巨大转变基础上开展的。其一是认识到必须因材种需求有相应培育技术配套，良种的基础作用才能真正充分发挥出来，因而把育种和栽培研究结合在一起进行研究，以求为生产提出操作性强的良种与方法配套的经营体系。其二是认识到新种质引进和现代分子技术是提高育种效率，扩展育种目标的关键，所以强化了主要杨树基因资源收集和重要经济性状分子水平上操纵技术的研究。杨树改良目标以由通用性向专用性育种过渡，由单一的产量指标向优质高抗多性状综合改良转变，力求育种与环境林种和材种需求紧密统一。近 30 年已选育出许多与 50～60 年代明显不同的杨树优良新品种，新品种平均材积生长量提高 20% 以上，木材密度提高 3% 以上，纤维含量增加 2% 以上。一大批新品种、新种质陆续投入生产。90 年代后期 108 杨和三倍体毛白杨杂种更成为苗木市场的新热点。不仅乡土树种基因资源的收集和研究有了长足进展，而且在"948"国际农业引进项目资助下，从国外引进了我国十分短缺又迫切需求的美洲黑杨、欧洲黑杨等遗传种质资源，使我国杨树遗传资源研究有了新的开端。杨树基因工程育种在技术和成效上也取得可观的突破。不仅转化成功的抗食叶害虫基因工程杨树已实现商品化，抗蛀干害虫天牛转基因杨树株系也获得成功，使我国在这一领域进入世界先进行列。杨树分子标记辅助育种研究也取得了一定的进展。获得与杨树抗病紧密连锁的分子标记，为抗病基因定位、分离及克隆奠定了初步基础；已开展的对控制杨树生长、物候、材性等重要性状的 QTL 作图研究也为加速这些性状的早期选择做了理论和方法上的准备。

第二节　林木体细胞胚发生与人工种子技术

一、林木体细胞与人工种子概述

体细胞胚，或称胚状体，是由孢子体或配子体的细胞通过无性繁殖产生的以一种类似于合子胚的结构。从 1958 年 Reinert 在胡萝卜的组织培养中最先发现体胚发生以来，在细胞、组织培养中获得体细胞胚的植物数目不断增加。据不完全统计，全世界有 1000 多种高等植物做过离体培养的研究，其中绝大多数可通过体细胞胚胎发生途径形成再生植株。而且越来越多的研究表明，体细胞胚胎发生途径是植物体细胞在离体培养条件下的一个基本发育途径。也就是说，植物的体细胞具有潜在的、像有性过程产生合子胚一样的全能性，这种全能性可以在适宜的培养条件下被诱导表现出来。

体细胞胚胎发生是一种非常有效的大规模克隆繁殖方法，并且在许多有重要经济价值的树种中都取得了巨大的进展。尤其在裸子植物体细胞胚胎发生的研究方面进展很快，目前已从 30 多种松柏类植物诱导出体细胞胚，其中挪威云杉、黑云杉、鱼鳞松、北美云杉、红云杉、火炬松以及我国特有的云杉属树种青秆和白杆等 10 多种松柏类植物通过体胚发生获得了再生植株，有的已在温室或大田移栽成活。

人工种子是相对于天然种子而言的，是指经人工包裹单个体细胞胚而形成的具有与天然种子相同机能的一类种子。首先应该具备一个发育良好的体细胞胚（即具有能够发育成完整植株能力的胚）；为了使胚能够存在并发芽，需要有人工胚乳，内含胚状体健康发芽时所需的营养成分，防病虫物质、植物激素；还需要能起保护作用以保护水分不致丧失和防止外部物理冲击的人工种皮。通过人工的方法把以上 3 个部分组装起来，便创造出一种与天然种子相类似的结构——人工种子。

目前，挪威云杉及火炬松的体细胞胚已经被用海藻酸钠包裹制成了人工种子，并且在 4℃ 的条件下保存 2 ～ 4 个月后，仍然保持活力。另外，辐射松的成熟合子胚也被包裹制成了人工种子，在无菌的土壤中，这种人工种子的萌发率达 100%。用加有活性炭的海藻酸钠包裹的青秆体细胞胚，在无菌条件下的萌发率达 70% 以上。美国 Weyerhaeuser 公司通过改进人工种皮凝胶的含水量及氧化处理，使人工种子的萌发率显著提高。但是对于大多数林木来说，人工种子的研究商处于发展阶段，要将此技术真正地商业化，还需要进一步的研究。

二、基于体细胞胚胎的无性系林业

SE 技术在林木新品系的选育与推广上最直接的应用是无性系林业。无性系林业通常指对通过无性系测定证明为优良的无性系进行大规模的推广利用。

无性系选育不仅利用了外植体基因型的加性效应，还利用了显性与上位作用效应，可获得最大的遗传增益。以辐射松为例，对于胸径，选择并推广排名在前 5% 亲本的半同胞子代，与群体比较，预期可获得 6.5% 的遗传增益；前 5% 的全同胞家系遗传增益为 11.59%；而前 5% 的无性系遗传增益为 24.0%。意味着同等选择强度下，无性系选择遗传增益可提高 1 倍，如果只选择推广最优的无性系，则遗传增益可达到 29.6%。另外，单个或若干个无性系造林后，林分更加均匀，在集约化栽培管理与采伐上都可以采取一致的措施，可降低经营成本；如果兼顾遗传多样性，还可以采用多个已知性状表现的无性系混合造林，即时下推崇的多品系林业。松树的无性扩繁通常采用扦插的方式，通常以种子苗为采穗母株，3 ～ 4 个月后将生根苗木移出棚外，在炼苗圃进行水肥管理。无性系扦插扩繁技术最大的瓶颈是成熟效应，采穗母株一般使用 5 ～ 6 年后需更换；在遗传测定期间，要在苗圃中保持成百上千个无性系的幼化状态相对困难。而且，当优良无性系失去动态后，就只能放弃使用。SE 技术一旦成熟，将成为松树无性系林业的首选。

基于 SE 的无性系林业有两种方式。一种适用于技术完全成熟、体细胞胚胎苗木繁育成本低的树种，将体细胞胚胎细胞系的部分拷贝超低温冻存在液氮中，作为种质资源细胞库，其他拷贝进入成熟、萌发环节再生为植株，在田间开展遗传测定，进而，将遗传测定中被选中的体细胞胚胎细胞系恢复过来进行生产性繁殖。另一种方式与扦插结合，仍构建低温种质资源库，体细胞胚胎再生苗木只用于生产采穗母株，田间测定与生产性繁殖的苗木通过扦插扩繁获得松树 SE 技术一般选用种子为外植体，对于未知性状表现的种子，从外植体采集到优良无性系应用的过程长短，往往取决于田间测定的时长，对于已可做早期选择的性状，整个过程相对较短，如火炬松可根据 4 ～ 5 年的胸径生长做生长量的选择；而对于特性在中后期才能充分表达的性状，或轮伐期较长树种的经济性状，如油松的生长性状、马尾松产脂力，则往往需要 10 ～ 15 年的田间测定，田间测定后选定的基因型，从建立的冷冻保存细胞库中挑选出来大量繁殖、推广应用，大概需要 5 年时间，因此，这种情况下，以种子为外植体，整个无性系林业的过程需要 15 ～ 20 年才能完成。如果能在性状表现得到验证后，直接取成树的营养组织进行 SE，从成年树取外植体到优良无性系推广应用，只需要不到 5 年的时间，这样可显著缩短整个选育周期，降低成本。

　　然而，松树成年树营养组织的 SE 极为困难。多年来，前人在扭叶松、展叶松海岸松、辐射松、北美乔松和欧洲赤松均做了尝试，只有欧洲赤松以初生枝条为外植体诱导了体细胞胚胎，其中两个胚系的胚发生相关基因得以表达，实现了 SE，产生了少量异常或具有子叶的胚，但随后发育停滞，无法进一步萌发。此外，微卫星标记检测到胚系细胞出现多种突变，说明其遗传不稳定。而在其他树种中，连体细胞胚胎起始诱导步骤都难以成功，诱导的细胞团只在形态上类似胚性细胞，或可检测到胚胎发生相关基因，但无法进一步增殖；如海岸松只有少数诱导了形态与胚性细胞类似的细胞团，辐射松起始的细胞团中可检测到 LEC7 的表达，扭叶松可检测到 WOX2 的表达。在其他针叶树种的报道中，只有挪威云杉白云杉从成树营养组织实现了体细胞胚胎植株再生。总体上，针叶树种以成年树营养器官为外植体获得体细胞胚胎再生植株是可行的，但在松树上还未最终获得成功。

三、体细胞胚胎苗木与人工种子的利用

　　无性扩繁是松树苗木生产的重要手段。据不完全统计，2007 年生产的松树无性系苗木大概有 1.64 亿株。在种苗市场上，体细胞胚胎苗木仅占很小的份额。SE 技术在松树苗木生产上的应用通常采用两种途径：一种是直接生产体细胞胚胎苗，特别对火炬松这种扦插成本较高的树种，据报道，仅 2008 年 CellFor 和爱博金就分别生产了 1000 万株、50 万～ 100 万株火炬松体细胞胚胎苗；另一种是以体细胞胚胎苗作为采穗母株大规模生产扦插苗木，特别对辐射松等易于扦插生根的树种，这种途径更为有效，如新西兰的森林遗传有限公司采用 SE 技术保持无性系的幼态，长期扩繁优异的造林苗木。

　　体细胞胚胎苗木受推崇的主要原因是经选育的体细胞胚胎无性系性状表现优良，不发生性状分离，但前人也提出，体细胞胚胎苗木的早期生长可能相对较差。Antony 等报道了 4 年生火炬松体细胞胚胎苗与全同胞、半同胞种子苗的

区别，全同胞种子苗总体生长性状优于体细胞胚胎苗，但体细胞胚胎苗的木材密度更高，而且，还存在生长量与木材密度均表现优异的体细胞胚胎无性系。Cown 等也报道，辐射松中存在生长量与材性均得到改良的无性系。辐射松的体细胞胚胎苗木在生长和材性表现上均优于种子苗。如果不考虑性状的改良成效，在苗木质量上，体细胞胚胎苗木与种子苗和扦插苗相比，尚无明显的优势，在海岸松中报道，体细胞胚胎无性系树木的早期生长不如同等改良的对照种子苗，但造林 6～7 年后可达到或超过种子苗。

除了遗传品质高，体细胞胚胎苗木生产还具有不受季节与场地限制、适宜长距离运输的优点。在出瓶前体细胞胚胎苗的运输相对容器苗便利，适合于长距离运输、异地炼苗后造林。利用 SE 技术还可以把成熟的体细胞胚胎经包埋制成"人工种子"，直接用于长距离运输与造林。美国惠好公司和加拿大 Cellfor 公司自 1992 年开始至今开发了大量人工种子的技术与相关产品，包括采用携氧的乳液、蜡浸染的包衣等以增加胚的萌发率。

松树体细胞胚胎苗木商业化的瓶颈除了在很多树种上技术尚未完全成熟外，还有其相对昂贵的成本。火炬松的体细胞胚胎苗木售价是种子苗的 5～6 倍，即使主伐时经济效益远高于种子苗，很多种植户仍无法接受。开发自动化的设备，如在挑取成熟胚、萌发后移苗等步骤采用机械操作，减少劳动力投入是将来发展 SE 技术的迫切任务之一。

第三节　倍性育种在林木遗传育种中的应用与实践

一、倍性育种概述

林木的生长周期较长，常规育种年限也将会持续很长时间，并且在自然状态下林木个体多呈现杂合性，因此利用常规育种已不能满足林木遗传育种的目标。倍性育种是通过改变染色体数量，产生不同变异个体，进而选择优良变异个体培育新品种的有种方法，它将会显著地缩短育种年限，提高育种效率，增强林木抗逆性，提高木材产质量等，为我们展示了日益广阔的发展前景。截至目前，通过花药培养法获得 6 科 7 属 40 余个种的单倍体植株，为充分利用杂种优势，培育产量高、抗性强而生长快的优良品种，展示了广阔的前景。在杨属中，花粉愈伤组织诱导率、分化率可分别达到30%以上、80%以上。1935年，在瑞典发现了一株叶片巨大、生长迅速的巨型三倍体欧洲山杨，成了林木多倍体育种的开端。近年来，杨树、橡胶桑树等一系列林木多倍体新品种的选育成功，为人类展示了越来越大的发展空间。

二、单倍体遗传育种

在树木育种上，单倍体植株本身无多大利用价值，必须加倍为纯合二倍体后，才能作为育种的原始材料。每个纯合二倍体相当于一个自交系，经过交配设计，从中选出具有杂种优势的组合，长期利用。

单倍体的二倍化可以利用以上介绍的诱发多倍体的各种方法，对于多年生植物和能够无性繁殖的植物此项问题较易得到解决。除了用秋水仙素来进行加倍外，还有如下两种途径。

（一）自然加倍

单倍体细胞在培养过程中，有自然地变成为二倍体的趋势，这主要是通过细胞核内有丝分裂过程而实现的。有些情况下，也可能由于花粉内营养核和生殖核的融合而实现加倍，自然加倍的频率和接种材料的遗传差异、花药的发育时期、培养基的成分、以及培养时间的长短都有密切的联系。

从现有的资料看，凡是经过胚状体直接发育成苗的花粉植株，绝大多数是单倍体，自然加倍的频率低，而通过花粉发育为愈伤组织，然后再分化成苗的花粉植株，自然加倍的频率却高得多。例如中国科学院遗传研究所1972—1974 年培养的水稻花植株中，二倍体占 50.6% ～ 66.7%，单倍体只占 30.3% ～ 45.6%，另有 3.0% ～ 3.8% 为多倍体。

花粉发育时期与自然加倍频率也有关系，如丹麦研究者在曼陀罗矮牵牛的花培试验中发现，二倍体的花粉植株多数出自双核期的花粉，单核期的花粉很少发生二倍体的花粉植株。

单倍体细胞的染色体加倍频率和培养基中的激素状况有密切的关系，生长素和细胞分裂素类物质能促进细胞发生核内有丝分裂的作用。最近日本研究者把单倍体烟草愈伤组织放在单独含有生长素（吲哚乙酸）或动力精，以及二者混合的培养基上，一个月后转移到无任何激素的培养基上去分化，结果发现凡是在含有动力精的培养基上的，自然加倍频率显著提高，而动力精和 IAA 结合使用并不比单独使用动力精优越。

单倍体愈伤组织在培养过程中，有自发地加倍和发生染色体畸变的趋势，其发生程度的频率和培养的时间成正比。培养时间越长，发生的频率愈高，但必须指出的是，花粉愈伤组织分化为植株的能力，通常随着培养时间的增长而降低。这种情况可能和染色体加倍和畸变有关系。

单倍体细胞的自然加倍不仅发生在离体培养的细胞团上，在分化出来自养生长的花粉植株上，一些细胞也能发生自然加倍，许多报道证实了这一现象。

（二）应用单倍体植物的继代培养使染色体加倍

这是一种根据单倍体细胞在组织培养中存在核内有丝分裂的事实，而加以应用的一种染色体加倍技术。1969 年法国研究者首次将单倍体烟草的茎或叶柄组织切取下来，继代培养在一种加有 6X10-7 摩尔的 2.4-D 及人造细胞分裂素的培养基上，经过两个月后，在降低生长素浓度的培养基上，诱导这些愈伤组织分生植株，结果发现大部分成了二倍体。这一试验引起人们的广泛重视，但在技术上还处于研究中。

20 世纪 70 年代后，花药培养的成功大大推进了林木单倍体育种的研究，杨树、橡胶树、七叶树、柑橘、苹果、荔枝、茶树、桑树、沙棘、枸杞等已育出单倍体花粉植株。由东北林业大学诱导成功的小叶杨 × 黑场，中东杨等花粉植株，树龄已达十六七年，他们还对花粉植株染色体的变异和自然加倍做了系统观测。

单倍体诱导在近十多年来虽然取得较大进展，在杨树中已基本上摸索出了诱导纯系的一套技术，但是总的来说，能诱导成功的树种还少，要使单倍体育种真正成为林木育种的手段尚待进一步的探索。

三、多倍体遗传育种

（一）作用

植物染色体组加倍后，植物的形态和生理也会发生某些变化，使植株的生长速度提高，遗传品质得以改善，代谢物含量增加。利用营养器官进行多倍体育种，可以克服多倍体育性差的问题，同时有成的品种可以长期持续利用。多倍体育种可用于短周期森林工业用材新品种的选育，比如与本地生长的山杨相比，欧洲山杨 × 美洲山杨杂种三倍体的材积、纤维长度、比重分别高 1～2 倍、18%、20%，是一种优良的纸浆原；多倍体育种可使利用组织代谢产物的经济树种品质性状得到改善，如四倍体橡胶树的产胶量比二倍体亲本提高 34%；多倍体植物的基因表达和酶的活性也相应增强，从而加强了植物对环境适应性，抗旱、抗寒以及抗病虫害等优势提高。如四倍体泡桐的抗旱性与抗寒性均大于其二倍体。

（二）途径与方法

1. 从自然界直接选择

多倍体在林木中是普遍存在的，甚至有个别个体表现突出，如欧洲山杨天然三倍体在生长及材质等方面均优于相同立地条件下的同龄二倍体。在我国检出的 5 个毛白杨天然三倍体中，大多属于优良类型，如易县毛白杨雌株。

2. 体细胞染色体加倍

人类最早获取多倍体的途径就是体细胞加倍，在林木中获得的体细胞多倍体涉及杨树，橡胶、桉树、刺槐等，但迄今只有四倍体刺槐等少数几个品种在生产上成功应用，大多主要用于作为研究材料。Gu 等以"沾化冬枣"茎尖为外植体，在 MS 液体培养基添加秋水仙素并在暗处振荡，可以获得超过 3% 的加倍率。

3. 不同倍性体间杂交

当某树种中存在有可有的不同倍性体时，利用不同倍性体杂交是获取新的多倍体最简捷有效的途径。Baumeister 等利用四倍体与二倍体杂交选育出三倍体欧美杨，其适应性及抗病能力强，树冠狭窄，材积生长较选有出的优良无性系快，被广泛应用于林业生产实践，并获得显著的经济效益。

4. 天然或人工未减数配子杂交

杨树可以直接利用天然未减数 2n 花粉进行多倍体育种，可通过人工诱导花粉染色体加倍进行多倍体育种。康向阳等综合花粉染色体加倍、花粉辐射和杂交有种等技术，高效获得白杨杂种三倍体育种技术体系。橡胶树 GTI 可自然产生未减数 2n 雌配子，采用自然授粉种子育苗，其天然三倍体发生频率为 0.72%。

5. 胚乳培养与细胞融合

目前，已在枸杞、枣、猕猴桃等经济林品种的胚乳培养方面取得三倍体苗木。细胞融合可以克服植物远缘杂交障碍、创造多倍体。

（三）多倍体遗传育种的问题及展望

花药培养是迄今为止创造纯合基因型的最有效手段，也是林木育种中不可缺少的育种技术，但是 20 世纪 90 年代以后长期处于半停滞状态。目前，花药培养在林木育种中又取得了一定的研究成果，但更多的还是应用在小麦、玉米等农作物育种中。其主要原因有，花药愈伤组织诱导分化难度大、获得的后代植株的倍性容易混乱，因此要通过花药培养获得林木单倍体植株的关键是能够有效抑制体细胞生长而不影响小孢子雄核发育。另外，林木花粉植株的诱导率总体上较低，难以形成足够的选择群体；林木花药培养对基因型的依赖性也较强，因此就会造成花药对离体培养反应和结果的不同。最后，与农作物相比，由于林木自身的特性使得林木花药培养机理研究仍旧处于初级阶段，因此今后多进行花药培养机理的研究，可以借助分子生物学手段来拓宽单倍体植株的获取途径。已有研究从基因角度探讨小孢子雄核发育的机制，甚至尝试通过诱导转座子获得双单倍体纯合突变体。另外，随着科技的不断发展，产生单倍体的方法也在不断增多。研究表明，通过对花药培养反应较差的基因型再进行杂交育种，有助于促进其雄核发育。因此，花药培养也将会在林木育种中取得进一步的发展。

在林木种群中虽然有天然多倍体的存在，但是所占的比重较小，所以鉴定十分困难。体细胞染色体加倍最终获得的大多是混倍体或嵌合体，影响了倍性优势的发挥，因此要加强对所获得的多倍体的鉴定。林木生命周期较长，多倍体植株综合性状的评价及其后代的繁殖也就需要较长的时间。因此，应尽量选择染色体数目较少的树种进行诱导。原生质体融合技术一直以来是获得优良杂交品种的常用方法，但通过该方法获得的杂种细胞或多倍体细胞进行育种结果都不理想，成果仅局限在几个物种上。因此，可以将所研究的物种范围扩大，对具有明显生态效益的树种加强研究，同时总结成功的经验，以作为其他树种的参考。三倍体植株的各方面性状往往被认为是最好的，但获取很困难，成功案例就更少。其原因是三倍体不能从秋水仙碱溶液直接处理植物组织中产生。可以通过胚乳培养获得三倍体，但是胚乳培养过程中易产生染色体变异，造成再生植株多为非整倍体、混倍体，甚至恢复为二倍体等，因此胚乳培养技术有待进一步的改进。

总之，林木育种有一个飞跃性的发展，不能完全依赖于常规育种，利用基因组辅助育种和分子设计育种，并和传统的育种方式相融合，可能会成为培育林木优良品种的发展趋势。

第四节 原生质体培育和细胞杂交，体细胞突变体的筛选

一、原生质体细胞培育与细胞杂交

植物原生质体（*protoplast*）是指除去全部细胞壁的"细胞"。可作为基础研究和植物改良的理想材料。

通过原生质体融合产生的杂种植株，可以克服不亲和性或子代不育等常规远缘杂交所难以克服的障碍。

原生质体是遗传转化研究的理想受体，它能直接摄取外源 DNA 细胞器及质粒，这就可能有目的地导入有用基因改良林木的产量和质量。

原生质体培养和体细胞杂交主要方法与步骤如下。

1. 林本原生质体的分离

分离方法除采用机械分离法外，现已形成了酶法降解细胞壁的有效方法。目前用酶法已能将 100 多种植物的不同组织分离原生质体。由胚性愈伤组织和悬浮细胞来源的原生质体，可避免植株生长环境的不良影响，易于控制新生细胞的年龄，且可常年供应。但使用叶片作为起始材料似乎更有利，因此叶片是大多数原生质体培养的起始材料，由叶肉细胞分离原生质体，不仅来源方便，且有明显的叶绿体便于在细胞融合时识别。

2. 原生质体培养

培养基：从原生质体培养到植株再生，需要更换几次合适的培养基。

培养方法大致有琼脂糖包埋培养、悬滴培养、液体浅层培养、微孔薄膜看护培养。

许多树种原生质体培养都采用液体浅层培养获得再生植株。Park 等（1992）在欧洲黑杨 × 辽杨原生质体培养中，采用了上述 4 种培养方法，结果表明液体浅层培养的细胞分裂频率最高（48.6%）。研究发现，在培养早期，黑暗有利于原生质体再生细胞壁。

3. 林木体细胞融合

原生质体融合也称体细胞杂交（*somatie hybridizations*）。原生质体融合能使细胞内的遗传物质重新组合，这样获得的细胞叫杂种细胞，由杂种细胞培养成新的植株。

美国：Carlson（1972）首次用硝酸钠做融合诱导剂，把2种不同的烟草原生质体融合得到了体细胞杂种。

德国：Melchers（1978）把马铃薯和番茄的原生质体融合获得了体细胞杂种，表型倾向于番茄，花、叶、果实均具杂种特点。

中国：南京林业大学林木遗传和基因工程重点实验室开展了杨树派间原生质体融合研究，获得了美洲黑杨＋胡杨、青杨＋胡杨、美洲黑杨＋青杨杂种细胞愈伤组织。华中农业大学作物遗传改良国家重点实验室柑橘原生质体融合已获得20多个体细胞杂种。

二、体细胞突变体的筛选

在林木遗传中，组织及细胞培养过程中会出现广泛的变异即所谓体细胞无性系变异（*somaclonal variation*），其变异频率远高于自然突变，这些变异给蔬菜品种改良提供了丰富的育种资源，使得体细胞突变体筛选受到越来越多的育种者的重视，逐渐成为利用生物技术进行蔬菜育种的重要内容。

（一）体细胞突变体筛选的意义

体细胞突变体筛选技术是利用植物组织、细胞培养过程中出现的变异，或由物理、化学因素诱发的变异，给予一定的选择压力，选出符合育种目标的无性系。与传统的育种方法相比，体细胞突变体筛选具有突出的优点，首先，在离体培养过程中进行选择，可以省去田间选择的大量工作，大大节约了土地和人力，又不受季节因素的影响，选择效率较高；同时，由于可以在培养过程中给予培养材料一定的选择压力如病菌毒素、Nacl、除草剂等，使非目标变异体在培养过程中被淘汰，而符合人们要求的变异体得以保留和表现，起到了定向培育变异体的作用。由于体细胞突变体筛选技术突破了传统育种方式的局限性，因而引起了广大研究者的兴趣，成为细胞工程研究中一个十分活跃的领域。在农业上，体细胞突变体筛选研究主要集中在抗病、抗盐、抗除草剂、抗温度胁迫突变体的筛选等几个方面。另外，在提高作物营养物质（如蛋白质、赖氨酸等）、改善作物品质方面也取得了一些进展。

（二）体细胞突变体的筛选方法

体细胞突变体离体筛选工作包括材料的选择、突变细胞的选择和突变体鉴定等步骤。

1. 材料的选择与诱变处理

离体培养中的各种培养材料均可用于体细胞突变体筛选。悬浮细胞是突变体筛选特别是抗盐、抗病、抗除草剂突变体筛选最常用的培养材料。由于悬浮细胞分散性好，可以均匀地接触诱变剂和选择剂，选择效果好，同时，悬浮培养形成的无性系是单细胞来源的，可以避免嵌合现象。Jacques 等曾利用悬浮细胞培养筛选出了抗毒素的细胞系。但悬浮细胞培养较为复杂，且某些培养细胞分化能力低下，即使得到了抗性细胞系，也无法形成再生植株，从而影响了突变体在育种中的应用。

愈伤组织也常常用作体细胞突变体筛选的培养材料，特别是胚性愈伤组织的应用，使突变体的分化能力能够保持较长时间，但愈伤组织中的细胞不能均匀地接触培养基中的诱变剂的选择因子，对突变体选择的效果有一些不良影响。

另外，单倍体细胞与愈伤组织也是进行突变体筛选的理想材料，由于其中只有一套染色体，可以不受等位基因影响，有利于突变体的表现与选择。

为了增加变异，可以对培养材料进行诱变处理，常用的诱变方法有物理诱变（γ射线、紫外线等）和化学诱变，其中化学诱变不需专门的设备，使用起来较为方便。EMS（甲基磺酸乙酯）是其中比较常用的一种化学诱变剂，它可以引起基因或染色体结构变异。需要指出的是 EMS 的半衰期较短（25℃时仅为48h），因此配制药剂的时间要严格掌握。有研究指出叠氮化钠（N_aN_3）作为诱变剂，在小麦抗根腐病体细胞变异体的诱导中应用效果较好。诱变剂量一般应低于半致死剂量，以免产生不良反应。

2. 选择方法

（1）抗病突变体的选择许多病菌在侵染植物体后除了摄取植物体养分外，还分泌毒素对植物体造成危害。因此，在实践中常以病菌的活菌或病菌毒素作为选择剂。首例利用体细胞突变体筛选技术获得的烟草抗野火病突变体就是利用烟草野生菌毒素类似物为选择剂的。目前已有多种蔬菜作物通过活菌或粗毒素（病菌培养滤液）选择获得了抗病突变体，并有证据表明，其中一些抗性是可以遗传的。

（2）抗盐突变体的选择抗盐突变体筛选时通常以 NaCl 作为选择剂，选择的方法有两种。

第一种做法是将愈伤组织直接置于含有高浓度 NaCl（1.5% ~ 2.0%）的培养基上，筛选出少量存活的愈伤组织在无 NaCl 培养基中恢复1 ~ 2代后，再转入较高浓度 NaCl（1.0%）的培养基中培养数代，即可获得耐盐愈伤组织；第二种做法是从 0.2% 到 2.5% 逐级提高 NaCl 浓度，在每级培养基上培养一代至数代，最终获得不同抗盐水平的变异系。这两种方法各有利弊，前者可以迅速筛选到抗盐突变体，但难免遗漏，后者可分别选出不同级别的耐盐系，但容易产生生理适应的细胞或组织。

（3）抗逆突变体的间接选择植物的脯氨酸合成常常与其多种抗逆性（抗病、抗旱、抗热、抗盐碱等）有关，因此植物的脯氨酸含量通常可作为衡量抗逆性的指标。以羟脯氨酸类似物为选择剂，可以筛选出脯氨酸过量合成的细胞系。这种细胞系可能具有较强的抗逆性。

3. 突变系的鉴定

在选择培养基上获得的细胞并不一定是突变细胞，其中某些可能是生理适应的细胞或组织，因此需要进行突变系的鉴定。常用的鉴定方法是让细胞或组织在没有选择剂的培养基上继代几次，再转至选择培养基上，如仍能表现出抗性，则可认为是突变细胞或组织。对于突变细胞再生植株，使其开花结实，进一步鉴定，其抗性是否可以遗传给后代。分子生物学实验技术为突变体的鉴定提供了更为快捷、可靠的方法。张耕耘等用 RFLP 技术对水稻耐盐突变体进行分析，检测到与耐盐性相关的基因位点。

（三）体细胞突变体筛选存在的问题

1. 变异体中存在大量生理适应细胞或组织

周荣仁（1986）曾报道筛选出的耐盐细胞系其后代均未表现出耐盐性，因而认为筛选出的耐盐细胞系多属生理适应，王月芳、Yoshida 等也报道过类似结果。

2. 突变细胞系的分化能力下降

筛选体细胞突变体往往要进行反复继代培养，而反复继代的结果往往使细胞或愈伤组织的植株再生能力下降。因此，建立长期保持高频率分化能力的无性系则成为一个关键环节。一方面，可从改善培养条件，改进培养技术入手，建立各种作物稳定高效的植株再生体系，另一方面，对于那些难再生的作物，以幼胚、茎尖甚至种子作为突变体筛选的培养材料，也不失为得到突变体植株的有效办法。

3. 细胞水平与植株水平的抗性不一致

McCoy 曾在愈伤组织水平得到了苜蓿耐盐细胞系，但在植株水平其抗性却不表达，可见植物细胞水平与整体水平的性状表达是有差异的。因此，深入研究抗逆性表达的机理，以及不同水平表达之间的关系是十分必要的。

第五节　原位杂交在林木遗传育种上的应用现状和前景

自从 20 世纪 60 年代末染色体原位杂交技术产生以来，该技术得到了很大的发展。如原位杂交技术中用非放射性标记（生物素标记等）代替了放射性标记；ISH 和 PCR 结合产生的原位 PCR 技术大大提高了检测的灵敏度；而荧光原位杂交技术可以同时检测到不同荧光素标记的多个探针位点，因而使得该技术在人类和动物遗传领域得到了迅速推广和应用。在植物科学领域，虽然由于植物组织细胞有细胞壁覆盖和细胞质对染色体分析的干扰，使得该技术在植物染色体研究上要落后于对人类和哺乳动物的研究。但随着近几年来探针标记方法和染色体制片技术的改进，在主要的经济作物（小麦、玉米等）上也取得了大量的研究成果：如植物基因组的染色体物理作图；外源染色体和染色体片段的鉴定、物种进化和亲缘关系的探讨；染色体变异（异位和互换）的鉴定等。林木的遗传基础高度杂合性和生活周期长，目前细胞学的研究仅限于染色体的核型分析比较以及显带技术，原位杂交技术在林木细胞和分子遗传学研究中的应用报道较少。然而，随着林木分子遗传学研究的发展及林木遗传图谱的构建（如杨树、桉树等已构建了连锁图谱）的深入，构建林木基因位点物理图谱成为必然趋势，而原位杂交技术是把分子水平上的研究结果和染色体水平结合起来的关键技术。

一、原位杂交方法简介

原位杂交的基本原理是根据核酸分子碱基配对的原则，将经放射性或非放射性标记的外源核酸序列（基因组总 DNA、特定基因等）与染色体上经过变性的 DNA 互补配对，结合成专一的核酸杂交分子，再经一定的检测手段将待测核酸在染色体上的位置显示出来。据探针、标记方法以及检测手段的不同，原位杂交技术主要方法有如下几种。

（1）基因组原位杂交

GSSH 方法主要利用物种之间 DNA 同源性的差异，用另一物种的 DNA 作封阻，标记的染色体组总 DNA 作为探针与其完全同源的 DNA 杂交。在植物上，最早应用于小麦杂种和栽培种的鉴定，在检测到导入小麦中的外源染色体或染色体片段的同时，还可以清楚地显示出易位染色体的断点位置。它已成功地用来检测导入小麦中的黑麦、大麦、披碱草、偃麦草的染色体及染色体片段。

（2）荧光原位杂交

FISH 是将用作 DNA 探针的核苷酸分子经特殊修饰后，直接原位杂交到染色体切片或 DNA 纤维上，再用和荧光素分子耦联的单克隆抗体与分子探针相结合的方法来检测与特殊修饰的探针配对的 DNA 片段在染色体或 DNA 纤维上的位置。与其他的 ISH 方法相比，它周期短、灵敏度高，还可以用不同颜色的荧光素标记的 DNA 探针对同一张切片进行原位杂交，同时观测不同的 DNA 探针在染色体上的杂交位置。应用 FISH 技术可以准确快速地构建物理图谱，得到探针之间的顺序、方向和真实的物理距离，是基因定位的重要手段。

（3）引物原位标记技术

引物原位标记的基本原理是用杂交探针作引物，以核 DNA 或 RNA 为模板，用生物素或地高辛精或荧光素标记的 dUTP 取代 dTTP，在 DNA 多聚酶的作用下，形成含有标记 dUTP 的一条互补链。如果用荧光素标记，可以直接在荧光显微镜下观测到标记的结合位置；生物素标记可以用免疫组织化学的方法对具有半抗原的标记物定位，间接地显示出探针与靶核苷酸所形成的复合物。由于该技术是在原位杂交和 PCR 技术的基础上设计而成的，因而具有快速敏感准确等优点，它已在基因定位、染色体和基因组分析以及基因表达等领域得到了广泛的应用。

（4）原位 PCR

原位 PCR 是将聚合酶链反应技术的高度敏感、快速的特点和分子原位杂交方法精细的染色体定位相结合的分子遗传分析技术，能在组织细胞内原位检测出单拷贝和低拷贝的特定 DNA 或 RNA 序列。该法在检测细胞内特定的 DNA 片段和 RNA 方面，具有单独使用 PCR 技术和分子原位杂交方法时所不具备的优越性。

（5）原位杂交结合荧光显带标记技术

荧光显带是利用荧光染料和染色体特异性结合形成荧光带纹。目前所用的荧光染料主要有 DAPI 和 CMA，它们分别易和富 AT 区、GC 区结合形成荧光带纹。在一般情况下，同一染色体上的 CMA 明带就是 DAPI 负带区，而 DAPI 明带区是 CMA 负带区，ISH 技术和荧光显带技术结合起来，建立了分子细胞遗传学方法。

（6）原位杂交结合免疫组织化学的双标记技术

原位杂交和免疫组织化学都能在细胞、组织原位检测基因表达，都具有敏感性高、特异性强的特点。然而，免疫组织化学检测的是细胞和组织内的抗原成分，是在翻译水平上研究基因表达；原位杂交检测 DNA 或 RNA，能进行基因定位，检测扩增的 DNA 序列，或在转录水平上研究基因表达。如果把这两种技术结合应用，则既能揭示细胞内是否存在特定的基因或该基因转录的 mRNA，又能证明是否存在由该基因指导下合成的蛋白质。这样，不仅可以更深刻地了解基因表达，而且还可以用于某种基因表达的翻译和转录调节的研究。如果免疫组织化学检测到的抗原成分是与原位杂交的靶核酸不同的基因编码的蛋白质，那么同时使用免疫组织化学和原位杂交技术可用于了解基因的转录和基因编码的蛋白质合成之间的相互影响。原位杂交和免疫组织化学相结合，可以在连续切片的相邻切片或同一切片的细胞标本或组织切片上同时显示原位杂交和免疫组织化学的阳性反应，这就是原位杂交和免疫组织化学相结合的双标记技术，在深入研究基因的表达调控方面有着广泛的应用前景。

在常规原位杂交技术中，无论是使用放射性同位素探针还是非放射性探针，杂交信号都是用光学显微镜观察和记录的。为了对检测的靶核酸进行更精细的亚细胞定位，以及揭示含靶核酸序列细胞的超微结构，人们就把原位杂交技术和电镜组织细胞学结合起来，使原位杂交从光学水平延伸到了电镜水平。电镜原位杂交技术的原理和光镜原位杂交是一致的，只是电镜原位杂交不仅要求获得好的杂交信号，而且还要能观察到良好的超微结构。根据杂交反应是在组织包埋前、包埋后或不经包埋的细胞、染色体整体标本或冷冻超薄切片上进行，电镜原位杂交可分为包埋前、包埋后和不包埋三类。

二、原位杂交技术在林木遗传学研究中应用现状

原位杂交技术在染色体的识别、基因组结构、染色体的进化、间期染色质的空间排列及亲本染色体在杂种中的配对研究等方面起着重要的作用。

（1）鉴别种间和种内染色体间的差异，构建染色体核型

在松科植物中，除黄杉属（Pseudotsuga）2n=26、金钱松属（Pseudolarix）2n=44 外，大部分属的染色体数为 2n=24，基本上是对称核型，且 24 条染色体的形态十分相似。在以往的树种核型分析中，仅根据染色体的长度、臂比和次缢痕很难将种内各染色体加以确切区别，更不用说进行种间染色体差异的比较了。而用高度重复序列如 18s-25s、5s rRNA 为探针进行原位杂交研究，可以鉴别种间或种内染色体之间的差别。Brown 应用荧光原位杂交（FISH）对白云杉（Picea glauca）染色体上的 rDNA 进行了定位研究，发现了至少 12 个杂交位点；以 18s-5、8s-26s rRNA 为探针，发现杂交位点分别位于白云杉和北美云杉（P.sitchensis）的第 6 条和第 4 条染色体上，为种间差异的鉴别提供了依据。Lubaaretz 等用 18s-25s rRNA 和 5s rRNA 基因为探针对挪威云杉（Picea abies）、欧洲赤松（Pinus sylvestris）和欧洲落叶松（Larix decidua）进行荧光原位杂交研究，其中 18/25s rRNA 探针分别在挪威云杉的 6 条染色体上检测到了 6 个杂交位点，在欧洲落叶松上检测到 3 个杂交位点，在欧洲赤松上检测到 7 个位点，说明了种属间染色体的差异。同时，他们还检测到挪威云杉第二对染色体的长臂上的 5s rRNA 基因杂交位点，借此可明显地把第 2 号染色体和其他染色体区别开来，即根据 rDNA/5s rDNA 杂交位点的有无和杂交点位置，结合染色体臂比以及染色体长度数据，可以把挪威云杉的其余 11 对染色体一一加以识别，从而建立了挪威云杉分子水平上的核型，他们也用同样的方法研究了欧洲落叶松的核型。Doudric 等应用 FISH 技术，根据湿地松（Pinus elliottii var .elliottii）染色体上 8 个 18s-26s rDNA 和 3 个 5s rDNA 杂交位点和染色体荧光带纹构建了湿地松的标准核型。M .Schuster 用 ISH 技术把栽培苹果（Malus ×domestica）'Pinova'（2n=34）的 17 对染色体中的 5 对和其他的染色体区分开来，为其构建染色体核型提供了依据。

（2）鉴别基因组的同源性，探讨种的起源和种间亲缘关系

有一些经济树种如猕猴桃，其栽培品种繁多，存在较多的多倍体和派生品系，人们对食品种的起源和进化过程有较大的争议，用传统的细胞学方法试图了解多倍体品种的起源没有得到令人满意的结果，而用 ISH 技术却获得了一些有用的信息。Yan 用 ISH 和 FISH 的方法对六倍体的美味猕猴桃（Actinidia deliciosa ，2n=6x=174）、二倍体（2n=2x=58）和四倍体（2n=4x=116）的中华猕猴桃（A .chinensis）的亲缘关系及分类群之间的亲缘关系进行了探讨。他们用重复序列 kiwi516 为探针与从二倍体、四倍体的中华猕猴桃及六倍体的美味猕猴桃 3 个品种的一系列派生品系进行原位杂交实验，提出了猕猴桃品种和相应的派生品系是由二倍体中华猕猴桃为基础的体细胞自然加倍为主的多元起源理论，而由二倍体和四倍体的中华猕猴桃杂交形成三倍体，再由体细胞加倍形成六倍体的可能性比较小。这一推测和大量的生化和分子遗传学（同工酶分析和叶绿体 DNA 分析）分析的结果是一致的。在林木上，Lubaretz 应用 FISH 技术，根据 rDNA 和 5s rDNA 在染色体上的位置认为欧洲赤松的第一对染色体和欧洲云杉的第二对染色体同源；而欧洲赤松的另一对染色体可能和欧洲落叶松的第三对染色体部分同源。

（3）结合 ISH 与荧光显带，研究基因组的结构及空间排列顺序

Jacobs 将 ISH 技术和荧光显带结合对辐射松（Pinus radiata）和火炬松（P.taeda）进行研究的结果表明，在辐射松染色体的着丝粒周围有 DAPI 带显示，而在火炬松上却没有出现这一现象；火炬松经过 ISH 后再进行 DAPI

显带，则在着丝粒和中间区域都出现了许多 DAPI 强带。而 CMA 带在火炬松和辐射松上的中间带位点和染色体的次缢痕有关。次缢痕一般为富 GC 异染色质的核仁组成区，因而易形成 CMA 带，一些树种的 CMA 检测多表现出与次缢痕的相关。Doudric、Hizume、Masahiro、Karvo-nen、Brown 等分别用 18s-25s rDNA、18s rRNA、5.8s rRNA、5s rRNA 进行 FISH 研究表明，湿地松上的许多 CMA 带出现在 18s-25s rDNA 杂交位点上；在赤松（P .densiflora）和日本黑松（P .thunbergii）上的 18s-25s rDNA 杂交位置和 CMA 的中间带及次缢痕一致，同时两个种具有不同 DNA 顺序的 CMA 带；大果云杉（Picea asperata）的 18srRNA 杂交与深的 CMA 带或次缢痕的位置有关；而 5s rRNA 与浅的 CMA 带有关。欧洲赤松的 rDNA 重复单位的基因间隔区（IGS）长达 20kb 以上，而 5.8s rRNA 周围的转录间隔区的跨度为 2.9 kb，虽然 rDNA 重复基因的编码区是同源的，但个体间的基因区以及个体内的 rDNA 重复序列之间仍存在着异质现象；白云杉上存在着两类长度的 5s rDNA：一类为有 221 bp；另一类约有 600 bp 重复单位。因此，通过 ISH 杂交位点的比较研究，结合荧光带纹，可以找到荧光带纹与基因组之间的关系、染色体上不同 DNA 碱基的组成以及确定它们在染色体上的位置。

三、ISH 技术在林木遗传学研究中心的应用前景与问题

ISH 技术在林木育种上的应用还刚刚起步，目前主要集中于裸子植物尤其是松科树种的研究。这项技术已应用在区分种内和种间染色体的差异、核型分析、同源染色体的鉴定、亲缘关系分析等方面；并在基因组的结构、有机组成、空间排列等研究方向上做了初步的探索。将现代的 ISH 技术和其他分子生物学分析技术结合起来，可望获得更多的遗传资料在林木遗传研究上预期在如下几个方面可以取得较大的发展。

（1）核型相似、种内相似程度高、难以区分的染色体，可以用 ISH 技术辅助细胞学分析方法，区别种间差异和建立染色体核型。

（2）由于 ISH 的分辨率对低拷贝和单拷贝 DNA 序列的检测仍存在着一定的困难，而原位 PCR 可以使标记引物扩增信号成倍增强，成功检测到低拷贝序列。目前该技术在医学和动物上应用较多在植物研究上还未见报道，但有望在植物上得到应用。

（3）经典遗传学和细胞遗传学的发展已将一些重要基因定位于特定染色体和染色体的特定区域；DNA 的测序技术的自动化也使得从分子水平上对这些基因进行全序列了解成为可能，但对整个基因组进行测序是一项浩瀚的工程。ISH 技

术和染色体显微操作技术结合利用细胞遗传学将已定位的染色体和染色体片段直接从染色体标本中分离出来，并结合分子遗传学方法将这些 DNA 克隆出来将对解决上述问题有很大帮助。ISH 技术和染色体显微操作技术结合，已被成功地应用于一些作物如黑麦的 B 染色体、甜菜、水稻、大麦、蚕豆和燕麦等。无论是ISH 还是染色体显微操作技术是以细胞遗传学为基础的，木本植物在细胞遗传学方面的研究基础薄弱仍然是限制这两种技术在该领域广泛应用的原因之一，因而加强木本植物的细胞遗传学研究是十分必要的。

（4）ISH 技术和形态学标记、生化标记和分子标记等手段结合，用从形态、生化和分子标记所获得的特异性标记作为探针定位于染色体上，为林木基因组的染色体物理作图提供依据。同时，应用 ISH 技术，可用来检测到外源 DNA（如抗病性基因转化）提供直接依据而不需要用分子学方法或基因表达产物的有无来推测转基因是否成功。总之，以高密度的遗传图谱和细胞学研究为基础，ISH 技术和其他分子生物学技术的结合，将加速我国林木分子细胞遗传学、分子遗传学、基因定位、分离和克隆等领域的研究的深入，缩短与世界发达国家的距离。

第十一章　林木遗传学的创新应用与实践

第一节　人工林自由授粉子代优良单株选择

一、林木优良单株选择研究进展

优树选择是林木育种研究中的基础工作，优树选择作为林木选择育种的经典方法，在林木良种培育实践中被普遍应用。20 世纪 70 年代以来，育种家们认识到优树在林木良种繁育工作中的重要性，经过近 40 年的研究，取得了令人可喜的成果。据不完全统计，截至 2008 年，全国共确定各针叶树种优良单株 1173 万株，利用这些优树营建第一代种子园、改良代种子园、第二代种子园累计超过 1.5 万 hm²，目前一些针叶树的第二代种子园已经开始进行子代测定。

优良单株是林木良种选育的基础材料，通过优良单株选择可以加速林木良种选育的步伐。王友生等以高径比、冠径、树皮厚比等性状为主要选择指标，对马尾松天然林进行优树选择，选择出株优树，为改良马尾松品质奠定基础。王英等对贵州 40 个县市的棕榈种质资源进行全面调查，采用绝对值法选择出 35 株优树。起国海等对云南省澜沧江流域的果用辣木人工林进行优树选择，建立了辣木优树综合评分法，按不同的育种需求，选择出综合指标表现良好的辣木优良单株株。张纪卯等将邻近木综合标准差比较法和优势木对比法相结合，建立毛红椿人工林优树选择标准，利用该标准从 41 株候选优树中选择出 21 株毛红椿优树。

二、人工林自由授粉子代优良单株选择方法

（一）遗传标记和分子标记

遗传标记是能够准确反映特定物种遗传多态性的一种遗传特征，不同的遗传标记代表不同的遗传信息，但是它们具有共同的特征，都能在生物体内稳定遗传。遗传标记的研究有 100 多年历史，经历了形态学标记、细胞标记、生化标记和分子标记四个发展阶段。广义的分子标记包括可遗传到子代的 DNA 分子标记和蛋白质标记，而狭义的分子标记特指 DNA 分子标记。DNA 分子标记是以生物基因组内核苷酸片段的长度和碱基序列变化为基础开发的，不以表现型为基础，突破了前三种遗传标记数量少、多态性差、隐性性状难以选择的障碍，自问世以来就广泛应用于遗传学和分子生物学研究中。分子标记具有其他标记无法比拟的优势，一是不受生物体发育时期和组织的限制，二是不受基因表达调控的限制，三是许多分子标记表现为共显性，可以区分出性状的杂合和纯合，提供的遗传信息更完整。更重要的是，由于生物体基因组的核苷酸变异极为丰富，分子标记多态性很强，理论上来说，分子标记数量几近于无限。

（二）超级苗选择

徐郡俪等于 2018 年 11 月上旬，选取陕西省略阳县西淮坝镇 9 块立地条件基本相同的杜仲育苗地，利用卷尺和子标卡尺测量 3000 株 1 年生实生苗的苗高（m）和地径（mm），记录数据并计算平均值和标准差。采用苗高平均值加 1.8 倍标准差，地径平均值加 2 倍标准差方法进行超级苗选择，按苗圃编号对入选的超级苗编号。

（三）超级苗生长性状测定

2018 年 11 月上旬，待超级苗基本停止生长后，用卷尺和电子游标卡尺测量超级苗的苗高（m）和地径（mm），准确统计超级苗的叶片数。采集 3 份超级苗叶片（每份 3 片，从超级苗上中下三部分各选 1 片叶子装入密封袋，密封袋中放置硅胶干燥剂）。随机选取 3 份超级苗叶片中的 1 份，利用叶面积仪测量三片叶子的叶面积（mm²）、叶长度（mm）和叶宽度（mm）。利用电子游标卡尺和直尺测量三片叶子的叶柄长（mm）和叶片厚度（mm），统计并记录

三片叶子的叶脉数。随机选取 3 份超级苗叶片中的 1 份，烘干后称量叶子干重（g），以上指标均为 3 次技术重复。

（四）超级苗叶片相关次生代谢产物测定

2018 年 11 月上旬，待超级苗基本停止生长后，采集超级苗叶片，将叶片放置于标本夹内，带回实验室 105℃ 杀青 30min，60℃ 烘干。利用球磨仪振荡研磨成干粉，称取 5.0g 干粉用以提取叶片杜仲胶，称取 0.5g 干粉用以提取叶片绿原酸及芦丁。叶片杜仲胶提取方法参照优化后的碱浸法精确称取 5.0g 杜仲叶片干粉，置于广口瓶中，加入 100mL10%NaOH，在 90℃ 条件下浸提 2 次，每次浸提 3h，用蒸馏水冲洗粗提物，清洗残留在粗提物上的 NaOH 溶液，向广口瓶内加入 50mL 浓盐酸，在 40℃ 条件下处理 2h。在此基础之上，利用 60% 乙醇室温处理粗体物 30min，之后采用超声仪超声 30min 收集杜仲胶，将收集的杜仲胶放置于烘箱内，75℃ 烘干，烘干后的杜仲胶呈黄白色胶状物。利用天平称量烘干后的各超级苗叶片杜仲胶重量（g），计算超级苗叶片杜仲胶含量。

叶片绿原酸及芦丁提取和测定采用魏军坤建立的高效液相色谱法（high performance liquid chromatography，HPLC）。精确称取 0.5g 粉末，放入具玻璃塞的试管中，加入 20mL60% 乙醇，盖上玻璃塞，将试管颠倒充分溶解干粉，粗提取 60min。然后将试管放置于超声仪中，在 40℃ 条件下提取 30min 后过滤，将滤液转移至具玻璃塞的 50mL 容量瓶中，向干粉残渣中再次加入 20mL 60% 乙醇，方法同上，将滤液转移至容量瓶后用 60% 乙醇定容至 50mL。用一次性注射器吸取已定容溶液 2mL，将溶液注入液相进样瓶中（进样瓶上放置 0.45μm 微孔滤膜过滤溶液），利用高效液相色谱仪测定超级苗叶片绿原酸及芦丁含量。HPLC 法流动相为甲酸：水（1：999，v/v），甲酸：乙腈（1：999，v/v），流量为 0.500mL/min，上样量为 10μL，绿原酸检测波长为 320nm，芦丁检测波长为 360nm，柱温稳定于 30℃，柱压稳定于 80bar。使用绿原酸和芦丁标准品构建绿原酸和芦丁的标准曲线：标准液设置 7 个浓度梯度，其中绿原酸浓度为 1.0000、0.5000、0.3000、0.1000、0.0500、0.0200 和 0.0100mg·mL^{-1}，芦丁浓度为 0.5000、0.2500、0.1500、0.0500、0.0250、0.0100 和 0.0050mg·mL^{-1}，利用高效液相色谱仪检测标准液。以峰面积为纵坐标 y，以进样量为纵横坐标 x 计算绿原酸和芦丁的标准曲线和相关系数（r），通过标准曲线计算各超级苗叶片绿原酸及芦丁含量。绿原酸标准曲线为 y=45301×-32.589，相关系数为 r=0.9994，标准曲线线性范围为 x=0.0100μg·mL^{-1} ～ 1.0000μg·mL^{-1}；芦丁标准曲线为 y=25958x+106.61，相关系数为 r=0.9989，标准曲线线性范围为 x=005μg·mL⁻¹～0.5000μg·mL⁻¹。叶片杜仲胶、绿原酸及芦丁含量 3 个指标均技术重复 3 次。

（五）优良单株初选方法

以所选超级苗为对象，根据不同育种目标，选取苗高、地径、产叶量、叶片杜仲胶、绿原酸及芦丁含量 6 个性状为目标性状，统计各目标性状的表型数据，根据表型数据结果对超级苗由高到低排列，按照 50% 的入选率进行超级苗选择，得到对各单一性状的初选优良单株。

（六）DNA 提取

2018 年 11 月上旬，采集 120 株超级苗顶端幼嫩叶片，将叶片放置于加有硅胶干燥剂的离心管中，在离心管上标清超级苗编号，装入内置冰袋的保温箱中，带回实验室保存于−80℃ 冰箱内。

使用 Nuclean Plant GenomicDNAKit 试剂盒提取样品基因组 DNA，具体步骤如下：

（1）取超级苗幼嫩叶片 100mg 左右，加入液氮充分研磨，注意研磨速度要快，要保持研钵中有液氮。

（2）将研磨后的样品粉末转移到离心管中，加入 400μL BufferLP1 和 6μL RNaseA，涡旋振荡 1 分钟，室温放置 10 分钟，使样品充分裂解。

（3）加入 130μL BufferLP2，轻轻混匀，涡旋震荡 1-2min。

（4）13 400×g 离心 5 分钟，将上清液转移至新离心管中，转移液体时操作要小心。

（5）加入 1.5 倍体积的 BufferLP3（LP3 在使用前应加入无水乙醇），加入后立即充分混匀，防止离心管中产生沉淀。

（6）将离心管中溶液转移至收集管内，收集管内安装好吸附柱吸附柱（Spin Columns DM）。13，400×g 离心 1 分钟，弃废液，将吸附柱重新放回收集管中。

（7）向吸附柱中加入 500μL Buffer GW2（使用前检查是否已加入无水乙醇），13，400×g 离心 1 分钟，倒掉收集管中的废液，将吸附柱重新安装到收集管中。注意观察吸附柱上吸附膜的颜色，当颜色变绿时，用无水乙醇清洗吸附柱。

（8）重复步骤 7。

（9）13，400×g 离心 2 分钟，倒掉收集管中残余废液。将吸附柱置于室温 5 分钟，彻底晾干。

（10）将吸附柱放置于新离心管中，向吸附膜的中间部位悬空滴加 20μL Buffer GE，室温放置 2-5 分钟，13，400×g 离心 1 分钟；再次向吸附膜中间部位悬空滴加 20μL-30μL Buffer GE，13，400×g 离心 1 分钟，收集洗脱液并分装。吸取 5μL 洗脱液用超微量核酸分析仪检测 DNA 的纯度和浓度，其余洗脱液用于后续试验或保存 -20℃ 冰箱中。

（七）与目标性状连锁的分子标记的选择

参考课题组前期构建的杜仲高密度遗传连锁图谱，根据图谱定位的分子标记，综合性状相关性（与不同性状相关 QTL 通常聚集在某一连锁群的同一区域，因此可用同一个 QTL 表征不同性状）、贡献率（QTL 可解释变异占总变异的百分率）、QTL 稳定性（连续 5a 对表型性状进行观测，选出大多数在 2～3a 表征相关性状的 QTL）等因素选取 6 个 QTLs 区域的 9 个标记，在连锁群 LG24 上可确定与树高相关的 QTL（Dht4-4），对应的分子标记为 DZ200-350；在连锁群 LG1 上可确定与地径相关的 QTL（Dbd4-1），对应的分子标记为 em12me11-300；在连锁群 LG21 和 LG22 上可确定与树高地径相关的 4 个 QTLs（Dht4-2，Dht5-3，Dht3-3，Dht5-4），对应的分子标记分别为 UBC881-820、em5me7-530、em15me23-360 和 em6me8-260；在连锁群 LG10 上可确定与产叶量相关的 QTL（Dtdw5-2），对应的分子标记为 em31me26-160；在连锁群 LG1 上可确定与杜仲胶含量相关的 QTL（Deur4-1），对应的分子标记 em49me3-150；在连锁群 LG7 上定与绿原酸和芦丁含量相关的 1 个 QTLs（Dca3-3），对应的分子标记为 em7me28-240。

（八）PCR 扩增及凝胶电泳检测

SRAP 分析的关键步骤采用 LiandQuiro 建立的方法，在此基础上，综合对 SRAP 分析方法的优化做出调整。反应体系和 PCR 反应程序如下：

反应体系：约 50 ngTemplateDNA，12.5μL2×EsTaqMaster Mix（包含 2.5m MMg^{2+}，0.2mMd NTPs，1× PCR buffer，1.5 U Taq DNA 聚合酶），0.4mM 上游引物，0.4m M 下游引物，补充 dd H$_2$O 至 25μL。PCR 反应程序：94℃ 预变性 5min；首次 5 个循环反应条件为（94℃ 变性 1min，35℃ 退火 1min，72℃ 延伸 1.5min）；第二次 30 个循环反应条件为（94℃ 变性 1min，50℃ 退

火 1min，72℃ 延伸 1.5min）；72℃ 终延伸 10min。将 PCR 产物保存至 −20℃ 冰箱。

取 2μL 扩增产物，利用 8% 非变性聚丙烯酰胺凝胶电泳分离 PCR 扩增产物，凝胶电泳恒定电压为 250V，电泳时间为 180min。电泳结束后用刀片快速切割凝胶，将凝胶置于塑料盘中，蒸馏水温和漂洗 3 次，每次 1min，倒净蒸馏水后将固定液加入塑料盘中（固定液共计 500mL，成分为 50mL 无水乙醇、2.5mL 冰醋酸和 450mL 蒸馏水），将塑料盘置于摇床上，150rpm/min 摇动 25min 固定凝胶。蒸馏水冲洗 3 次，每次 1min，洗净残留在凝胶上的固定液，向塑料盘中缓慢加入 500mL 银染液（银染液 1g/L 的 $AgNO_3$ 溶液，现用现配），将塑料盘置于摇床上，150rpm/min 摇动 20min 对凝胶染色。

（九）标记分析

根据保存的凝胶电泳图片，选择图片中清晰可辨的 DNA 条带读带，准确统计各单株标记类型，有记为 "1"，无记为 "0"。利用公式 E=R（1−r）计算标记效应值，其中 E 为分子标记的效应值，R 为相应 QTL 的贡献率，r 为该标记与相应 QTL 的重组率。根据凝胶电泳检测结果，计算并统计 6 个目标性状 QTL 关联的分子标记或标记两两组合的效应值，分析表型数据与分子标记或标记组合效应值间的相关性，筛选出与目标性状 QTLs 关联紧密的分子标记或标记组合，用于分子标记辅助选择。单个分子标记控制的性状，按标记效应值大小对超级苗由高到低排序；分子标记组合控制的性状，按标记组合效应值之和大小对超级苗由高到低排序；3 个及 3 个以上分子标记组合与目标性状表型数据的相关性较低，其结果不列出。

（十）优良单株复选与决选

按超级苗的分子标记或标记组合的效应值结果对超级苗由高到低排序，选取各单一性状排序结果前 50% 的超级苗，结合优良单株初选的结果，将两种选择检测结果一致（均排在前 50%）的单株作为各单一性状的复选优良单株。

根据优良单株复选结果，按不同育种目标对复选优良单株进行决选。选取叶片绿原酸含量和叶片芦丁含量 2 个性状均入选的复选优良单株作为高药用优良单株；选取苗高和地径 2 个性状均入选的复选优良单株作为高生长优良单株；选取叶片杜仲胶含量性状复选结果排名 50% 的单株作为高产胶优良单株。

三、总结

木本植物多数为野生或半野生状态，在自然界内存在丰富的变异。与人工选育品种相比，林木自由授粉子代存在大量未被发现和利用的基因型，通过对林木自由授粉子代进行优良单株选择，选择表现优良的单株进行无性化繁殖，可以快速地培育林木新品种，满足生产需求。本研究选取的林分为杜仲人工林，其种子来源广泛，既有秦仲系列品种无性系的种子，也有略阳当地野生杜仲的种子，在这些杜仲种子中会存在许多目前尚未被发掘利用的优良基因型，通过选择杜仲自由授粉子代中的优良单株，可以将自然界中的潜在的杜仲优良遗传资源集中，为杜仲良种选育提供优良的基础材料。

第二节 林木 microRNA 及其在遗传育种的应用研究

一、植物 miRNA

Llave 等首次描述了植物中 RNA 沉默是一个外源基因抑制了一个内源基因。2002 年，在拟南芥中发现了第 1 个植物 microRNA。随后的发现认为 RNA 沉默与小分子 RNA 息息相关，这为研究小干扰 RNA 敞开了大门。

MiRNA 的形成是一系列复杂的过程，初始转录物（pri-miRNAs）通过多次裂解（如 Dicer 类似酶）形成短的双链分子，最后形成成熟的 miRNA。成熟的 miRNA3'末端甲基化整合到 RNA 诱导的沉默复合体（RISC），通过抑制翻译或降解目标 mRNA 起到基因表达的负调控。另一条与 miRNA 互补链称之为 miRNA* 随之降解。

植物 miRNA 的鉴定途径一方面是 sRNA 的 cDNA 文库测序，另一方面是对 EST 或全基因组序列进行生物信息学预测。测序技术的进步大大加快了 sRNA 的发现，基因组和转录组的汇集也有助于 miRNA 的鉴定。高通量测序也在全基因组的水平上证实了 miRNA 靶基因的切割位点。植物 miRNA 的功能研究主要集中在各种胁迫以及各个发育阶段 miRNA 的表达，树木 miRNA 的研究也主要聚焦到这些方面。

二、林木 miRNA

3.85 亿年前，早期木本植物演化阶段，林木就已经成为了地面景观和陆地生命进化的主导者。区分木本植物与草本植物的主要特征是木本植物木材的形成，植株高大，常年生长和能够进入休眠等。千百年来的极端环境下，林木在很长一段时间内必须适应各种生物和非生物胁迫。miRNA 参与调控植物响应胁迫的过程以及生长发育过程。林木 miRNA 已成为林木分子遗传领域研究的热点。

（一）杨属 miRNA

杨树是速生树种，基因组大小为 450 Mbp，比其他树种基因组略小，并且杨树在相对短的时间内就可以达到生殖成熟。杨树是一种重要的木本模式生物，在 miRNA 方面的研究领先其他树种。Sunkar 和 Zhu 首次发现 3 个杨树的 miRNA（miR397a、miR403 和 miR408），它们和拟南芥 miRNA 有相似的茎环结构序列。依据毛果杨的基因组注释，并且基于水稻和拟南芥 miRNA 计算方法可得到毛果杨具有 169 基因位点的 21 个 miRNA。结合小 RNA 克隆，计算茎环结构和利用 5'race 靶标验证，丰富了毛果杨 miRNA 的数量。

Lu 等第 1 次系统挖掘毛果杨的 miRNA，从 2 年生树的次生木质部共获得了 21 个家族的 22 个 miRNA。其中 10 个新的 miRNA 靶基因通过信息学预测和 5'race 的实验验证，它们参与运输、蛋白修饰、信号转导等。凝胶印迹和实时定量 PCR 表明大多数 miRNA 在不同组织或者经受弯压的发育木质部（机械压力）呈现不同的表达模式，这表明这些 miRNA 与木材张力的形成有关。研究毛果杨 miRNA 与寒冷、热、干旱、盐和机械损伤等胁迫关系时，共获得 27 个家族的 68 个 miRNA。在这些 miRNA 中，其中 17 个 ptcmiRNA 是相对保守的，7 个家族（miR1444-1450）是毛果杨特有的。从 miRNA 芯片和定量 RT-PCR 的结果来看，16 个 miRNA 家族与冷胁迫相关。同一家族的 miRNA 成员对冷胁迫也呈现不同的应答反应。miRNA 对于不同胁迫应答的交叉现象表明 miRNA 的胁迫应答交织成一个调控网络。Puzey 等在研究毛果杨 miRNA 时对叶、木质部、经机械处理的木质部以及 1 个顶尖、雄花、雌花、雌芽、雄芽和侧芽的集合的 4 个样本进行高通量测序。从这些数据中共获得 276 个 miRNA，其中 155 个是未曾注释过的 miRNA，其中大部分是毛果杨特有的。更重要的是这项研究中还发现了一些富集在木质部的 miRNA 与树木次生生长息息相关。

胡杨是非生物胁迫研究的模式材料，它具有抗高盐、高温、干旱的优点。

miRNA 与胁迫应答有关，科学家也认为胡杨的 miRNA 与干旱应答有关。Li 等用高通量测序结合 microRNA 芯片技术进一步研究表明胡杨 microRNA 响应干旱胁迫，共获得 38 个家族的 58 个新的 miRNA。其中 14 个新的 miRNA 通过部分降解法测序进行 PARE（RNA 末端平行分析法）共获得 21 个靶基因。该研究表明其中 23 个 miRNA 在毛果杨和胡杨之间是保守的，在响应胁迫时表达差异显著，其中 9 个表达下调，14 个表达上调。

毛白杨广泛分布于中国的北部干旱地区，具有较高的经济价值。为了更好地研究毛白杨 miRNA 和水分胁迫的关系，Ren 等设计了 CK、涝处理和旱处理 3 组实验组进行高通量测序并结合实时荧光定量实验，共获得 36 个家族的 152 个保守的 miRNA，8 个已知的但非保守的 miRNA，54 个 miRNA 家族的 64 个候选新 miRNA。实时定量结果显示其中 17 个保守的 miRNA 家族和 9 个新的 miRNA 表达具有显著差异，对干旱具有胁迫应答。7 个保守的 miRNA 家族和 5 个新的 miRNA 对涝具有胁迫应答性。研究者还发现 miRNA 和 miRNA* 在植物胁迫应答过程中都参与了调控作用。对于潜在靶基因的注释发现这些基因编码与胁迫相关的转录因子、酶、信号转导元件等。

杂交杨（Populus tremula × Populus alba）的茎中，miR166 的表达与靶基因 PtaHB1 基因和次生木质部的发育成反比。PtaHB1 编码第Ⅲ类 HD-ZIP 蛋白，这类蛋白是一类植物特定的转录因子，主要参与表皮和维管束分化。PtaHB1 的转录丰度与二次生长和季节变换有紧密联系。Ko 等的研究表明，miR166 在生长周期起到重要作用，这对林木季节性适应有重要的应用价值。

（二）果树的 miRNA

Song 等发现了柑橘的第一个 miRNA，此外他还在柑橘的 EST 序列中发现了 27 个与拟南芥一样的保守的 miRNA。现有的研究发现柑橘和枳的叶子，嫩梢，花，果实和根的一些 miRNA 都有着不同程度的组织和物种特异表达。基于序列的互补性，预测获得 15 个 miRNA 的 41 个潜在的靶基因，其中 4 个靶基因的验证是利用 5' race 方法将靶基因靶定到其切割位点。之后，Song 等利用 race 法研究了 9 个枳 miRNA，并且验证了它们的表达模式。除此以外，通过 race 法确定了 7 个 miRNA 的 8 个假定靶标。在另一项研究中，Song 等通过高通量测序分析了枳花和果实的 sRNA 文库，共检测获得了 42 个高度保守的 miRNA 家族的 63 条 miRNA 序列。Song 等还挖掘了 10 个新的 miRNA，并且通过 qRT-PCR 研究了它们在根、茎、叶、花蕾、花和果实的表达。

有关苹果 miRNA 的研究，Gleave 等对 EST 数据库进行分析，鉴定出 7 个保守的 miRNA 家族。Northern 杂交认定了这些 miRNA 确实存在于苹果组织中。一些 miRNA 在花蕾、果实、真菌感染苗的叶子、组培植株的苗和根等呈现阻抑型表达模式，而另一些 miRNA 在不同组织或被真菌诱导的植株中选择性的表达。已分析获得 6 个 miRNA 家族的潜在靶基因的 EST 序列，其中 2 个靶 mRNA 的裂解已经通过 5' race 的验证。

Yu 等分析了苹果 EST 数据库，获得了属于 16 个家族的 31 个 miRNA。通过 miR-RACE 和 qRT-PCR 验证得到 16 个保守的 miRNA（来自不同家族）。如同杨树和拟南芥同源基因一样，16 个 miRNA 的大部分在所有检测组织中都能表达（幼嫩和老叶，幼茎，花蕾，花，发育的果实），而其余的 miRNA 在组织和发育阶段呈现特定表达。此外，还获得 56 个潜在靶基因，其中包括一些转录因子 mRNA。

Varkonyi-Gasic 等用 Northern 杂交和原位杂交检测了苹果 21 个 miRNA 的表达模式，其中 18 个 miRNA 至少能在一种以上的组织（茎尖，叶，茎，周皮，韧皮部和木质部）中表达，17 个在韧皮部都有表达，在筛管分子和韧皮部能广泛表达的至少有 8 个 miRNA，这表明 miRNA 具有远距离信号指示作用。RT-PCR 结果显示 6 个 miRNA 与其靶 mRNA 之间呈负相关性。miRNA 的大范围的信号传导对于树木来说十分重要。

桃是蔷薇科木本植物，一种新确定的遗传学模式材料。它的基因组比较小（225 Mbp），最近已经被完全测序（http://www.phytozome.org）。从 80857 个 EST 数据库中，预测了 7 个家族的 22 个潜在的 miRNA。运用 miR-RACE 技术，证实了 8 个候选的 miRNA 序列，并且发现它们的表达模式具有组织特异性。梨的 miRNA 研究并不多，Niu 等利用高通量测序在梨树中共挖掘获得 37 个家族的 186 个新的 miRNA。2009 年葡萄 miRNA 的研究中，Erica 等利用寡核苷酸阵列法检测了葡萄不同组织和葡萄成熟过程中 miRNA 的差异表达。

（三）桉树、茶树、橡胶树和麻疯树的 miRNA

在巨桉中获得 5 个家族的 20 个保守的 miRNA（在其他物种已经检测到），8 个家族的 28 个新的 miRNA。利用拟南芥和杨树的基因组作为参照，通过生物信息学预测共获得 110 个转录本，这些基因涵盖许多功能。qRT-PCR 分析揭示 11 个家族的 miRNA 在木质部和非木质部组织中呈现不同的表达水平。MiRNA egr-miR90 仅在叶片中检测到，而 egr-miR359 仅在韧皮部检测到。2009 年，McNair 共检测了 12 个 miRNA 在正常生长和快速生长桉树中的表达模式，表明了 miRNA 在正常桉树和应拉木的发育过程中起重要作用。2011 年研究者利用高通量测序技术挖掘了包括 2 个蓝桉基因型的木质部，BRASUZ1 桉树的木质部和叶片 4 个样本的 miRNA，获得了大量的 miRNA 信息。

目前研究茶树 miRNA 的文章很少，作者基于序列保守性发现了 4 个 miRNA。生物信息学预测其靶基因功能涉及很多方面。Zeng 等检测了 4 个大戟科树种的 miRNA，其中包括橡胶树（巴西橡胶树）和麻疯树（麻风树）。用 RT-PCR 探究了麻疯树和橡胶树 39 个 miRNA 的表达规律。

（四）沙冬青的 miRNA

水资源匮乏的今天，尤其是土地沙漠化日益严重的现状，人们对于特有的沙漠植物产生了浓厚的兴趣。北京林业大学课题组采用中国西北部地区强抗旱植物沙冬青，收集它在 NCBI 数据库的信息以及 2012 年 Zhou 等提交的沙冬青干旱相关的转录组的信息，首次建立沙冬青幼苗的对照组和干旱处理组的 miRNA 文库，挖掘了与抗旱相关的 miRNA，深入研究其抗旱机制，揭示其表达规律，这为林木抗逆品种选育提供了丰富的基因资源。

（五）裸子植物的 miRNA

裸子植物与被子植物在分类学上的区别在于种子形成和开花特性的不同。miRNA 作为基因调控因子具有广泛作用，可能与裸子植物分化和发育的特有过程相关。有关裸子植物 miRNA 的研究主要集中在挖掘和功能分析。裸子植物大量 EST 的收集促进了 miRNA 的发现。

Axtell 和 Bartel 使用阵列杂交技术分析检测了多种植物中与拟南芥同源的 miRNA 表达模式，其中一半的保守 miRNA 家族在松针中都能检测到表达。基于 EST 序列，Zhang 等、Wan 等鉴定了松科一些物种的有限的保守 miRNA，这些物种包括云杉杂交树种（红果云杉 × 北美云杉）、白云杉、北美云杉、海岸松、火炬松、高山松。

一些研究小组已经从裸子植物 sRNA 文库中鉴定了大量的保守和新的 miRNA。基于当前已注册的 miRNA 数据库（miRBase Release 16.0），确定裸子植物的 miRNA 有 70 个 miRNA 家族，包括的一些家族似乎是裸子植物特有的。例如，miR946、miR947 和 miR950 存在于挪威云杉和火炬松中，但不存在于任何被子植物。

在被子植物中，丰度较大并且介导 DNA 甲基化和异染色质化是 24 nt 的

sRNA。针叶树种具有一种新的 DCL 蛋白，但是缺少使被子植物中 24 nt sRNA 成熟化的 DCL3 酶。针叶树不产生显著大量的 24 ntsRNA，这表明裸子植物和被子植物在 sRNA 生物合成中有着不同的途径。24 nt sRNA 和异染色质化的关系可能与序列冗余有关，这暗示着对于裸子植物来说，其不同寻常的较大的基因组的演变，可能存在一种潜在的机制。Zhang 等比较了日本落叶松的体胚和小苗的 miRNA 文库，发现体胚中 miRNA 的长度倾向于 24 nt，而小苗中 miRNA 的长度更加倾向于 21 nt。基于聚丙烯酰胺的实验结果也确实证实了落叶松能够产生 24 nt 的 miRNA。研究发现 miRNA 的表达模式对应于发育阶段，作者认为这可能和 Dicer-like3 和 RNA 依赖的 RNA 聚合酶 2（RDR2）或者 RDR6 的水平有关，并且是受激素调节的。Zhang 等认为在体胚休眠和萌芽阶段的转录和转录后的过程中，miRNA 在落叶松和其他裸子植物都有着复杂的基因调控机制。他们猜测可能是 ABA 调节体胚休眠和萌发过程中 sRNA 生物合成的表达水平从而改变了 sRNA 的组分。

被子植物和裸子植物 miRNA 可能与特定的发育阶段有关，或者它们应答于生物或非生物胁迫。Lu 等确定了火炬松 miRNA 与梭形锈病真菌 Cronartium quercuum f.sp. fusiforme 感染苗子后形成的虫瘿有关。其中 10 个 miRNA 家族在有虫瘿的茎上相较于健康的 CK 的表达有着显著差异，这表明这些 miRNA 参与了宿主 - 病原体的相互作用。Yakovlev 等研究了挪威云杉发育中的种子在温暖和寒冷环境中的表观效应。在全同胞家族中，44 个 miRNA 中的 16 个表达显著，这表明种子经不同温度处理具有不同表观现象。

李哲馨等研究了落叶松体细胞胚发育过程中 miR166a 对 IAA 信号途径的调控机制，经对落叶松体细胞胚萌发过程中 LaMIR166a、MiR166a 及其目标基因 LaHDZIP31-34 的表达水平进行检测后发现，LaHDZIP31-34 的表达水平在体细胞胚萌发过程各阶段的表达水平并未严格受到 miR166a 的负向调控作用。体细胞胚萌发过程中，LaHDZIP31-34 的表达水平从成熟体细胞胚进入萌发会骤然下降随后缓慢上升。与野生型细胞系相比，过表达 miR166a 的胚性细胞系这四个基因的表达量在萌发后期阶段显著上调。

对 IAA 信号途径相关基因 LaNIT、LaARF1 和 LaARF2 在落叶松体细胞胚萌发中的动态表达水平进行了检测。发现 IAA 信号途径相关基因的表达模式与 LaHDZIP31-34 非常类似，即在落叶松体细胞胚萌发过程中有缓慢上升的趋势，结合野生型细胞系萌发率低的表现，推测落叶松体细胞胚的萌发需要内源合成生长素 IAA。采用不同浓度 IAA 和 GA3 处理成熟体细胞胚，发现生长素 IAA 确实是促进落叶松体细胞胚萌发的重要因素。

综合所有研究结果，提出了 miR166/HDZIP Ⅲ 调控落叶松体细胞胚萌发的模型。miR166 对 HDZIP Ⅲ 具有负向的调控作用，同时可以通过某种机制维持 HDZIP Ⅲ 的内稳态平衡；HDZIP Ⅲ 对 LaNIT 具有正向的调控作用，部分由于 LaNIT 表达水平的变化导致生长素 IAA 水平发生变化，从而引起 LaARF1 和 LaARF2 因响应 IAA 而表达量发生改变，最终影响落叶松体细胞胚的萌发。

三、人工 miRNA 及树木遗传操作

amiRNA 是一类外源的，人工设计的，能够减少互补基因转录本的丰度的小分子 RNA。目前已开发的网络资源有助于 amiRNA 的设计，例如 WMD3（http://wmd3.weigelworld.org/）。首先将设计好的 amiRNA 序列整合到功能 miRNA 转录本修饰的 miRNA 前体中。随后，这种 amiRNA 前体可以插入到转化载体中并介导植物的表达。与天然 miRNA 类似的是，amiRNA 可以加工成其成熟形式并指令 RISC 下调目标靶基因。对于基因组已经测序的植物品种来说，可能通过选择一个 amiRNA 序列就有可能避免脱靶抑制从而来区分一些密切相关的基因。amiRNA 技术对于树木功能基因组学具有重大意义，因为 amiRNA 是第 1 代植物转化株系主导抑制子。相比之下，隐形突变需要后续的近亲交配来产生纯合子。在杨树中 amiRNA 已经验证了其有效性，并且能够区别一个家族相似的同源基因并且能特异性抑制。

amiRNA 转基因比通过 RNAi 技术具有更高的稳定性和高效性。Du 等采用 amiRNA 技术下调了杂交白杨中同源 box 基因 ARBORKNOX2（ARK2）的表达。这个实验充分表明了人工小分子 RNA 技术的稳定性和高效性。

amiRNA 能够特异性下调近缘的基因。Shi 等将毛果杨的 Ptr-miR408 修改成 amiRNA 来抑制 PAL 基因的表达。设计 2 个 amiRNA（amiRNA-palA 和 amiRNA-palB）靶定 2 个高度相似 PAL 基因的 2 个亚基。amiRNA-PALA 特异性下调 PAL 基因能够增加亚基 B 的表达丰度。实验过程中并没有发现 amiRNApalB 的交互影响。这一发现对树木基因冗余的功能研究具有重要意义。

四、林木 microRNA 及其在遗传育种的应用研究

如今，植物 miRNA 的挖掘及其功能性相互作用研究的主要框架是已知的。但目前存在的问题是：在树木中已经鉴定出许多的 miRNA，只有少数做了功能验证。植物，尤其是树木中大多数基因的功能，与已知的数据还相差甚远。所以，未来树木 miRNA 的研究方向可能会趋向于搜索基因的功能，剖析功能冗

余以及 MiRNA 的应用等方面，例如：（1）挖掘并应用 miRNA 和 amiRNA，从而作为基础研究和遗传修饰的强有力工具。（2）基于 miRNA 的技术，从而特异性地下调很多未知功能的基因。（3）利用 miRNA 和 amiRNA 基因特异性抑制能够区分冗余基因的功能。新 miRNA 的遗传操作和改良能够特异性调节候选基因对树木代谢、生长、发育和适应起到调节作用。这些调节和修饰将会推进园艺和林业的育种研究，在改善木材品质、能源利用、生物燃料的转换效率以及增强林木对气候变化的适应等方面将会有重要的应用价值。

第三节 灰毡毛忍冬遗传转化体系的构建和转基因研究

一、灰毡毛忍冬概述

灰毡毛忍冬（Loniceramacranthoides Hand.-Mazz.）又名大花忍冬，大金银花，山银花，为忍冬科忍冬属植物，是我国传统中药材，主要分布于我国重庆、湖南、湖北、贵州等省市，生长于海拔 500 米至 1800 米的地区，一般生长在山坡、山顶混交林内、山谷溪旁或灌丛中，为我国西南地区大宗道地中药材和特色经济植物，是国家中医药保健产业的重要原料。灰毡毛忍冬全株均可入药，其中花蕾为常用入药部位，它的作用广泛，有较强的杀菌消炎，解热镇痛的功效。在对灰毡毛忍冬花蕾的化学成分研究中发现，其所含的化学成分主要为黄酮类、挥发油类、皂苷类和绿原酸类这四大类，其次为甾醇类、糖类、无机元素类等成分；按 2005 版中国药典规定，金银花中的标志性成分是绿原酸和木犀草苷，具有抗病毒、抗氧化、增强免疫力等多种功能。灰毡毛忍冬因其耐贫瘠、用途广、产量高、地域适应性强，适宜于山区发展的特点而深受市场青睐，近年来，全国先后有 10 多个省市引种开发，产业发展十分迅猛。

二、主要药效成分

（一）绿原酸

绿原酸（Chlorogenic acid，以下简称 CA），是由咖啡酸（Caffeic acid）与奎尼酸（Quinicacid，1-羟基六氢没食子酸）生成的缩酚酸，是植物体在有氧呼吸过程中经莽草酸途径产生的一种苯丙素类化合物，为咖啡酰奎尼酸衍生物。绿原酸具有广泛的生物活性，现代科学对绿原酸生物活性的研究已深入到食品、保健、医药和日用化工等多个领域。绿原酸是一种重要的生物活性物质，具有抗菌、抗病毒、增高白血球、保肝利胆、抗肿瘤、降血压、降血脂、清除自由基和兴奋中枢神经系统等作用。绿原酸主要存在于忍冬科忍冬属和菊科蒿属植物中，在杜仲叶（2%-5%）、金银花（1%-5.9%）、向日葵籽（1.5%-3%）和咖啡豆（2%-8%）等植物中的含量较高。绿原酸及其异构体异绿原酸和新绿原酸也存在于双子叶植物的果实、叶及其他组织中，为植物代谢的重要因素。绿原酸分子结构中含有一个酯键和不饱和双键、3个羟基和2个酚羟基，化学性质相对不稳定，对光和热有敏感。从结构上看，绿原酸是由咖啡酸和奎宁酸缩合 Chemicalbook 而成的酯，属于酚类化合物。由于分子具有邻二酚羟基，因此具有极强的还原性而更易被自由基氧化，从而表现出很好的自由基清除作用和抗脂质过氧化作用。

（二）木犀草苷

木犀草苷（Luteoloside），又名木犀草素葡萄糖苷，是灰毡毛忍冬中重要的黄酮类化合物，其合成来源于苯丙烷代谢途径。具有解热消炎、止咳平喘、杀菌镇痛之功效，并在舒张毛细血管、降低胆固醇、抗病毒、抗肿瘤方面起着重要作用。自2010年《中国药典》将其规定为金银花的质量控制指标成分以来，科学家们在木犀草苷含量分析方面开展了大量的工作。研究表明，木犀草苷的含量在不同物种、组织器官中存在明显差异，且受发育阶段和环境的影响。在忍冬和灰毡毛忍冬不同部位中，木犀草苷的含量为叶＞花＞枝。在花发育过程中，木犀草苷含量则呈现先升高后降低的趋势。灰毡毛忍冬因其较低的木犀草苷含量被《中国药典》列为"山银花"，而与金银花相区别。

三、遗传转化体系的建立

（一）优化了灰毡毛忍冬最佳组培再生体系

分别从愈伤、不定芽诱导和生根培养三个方面对灰毡毛忍冬最佳组培再生体系进行了优化。研究发现 1.0mg/L KT 和 1.5mg/L 2，4-D 的组合可以产生优质的高产愈伤，2.0mg/L 6-BA 与 0.2mg/L IBA 处理组合中的不定芽强壮、生长迅速且诱导效率明显高，0.1mg/L IAA、2.0mg/L IBA 和 100mg/L AC 的组合为最优化的生根培养基，其诱导效率高达 86.7%。

（二）灰毡毛忍冬遗传转化体系

分别研究了影响灰毡毛忍冬遗传转化的几个关键因素（侵染时间、卡那霉素浓度、头孢霉素浓度），结果发现：侵染时间 8min 能获得较理想的转化效果。30mg·L⁻¹ 的卡那霉素和 600mg·L⁻¹ 头孢霉素能得到很好的筛选效果，起主导作用的因素是卡那霉素浓度，其不同的浓度间抗性芽诱导率达到了极显著差异。

四、相关功能基因研究

（一）HQT 基因

绿原酸在多种植物中有多种合成方式，其中 HQT 转移酶是最为重要的合成方式。通过前期的高通量数据，获得了 LmHQT1 序列。为了进一步验证 LmHQT1 是否与绿原酸合成相关，本项目检测了灰毡毛忍冬各个组织的绿原酸按表达及相应时期的 LmHQT 的表达水平。在此基础上，将 LmHQT1 序列构建入携带有卡那霉素抗性基因和 GUS（编码 β- 葡萄糖醛酸苷酶基因）的 pCambia-2301 载体，通过根癌农杆菌（EHA105）介导的方法转化外植体，获得了转基因植株。对转基因植株进行 gus 染色和 PCR 检测，结果表明 gus 报告基因和目的基因 LmHQT1 均已整合到灰毡毛忍冬基因组中。最后在所获得的 pCambia2301-LmHQT1 转基因植株中检测绿原酸的含量，发现其含量上升了约 60%。该结果证明了 LmHQT1 参与到了灰毡毛忍冬 CGA 的合成及累计过程中，也为提高灰毡毛忍冬 CGA 含量提供了新的转基因品种材料。

（二）MYB 转录因子

MYB 是近年来发现的一类与调控植物生长发育、生理代谢、细胞的形态和模式建成等生理过程有关的一类转录因子，在植物中普遍存在，同时也是植物中最大的转录家族之一，MYB 转录因子在植物的代谢和调控中发挥重要作用。MYB 类转录因子家族是指含有 MYB 结构域的一类转录因子，它参与植物苯丙烷类次生代谢途径的调节，苯丙烷类代谢是植物主要的 3 条次生代谢途径之一，它起始于苯丙氨酸，经过几个共同步骤后，分成两个主要分支途径，其中一条分支称为黄酮类代谢途径，主要与植物色素合成相关。R2R3-MYB 转录因子作为调节蛋白广泛参与苯丙烷类代谢途径的调控。

唐宁等研究发现，R2R3 MYB 转录因子 LmMYB15 与 CGA 含量呈显著相关，表明其在 CGA 生物合成中发挥着潜在的作用。酵母双杂交分析表明 LmMYB15 具有转录激活作用。与野生型相比，LmMYB15 在烟草中的过量表达会增加 CGA 的积累。为了阐明其作用机制，采用全基因组 DAP-seq 技术对 LmMYB15 的保守序列进行了分析，即 [（C/T）（C/T）（C/T）ACCTA（C/A）（C/T）（A/T）]，及其直接作用的下游靶基因，包括 4CL、MYB3、MYB4、KNAT6/7、IAA26 和 ETR2。随后，酵母单杂交和双荧光素酶报告分析证实 LmMYB15 能结合并激活启动子 4CL，MYB3 和 MYB4，从而促进 CGA 生物合成和苯丙酸代谢。

（三）黄酮合酶基因（FNS）

吴杰等从灰毡毛忍冬中克隆得到了木犀草苷合成途径中的关键基因—黄酮合酶基因（FNS），两个 FNS 基因，其中一个（LmFNS Ⅱ-1）有一个长的转录本（LmFNS Ⅱ-1.1）和一个短的转录本（LmFNS Ⅱ-1.2），其剪接模式与 LjFNS Ⅱ-1 一致，且 LmFNS Ⅱ-1.1 和 LjFNS Ⅱ-1.1 的氨基酸序列之间有十个氨基酸差异位点。LmFNS Ⅱ-2 只有一个短的转录本，氨基酸序列与 LjFNS Ⅱ-2.2 一致。根据氨基酸比对、保守区域分析以及系统进化树分析，推测克隆所得的 FNSs 均属于细胞色素 P450 蛋白家族的 CYP93B 成员，属于直接催化黄烷酮生成黄酮的 FNS Ⅱ 酶类。亚细胞定位分析发现，灰毡毛忍冬中克隆得到的黄酮合酶基因编码的蛋白定位在内质网上。将 FNS Ⅱ s 在酵母中进行异源表达，体内酶活实验表明，较长的转录本所编码的蛋白 LmFNS Ⅱ-1.1 具有催化活性，可以将黄烷酮底物直接催化生成黄酮苷元，而短的转录本不具备催化活性。提取表达异源 FNS Ⅱ s 的酵母的微粒体，并进行体外酶活鉴定和酶动力学分析，发现 LmFNS Ⅱ-1.1 催化圣草酚生成木犀草素的效率最低。

为研究 LmFNS Ⅱ-1.1 基因在植物体内的功能，通过农杆菌介导叶盘法将其转入烟草。荧光定量 PCR 结果表明灰毡毛忍冬的花蕾中 FNS Ⅱ 的表达模式与黄酮类化合物的积累趋势一致。组织特异性表达分析及 Lm FNS Ⅱ-1.1 启动子驱动 GUS 表达分析表明，灰毡毛忍冬中的 Lm FNS Ⅱ-1.1 主要在叶片中表达，在花中的表达量很低。以上结果表明，灰毡毛忍冬的 Lm FNS Ⅱ-1.1 基因在花蕾中表达量低，且 LmFN S Ⅱ-1.1 的催化活性较低，二者是导致其花蕾中木犀草苷含量低的原因。该研究揭示了灰毡毛忍冬中木犀草苷含量低的成因，对灰毡毛忍冬及其品种的品质改良和培育新品种具有重要意义。

第四节　银白杨 × 毛白杨新杂种无性系抗寒性与叶片旱生结构研究

一、银白杨 × 毛白杨新杂种抗寒性研究

（一）形态结构与抗寒性

一些地区的气候变化经常会使植物体遭遇到低温胁迫，无疑会对其正常的生长发育产生副作用，严重时可能会使植物失去生命。总体而言，植物的抗寒能力与植物的种类以及同一植物不同发育阶段相关，因此深入了解植物的抗寒机制，提高植物在低温环境下对自身的保护能力，对于林业生产而言意义非凡。

依据植物在低温环境中的受伤害程度可分为冷害和寒害两种。冷害指植物受伤害程度较低，外界温度不致使植物体内自由水结冰，但会使植物正常的生理功能受到干扰，严重状况下会使植物受伤，甚至失去生命体征。冻害是指温度低于零度时对植物的危害，主要由于细胞组织内的自由水结冰引起的对植物的伤害。有学者研究表明温度下降的速率和最终所达到的最低温度，以及植物体内的结冰方式都会造成受害个体的差异。植物组织器官中叶片对于低温胁迫最为敏感，严重时叶片形态会表现为萎蔫、焦化、凋谢。一般情况下叶片组织厚度与形态等固有结构特征变化明显，常被用来研究植物的抗逆性。叶片组织厚度、紧致程度，角质层及栅栏组织厚度、气孔大小、茎秆的结构特征变化等指标与植株的抗寒性之间的关系已被研究。

（二）抗氧化系统与抗寒性

当植物体内正常的生理代谢受到干扰时就会产生大量的活性氧，而活性氧的积累对植物株体的影响多表现在细胞膜系统、酶空间结构的氧化损伤，以及植株的抗逆生理过程紊乱。植物在长期的进化过程中形成了复杂和完善的抗氧化保护系统来降低活性氧对植物体的伤害，可有效稳定细胞组织架构体系。植物体内的抗氧化保护系统主要是酶保护系统，该系统中主要包含的酶有过氧化氢酶、过氧化物酶、超氧化物歧化酶等。在逆境环境中，植物体中保护酶活性

的强弱与植物抗寒能力呈正相关。证实低温逆境诱导茄子幼苗植株的 POD 活性表现逐步提升，且幼苗植株的 POD 活性表现亦可印证茄子品种低温抗性。曾韶西等人经试验发现水稻幼苗叶片叶绿体 SOD 酶活性在冷锻炼期间迅速增强。多项研究发现，对于抗寒性强的基因型，在低温胁迫下 POD、SOD 和 CAT 的活性相对较高，能够有效地清除活性氧，阻止膜脂过氧化作用。

膜脂过氧化产物 MDA 的含量变化也与植物的抗寒能力息息相关。何开跃经由福建柏苗环境低温逆境的研究，指出株体 MDA 随低温胁迫表现逐步累积；杏花抵抗寒性杏花品种的 MDA 累积量高于强抗寒性品种，且低温逆境下的提升态势与植株质膜系统的低温透性相吻合。开展贵州野生柑橘的抗寒性测定时发现，4 种柑橘枝条的 SOD 和 POD 含量随着温度的降低均先升后降，保护酶活性、渗透调节物质和 MDA 含量在抗寒性越强的枝条中达到峰值的温度越低，抗氧化胁迫能力和渗透调节能力就越强。说明适度的低温胁迫能增强植物体对低温环境的适应能力，同时 3 种酶活性的协调变化，显示出植物生理变化的协调性。

（三）细胞膜系统与抗寒性

植物的细胞膜系统会最先发生改变去适应低温环境，如细胞质膜结构、组分和渗透性、细胞质流动性、酶活性，光合作用等均会发生改变，即体内会发生一系列相应的生理生化变化去适应低温胁迫。植物细胞膜脂组分会随着外界温度的降低而发生变化，从而增强对不良环境的自我保护能力。随着低温胁迫程度的加大，脂肪酸作为细胞膜的重要组分会在一系列酶的作用下代谢产生更多的不饱和脂肪酸。相关研究表明脂肪酸不饱和度高低程度与植物的抗寒性成正比。膜系统组分、结构的变化进而使膜的流动性下降，因为正常状况下细胞膜系统为液晶态，逆境胁迫下细胞膜的状态会随着膜脂组分的改变而产生相变，由无序到有序，由液晶态到凝胶态，进而使细胞内物质流通失去平衡，产生生理障碍，代谢紊乱。有关研究表明，植物膜系统相变温度的高低与抗寒性成反比。低温胁迫也会使细胞膜透性发生改变。正常状态下细胞膜具有选择透过性，水分子、氨基酸等物质于细胞内外运动自如，蛋白质等大分子物质却需要在载体和能量的共同作用下才可以穿梭于细胞内外。在低温环境下，植物细胞膜的流动性、选择透过性都会受到影响，进而导致细胞内液外渗，形成质壁分离并在细胞间隙结冰，使整个细胞受到严重的破坏，并给整个植株带来致命的伤害。

植物细胞膜受到破坏后，细胞内的物质开始外渗使细胞外液的电导性变大，而细胞外液的导电性大小是电导率测定植物抗寒性的主要依据。例如黑杨派树种在受到低温胁迫时，随着温度的不断降低细胞膜的通透性也不断增大，细胞外液的电导率也不断增加。

二、银白杨 × 毛白杨新杂种抗旱性研究

（一）植物形态结构与抗旱性

植物如果长期处在干旱条件下，其形态结构都会一定程度上表现出各种适应环境的特征，朝着有利于保水和提高水分利用率的方向改变。叶片和根系两个形态指标常作为植物水分胁迫下研究的对象。植物根系观测点在于根的展幅、根的长度以及根冠比值等。根系是植物最重要的器官之一，是植物直接吸收水分的通道，对植物的抗旱能力有极其重要的作用。田佩站通过对大豆不同的根系类型进行研究，结果表明"深根型"夏大豆根系品种由于根深而扩大吸收面积，可利用土壤深层的水分，抗旱能力较强。通过研究甘薯抗旱性鉴定方法和评价指标，得出抗旱性越强的品种在干旱条件下发根节数，每节发根数和发根条数均越高。建立强大的根系以充分吸收水分来抵御干旱是大部分植物的抗旱表现，并且林木根系的分布状况和抗旱能力对林分的生长好坏和稳定性有很大的影响。大量研究显示，在干旱或半干旱的区域，根系的分布范围越广，根冠比值越大，则根系就越发达，进而使得植物的生存优势和抗旱能力就越强。

叶片是植物重要的营养器官，其在植物中担任着同化、光合、蒸腾等重要责任，如果长期处于干旱胁迫条件下，其形态结构的改变必然与植物的抗旱性有极大的联系。胡萍等在鉴定不同棉花品种的抗旱性时，对棉花叶片气孔数进行了研究，结果表明耐旱品种主茎叶片上、下表皮气孔数值之比小于 1。很多研究者在鉴定植物抗旱性时，选取了角质层厚度、栅栏组织厚度、栅与海的比值、叶脉突起程度以及气孔长度等指标。经过诸多研究表明，叶片的解剖结构能够指示植物抗旱机制及抗旱性的强弱。通常抗旱能力较强的植物叶片都具有以下特征：叶片形态特征表现为小而且厚，表面呈现蜡质并且密被茸毛，枝条角质化程度较高，此等特征不仅降低了蒸腾作用也提高了水分利用率；叶片解剖结构表现为细胞密集度大，有两到三层的栅栏组织，且栅栏组织的厚度在叶片厚度中占有很多大比例，同时具有较厚的上、下表皮和角质层等特点，这些特征降低了水分的散失。

（二）抗氧化酶系统与抗旱性

干旱胁迫下会导致植物细胞结构发生改变，如细胞膜的透性和氧化物质的含量等，因而会导致细胞的过氧化危害。此种状态下叶片受到的氧化伤害与干旱胁迫程度有着紧密的联系，因此，植物对干旱胁迫具有一定的调节能力。

在干旱环境下林木受到伤寒的最主要因素之一是原来细胞内过氧化物的生成和清除之间的平衡被打破。在膜脂过氧化防御系统中，SOD 它通过催化活性氧发生化学反应生成对细胞无毒的物质从而达到减轻植物的受伤程度。POD 和 CAT 能够有效清除生成代谢中产生的过氧化氢物质。同时众多研究发现抗旱性植物体内均具有较高的 SOD、POD、CAT 活性，即此三种酶与植物的抗旱能力紧密相关。

（三）光合作用与抗旱性

光合作用对于植物而言具有非同一般的重要性，植物在太阳光下进行光合作用以此来获得新层代谢所必需的能量。根据光合作用发生的条件以及植物自身的结构分析，很多因素都会影响到植物的光合作用，如阳光、温度、水等自然因素，以及叶片气孔大小、叶绿素含量等植物内在影响。前人研究以证明水分胁迫会影响植物的光合作用，目前主要分析原因有两种，一是环境温度过高致使植物气孔关闭，正常的蒸腾行为受到抑制，以此来减少水分的流失，同时这一行为阻碍了叶绿体对外界 CO_2 的吸收，因此光合作用受阻；二是 RUBP 羧化酶和乙醇酸氧化酶活性下降，以及叶绿体结构遭到破坏等原因造成叶绿体代谢紊乱、叶绿素含量下降，致使光合速率降低。在水分胁迫情况较轻的时候，气孔大小在影响光合作用时占主要作用；若情况严重时起主导作用的便是非气孔因素。研究者曾发现抗旱能力强的杨树，在水分胁迫下光合速率下降幅度小，光合作用受气孔和非气孔因素的综合影响；抗旱能力弱的杨树在相同环境下光合速率下降幅度大，原因在于 RUBP 羧化酶的活性降低。光合作用是植物赖以生存的能力转换基础，所以水分胁迫环境下的光合生产力亦可看作植物的抗旱能力，故对光合作用的研究可作为评价植物耐旱性的指标。

三、银白杨 × 毛白杨新杂种无性系叶片旱生结构综合评价

使用石蜡切片法观察并测定了 8 个白杨派无性系的叶片厚度、主脉厚度、上表皮厚度、下表皮厚度、海绵组织厚度、栅栏组织厚度、叶片组织结构紧密

度（CTR）、叶片组织结构疏松度（SR）、栅栏组织与海绵组织厚度之比、旱生解剖结构指标，以此作为分析白杨新品种的抗旱性依据。各指标测定的方差分析结果显示其在各无性系间差异显著。

在 8 个无性系中 84k 主脉厚度最大（689.15μm），且远远超过其他无性系；新疆杨叶片厚度最大（192.24μm），但下表皮厚度最小；海绵组织与栅栏组织之比最大的是 03-5-17；I-101 具有最大的栅栏组织厚度；新疆杨与 03-4-22 拥有较大的海绵组织厚度。因此通过单一的指标或多个指标简单的相比较是无法得出 8 个无性系的抗旱性强弱的。需利用主成分分析法筛选出与抗旱性相关性大的指标来鉴定，降低指标之间的关联性产生的重叠，以及没有进行权重分析而累加求平均值所带来的误差。本试验筛选出三个累积贡献率高的指标（栅栏组织厚度、主脉厚度和海绵组织厚度）。研究认为栅栏组织内富含叶绿体促进光合作用，能在干旱胁迫的条件下有效阻止水分蒸发，且发达的海绵、栅栏组织决定着叶片厚度，而叶片的厚度与植物的储水能力成正比，发达的主脉起着支持叶片伸展和输导的作用。这些结构增强了植物在逆境中的适应性。

由于长期生长在干旱环境中的植物不仅其自身形态结构发生了很大的改变，植物体内部也发生了巨大的生理生化变化。因而单一的叶片解剖结构指标并不能科学的诠释植物的抗旱性，还需参考其他因素进行综合评价，才能得出更为可靠、科学的结论。

第五节　长白落叶松瞬时遗传转化及 LoMYB8 等基因抗旱性研究

一、林木遗传转化研究进展

植物遗传转化技术运用了分子生物学理论与基因工程技术相结合的方法，从各种生物中分离获得一些基因或基因片段，然后将这些基因（外源基因）插入受体植物的基因组中，使外源基因在目标植株体内进行复制、转录和翻译，进而使受体植物的某些性状发生定向改变在 20 世纪 60～70 年代，人们就开始利用细菌转化的方法进行植物的转基因试验，自 20 世纪 80 年代首次报道成功获得转基因矮牵牛和转基因烟草以来，植物基因工程技术快速发展，成效显著。与常规育种相比，基因工程育种具有改良周期短，不受物种间遗传限制且改良目的明确等特点。植物遗传转化技术虽然应用广泛，但在某些物种尤其是林木中尚存在一些技术上的难点。目前，遗传转化技术在林木遗传育种上的应用还需克服植株再生、基因型依赖、组培中的遗传变异、转化率低、基因沉默、表达效果不理想等问题。植物遗传转化的过程主要包括选择目标性状、分离目的基因、构建表达载体、导入受体细胞、转化植株的鉴定，在整个过程中，转化方法的选择与优化以及转基因植株的鉴定是尤为重要的环节。

二、遗传转化的方法

按照是否需要将目的基因整合到目标植株染色体上，可以将植物的遗传转化分为稳定转化和瞬时转化。

（一）稳定遗传转化

稳定的遗传转化通常需要经历组织培养进行植株再生的过程，目的基因能随着植物细胞的减数分裂而将目的基因遗传给后代，并随着植株的基因表达而表达。优点是稳定性好，能够遗传，常被用于建立克隆细胞系。稳定遗传转化的方法主要有以下几种：第一种是借助物理或化学手段将外源裸露基因直接导入受体细胞的方法，如基因枪转化法。第二种是通过载体介导的转化方法，如病毒介导和农杆菌介导，即是将目的基因先连接在植物表达载体上，然后将载体导入病毒或者农杆菌内，最后使目的基因随着病毒或者农杆菌的侵入而转移到目标植物中，进而在目标植株中转录和表达。其中，通过载体介导的农杆菌介导法应用时间最长，机理最清楚，方法也最为成熟。第三种转化方法是种质转化系统法，如花粉转化法、花粉管通道法、子房注射法等，直接侵染植物的生殖细胞。

（二）瞬时遗传转化

瞬时遗传转化常通过转入一些强启动子控制目的基因在植物细胞内瞬时高表达，其表达过程也需历经转录和翻译，但由于目的基因未能整合在染色体上，极易在细胞复制时丢失。

但瞬时转化具有以下优点：

第一，操作简单、周期短。通过稳定转化的方法获得转基因植株周期较长，通常需要数月甚至更长时间，转化效率低，组织培养的操作烦琐、成功率低。而瞬时转化仅需要数周，并且无须组织培养过程。

第二，表达效率高，不仅整合进染色体的基因可以表达，大量游离的外源基因同样可以表达，并且拷贝数更高，游离的外源基因表达不受基因位置和基因沉默影响，因此表达效率高。

第三，不涉及生态安全，一般瞬时转化的植株在试验过程中就被破坏，后代也不可遗传，因此不会产生食物链和花粉污染的问题。

第四，无须筛选，瞬时转化体系建立成功后，转化植株无须经过抗生素或其他筛选基因的筛选，简化了操作流程。

第五，瞬时转化可直接将目的基因转化到完整植株上，更真实反映基因在植物体内的表达模式，方便观测。目前，瞬时表达已在烟草、拟南芥、马铃薯、葡萄、梨、柽柳等植物中应用。

因此，瞬时转化更适合用于植物响应胁迫分子机制的探索和基因功能的鉴定。

三、长白落叶松瞬时遗传转化体系构建

参考东北林业大学林木遗传育种国家重点试验室烟草、白桦、柽柳的瞬时遗传转化体系以及落叶松等裸子植物稳定遗传转化体系构建了长白落叶松的瞬时遗传转化体系。为检测所构建的长白落叶松瞬时转化体系是否成功，利用转化 GUS 和 LoMYB8、LoMYB9、LoNACl8 基因后的 GUS 染色和基因表达量进行检测。

（一）pBI121-GUS 的顺式遗传转化

pBI121-GUS 工程菌液检测结果为阳性，将菌液扩繁培养后，利用烟草、白桦、柽柳瞬时侵染体系和构建的长白落叶松种瞬时侵染体系进行长白落叶松幼苗的瞬时侵染，获得侵染植株后对整株幼苗进行 GUS 染色分析。

运用烟草的瞬时浸染体系进行长白落叶松的瞬时浸染，浸染植株经过 GUS 染色后仅茎和叶略有着色，且色浅；运用白桦的瞬时转化体系获得的长白落叶松 GUS 染色图着色，面积稍大于运用烟草瞬时转化体系获得的长白落叶松 GUS 染色植株的着色面积，仅有茎和叶着色；运用柽柳的瞬时转化体系获得的长白落叶松 GUS 染色图着色，转化植株的着色面积以及着色深度都大于运用烟草以及白桦的瞬时转化体系获得的长白落叶松 GUS 染色植株的着色面积和着色深度，且转化植株的根、茎、叶都观察到蓝色；运用长白落叶松的瞬时转化体系获得的 GUS 染色图着色，转化植株的着色面积以及着色深度，相比于运用前三种瞬时转化体系获得的 GUS 染色植株的着色面积以及着色深度都有

肉眼可见的增加，且转化植株的根、茎、叶均有着色。所以利用长白落叶松瞬时浸染体系瞬时 GUS 染色面积更大，说明其针对长白落叶松进行瞬时遗传转化效率更高，因此构建的体系可初步用于长白落叶松的瞬时转化。

（二）基因瞬时遗传转化

利用构建的长白落叶松瞬时遗传转化体系对 LoMYB8、LoMYB9、LoNAC18 基因的过表达及抑制表达载体进行瞬时转化。荧光定量 PCR 结果显示 LoMYB8、LoMYB9、LoNAC18 三种基因过表达及抑制表达瞬时转化植株分别有不同程度上调表达或下调表达，与对照相比，瞬时过表达 LoMYB8 基因，其表达量比对照上调 6 倍以上，瞬时抑制表达 LoMYB8 基因，其表达量下调近两倍；瞬时过表达 LoMYB9 基因，转化植株的表达量比对照上调 4 倍左右，瞬时抑制表达 LoMYB9 基因，转化植株的表达量比对照下调约一倍；瞬时过表达基因，转化植株基因表达量上调 3.5 倍左右，瞬时抑制表达 LoNAC18 基因，转化植株表达量下调近 2.5 倍。

由于不同基因在植株体内表达量本身存在差异，所以各基因上调或下调表达的倍数不完全一致，但通过对三个基因瞬时转化的 RT-PCR 结果分析可以发现，构建的长白落叶松瞬时遗传转化体系成功，可以使过表达载体在植株体内的基因表达量上调，抑制表达载体在植株体内的基因表达量下调。

（三）总结

成功构建长白落叶松 LoMYB8、LoMYB9、LoNAC18 过表达和抑制表达载体，并制备相应工程菌株。

采用烟草、白桦的瞬时转化体系对长白落叶松幼苗进行 pBI121-GUS 转化后，出现少许的蓝色；采用柽柳的瞬时转化体系进行瞬时转化之后，出现了较多的蓝色，而采用构建的长白落叶松瞬时转化体系对长白落叶松幼苗进行瞬时转化之后，转化植株出现了面积更大、颜色更深的 GUS 着色。

采用长白落叶松的瞬时转化体系对长白落叶松幼苗进行长白落叶松 LoMYB8、LoMYB9、LoNAC18 三条基因的过表达及抑制表达的瞬时转化，通过实时荧光定量 PCR，采用－Δ ΔCt 的分析方法进行各基因的表达量分析，瞬时遗传转化过表达载体后，三条基因的表达量与对照相比均为上调表达，上调倍数均在四倍以上，抑制表达载体转化后基因表达量均低于对照。

四、长白落叶松瞬时遗传转化植株抗旱性分析

当植物受到干旱胁迫时，一般会通过减少细胞内的水分含量、缩小细胞的体积、增加细胞内可溶解物质的含量等途径，降低细胞渗透势防止细胞过度失水，从而维持植物的正常生命活动。

为初步验证 LoMYB8、LoMYB9、LoNAC18 是否参与长白落叶松对干旱胁迫的应答反应，对瞬时转化后的植株进行 PEG 干旱胁迫，分析转化后植株在不同时间的基因表达量变化，结合转化后植株的可溶性糖、可溶性蛋白、SOD、POD、MDA 等生理生化指标分析。可知，瞬时转化基因的转基因长白落叶松，在 PEG 胁迫后的 24h 时，其基因表达量就能达到未进行 PEG 胁迫的转基因植株 48h 时的基因表达量；在胁迫 48h 时，进行 PEG 胁迫的转基因植株的基因表达量明显高于未进行 PEG 胁迫的转基因植株的基因表达量；而 PEG 胁迫瞬时转化 LoMYB9、LoNAC18 基因的转基因植株的基因表达量与未进行 PEG 胁迫的转基因植株的基因表达量并无明显变化；以 PEG 胁迫 48h 的对照植株基因表达量为对照时（表达量设为零），可看出 PEG 胁迫与未胁迫下，过表达与抑制表达 LoMYB8、LoMYB9、LoNAC18 基因的表达量变化，仅有转化 LoMYB8 基因的转基因植株的基因表达量高于未胁迫的转基因植株的基因表达量。

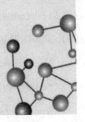

参考文献

[1] 纪念朱之悌院士诞辰 90 周年 [J]. 北京林业大学学报，2019，41（07）：2.

[2] Biotechnology -Genomics；Reports Outline Genomics Findings from Austrian Research Centre for Forests [Relative genome size variation in the African agroforestry tree Parkia biglobosa（Fabaceae：Caesalpinioideae）and its relation to geography，population genetics，and ...][J]. Biotech Week，2019.

[3] Erick M. G. Cordeiro，Camila Menezes Macrini，Patricia Sanae Sujii，Kaiser Dias Schwarcz，Jos é Baldin Pinheiro，Ricardo Ribeiro Rodrigues，Pedro H. S. Brancalion，Maria I. Zucchi. Diversity，genetic structure，and population genomics of the tropical tree Centrolobium tomentosum in remnant and restored Atlantic forests[J]. Conservation Genetics，2019，20（5）.

[4] Jean-Paul Soularue，Armel Th ō ni，L é o Arnoux，Val é rie Le Corre，Antoine Kremer. Metapop：An individual-based model for simulating the evolution of tree populations in spatially and temporally heterogeneous landscapes[J]. Molecular Ecology Resources，2019，19（1）.

[5] Jill L. Wegrzyn，Taylor Falk，Emily Grau，Sean Buehler，Risharde Ramnath，Nic Herndon. Cyberinfrastructure and resources to enable an integrative approach to studying forest trees[J]. Evolutionary Applications，2020，13（1）.

[6] Renan Marcelo Portela，EvandroVagner Tambarussi，AnandaVirginia de Aguiar，Fl á vio B. Gandara，Fabiana Schmidt Bandeira Peres，João Ricardo Bachega Feij ó Rosa. Using a coalescent approach to assess gene flow and effective population size of Acrocomia aculeata（Jacq.）Lodd. Ex Mart. in the Brazilian Atlantic Forest[J]. Tree Genetics &amp；Genomes，2020，16（10）.

[7] Steven E McKeand. The Evolution of a Seedling Market for Genetically Improved Loblolly Pine in the Southern United States[J]. Journal of Forestry，2019，117（3）．

[8] T.L. 怀特，崔建国.《森林遗传学》[J]. 遗传，2013，35（11）：1282.

[9] Tamir Klein. A race to the unknown：Contemporary research on tree and forest drought resistance，an Israeli perspective[J]. Journal of Arid Environments，2020，172.

[10] Tiago Montagna，Juliano Zago da Silva，Alison Paulo Bernardi，Felipe Steiner，Victor Hugo Buzzi，Miguel Busarello Lauterjung，Adelar Mantovani，Maurício Sedrez dos Reis. Landscape Genetics and Genetic Conservation of Two Keystone Species from Ombrophilous Dense Forest：Euterpe edulis and Ocotea catharinensis[J]. Forest Science，2018，64（6）．

[11] Tree Genetics and Genomics； Studies from U.S. Forest Service （USFS）Reveal New Findings on Tree Genetics and Genomics [Report on the Thirty-Fifth Southern Forest Tree Improvement Conference （SFTIC 2019）][J]. Food & Farm Week，2020.

[12] Wegrzyn Jill L，Falk Taylor，Grau Emily，Buehler Sean，Ramnath Risharde，Herndon Nic. Cyberinfrastructure and resources to enable an integrative approach to studying forest trees.[J]. Pubmed，2020，13（1）．

[13] Wegrzyn Jill L，Falk Taylor，Grau Emily，Buehler Sean，Ramnath Risharde，Herndon Nic. Cyberinfrastructure and resources to enable an integrative approach to studying forest trees.[J]. Evolutionary applications，2020，13（1）．

[14] 边黎明，尹佟明，施季森．"林木遗传育种学"课程全英文授课的实践与探索 [J]. 中国林业教育，2016，34（06）：62-64.

[15] 边黎明，郑仁华，肖晖，甘振栋，苏顺德，施季森.空间分析及其对杉木遗传试验效率的影响 [J]. 南京林业大学学报（自然科学版），2015，39（05）：39-44.

[16] 陈罡，张素清，马冬菁，田永霞，卞婧.现代生物技术在辽宁林业研究中的应用前景 [J]. 辽宁林业科技，2014（03）：61-63.

[17] 陈永利.生物技术在林业育种中的应用探讨 [J]. 现代农业科技，2015（04）：164.

[18] 崔令军，段爱国，张建国，罗红梅，单金友，李健雄，何彩云.大果无刺沙棘良种"楚伊"[J]. 林业科学，2016，52（11）：172.

[19] 崔艳华.林木育种的作用及发展策略 [J]. 农民致富之友，2019（08）：216.

[20] 董宏强.林木遗传改良中的分子生物学研究进展 [J]. 黑龙江科技信息，2014（06）：279.

[21] 段红静. 杉木种质资源遗传多样性评价及重要性状的全基因组关联分析 [D]. 北京林业大学，2017.

[22] 高璇. 我国林木遗传育种技术现状与发展趋势 [J]. 农业工程，2019，9（04）：111-114.

[23] 顾万春. 林木遗传育种基础 [M]. 南宁：广西人民出版社，1984.

[24] 郭洪英. 四川桤木优树群体遗传多样性分析及育种群体构建 [D]. 北京林业大学，2019.

[25] 韩艳平，李晓明，国木春，孙立山. 浅析林木育种与材质改良间的关系 [J]. 农业与技术，2013，33（12）：85.

[26] 矫全龙. 林木遗传育种技术的相关研究 [J]. 黑龙江科技信息，2013（32）：252.

[27] 靳亚楠，王寅刚，陈罡，马冬菁，郭志富，白丽萍. 遗传转化技术在林木遗传改良中的应用 [J]. 辽宁林业科技，2014（06）：49-52.

[28] 李斌，郑勇奇，林富荣，李文英，于雪丹. 中国林木遗传资源原地保存体系现状分析 [J]. 植物遗传资源学报，2014，15（03）：477-482.

[29] 李斌，郑勇奇，林富荣，李文英. 中国林木遗传资源对粮食安全和可持续发展的贡献 [J]. 湖南林业科技，2014，41（04）：70-74.

[30] 李斌，郑勇奇，林富荣，李文英. 中国林木遗传资源利用与可持续经营状况 [J]. 植物遗传资源学报，2014，15（06）：1390-1394.

[31] 李贵远. 分子标记技术对林木种苗的有效管理价值分析 [J]. 现代园艺，2016（12）：33.

[32] 李新功. 生物技术在林木遗传育种中的运用及前景展望 [J]. 林业勘查设计，2018（03）：125-126.

[33] 刘敏. 生物技术在林木遗传育种中的应用 [J]. 南方农业，2019，13（20）：186-187.

[34] 马松亚，杨梅. 倍性育种在林木遗传育种中的研究进展 [J]. 现代农业科技，2016（10）：120-122.

[35] 潘艳艳. 日本落叶松种子园亲本及其子代变异研究 [D]. 东北林业大学，2019.

[36] 尚福强. 林木种源试验研究现状与展望 [J]. 辽宁林业科技，2019（04）：49-51+62+66.

[37] 邵妍丽. 分子标记技术在林木遗传育种中的应用进展 [J]. 农技服务，2015，32（09）：122-123.

[38] 沈阳农业大学林木遗传育种学术团队 [J]. 新农业，2020（03）：1.

[39] 宋跃朋，张德强."互联网+"思维下的研究生课程教学改革探索——以林木遗传育种学科"分子遗传学"课程为例 [J]. 中国林业教育，2016，34（03）：40-43.

[40] 孙立山，韩艳平，李晓明，张连生，国木春. 林木育种方法在园林植物培育中的应用探讨 [J]. 农业与技术，2013，33（12）：159.

[41] 童春发. 林木遗传图谱构建和 QTL 定位的统计方法 [J]. 南京林业大学学报（自然科学版），2004（01）：109.

[42] 涂忠虞，沈熙环. 中国林木遗传育种进展 [M]. 北京：科学技术文献出版社，1993.

[43] 王聪慧，付强，赵日玲. 生物技术在林木遗传育种中的应用 [J]. 黑龙江科学，2019，10（20）：8-9.

[44] 王德源. 林木半同胞子代测定遗传模型统计分析及软件开发 [D]. 南京林业大学，2015.

[45] 王德源. 生物技术在林木育种中的应用 [J]. 吉林农业，2016（12）：108-109.

[46] 王明麻. 林木遗传育种学 [M]. 北京：中国林业出版社，2001.

[47] 王晓萃. 分子标记技术及其在林木遗传连锁图谱构建中的应用 [J]. 北京农业，2016（04）：112-113.

[48] 王增平. 生物技术在林木遗传育种中的应用研究 [J]. 农业与技术，2015，35（21）：59-60.

[49] 魏军坤. 杜仲杂交后代遗传分析与分子标记辅助选择 [D]. 西北农林科技大学，2014.

[50] 夏辉，赵国辉，司冬晶，尹绍鹏，李莹，郑密，赵曦阳. 中国林木种子园建设与管理技术探讨 [J]. 西部林业科学，2016，45（02）：46-51.

[51] 续九如. 林木数量遗传学 [M]. 北京：高等教育出版社，2006.

[52] 杨海平，李继生，于国强，赵永军，郭来永，韩彪. 分子标记技术在林木育种中的应用 [J]. 山东林业科技，2017，47（03）：111-114.

[53] 杨云凤. 浅谈林木种苗培育技术以及发展趋势 [J]. 农业与技术，2015，35（06）：89.

[54] 赵罕，郑勇奇，李斌，张川红，林富荣，于雪丹，程蓓蓓，黄平. 白皮松天然群体遗传多样性的 EST-SSR 分析 [J]. 林业科学研究，2014，27（04）：474-480.

[55] 赵林峰，高建亮. 生物技术背景下林木遗传育种探究——评《林木遗传育种学》[J]. 林产工业，2020，57（02）：119.

[56] 赵若忘.生物技术在林木遗传改良中的应用与进展[J].生物技术世界，2015（08）：39.

[57] 周安佩，纵丹，罗加山，沈德周，和润喜，田斌，许玉兰，何承忠.不同干形云南松遗传变异的 AFLP 分析[J].分子植物育种，2016，14（01）：186-194.

[58] 周文才，左继林，赵松子，幸伟年，黄建建，龚春.林木遗传图谱的构建策略及存在的问题[J].南方林业科学，2016，44（02）：62-66.

[59] 朱小虎.新疆密叶杨群体遗传多样性及遗传结构研究[D].北京林业大学，2019.

[60] 朱悦，安雪洋.林木遗传育种工作问题分析及解决对策[J].林业勘查设计，2018（03）：133-134.

[61] 左丝雨.长柄扁桃群体遗传学特征及重要性状评价[D].中南林业科技大学，2016.

[62] 李帅.鹅掌楸属植物基因差异表达与杂种优势的关系[D].南京林业大学，2009.

[63] 王梦娜.茶树花发育相关基因的差异表达研究[D].陕西师范大学，2013.

[64] 宋跃朋.毛白杨花发育遗传调控研究[D].北京林业大学，2013.

[65] 徐郡儇.杜仲人工林自由授粉子代优良单株选择[D].西北农林科技大学，2019.

[66] 倪燕婕，卢存福.林木 microRNA 及其在遗传育种的应用研究进展[J].中国农学通报，2014，22：1-7.

[67] 张炎.木麻黄愈伤组织再生体系的构建和转基因研究[D].浙江农林大学，2019.

[68] 曹佳乐.银白杨 × 毛白杨新杂种无性系抗寒性与叶片旱生结构研究[D].西北农林科技大学，2016.

[69] 熊欢欢.长白落叶松瞬时遗传转化及 LoMYB8 等基因抗旱性研究[D].东北林业大学，2019.

[70] 李哲馨.过表达 LaMIR166a 在落叶松 ESMs 成胚发育及其萌发过程中的功能研究[D].中国林业科学研究院，2017.

[71] 吴杰.忍冬和灰毡毛忍冬黄酮合酶（FNS）基因克隆与功能分析[D].中国科学院大学，2016.

[72] Ning Tang，Zhengyan Cao，Cheng Yang，Dongsheng Ran，Peiyin Wu，Hongmei Gao，Na He，Guohua Liu，Zexiong Chen.A R2R3-MYB transcriptional activator LmMYB15 regulates chlorogenic acid biosynthesis and phenylpropanoid metabolism in Lonicera macranthoides[J].Plant Science，2021，4（1）

[73] Zexiong Chen, Guohua Liu, Yiqing Liu, Zhiqiang Xian, Ning Tang. Overexpression of the LmHQT1 gene increases chlorogenic acid production in Lonicera macranthoides Hand-Mazz[J].Acta Physiol Plant, 2017, 39（27）.

[74] Zexiong Chen, Guohua Liu, Ning Tang, Zhengguo Li.Transcriptome Analysis Reveals Molecular Signatures of Luteoloside Accumulation in Senescing Leaves of Lonicera macranthoides[J].INTERNATIONAL JOURNAL OF MOLECULAR SCIENCES, 2018, 19（4）.